智能制造装备与系统
从入门到精通

Intelligent Manufacturing Equipment and
System from Beginner to Professional

龚仲华　编著

化学工业出版社
·北京·

内 容 简 介

    本书对智能制造的基本概念及支持技术进行了较完整的介绍，对智能制造装备及智能制造单元、智能制造系统进行了具体阐述；在此基础上，对数控机床、工业机器人两类关键装备的性能特点、机械结构、控制系统进行了详细说明。本书内容包括智能制造的研究和发展，智能制造的技术体系，信息技术及应用，智能制造装备与系统集成，数控机床与工业机器人的结构特点、机械核心部件结构原理、控制系统组成、控制部件与连接等。

    本书内容全面、知识实用、选材典型，可供智能制造领域数控机床、工业机器人调试、维修人员，以及高等学校师生参考。

图书在版编目（CIP）数据

智能制造装备与系统从入门到精通 / 龚仲华编著.
北京：化学工业出版社，2024. 11. -- ISBN 978-7-122-
46071-4

Ⅰ. TH166

中国国家版本馆 CIP 数据核字第 2024M5C974 号

责任编辑：毛振威   文字编辑：袁　宁
责任校对：宋　玮   装帧设计：刘丽华

出版发行：化学工业出版社
      （北京市东城区青年湖南街 13 号　邮政编码 100011）
印　　刷：北京云浩印刷有限责任公司
装　　订：三河市振勇印装有限公司
787mm×1092mm　1/16　印张 27　字数 676 千字
2024 年 10 月北京第 1 版第 1 次印刷

购书咨询：010-64518888   售后服务：010-64518899
网　　址：http://www.cip.com.cn
凡购买本书，如有缺损质量问题，本社销售中心负责调换。

定　　价：139.00 元   版权所有　违者必究

前言

随着社会的进步和科学技术的发展，人们对各类产品的要求越来越高，产品性能日益完善、功能不断增强、结构更趋复杂与精细，导致产品所包含的设计、制造、服务的信息量猛增，如何提高企业的信息处理能力和速度，成为了制造业需要解决的重大问题；而瞬息万变的市场需求和激烈竞争的复杂环境，也迫使企业具备更快的响应速度、更强的适应能力。这就要求企业不但需要有适应产品变化的柔性制造装备，而且还需要利用信息技术完成大量而复杂的信息处理，使得产品生产、使用、服务的全过程都体现出"智能"性，智能制造便由此而生。

智能制造是一种应用了人工智能技术的先进生产方式，是未来制造业的发展方向，其根本目的是最大限度减少人类对产品生产和使用过程的干预，内容涵盖产品设计、制造、服务的整个生命周期。

本书系统介绍了智能制造的基本概念及支持技术，具体阐述了智能制造装备及智能制造单元、智能制造系统；在此基础上，对数控机床、工业机器人两类关键装备的性能特点、机械结构、控制系统进行了深入阐述。全书分3篇，具体内容如下。

基础篇：第1~3章。介绍了智能制造的基本概念、研究与发展历程、系统架构与技术体系；对智能制造涉及的人工智能、机器学习、工业互联网、物联网、工业大数据及处理技术、数字孪生、CPS，以及ERP、SCM、MES等信息化管理技术进行系统说明；对智能制造装备、智能制造单元、智能制造系统的组成与结构进行了具体阐述，并提供了切削加工、成形加工智能制造系统实例。

数控机床篇：第4~6章。对数控机床的特点、车削和镗铣加工数控机床的结构形式进行了详细说明，对数控机床的机械基础部件、直接驱动电机、主轴传动系统、进给传动系统、自动换刀装置的结构原理进行了深入阐述；对数控系统的原理、结构以及FS0iF/FPlus系统的结构与功能、控制部件与连接技术进行了详尽说明。

工业机器人篇：第7~9章。对工业机器人的组成与结构、产品及性能进行了系统说明；对机器人基本结构、谐波减速器及RV减速器原理与结构、垂直串联机器人结构实例进行了深入阐述；对机器人控制系统的组成与结构以及FANUC R-30iB控制系统的电路原理、部件连接进行了详尽说明。

本书编写参阅了FANUC的技术资料，并得到了FANUC技术人员的大力支持与帮助，在此表示衷心的感谢！

由于编著者水平有限，书中难免存在疏漏和缺点，殷切期望广大读者提出批评指正，以便进一步提高本书的质量。

编著者

基　础　篇

第 1 章　智能制造及其关键技术

第 2 章　信息技术与应用

第 3 章　智能制造装备与系统

数控机床篇

第 **4** 章 数控机床的结构形式

第 **5** 章 数控机床机械部件

第6章 数控系统与连接

工业机器人篇

第7章 工业机器人组成与性能

第8章 工业机器人机械结构

第9章 机器人控制系统与连接

附录 智能制造常用英文缩写表

参考文献

基础篇

第 **1** 章

智能制造及其关键技术

1.1 智能制造的基本概念

1.1.1 智能制造的含义与产生

1. 智能制造的含义

智能制造实际上是一种面向未来的新型产品生产方式，目前尚处于研究与探索阶段。虽然，智能制造概念的提出至今已有 30 多年，学术界也一直在为智能制造的严格定义和体系化不断努力，但是，直到现在还没有权威机构对此进行世所公认的定义。我国工业和信息化部（工信部）发布的《智能制造发展规划（2016—2020 年）》中，将智能制造描述为"基于新一代信息通信技术与先进制造技术深度融合，贯穿于设计、生产、管理、服务等制造活动的各个环节，具有自感知、自学习、自决策、自执行、自适应等功能的新型生产方式"。

顾名思义，理想中的智能制造不仅需要有产品生产的"能力"，而且还需要具备认识、适应产品生产和使用环境的"智力"；它不仅可以减轻、替代人类在产品制造过程中的体力劳动，而且还能够减轻人类在产品设计、制造和服务过程中的脑力劳动，甚至拓展人类的智慧。这也许就是智能制造所追求的最终目标。

从一般意义上说，"智力"是个体在认识环境、适应环境的过程中所表现出的一般品质，它主要体现在"认知"和"创造"活动上，即对复杂事物的领悟和分析、解决问题的正确性方面；智力不仅需要已有的知识和技能，更重要的是能够通过学习，动态获取和积累知识与技能，持续提高自身分析、解决问题的准确性。因此，智力是记忆力、观察力（认知）和思维力、想象力（创造）的综合。"能力"则是指个体完成某一项任务的综合素质，主要体现在具体"操作"和"交往"活动上，它是工作力、应变力（操作）和组织力、决策力（交往）的综合。

对于人类，智力属于才智，其生理基础是大脑，它受遗传、生理等先天因素的影响，智力的缺陷一般无法弥补；而能力则属于局部性经验，在智力发展正常的情况下，它可通过后期的教学、实践等社会活动逐步培养，有些缺陷还可通过其他方面补偿。然而，对机器来说，"智力"来自于控制系统，"智力"的高低取决于控制系统的功能，它可通过软硬件提升；而"能力"则属于机器本身的性能，它受结构、工作范围、速度、精度等设计指标的制约，一般不能改变。也就是说，对于同样的产品生产，智能制造设备的硬件结构及使用性能实际上和柔性制造（Flexible Manufacturing，FM）、敏捷制造（Agile/Smart Manufacturing，AM/SM）等生产方式并无本质区别，智能制造的目的只是利用人工智能（Artificial Intelligence，简称 AI）等先进信息技术提升机器的"智力"。

从技术分类上说，机器的"能力"属于操作技术（Operation Technology，亦称运营技术，简称 OT）领域，机器的"智力"属于信息技术（Information Technology，简称 IT）领域，因此，智能制造的核心就是要实现 OT 和 IT［特别是人工智能（AI）技术］的融合（详见后述）。在 AI 技术还没有达到"创造"以前，智能制造应能够在产品设计、制造、服务过程中，利用信息技术实时获取、分析与利用来自人、机器的各种信息，主动适应各种工作环境，最大限度减少人类在产品生产和使用活动中的介入，以提高企业的产品质量、效益和服务水平，减少资源消耗，推动制造业向绿色、协调、开放、共享方向发展。

毫无疑问，智能制造是制造业未来的发展方向。在制造业，专家系统（Expert System）、神经网络（Neural Network）、模糊逻辑（Fuzzy Logic）、遗传算法（Genetic Algorithm）、进化策略（Evolutionary Strategies）、人工免疫系统（Artificial Immune System）及多智能体系统（Multi-Agent System）等技术已被用于产品设计、制造、服务的优化和决策中，产品生产和服务的智能化程度正在不断提高。在人工智能的研究上，也获得了诸如 1997 年 IBM 的"深蓝（Deep Blue）"计算机战胜了国际象棋世界冠军，2016 年 Google 的 Alpha Go 计算机战胜围棋世界冠军，2022 年美国人工智能研究公司（OpenAI）的 ChatGPT 聊天机器人实现了与人类进行语言交流等令人惊叹的成就，但是，总体而言，这些只是机器学习技术（Machine Learning Technology，简称 MLT）在特定条件下的成功，而非普遍成就。客观地说，依靠现有的科学技术，要在制造业领域的产品设计、制造、服务的整个生命周期中，以人工智能全面取代人类智慧，使机器独立承担起分析、判断、决策等任务，乃至从事创造性活动，目前还只是人们对未来的设想和追求。

2. 智能制造的产生

智能制造是 AI 技术在工业领域的应用。随着社会的进步和科学技术的发展，人们对各类产品的要求越来越高，产品性能日益完善，功能不断增强，结构更趋复杂与精细，导致产品所包含的设计、制造、服务的信息量猛增，如何提高企业的信息处理能力和速度，成为制造业需要解决的重大问题；而瞬息万变的市场需求和激烈竞争的复杂环境，也迫使企业需要具备更快的响应速度、更强的适应能力。这就要求企业不但需要有适应产品变化的柔性，而且还需要在产品生产、使用、服务方面体现出"智能"，否则难以完成大量而复杂的信息处理和适应复杂多变的环境，智能制造也就由此而生。

一般认为，智能制造（Intelligent Manufacturing，IM）的概念最初由美国学者怀特（Paul Kenneth Wright）和布恩（David Alan Bourne）在 1988 年出版的 *Manufacturing Intelligence* 一书中率先正式提出。当时认为，智能制造是"通过集成知识工程、制造软件系统、机器人视觉、机器人控制，进行技能工人和专家知识的建模，使机器在没有人工干预的情况下进行小批量生产"的一种产品生产模式。

1990 年，美国爱荷华大学（The University of Iowa）安德鲁·库夏克（Andrew Kusiak）教授出版了《智能制造系统》（*Intelligent Manufacturing System*）一书，随后，又创办了《智能制造杂志》（*Journal of Intelligent Manufacturing*）期刊，对智能制造所

涉及的制造系统、知识系统、机器学习、零件和机构设计、工艺设计、基于知识系统的设备选择、机床布局、生产调度等内容进行了具体阐述。

　　智能制造概念的出现至今已有 30 多年，学术界也一直在为此努力，但究竟应在多大范围应用 AI 技术？机器的智能应达到怎样的程度？这些问题至今还没有世所公认的结论。同时，由于 IM 的最初设想及所使用的主要技术和装备，均与前期的柔性制造（FM）及后来出现的敏捷制造（AM/SM）十分类似，因此，目前国内对智能制造的理解并不统一，例如，经常有人将 SM 译作智能制造、新一代智能制造以及数字化网络化制造等，这些都有待商榷。

3. SM 与 IM

　　智能制造目前尚未有标准的范式和世所公认的定义，现有的种种认识大都来自于研究人员的有限经验或对未来的推测，本质上都属于解释性、描述性说明，它可以为人们提供一条如何进一步研究客观事实的思路，但都不属于真正意义上的科学定义。在我国，虽然多数学者认为 SM 和 IM 是两种不同的生产方式，并将 SM 视为 IM 发展的初级阶段，但是，也经常有人将 SM 称作智能制造，甚至认为 SM 是 IM 发展的高级阶段，以至于人们对智能制造的概念产生了模糊。

　　从英文词义、技术特征及信息技术（特别是 AI 技术）应用范围等方面综合分析，SM 实际上和智能制造前期研究和实践中所提出的 AM（敏捷制造）更为接近。

　　首先，从英文词义上看，Smart（聪明、机敏、精明）和 Agile（敏捷、灵活、机灵）都偏重个体对外界的快速反应，即强调"能力（应变力、决策力）"，而 Intelligent（聪慧、有才智、悟性强）则偏重个体本身的领悟、理解和学习，即强调"智力（观察力、思维力）"。从这一意义上说，IM 的智慧应高于 SM 和 AM。

　　其次，从技术特征上看，SM 和 AM 的核心思想都是提高企业的市场应变能力，快速满足客户的个性化需求，使企业在复杂多变的市场面前变得机灵、敏捷，两者都特别注重人类专家的作用。美国敏捷制造协会（Agility Forum，简称 AMEF）指出：实现 AM 的关键是技术、管理和人力资源的集成。美国国家标准与技术研究院（National Institute of Standards and Technology，简称 NIST）之所以在其发布的《Smart Manufacturing 标准体系：制造范式》报告中，将实现 SM 的系统称为"SM 生态系统"（Smart Manufacturing Ecosystem，简称 SME），也是为了强调敏捷制造系统是一个以人类专家为主体，由生命体（人类）和机器（软硬件设备）共同组成的动态系统。然而，IM 的核心思想是通过信息技术（AI 等）的应用，最大限度减少人类在产品设计、制造、服务过程中的介入，强调的是用机器代替人。因此，两者的核心思想有明显的区别。

　　再者，从信息技术（特别是 AI 技术）应用的范围上看，SM 和 AM 主要侧重于制造企业的订单承接、产品设计、材料供应和产品制造，以调整和优化管理、技术、人力资源配置，快速响应用户个性化需求、增强企业竞争能力为目的，AI 技术主要应用于产品的制造阶段，即 SME 模型的数字工厂（Digital Factory）中（见后述）。但是，按我国工信部对智能制造的定义，IM 需要将人工智能贯穿于订单承接到产品设计、生产直到产品使用、服务的各个环节，其智能性需要在产品生产、使用、服务的整个生命周期得到体现，它对自感知、自学习、自决策、自执行、自适应等 AI 技术的要求更高。

　　鉴于 AM 和 SM 的词义、核心思想、技术特征基本相同，为了区别于 IM，从工程应用和专业技术角度看，将 SM 视为 AM 的高级阶段或 IM 的前期实践似乎更恰当。为了与工信部定义统一，同时，也避免因专业术语过多，给阅读和理解带来不便，在本书中，将视 SM

为 AM 的高级阶段，并统一使用"敏捷制造（AM/SM）"一词。但是，由于很多国外著作、官方文件、机构名称中的 SM 有时被译为"智能制造"并已普遍使用，为避免概念混淆，本书在引用此类文献时，将直接使用原文"Smart Manufacturing"或缩写"SM"；其他专业名词的英文缩写可参见附录。

1.1.2　智能制造的意义

智能制造的研究始于 20 世纪 80、90 年代。当时，几乎所有发展中国家都看到了工业化给经济增长带来的好处，开始大力发展第二产业（工业），结果导致了全球大量产业的产能过剩，这就迫使发达国家开始思考如何以更快的速度、更灵活的手段、更高的效率，来满足瞬息万变的市场需求，应对激烈的竞争环境。美国、日本等发达国家开始关注制造业的智能化问题，并希望通过信息技术（特别是 AI 技术）的应用，在全球竞争中继续保持领先地位，敏捷制造（AM/SM）应运而生。

进入 21 世纪，全球制造业不仅普遍面临如何提高质量、增加效益、降低成本、快速适应市场等诸多问题，而且还需要面对资源、环境等各方面挑战；与此同时，物联网、大数据、云计算、机器学习、人工智能等信息处理和智能控制技术的快速发展，也为 IM 的发展增添了新的动力。为了提高本国制造业水平、增强全球竞争能力，智能制造（IM）开始受到越来越多国家的重视，人们期望未来的智能制造成为一种能够在产品设计、制造、服务的整个生命周期中，自动适应环境变化、动态调整生产过程、最大限度减少人类对生产活动的干预的一种全新产品生产方式。美国、日本、德国及我国都已将智能制造确定为国家制造业发展的战略重点，予以大力推动。

1. 美国

美国是智能制造的发源地，是最早提出智能制造理念并进行相关研究与实践的国家，在智能制造的研究与实践上走在前列。美国的智能制造研究大致经历了从 AM、SM 到 IM 的发展过程，AM、SM 已在实践中得到应用，IM 处于研究探索阶段。

美国的智能制造研究始于 20 世纪 80 年代中期。当时，为了振兴美国经济，麻省理工学院（Massachusetts Institute of Technology，简称 MIT）的工业生产力委员会（MIT Commission on Industrial Productivity）在美国国家科学基金会（National Science Foundation，简称 NSF）和产业界的支持下，自 1986 年起，开始对美国经济衰退的原因进行研究，并得出了复苏美国经济需要夺回美国制造业世界领先地位的结论。随后，经过美国国防部、通用汽车公司（General Motors Company，简称 GM）、理海大学（Lehigh University）雅柯卡（Iacocca）研究所及百余家企业的共同研究，提出了一种新的产品生产方式——敏捷制造（AM），并在 1994 年发布的《21 世纪制造企业战略》（*Development Strategy of Manufacturing Sector in 21st Century*）中，将其确定为美国 21 世纪制造业的发展战略。

1998 年，最初提出智能制造概念的美国学者怀特和布恩在参考其他学者相关研究的基础上，结合信息技术的发展和 AM 的研究与实践，提出了新的敏捷制造概念——Smart Manufacturing（SM），并得到了社会各界的普遍认同。2006 年，美国成立了 SM 领导联盟（Smart Manufacturing Leadership Coalition，简称 SMLC），开始正式使用 Smart Manufacturing（SM）一词。

2015 年，美国基本完成了 SM 理论研究和标准体系建设工作。2016 年，美国国家标准与技术研究院（NIST）发布了《Smart Manufacturing 标准体系：制造范式》，对 SM 进行了正式定义，并提供了 SM 系统的模型框架。

智能制造为美国制造业的发展提供了强劲动力，为推进智能制造及相关技术的发展，美国政府对此采取了多种措施。

2010 年 8 月，时任美国总统的奥巴马正式签署了《制造业促进法案》（*United States Manufacturing Enhancement Act of 2010*），免除了智能制造装备原材料进口关税。

2011 年 6 月，奥巴马在卡内基梅隆大学（CMU）公布了美国先进制造伙伴计划（Advanced Manufacturing Partnership，简称 AMP），认为智能自动化技术可让很多企业获益，为避免市场混乱，应采用政府联合投资形式发展先进机器人技术，提高产品质量、劳动生产率等。

2012 年，美国发布了《美国先进制造业战略计划》，提出了实施美国先进制造业战略的五大目标，为推进智能制造的配套体系建设提供了政策保障；同时，宣布启动国家制造业创新网络计划（后更名为"美国制造"），拟在重点技术领域建设 45 家制造业创新中心。同年，美国通用电气公司（General Electric Company，简称 GE）发布《工业互联网：打破智慧与机器的边界》，提出了工业物联网（Industrial Internet of Things，简称 IIoT）的概念，将智能制造装备、数据分析和网络人员作为未来制造业的关键要素，以实现人机结合的智能决策。随后，AT&T、思科、GE、IBM 和英特尔等 200 余家企业及相关机构在美国波士顿成立了工业互联网联盟。

2014 年，为促进智能制造的研究与应用，美国国防部牵头成立数字制造与设计创新中心，以推动智能制造基础技术的发展。

2017 年，美国清洁能源智能制造创新研究院（CESMII）发布了《Smart Manufacturing 2017—2018 路线图》（*Smart Manufacturing Roadmap 2017-2018*），路线图的目标之一就是在工业中推广智能制造的技术应用。

2018 年，美国发布了《先进制造业美国领导力战略》，其战略目标之一就是大力发展未来智能制造系统，内容涉及智能与数字制造、先进工业机器人、人工智能基础设施、制造业网络安全等诸多方面。

2019 年，美国发布《人工智能战略：2019 年更新版》，确定了八大战略重点，并为人工智能的发展制定了一系列的目标。

以上一系列措施，充分体现了美国政府对智能制造的高度重视，它有力推动了 AM/SM 技术应用和 IM 研究工作的深入。

2. 日本

日本是继美国之后最早开展智能制造技术研究的国家。1989 年，日本东京大学教授吉川弘之（Hiroyuki Yoshikawa）提出了一项堪称全球制造领域规模最大的国际合作研究计划——智能制造系统（Intelligent Manufacturing System，简称 IMS）国际合作计划。1990 年，日本通商产业省和美国商务部、欧盟委员会在布鲁塞尔进行了该计划的首次会晤；嗣后，经过协商和谈判，各国陆续同意进行试点。1993—1994 年，IMS 相继在日本、美国、欧洲、加拿大和澳大利亚五个区域开始试点，并有 70 余家公司和 60 余所大学及研究机构参与了该项目的研究；1995 年，IMS 计划进入为期 10 年的正式实施阶段。

IMS 计划的目标是通过对日本制造业技术诀窍的研究，利用人工智能技术实现制造知识的体系化和集成化，并形成一门新的先进制造学科，最终达到人工智能替代人的目标。由于 IMS 计划的研究项目大多建立在人工智能能够在制造系统中代替人类发挥重大作用的基础之上，但当时的人工智能技术实际上还未达到模拟人类认知的程度，加上其他各方面原因，导致了 IMS

计划的多个研究项目流产。2010 年 4 月，日本正式宣布退出自己一手打造的国际研究组织；后来，欧盟也曾发起了 IMS 2020 等类似的研究项目，但影响力相对较弱。

尽管如此，日本对智能制造相关技术，特别是操作技术（OT）及智能制造装备的研究实际并未停止。2015 年 1 月，日本政府正式公布了“机器人新战略（New Robot Strategy）”，提出了构建“世界机器人创新基地”、成为“世界第一的机器人应用国家”、“迈向世界领先的机器人时代”三大核心目标。同年 6 月，在日本经济产业省发布的《2015 财年制造业白皮书》中，也明确了机器人、AI 技术为日本制造业的重点发展方向，使日本在机器人、数控机床等智能制造装备方面处于世界领先地位。

2016 年 1 月，日本内阁审议通过了《第五期科学技术基本计划（2016—2020）》，制定了“以制造业为核心，创造新价值和新服务”等政策措施，提出了以制造业为核心，灵活应用信息技术、物联网，打造世界领先的“超智能 5.0 社会”的新思想。同年 12 月，正式发布了工业价值链参考架构（IVRA），形成由基础结构、组织方式以及哲学观和价值观三个层次与资源、管理和活动三个维度组成的独特的日本智能制造系统架构。

2017 年 3 月，日本明确提出了“互联工业（Connected Industries）”的概念，提出了人与设备和系统相互交互的新型数字社会，通过合作与协调解决工业新挑战，积极推动培养适应数字技术的高级人才等核心思想，使互联工业成为了日本政府的愿景。

2018 年 6 月，日本经济产业省发布了《2018 财年制造业白皮书》，提出了“通过灵活运用数字技术获得新的附加值”“互联工业是日本制造的未来”等思想。在 2019 年 6 月、2020 年 6 月发布的 2019 年、2020 年制造业白皮书中，相继提出了“通过人工智能、物联网、机器人的应用，实施技能数字化、彻底节省劳动力”“推进以数字技术适应巨变环境，提高日本制造企业动态适应能力”等推进智能制造发展的措施，并决定开放限定地域内的无线通信服务，通过推进地域版 5G，鼓励、支持智能工厂建设。

3. 德国

作为传统制造业强国，德国同样非常重视智能制造的研究。2013 年 4 月，在汉诺威工业博览会（Hannover Messe 2013）上，德国首先提出了工业 4.0 概念；随后，又制定了《德国工业 4.0 战略计划实施建议》，对工业 4.0 的愿景、战略、需求、有限行动领域等内容进行了分析，并在工业 4.0 平台上发布了参考架构，旨在抢占新一轮工业革命的先机，奠定德国工业在全球的领先地位。

德国工业 4.0 核心目标是通过 OT 和 IT 的融合构建 Smart 工厂（Smart Factory），使企业可通过 IT 领域的信息物理系统（Cyber-Physical System，简称 CPS）、物联网（Internet of Things，简称 IoT）、AI 等技术与各类应用软件（如企业资源计划系统、供应链管理、产品生命周期管理等），实现设备与设备、设备与人、设备与工厂、工厂与工厂间的无缝对接，将产品生产和使用过程中的所有数据连续贯通，形成一种高度灵活、柔性化的产品生产与服务模式，消除传统的行业界限，实现跨企业、跨领域的协作。

工业 4.0 还确定了 8 个优先行动领域，内容包括：建立标准化和参考架构，制定参考架构的标准，促进企业间网络的形成；研究复杂系统的管理，开发生产制造系统的模型；建设综合的工业基础宽带，大规模扩展网络基础设施；加强安全和安保，确保生产设施和产品具有安全性，防止数据被滥用；等等。

2014 年 8 月，德国发布了《高新技术战略 2020》，将《数字议程（2014—2017）》作为十大战略目标之一。数字议程是德国打造“数字强国”的发展规划，内容包括网络普及、网络安全及"数字经济发展"等。2016 年，德国发布了《数字化战略 2025》，内容包括工业 4.0 平台、未来产业联盟、数字化议程、重新利用网络、数字化技术、可信赖的云、德国数据服务平台、中小企业数字化等 12 项，目标是把德国建设成为最现代化的工业化国家。

2019 年 11 月，德国发布了《德国工业战略 2030》，内容包括改善工业基地的框架条件、加强新技术研发和调动私人资本、在全球范围内维护德国工业的技术主权等。工业战略将数字化的突破性创新，特别是人工智能的应用，作为推进数字化进程的首要任务。

4. 中国

在我国，与智能制造相关的制造业数字化、网络化研究工作从 20 世纪 80 年代末开始。1986 年，在科技部发布的《国家高技术研究发展计划》（简称 863 计划）中，已将计算机集成制造系统（Computer Integrated Manufacturing System，CIMS）、机器人作为研究主题，并开始进行计算机辅助设计与制造（Computer Aided Design/Computer Aided Manufacturing，CAD/CAM）、计算机辅助工艺（Computer Aided Process Planning，CAPP）、计算机辅助工程（Computer Aided Process Engineering，CAE）、产品数据管理（Product Data Management，PDM)/产品生命周期管理（Product Life-cycle Management，PLM）、企业资源计划（Enterprise Resource Planning，ERP）、制造执行系统（Manufacturing Execution System，MES）等 OT、IT 应用软件和机器人的研发工作，为智能制造的发展奠定了良好的基础。

2012 年，工信部发布了《高端装备制造业"十二五"发展规划》，正式将与智能制造密切相关的高端装备制造列入了五年计划。2014 年 11 月，时任总理李克强在访问德国期间，中德双方发表了《中德合作行动纲要：共塑创新》，宣布两国将开展工业 4.0 合作；接着，在 2015 年国务院发布的《中国制造 2025》、2016 年工信部发布的《智能制造发展规划（2016—2020 年)》中，都明确将发展智能制造、推动制造业的转型升级作为建设制造业强国的核心目标。

2017 年 12 月，由中国机械工程学会、中国仪器仪表学会、中国自动化学会、中国人工智能学会等 13 家学会组成的中国科协智能制造学会联合体成立，并开始发起国际智能制造国家合作组织的筹备工作。2018 年 5 月，国际智能制造联盟（International Coalition of Intelligent Manufacturing，简称 ICIM）筹备会在北京召开，国际智能制造联盟筹备委员会正式成立。2019 年 5 月，国际智能制造联盟启动会在北京召开，正式启动了国际智能制造联盟的相关工作。2023 年 3 月，国际智能制造联盟第一次会员大会在北京召开。

以上政策和措施都体现出国家对智能制造的高度重视，并推动了相关研究工作的进行，相信在不久的将来，智能制造将对我国制造业的转型升级发挥重大作用。

1.2 智能制造的研究与发展

1.2.1 智能制造的发展历程

1. 学术研究情况

智能制造概念的提出至今已有 30 多年，学术界的研究工作从未停止。特别是近年来，由于全球制造大国（中、美、日、德等）将智能制造确定为国家制造业发展的战略重点，大力促进了智能制造的研究进程。

研究人员通过对已发表的 IM、SM 论文进行比较性研究，得出了以下结论。

智能制造的研究大致始于 1990 年；在 2014 年以前，研究工作主要在美国、日本等少数发达国家进行，研究主题为 IM，年发表量仅为 20～60 篇。虽然，2008 年的 SM 论文数量超过了 100 篇，但这些论文基本都来源于当年的 SM 应用国际会议（ICSMA），真正讨论 SM 技术问题的论文极少。从 2015 年起，IM、SM 的研究论文开始快速增长，论文来源也不断扩大。

大量的 SM 论文来自于美国国家标准与技术研究院（NIST），而 IM 论文主要来自于我国的高等学校和中国科学院。这也从某种意义上表明，在美国 SM 已进入应用普及与标准化阶段，而我国则以 IM 的研究与探索为主。

SM 论文的关联主题主要涉及先进制造（Advanced Manufacturing）、云制造（Cloud Manufacturing）、数字制造（Digital Manufacturing）等技术水平描述和应用技术介绍；而 IM 论文的关联主题则为柔性制造（Flexible Manufacturing，FM）、计算机集成制造（Computer Integrated Manufacturing，CIM）、敏捷制造（Agile Manufacturing，AM）等产品生产方式。

2. 智能制造的发展阶段

在我国，一般将智能制造的发展历程划分为数字化制造、数字化网络化制造、新一代智能制造 3 个阶段。

① 数字化制造。数字化制造（Digital Manufacturing）为第一阶段，时间从 20 世纪中叶到 90 年代中期，该阶段使用计算机支持机器及系统层面的操作，并在一定程度上应用了专家决策系统。

② 数字化网络化制造。数字化网络化制造（即 Smart Manufacturing）为第二阶段，时间从 20 世纪 90 年代中期到 2020 年，该阶段通过改进数字化模型，利用网络来适应动态环境和客户需求。

③ 新一代智能制造。智能制造（IM，有时称新一代智能制造）为第三阶段，时间从 2020 年至今，该阶段通过机器学习、大数据、云计算、物联网等实现了 IT 与 OT 的高度融合。

以上发展阶段的划分与学术研究论文的情况基本相符。但是，从工程应用和专业技术角度看，所谓数字化，实际上是利用数字信息对产品生产制造过程进行控制和管理的一种方法，它是所有先进生产方式都必须采用的基础技术；所谓网络化，实际上是通过现场总线（Field Bus）、局域网（Local Area Network，简称 LAN）、互联网（Internet）连接各种生产制造资源、传送数字信息的一种基本手段，数控系统、PLC 等工业自动化装置目前都采用了网络连接和控制技术；而智能制造则是一种能自动适应环境、动态调整生产过程，对产品整个生命周期进行全过程管理的产品生产方式。因此，严格意义上说，三者并不存在逻辑上的递进关系；此外，三者的中文语法结构不统一，"Smart Manufacturing"译为"数字化网络化制造"也不够确切。

根据上述的学术研究数据，结合前述对 SM/IM 英文词义、技术特征以及 IT（特别是人工智能技术）应用范围的分析，本书将统一从产品生产方式的角度，将智能制造的发展历程分为柔性制造（FM）、敏捷制造（AM/SM）和智能制造（IM）3 个阶段，这样不仅可统一中文语法结构，并可清晰地表明产品生产方式从"灵活"到"快捷"，再到"智能"的技术发展历程。

简单地说，柔性制造（狭义的柔性制造，见后述）是企业内部为适应多品种、小批量产品生产而采用的生产方式，属于 OT 领域；敏捷制造是一种通过物联网等信息技术应用，突破组织界限，跨企业、跨行业、跨地域协作的当代先进产品生产方式，实现了 OT 与 IT 的融合；智能制造则是 OT 与 IT 高度融合，利用 IT 最大限度减轻、替代人类在产品生产过程中的脑力劳动，面向未来的产品生产方式。

IM 各发展阶段的时间段大致如下，有关 FM、AM/SM、IM 的具体说明详见后述。

① 柔性制造（1952—1994 年）。柔性制造（Flexible Manufacturing，FM）的本质是通过可编程的自动化设备及相关技术，实现多品种、小批量零部件的灵活加工，属于 OT 领域。FM 以 1952 年的数控机床诞生为标志，直到 1994 年美国《21 世纪制造企业战略》正式提出敏捷制造（AM）发展战略。

柔性制造通过应用数字化控制技术，相继研发了加工中心（Machining Center）、车削中心（Turning Center）、柔性制造单元（Flexible Manufacturing Cell，FMC）等可编程自动化加工设备，使多品种小批量零件的多工序、自动化、无人化加工成为了可能。1958 年，随着工业机器人（Industrial Robot）的诞生，为工件装卸、搬运以及部件、产品装配的柔性化和自动化提供了有力的工具，最终发展成了可实现零部件加工、装配、检测和工件、刀具等物料装卸、输送、仓储的全面自动化的柔性制造系统（Flexible Manufacturing System，简称 FMS），并提出了 OT 与 IT 融合，实现广义上柔性制造的计算机集成制造系统（Contemporary Integrated Manufacturing System，CIMS）概念。

② 敏捷制造（1995—2014 年）。敏捷制造（AM/SM）的本质是利用柔性生产设备（OT）和灵活的管理（IT），通过 OT 与 IT 的融合，快速生产市场所需要的产品。敏捷制造经历了从 AM 到 SM 的发展历程，AM 以 1994 年美国发布《21 世纪制造企业战略》，正式确定将 AM 作为美国 21 世纪制造业发展战略为标志，直到 2015 年 SM 理论研究基本完成和标准体系建立。

敏捷制造阶段利用 IT 和创新化管理，实现了柔性生产技术和高水平管理人才、高技能劳动者、产品生产组织机构的无边界集成，它可通过跨地域的合作，有效解决客户个性化需求越来越多、市场变化越来越快、生产管理越来越复杂等问题，增强了企业快速响应市场的能力，大大提高了产品的研发和生产速度。

③ 智能制造（2015 年起）。智能制造（IM）的本质是利用 IT，最大限度减少人类在产品生产和使用活动中的介入，实现从产品生产制造到使用服务的全过程智能。2015 年国务院发布《中国制造 2025》，明确将发展智能制造、推动制造业转型升级作为建设制造业强国的核心目标，代表着我国智能制造研究工作的正式启动。IM 目前还处于研究和探索阶段。

IM 的最终目标是通过 OT 与 IT 的深度融合，形成一种贯穿产品设计、制造、使用、服务等制造活动各个环节，具有自主感知、学习、决策、执行、适应等功能的新型产品生产方式，进一步提高产品质量、效益和服务水平，减少资源消耗，推动制造业向绿色、协调、开放、共享方向发展。

1.2.2　柔性制造

1. 柔性制造的含义

柔性制造（FM）属于 OT 领域，它是所有先进制造的基础，敏捷制造、智能制造都需要以柔性制造技术和装备作为基本平台。

广义上的柔性制造是一种以需求为导向，以销定产的弹性、灵活产品生产模式，它具有产品可变、资源可变、组织形式可变、生产能力可变等特征，其柔性贯穿订单承接、原材料采购、产品设计与制造的生产全过程，技术涉及 OT、IT 领域。从这一意义上说，敏捷制造（AM/SM）、智能制造（IM）实际上也都属于广义上的柔性制造。但是，利用一个企业的技术条件，要实现广义上的柔性制造，实际上是非常困难，甚至是不可能的。因为，由于人员、技术、设备、市场等资源的制约，可以说，目前还没有哪一个企业具备跨行业、跨系列、跨类型的产品生产转型的能力。因此，CIMS 的概念已逐步被敏捷制造生态系统（Smart Manufacturing Ecosystem，SME）、智能制造系统（IMS）等含义更明确的概念所代替。

当前所说（包括本书）的柔性制造大多是狭义上的柔性制造，其实际应用范围大多限于企业（车间）内部的零部件加工。狭义上的柔性制造（FM）实际上是以一种多品种、小批量（包括单件）同簇零部件的自动化、无人化加工为目标的产品生产方式；FM 可实现企业（车间）生产现场的零部件加工、装配、检测以及工件、刀具等物料装卸、输送、仓储的全面自动化，总体上属于 OT 领域。正因为如此，美国国家标准学会（American National Standards Institute，简称 ANSI）将 FMS 定义为"通过工件传输系统连接设备、输送工件，由中央计算机对机床和传输系统进行统一控制，可准确、快速实现几种不同零件自动化加工的柔性制造系统"。狭义上的柔性制造技术已完全成熟，并在先进制造企业得到了广泛应用。

2. 柔性制造的产生与发展

柔性制造及其他所有先进产品生产方式都必须使用数字化控制技术。数字化控制技术源自于数控机床（Numerical Control Machine Tools，简称 NC 机床）。

研发数控机床的最初目的是解决金属切削机床轮廓加工时的刀具运动轨迹控制问题，这一设想最初由美国帕森斯（Parsons）公司在 20 世纪 40 年代末提出。1952 年，帕森斯公司和麻省理工学院（MIT）联合，在一台辛辛那提（Cincinnati）公司生产的立式铣床上安装了一套试验性数控系统（Numerical Control System），成功地实现了三维空间的刀具运动轨迹控制。

1958 年，美国卡尼-特雷克（Kearney & Trecker，简称 K&T）公司研发出了全球首台带有自动换刀装置（Automatic Tool Changer，简称 ATC）的数控机床——加工中心（Machining Center），使得数控机床具备了多工序自动化加工的柔性。数控机床（包括加工中心，下同）的诞生，从根本上解决了工业生产设备的运动轨迹控制问题，为多品种、小批量零件的自动化、无人化加工奠定了基础。

1959 年，用于柔性制造的另一关键装备——工业机器人（Industrial Robot，简称 IR）由美国 Unimation 公司研制成功。工业机器人同样具有可编程、可进行多种自动化作业的柔性，它的诞生，不仅解决了产品生产过程中的装卸、搬运、装配柔性化问题，而且还可以替代、协助人类完成重复、繁重、单调的工作，或进行高温、粉尘、有毒、易燃、易爆等环境下的作业。

数控机床、工业机器人的出现，标志着多品种小批量零部件自动化、无人化加工所需的关键装备研发基本完成。在此基础上，再增添测量、仓储、输送设备，利用中央计算机进行集中控制，便可构成狭义上的柔性制造系统（FMS），实现多品种小批量零部件加工、装配、检测以及工件、刀具等物料装卸、输送、仓储的全面自动化。

数控机床和工业机器人等自动化设备具有独立的控制系统，运动可通过程序改变，数据可利用存储器保存，已具备智能制造最基本的"能力（应变力）"和"智力（记忆力）"。在此基础上，只需要增添控制系统的软件及配套硬件，便可进一步拓展"能力"和"智力"，满足敏捷制造（AM/FM）、智能制造（IM）的需要。因此，所谓的智能数控机床、智能工业机器人与柔性制造所使用的数控机床、普通工业机器人相比只是控制系统功能上的拓展，设备本身的结构和用途、主要技术参数并无区别。

数控机床和工业机器人不仅是柔性制造（FM）的基础装备，而且也是实现敏捷制造（AM/FM）、智能制造（IM）的关键装备，本书数控机床篇、工业机器人篇将对此进行详细阐述。

3. CIMS 与 FMS

实现广义上柔性制造的系统称为计算机集成制造系统（Computer Integrated Manufacturing System）或现代集成制造系统（Contemporary Integrated Manufacturing System），简称 CIMS。CIMS 是综合运用 OT 与 IT，将企业生产全部过程所涉及的人、技术、管理三要素以及产品设计、制造的全部信息有机集成并优化运行的复杂大系统，从这一意义上说，敏捷制造生态系统（SME）与智能制造系统（IMS）实际上也属于 CIMS 的范畴，但 SME、IMS 的含义更明确。

实现狭义上柔性制造的系统称为柔性制造系统（FMS）。国内外标准对 FMS 的定义大致相同，我国标准（GJB）将 FMS 定义为"由数控加工设备、物料运储装置和计算机控制系统组成的自动化制造系统，它包括多个柔性制造单元，能根据制造任务或生产环境的变化迅速进行调整，适用于多品种、中小批量生产"。

FMS 的概念由美国发明家 Jerome H. Lemelsons 率先提出，其最初设想是一个以工业机器人为主体，具有焊接、铆接、传送和检测功能的集成系统。在今天看来，这样的系统实际只是一个机器人多功能作业系统，并不能够实现从零部件加工、装配、检测到工件、刀具等物料装卸、输送、仓储的全面自动化。

一般认为，1967 年英国莫林斯（Molins）公司 Theo Williamson 研发的 Molins System-24 是全球首个真正意义上的 FMS。Molins System-24 由六台卧式加工中心及轨道式运输车、工件托盘、刀具托盘、自动化仓库等设备组成，目标是在无人看管条件下，实现 24h 连续加工。由于实用化的 FMS 大都采用了 Molins System-24 的设计思想，因此，学术界一般以 Molins System-24 的出现作为 FMS 正式诞生的标志。

4. FMC、FMS 及 FML

柔性制造单元（Flexible Manufacturing Cell，简称 FMC）是具有工件自动交换功能，能够实现较长时间无人化、自动化加工的数控加工设备，其结构形式较多。

在工业机器人出现以前，FMC 的工件交换和输送一般是通过数控机床配套的托盘自动交换装置（Automatic Pallet Changer，简称 APC）和托盘库或其他形式的工件自动装卸装置（Automatic Workpiece Changer，简称 AWC）实现。

以卧式数控加工中心为例，带 APC 的卧式加工中心如图 1.2-1（a）所示，这种机床具有 2 个可与床身分离并自动交换的工作台面（托盘），能够使得工件装卸和加工同步进行，以缩短加工辅助时间。机床如配套回转式或直线式输送的托盘库，便可构成图 1.2-1（b）所示的，能够进行无人化、自动化加工的 FMC。

由带 APC 的加工中心构成的 FMC，其工件交换动作可直接通过数控系统的辅助功能、辅助运动轴控制，容易实现。但是，FMC 需要将机床工作台面连同工装夹具、工件进行整体更换，对机床结构有特殊要求（具有可分离的托盘），并需要有多个托盘、多套夹具，因此，托盘库的占地面积大、单元制造成本高、工件交换时间长，此外，托盘装卸还会对机床本身及工件加工的精度产生一定的影响。因此，目前已逐步被使用工业机器人的 FMC 所替代。

利用工业机器人直接装卸工件的 FMC 典型结构如图 1.2-2 所示，它由日本 FANUC 公

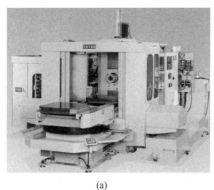 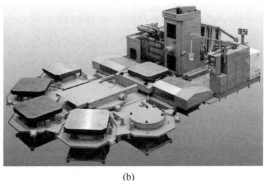

| (a) | (b) |

图 1.2-1　FMC 的早期结构

司在 1976 年率先研制。

　　工业机器人是一种具有独立控制系统、可编程的柔性设备,由数控加工设备和工业机器人构成的 FMC,不仅可直接在固定工作台上进行工件装卸操作,对机床结构无特殊要求,而且,还可用于加工、检测、仓储等设备间的物料搬运、装卸,其动作快捷、使用灵活、适用范围广。

　　工业机器人也可用于图 1.2-3 所示的托盘交换。采用工业机器人交换托盘的 FMC,不仅可更换工件,而且还能够同时更换夹具,使得 FMC 具备不同零件的加工功能,以适应现代数控机床高柔性和集成、复合加工要求。

 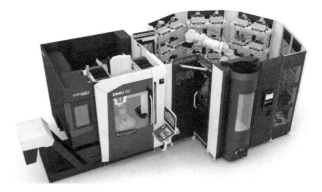

| 图 1.2-2　FMC 典型结构 | 图 1.2-3　采用工业机器人交换托盘的 FMC |

　　工业机器人装卸的 FMC 不仅为柔性制造提供了一种理想的自动化加工设备,而且也是敏捷制造、智能制造系统加工单元的典型结构。在 FMC 基础上,进一步配套检测设备、工件库、刀具库、物料输送线等,便可构成图 1.2-4 所示的典型 FMS 结构。

　　典型结构的 FMS 一般由若干数控机床、测量机组成的加工检测单元和以工业机器人为主体的物料装卸、输送、储存单元组成,系统的所有设备可在中央控制计算机的统一控制和管理下有序运行,对零部件进行长时间无人化、柔性化加工。

　　柔性制造系统(FMS)可长时间无人化加工,零件加工一次完成,其加工精度高、产品质量稳定、生产周期短、设备利用率高,它不仅较圆满地解决了机械加工自动化与柔性化之间的矛盾,同时也为敏捷制造、智能制造提供了理想的 OT 平台,因此,在机械加工行业得到了广泛应用。

FMS已相当成熟，系统的结构形式多样。例如，对于中等批量、外形类似的同簇零部件加工，为了提高生产效率，经常采用图1.2-5所示的自动生产线式结构，系统设备呈直线布置，然后，通过统一的轨道式输送装置和装卸机械手输送、装卸工件及刀具，这种结构的FMS习惯上称作柔性制造线（Flexible Manufacturing Line，简称FML）或柔性生产线（Flexible Product Line，FPL）。

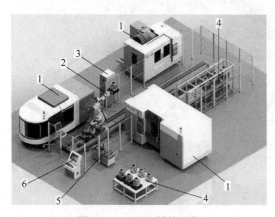

图1.2-4　FMS结构示例

1—数控机床；2—工业机器人；3—测量机；
4—工件库；5—刀具库；6—中央控制计算机

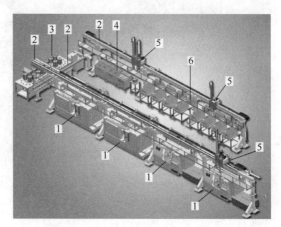

图1.2-5　FML结构示例

1—数控机床；2—工件输送线；3—毛坯库；
4—检测设备；5—装卸机构；6—成品库

FML与FMS的主要区别在物料输送系统上，FMS的生产节拍不固定，物料需要根据实际生产情况随机输送，因此，一般需要使用工业机器人、自动导向车（AGV）等柔性化输送设备；而FML的生产节拍一般不变，物料沿固定方向顺序传送，输送系统可直接利用可编程序逻辑控制器（PLC）控制。

FML的结构相对简单、控制方便、实现容易、生产效率高于FMS，并且可使用专用数控机床、可调整专用机床等自动化加工设备，因此，在汽车、摩托车零部件加工企业得到了广泛应用。FML实际上属于FMS的变形结构，两者并无太大的区别，本书对此不再进行严格区分。

5. FMS的技术特征

FMS的基本硬件一般包括加工检测、输送仓储和中央控制3部分。加工检测设备用于零部件加工与质量检查，常用的有数控机床、三坐标测量机等。输送仓储设备用于工件、刀具的装卸、输送和储存，常用的有工业机器人、机械手、工件输送线、自动导向车（AGV）、有轨制导车（RGV）、自动化仓库等。中央控制设备用于系统设备集成与上级控制器通信控制，通常包括计算机、人机界面、网络设备等。

FMS属于OT集成应用，其软件一般包括操作系统、计算机辅助设计与制造（CAD/CAM）、计算机辅助工艺（CAPP）、计算机辅助工程（CAE）、制造执行系统（MES）等。

FMS一般采用3层控制技术架构，底层为设备控制器，中间层为中央控制器，上层为管理计算机。设备控制器用于系统设备的基本控制，包括数控装置（CNC）、工业机器人控制器（IR控制器）、PLC等；设备控制器需要具备可编程功能，它一方面可通过程序自动运行，完成零部件加工、物流输送等动作，另一方面也可控制设备进行独立的手动调整、程序编辑调试等操作。中央控制器用于设备的集成和管理、调度，它可根据上级管理计算机的生产计划，将来自上级管理计算机的数控加工程序、测量程序、机器人作业程序等控制指令，传送到对应的设备控制器上，控制设备有序运行。管理计算机主要用来生成 CAD/CAM 加工程序、测量程序、机器人程序和生产计划等系统控制与管理信息。

FMS 的根本目的是实现多品种、小批量（包括单件）同簇零部件的自动化、无人化加工，核心理念是"灵活"，其技术特征主要体现在装备、工艺、管理的"柔性"上。FMS 的主要装备为数控机床、工业机器人等具备多品种小批量零部件加工能力的可编程、自动化设备；上级控制器可根据加工对象、原材料的变化，利用 CAD/CAM、CAPP 等软件，自动改变工艺流程，生成 CAD/CAM 加工程序、测量程序、机器人作业程序和生产计划；中央控制器可根据上级计算机的指令，自动管理和协调系统中的加工、检测、输送设备的运行，保证自动化加工过程的连续。

1.2.3　敏捷制造

1. 敏捷制造的含义

从 18 世纪到 19 世纪 70 年代的 100 余年中，随着工业自动化技术的快速发展，产品的加工、制造效率得到了大幅度提高，特别是 FMS 的出现，使得多品种小批量零部件的自动加工成为了现实。但是，产品设计和生产管理的形式实际上没有根本改变，设计和管理效率并没有得到太大提高。因此，如何在制造过程自动化的同时，通过信息技术（IT），全面实现从生产决策、产品设计到产品销售的整个生产过程的自动化，使企业能够在快速多变的市场面前变得"机灵"和"敏捷"，已成为 19 世纪 80 年代制造业所面临的重要课题。

敏捷制造理念由美国在 19 世纪 80 年代率先提出，并已在先进的制造企业得到了越来越广泛的应用。

对于 AM 和 SM，尽管至今还没有权威机构给予世所公认的定义，但其核心理念相同。例如，美国敏捷制造协会（AMEF）将 AM 定义为"能在不可预测、持续变化的竞争环境中，使企业繁荣和成长；面对顾客决定产品及服务的市场需求，具有迅速的反应能力"的一种生产方式；1994 年，美国机械工程师学会（American Society of Mechanical Engineers，简称 ASME）主办的《机械工程》杂志对 AM 的定义是"AM 就是指制造系统在满足低成本和高质量的同时，对变幻莫测的市场需求的快速反应"；等等。SM 的定义一般引用美国 Smart Manufacturing 领导联盟（SMLC）的提法，其定义为："SM 是一种通过人员、技术和组织无边界集成的动态机构，可以在短时间内完成设计、制造和安装，实现生产过程的快速运行的生产方式。"

由此可见，无论 AM 还是 SM，本质上都是以解决制造业产能过剩、客户个性化需求越来越多、市场变化越来越快、生产管理越来越复杂等现实问题，增强企业快速响应市场的能力、提高企业的竞争力为目标的产品生产方式；两者的核心理念都是提高企业的市场应变能力、快速满足客户的个性化需求，使企业在复杂多变的市场面前变得机灵、敏捷。

2. 敏捷制造的产生与发展

（1）AM 研究

美国的 AM 研究始于 20 世纪 80 年代末。当时，由于联邦德国、日本的制造业快速发展，大量高质量、低价格的产品被推向美国市场，导致美国经济出现了严重的衰退。为此，麻省理工学院（MIT）的工业生产力委员会（MIT Commission on Industrial Productivity）在美国国家科学基金会（NSF）和产业界的支持下，于 1986 年开始对美国经济衰退的原因展开研究，并得出了"一个国家要生活得好，必须生产得好"的基本结论。与此同时，MIT

提出的抑制美国经济衰退的对策是："建设具有强大竞争力的国内制造业，夺回美国制造业的世界领先地位，促进美国经济的复苏。"

MIT 的这一研究成果得到了美国国防部的重视。1987 年，美国国防部在提交国会的一份报告中指出：要重振美国经济，必须大力发展制造业，需要制定美国制造业发展的长期规划，恢复美国制造业的领先地位。这一报告在 1988 年得到了美国国会的批准。随后，美国国防部决定由美国通用汽车公司（GM）、理海大学雅柯卡研究所牵头，启动美国制造业发展规划研究项目。

美国制造业发展规划研究项目的核心团队由来自国防部代表、理海大学及通用汽车公司、波音公司、IBM、德州仪器公司、AT&T、摩托罗拉等 15 家著名公司的二十余人组成，参与单位多达百余家。经过 2 年多研究，研究团队提出了一种既能体现国防部及工业界各自要求，又能获取共同利益的产品生产方式——Agile Manufacturing（AM），并在 1990 年向社会局部公开。

1992 年，项目研究成果得到了美国政府认可。同年，由美国国防部高级研究所计划局（Advanced Research Projects Agency，简称 ARPA）和美国国家科学基金会（NSF）组建的美国敏捷制造企业协会（AMEF）正式成立，专门负责敏捷制造理论和实践的研究。敏捷制造企业协会后改称敏捷制造协会（Agility Forum），但仍使用简称 AMEF，参与的企业和其他组织多达 250 余家。

1993 年，美国国家科学基金会（NSF）联合国防部，先后在纽约、伊利诺伊、得克萨斯等州建立了 AM 国家研究中心，率先启动了电子、机床、航天航空和国防领域的 AM 研究工作；一些美国大公司开始将 AM 理念应用于产品生产，并取得了显著的效益。1994 年，美国正式发布了《21 世纪制造企业战略》（*Development Strategy of Manufacturing Sector in 21st Century*）报告，将 AM 确定为美国 21 世纪制造业的发展战略。

1995 年，美国建设了工厂自动化网（Factory Automation Network，简称 FAN）和国家工业数据库等 IT 基础设施，专门为 AM 提供生产能力、工程服务、产品价格和性能、销售和用户服务等各类公共服务。同年，美国洛克希德·马丁（Lockheed Martin）公司建设了"制造系统的敏捷基础设施网络（AIMS Net）"，实现了企业供应链的 Internet 管理。1996 年，美国通用电气（GE）公司建设了"计算机辅助制造网络（CAM Net）"，可通过 Internet 提供产品设计的可制造性、加工过程仿真及产品的试验等多种支撑服务。以上基础设施的建设，都为美国制造业的 AM 战略实施创造了良好的条件。

（2）SM 研究

Smart Manufacturing（SM）的概念实际上在 1986 年已有相关论文提及。到了 1998 年，最初提出智能制造概念的美国学者怀特和布恩，在 *Smart Manufacturing* 一书中，对 SM 理论和技术进行了较完整的论述。2006 年，Smart Manufacturing 领导联盟（SMLC），正式开始进行 SM 研究与实践。

SM 的理念先后被 2013 年德国发布的《保障德国制造业的未来：关于实施"工业 4.0"战略的建议》、2015 年日本发布的《2015 财年制造业白皮书》等多国官方文件引用。由于 SM 的正式提出晚于 AM，随着人工智能技术的发展，机器人视觉、专家系统等技术也在 SM 上得到了较多的应用，因此，在我国，经常有人将 Smart Manufacturing 译作"智能制造"。但是，从英文词义、技术特征和人工智能的应用范围上看（见前述），将 SM 视为 AM 的研究结论似乎更合适。

3. 敏捷制造系统

敏捷制造（AM/SM）的核心思想是：利用 IT 的信息和现代通信手段，快速配置技术、管理和人力资源，以有效、协调的方式快速响应用户需求，实现制造的敏捷化。简单地说，所谓敏捷制造，就是通过跨企业的多方合作，联合应对复杂多变的市场，快速生产出用户需要的各种产品。

美国敏捷制造协会（AMEF）提出的 AM 三大要素是集成、迅速和灵活，即：

① 利用网络和信息技术，实现跨企业、跨行业、跨地域的人员、技术和组织的无边界集成（Integration，Boundary-less among People，Technology and Organization）。

② 根据任务需要，灵活组建由经验丰富和获得授权的员工组成的项目团队（Skillful，Knowledgeable and Empowered Employees）。

③ 在短时间内完成设计、制造和安装，实现生产过程的快速运行（Quick Turn Around，Shorter Innovation Time，on Time Delivery，Fast Installation…）。

敏捷制造系统的基本组成如图 1.2-6 所示，系统由互联网（Internet）连接的动态组织机构和局域网（LAN）连接的制造执行系统（MES）软件以及适应多品种小批量零部件加工、制造的柔性制造系统（FMS）平台 3 大部分组成。

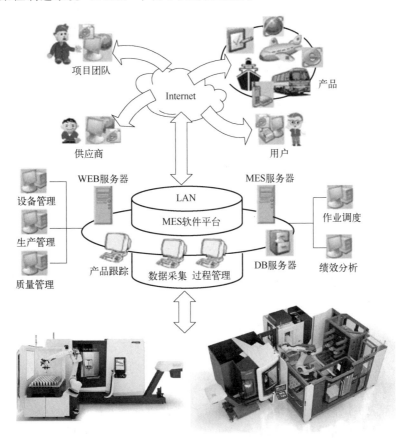

图 1.2-6　敏捷制造系统组成

敏捷制造（AM/SM）实现了 OT 和 IT 的融合，它可通过动态联盟（Dynamic Alliance）、虚拟公司（Virtual Company）等灵活的组织结构和创新的管理，集成全社会的人力、技术、设备资源，充分利用 IT 的优势，实现产品生产的快速化。因此，敏捷制造系统实际上是一个包含生命体（人类，主体）和机器（软硬件设备），能够自我调控、维持动态平衡和稳定，具有很大开放性的动态系统。正因为如此，美国国家标准与技术研究院（NIST）在其发布的《Smart Manufacturing 标准体系：制造范式》报告中，将敏捷制造系统称为"SM 生态系统（Smart Manufacturing Ecosystem）"。该报告中提供的 SM 生态系统（SME）的模型框架如图 1.2-7 所示。

SME 模型框架为 4 层制造金字塔（Manufacturing Pyramid，简称 Mfg Pyramid）结构，系统自下而上依次为现场设备（Field Device）、人机界面与分布式控制系统（Human Machine Interface/Distributed Control System，HMI/DCS）、主数据管理（Master Data Management，MDM）、企业资源计划（Enterprise Resource Planning，ERP）。

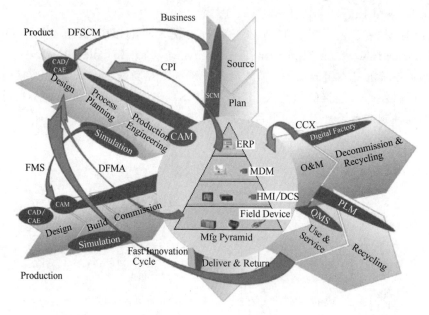

图 1.2-7　SME 模型框架

支撑 SME 运行的三大交叉子系统分别为：基于供应链管理（Supply Chain Management，SCM）的商业（Business）系统、基于产品生命周期管理（Product Life-cycle Management，PLM）和质量管理体系（Quality Management System，QMS）的产品（Product）系统和基于数字工厂（Digital Factory）的生产（Production）系统。

商业系统不仅可在产品生产前完成资源（Source）供应计划、产品方案（Plan）的制订，为产品系统提供供应链管理设计策略（Design for Supply Chain Management，DFSCM）；而且，还可对产品生产（Make）及生产完成后的产品运输（Deliver）、回收（Return）过程进行管理。

产品系统首先可按商业系统提供的供应链管理设计策略（DFSCM）以及现场设备数据（面向制造及装配的产品设计，DFMA），进行计算机辅助设计/工程（CAD/CAE）。然后，根据企业资源计划（ERP）提供的消费价格指数（Consumer Price Index，CPI），通过产品生命周期管理（PLM）、质量管理体系（QMS）系统，完成产品生产前的工艺规划（Process Planning）、生产工程（Production Engineering）设计和产品仿真（Simulation），为生产系统提供 FMS 的计算机辅助制造（CAM）数据。此外，产品系统还可以对产品制造

（Manufacturing）以及产品出厂后的使用服务（Use & Service）、回收利用（Recycling）数据进行全程管理，并形成快速创新循环（Fast Innovation Cycle）。

生产系统以 FMS 组成的数字工厂（Digital Factory）为支撑，系统可根据 CAD/CAE（Design）及产品系统提供的 CAM 数据，进行生产仿真，并完成产品的零部件加工、装配调试（Build）、出厂检验（Commission）工作；此外，还可以对产品出厂后的使用与维修（Operation and Maintenance，O&M）、停止使用与回收利用（Decommission and Recycling）过程进行全程管理，实现用户信息交换（Consume Computer Exchange，CCX）。

4. 敏捷制造的技术特征

综合美国敏捷制造协会（AMEF）、美国国家标准与技术研究院（NIST）对敏捷制造系统的定义，可以将敏捷制造系统的技术特征归纳为如下几点。

① 柔性的生产和管理。敏捷制造不仅要求企业利用 OT 实现"生产柔性"，更重要的是需要通过 IT 实现"管理柔性"。生产柔性是指企业必须具备多品种小批量产品的生产制造能力，快速适应市场需求；管理柔性强调 IT 应用，淡化组织边界，集中企业内部和外部的优势，以最快速度跨企业组建针对指定任务的临时性生产联合体——虚拟公司，快速完成产品的设计与制造。

② 先进的技术和装备。实施敏捷制造的企业需要具有领先的技术手段（OT）和掌握这些技术的人员、可快速重组的柔性加工设备、行之有效的质量保证体系，保证所设计、制造的产品不仅能够以最快的速度提供，而且还能够让用户满意。

③ 高素质的人员。敏捷制造需要用分散决策代替传统的集中管理，产品设计与制造需要由以任务为中心、动态组建的项目团队实施，需要通过项目团队对市场机遇的准确把握和快速反应，高效利用企业内外资源，在激烈的市场竞争中获取优势。这一工作不仅是无创造能力的计算机所不能承担，而且也不是思想僵化、被动接受指令的员工以及一般生产方式下的那些偏重于技术的工程师们所能承担的，它需要具有创造性思维、全面发展的"敏捷型劳动者"才能够胜任。

④ 用户的参与。在敏捷制造模式下，用户可以直接参与产品的设计过程，并根据自己的喜好提出设计要求，并且，产品设计、制造的全过程对用户都应该是透明的，甚至连产品服务阶段都需要有用户的介入。

1.3　智能制造系统架构与技术体系

1.3.1　智能制造系统架构

如前所述，智能制造（IM）是一种面向未来、目前尚处于研究与探索阶段的新型产品生产模式，至今还没有世所公认的定义，也没有形成统一的 IMS 模型。总体而言，IMS 应是信息技术（IT）、操作技术（OT）以及人类智慧三者的集成，是未来制造业所追求的目标，其最终目的是在提高产品研发速度、提高产品质量、降低生产成本、提高生产率和服务水平、减少故障和停机、提高产品竞争力的同时，大幅度减轻人类的脑力劳动和资源消耗，推动制造业向绿色、协调、开放、共享方向发展。

但是，由于不同国家、地区、企业所面临的问题有所不同，加上经济发展不平衡，工业基础和技术差距巨大，因此，在选择发展方向时，世界各国所考虑的战略重点必然有所不同，对 IM 的目标以及所设计的技术路线不可能完全一致，因此，难以形成普适性的 IMS 模型。此外，由于 IM 目前尚处于研究、探索阶段，现有的所有 IMS 架构实际上都来自于研究人员的有限经验或对未来的推测，因此，必定具有时效性，随着 IT（特别是 AI 技术）的发展和时间的推移，同样需要不断改进和完善。

目前，全球主要制造大国的智能制造系统参考架构有美国国家标准与技术研究院（NIST）发布的 IMS 结构模型（Intelligent System Architecture Model，简称 ISAM）、德国工业 4.0 平台发布的工业 4.0 参考模型（Reference Architecture Model Industrie 4.0，简称 RAMI 4.0）、日本工业价值链计划（Industrial Value Chain Initiative，简称 IVI）发布的工业价值链参考架构（Industrial Value Chain Reference Architecture，简称 IVRA）以及中国工信部和国家标准化管理委员会（SAC）联合发布的 IMS 架构（Intelligent Manufacturing System Architecture，简称 IMSA，详见后述）等。

1. ISAM

美国的先进制造技术发展十分注重社会协作、基础研究和技术创新。自 2011 年以来，美国先后启动了《先进制造伙伴计划》《美国先进制造业战略计划》《先进制造业美国领导力战略》等战略举措，IM 侧重于工业互联网、大数据、云计算、机器学习、虚拟现实等 IT 共性关键技术研究和系统顶层设计。

ISAM 是美国国家标准与技术研究院发布的一种智能系统结构模型，模型所描述的 IMS 结构如图 1.3-1 所示。

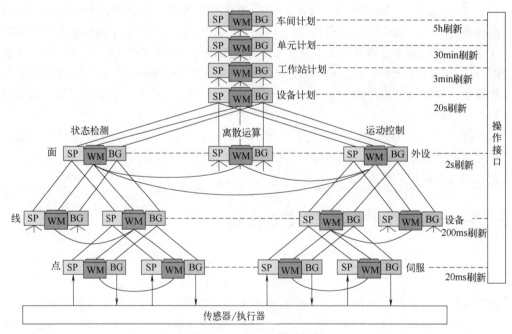

图 1.3-1 ISAM 模型框架

除 ISAM 外，美国还另外发布了一种可用于制造业及交通运输、能源、医疗保健、零售等行业的通用工业互联网参考架构（Industrial Internet Reference Architecture，IIRA，见后述），并从商业、使用、功能和实施 4 个视角，对产品的整个生命周期与相关价值流进行了完整描述。因此，ISAM 侧重于控制，它从 OT 的自动控制和 IT 的云计算、雾计算、边缘计算等大数据处理实时性要求的角度，对 IMS 的数据获取、分析和使用进行了整体规划和顶层设计，目标是通过实时处理来自机器、生产现场和人的各类数据，建立面向全球的互联世界模型，在此基础上，再通过操作接口与工业互联网对接，构建完整的跨企业、跨领域协作的智能化生产系统，实现 OT 和 IT 的融合。

ISAM 的智能数据处理包括感知处理（SP）、行为生成（BG）、互联世界模型建立（WM）3 个方面。数据获取、分析和使用自下而上依次分为现场控制、设备计划、工作站计划、单元计划、车间计划 5 个层次；其中，现场控制层属于 OT 领域，其数据处理包括状态检测、离散运算和运动控制 3 大内容，数据处理根据刷新速度要求，由高到低依次分为伺服控制（点）、设备控制（线）、外设控制（面）3 层。下层可为上层提供感知信息，上层可为下层生成行为动作。

传感器/执行器构成智能制造系统最基本的控制器件，智能系统的感知数据来自于生产现场安装的各类传感器，现场设备的各类执行器动作需要通过系统的行为数据进行控制。通过感知数据和行为数据的综合分析与处理，可生成系统不同层级的互联世界模型。系统所有层次的数据及生成的互联世界模型都可根据实际需要，通过系统的操作接口，连接到工业互联网，利用 IT 领域的云计算、边缘计算、机器学习、人工智能等技术进行综合处理，进行跨企业、跨领域协作，实现产品生产的敏捷化、智能化。

2. RAMI 4.0

德国制造业普遍注重技术应用和协作，其发展战略是工业 4.0，核心目标是通过 IT 的应用，构建新型的 Smart 工厂。工业 4.0 参考模型（Reference Architecture Model Industrie 4.0，简称 RAMI 4.0）如图 1.3-2 所示。

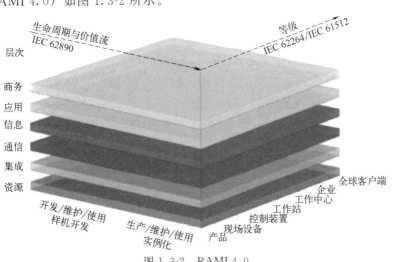

图 1.3-2　RAMI 4.0

RAMI 4.0 由层次（Layers）、等级（Hierarchy Levels）、生命周期与价值流（Life Cycle & Value Stream）3 个维度组成，将产品的生命周期与 OT、IT 应用层紧密结合，以实现设备与设备、设备与人、设备与工厂、工厂与工厂间的无缝对接和跨企业、跨行业的协作，最终形成一种高度灵活、敏捷的新型产品生产与服务模式。

RAMI 4.0 的第一个维度（垂直轴）为层次，它从 IT 应用的角度，设置了商务、应用（功能）、信息、通信、集成、资源 6 个功能层，下层可为上层提供接口、上层可使用下层的服务，各层也可实现相对独立的功能。

RAMI 4.0 的第二个维度（右侧水平轴）为等级，它从 OT 应用的角度，描述了功能层的不同等级。RAMI 4.0 的等级维度在 IEC 62264-1 和 IEC 61512-1（企业控制系统集成标准）标准规定的现场设备、控制装置、工作站、工作中心、企业的基础上，根据工业生产的特点和 OT 与 IT 融合的要求，在现场设备之下增加了"产品"层，在企业之上增加了"全球客户端（互联世界）"层，将现场设备与产品（传感器/执行器）、企业与原材料供应商及客户紧密关联，使生产过程控制由企业内部扩展到了所有合作伙伴。

RAMI 4.0 的第三个维度（左侧水平轴）从产品生命周期的角度，描述了从产品形成到终止使用的全过程与相关的价值流。RAMI 4.0 在参考 IEC 62890（工业过程测量、控制和自动化　系统和部件的生命周期管理）标准的基础上，将产品生命周期划分为了样机开发和实例化两个阶段。在样机开发阶段（Type），企业需要对产品进行初始设计，并对样机进行各种测试和验证，直到产品正式定型；在实例化阶段，将进行产品的工业化生产，所生产的每个产品都将成为系统的真实案例（Instance），由系统进行统一管理。样机开发与实例化构成闭环循环，它可为产品的改进升级及新一代产品的研发提供依据。

工业互联网是实现 RAMI 4.0 的必要条件，RAMI 4.0 的 3 个维度实际上都包含了工业互联网的建设要求，因此，RAMI 4.0 有时被视作德国的工业互联网模型。RAMI 4.0 也是我国智能制造系统架构（IMSA）的主要参考，两者已有部分内容可共通和互认（见后述）。

3. IVRA

日本制造业历来注重企业文化和企业管理，通过人力资源的最大化，来提高生产能力和创造效益。近年来，日本陆续实施了基于智能制造的社会 5.0、工业价值链倡议等政策，在智能制造领域，重点进行精益管理、面向服务的信息物理系统、服务机器人等技术研究和日本制造联合体的建设，希望以此来提高企业价值，并解决人口老龄化等社会问题。

日本工业价值链计划（IVI）所发布的工业价值链参考架构（Industrial Value Chain Reference Architecture，简称 IVRA）如图 1.3-3（a）所示。IVRA 侧重于 SM 生态系统（SME）在企业生产过程中的基层应用，目标是利用工业互联网，构建图 1.3-3（b）所示、能快速适应用户需求多样性和个性化的 Smart 单元（Smart Manufacturing Unit，简称 SMU），然后，通过建立企业的"宽松接口"，实现 SMU 的互联互通，构建日本制造联合体，提高生产效率。IVRA 有时也被视作日本工业互联网模型。

IVRA 由应用等级（Level）、知识/工程流（Knowledge/Engineering Flow）、需求/供应流（Demand/Supply Flow）3 个维度构成。应用等级分为设备（Device）、车间（Floor）、部门（Department）、企业（Enterprise）4 层；知识/工程流分为营销与设计（Marketing and Design）、构建与实施（Construction and Implementation）、制造执行（Manufacturing Execution）、维护与修理（Maintenance and Repair）、研发（Research and Development）5 个环节；需求/供应流分为主计划（Master Planning）、物流采购（Materiel Procurement）、制造执行（Manufacturing Execution）、销售和物流（Sales and Logistics）、后期服务（After Service）5 个环节。

IVRA 的任意环节均为由资源（Asset）、管理（Management）和活动（Activity）3 个维度组成的相对独立的 SMU。SMU 的资源维度分为设备（Plant）、产品（Product）、工序（Process）、人员（Personnel）4 个层次；管理维度分为质量（Quality）、成本（Cost）、交付（Delivery）、环境（Environment）4 个等级；活动维度使用的是管理学的计划（Plan）、执行（Do）、检查（Check）、改进（Action）4 个层次，并构成戴明环（Deming Cycle，即 PDCA 循环）。

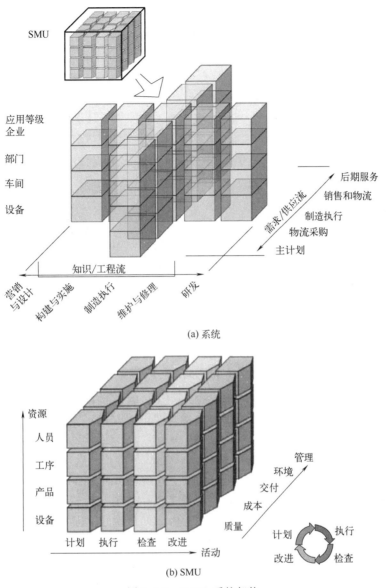

图 1.3-3 IVRA 系统架构

IVRA 是唯一将人力视为资源，并加入企业管理概念、强调精益生产的一种特殊模型，它只规定了组建 SMU 的基本要素，不同的企业可根据自身实际情况，从中选择一种最为适合的模型，不必为遵守唯一的公共模型而过多地改变自身的业务流程，以便更多的企业能够接受并使用参考模型，引导企业合作共赢，形成良性循环。

1.3.2 IMSA 系统架构

1. IMSA 系统架构概述

由于发展不平衡，我国产业升级采取的是"并行推进、融合发展"的技术路线，一方面在广大中小企业普及和推广数控机床、CAD/CAM 等基础装备和 OT 应用，另一方面坚持创新引领，通过产学研协同，进行 IT 领域的工业互联网、物联网以及大数据、云计算、人工智能等技术的应用研究和 IM 试点示范，逐步探索出一条适合中国国情的 IM 发展之路。

2015 年 12 月，在工信部和国家标准化管理委员会（SAC）联合发布的《国家智能制造标准体系建设指南》中，提出的 IMS 架构（IMSA）如图 1.3-4 所示。

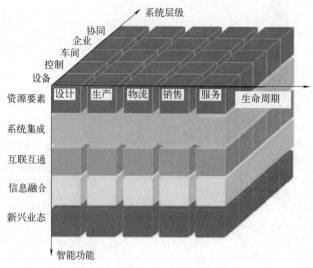

图 1.3-4　IMSA 系统架构

IMSA 从生命周期（Life Cycle）、系统层级（System Hierarchy）和智能功能（Intelligent Functions）3 个维度，对智能制造所涉及的活动、装备、特征等内容进行综合描述，为我国的 IM 标准化提供了技术依据。

① 生命周期。IMSA 的生命周期包含了从产品原型研发到产品回收再制造的过程，包括设计、生产、物流、销售、服务 5 层。

IMSA 生命周期中的设计是指根据企业条件及所选择的技术，对需求进行实现和优化的过程；生产是指企业通过物料加工、运送、装配、检验等活动，形成产品的过程；物流是指物品从供应地向接收地的实体流动过程；销售是指产品从企业转移到客户手中的经营活动；服务是指产品提供者与客户接触过程中所产生的一系列活动的过程与结果。

② 系统层级。IMSA 的系统层级是指智能制造的系统控制要求，包括设备、控制、车间、企业和协同 5 层。

IMSA 系统层级中的设备是产品生产所需要的各种物理设施，控制是指设备的状态检测和运行控制，车间是指车间的作业计划与流程控制，企业是指企业的经营管理和运行控制，均属于 OT 领域；协同是指企业内部和外部信息互联、共享和业务协同，属于 IT 领域。

③ 智能功能。IMSA 的智能功能是指制造活动所具有的功能特征及 IT 应用要求，包括资源要素、系统集成、互联互通、信息融合和新兴业态等 5 层。

IMSA 智能功能中的资源要素是指提供/使用系统信息的物理设备；系统集成是指信息的集中与统一控制；互联互通是指数据传输与信息交换；信息融合是指利用互联网及云计算、雾计算、边缘计算等大数据处理技术，实现的信息共享和协同；新兴业态是指物理空间资源要素和数字空间融合后所产生的各种新型业务经营方式和产业结构形式，如电子商务、在线教育等。

2. IMSA 与 RAMI 4.0

IMSA 主要参考了德国工业 4.0 参考模型（RAMI 4.0），两者已有部分内容可共通和互认，其对应关系如表 1.3-1 所示。

表 1.3-1　IMSA 与 RAMI 4.0 对应关系表

IMSA		RAMI 4.0	
维度	层	维度	层
智能功能	资源要素	Layers(层次)	Asset(资源)
	系统集成		Integration(集成)
	互联互通		Communication(通信)
	信息融合		Information(信息)
			Functional(应用)
	新兴业态		Business(商务)
系统层级	设备	Hierarchy Levels(等级)	Product(产品)
			Field Device(现场设备)
	控制		Control Device(控制装置)
	车间		Station(工作站)
			Work Center(工作中心)
	企业		Enterprise(企业)
	协同		Connected World(全球客户端)
生命周期	设计	Life Cycle & Value Stream(生命周期与价值流)	样机开发(Type)	Development(开发)
	生产		实例化(Instance)	Production(生产)
	服务			Maintenance/Usage(维护/使用)

　　IMSA 的智能功能维度与 RAMI 4.0 的 Layers（层次）对应。其中，资源要素、系统集成、互联互通、新兴业态层与 RAMI 4.0 的 Asset（资源）、Integration（集成）、Communication（通信）、Business（商务）层一一对应；IMSA 的信息融合层包含了 RAMI 4.0 的 Information（信息）和 Functional（应用）2 层内容。

　　IMSA 的系统层级维度与 RAMI 4.0 的 Hierarchy Levels（等级）对应。其中，设备层包含了 RAMI 4.0 的 Product（产品）和 Field Device（现场设备）2 层内容；控制对应 RAMI 4.0 的 Control Device（控制装置）；车间包含了 RAMI 4.0 的 Station（工作站）和 Work Center（工作中心）2 层内容；企业、协同分别对应 RAMI 4.0 的 Enterprise（企业）、Connected World（全球客户端）。

　　IMSA 的生命周期维度与 RAMI 4.0 的 Life Cycle & Value Stream（生命周期与价值流）对应。其中，设计对应 RAMI 4.0 样机开发（Type）的 Development（开发）层；生产对应 RAMI 4.0 实例化（Instance）的 Production（生产）层；服务对应 RAMI 4.0 实例化（Instance）中的 Maintenance/Usage（维护/使用）层。

1.3.3　IM 硬件平台与技术体系

1. IMS 硬件平台

　　智能制造的关键是通过互联网和 IT 应用，从组织和管理上实现设备、控制、车间、企业、协同层的纵向集成，从功能上实现资源要素、系统集成、互联互通、信息融合和新兴业态的横向集成，从产品生产流程上实现设计、生产、物流、销售、服务的端到端集成，以形成一种灵活、柔性的产品生产与服务模式；目的是利用人工智能等信息技术（IT），最大限度减少人类在产品设计、制造、服务过程中的介入。因此，IMS 必须以柔性制造设备作为硬件支撑，以满足产品生产柔性化、自动化和智能化的要求。

　　IMS 硬件平台是指用于产品零部件加工、装配、检测的物理设备及其控制系统，属于 OT 领域。IMS 硬件平台的典型结构如图 1.3-5 所示，IM 同样需要具备多品种小批量零部件加工、产品制造的柔性，因此，其硬件平台实际上与柔性制造系统（FMS）、敏捷制造系

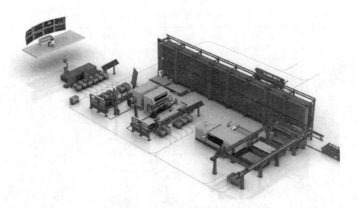

图 1.3-5   IMS 硬件平台

统（SME）并无区别。

IMS 硬件平台由生产现场的数控加工设备、工业机器人或其他工件装卸装置、自动化仓库、现场物料输送设备（自动导向车或其他传送装置）等自动化设备组成。用于生产现场物理设备、生产过程控制的技术均属于 OT 领域，它们在 IMSA 中，构成了图 1.3-6 所示的产品生命周期维度的生产层，系统层级维度的设备、控制和车间层，智能功能维度的资源要素、系统集成和互联互通 3 层。

例如，数控加工设备、工业机器人、自动化仓库、现场物料输送设备等属于 IMSA 模型的生产/设备/资源要素层（图 1.3-6 位置 1）；由数控加工设备和工业机器人等工件自动装卸设备构成的柔性制造单元（FMC）及自动化仓库和现场物料输送设备构成的物料储运单元，属于 IMSA 模型的生产/设备/系统集成层（图 1.3-6 位置 2）。

生产现场的自动化设备所配套的控制装置，如数控装置（CNC）、机器人控制器（IR 控制器）、可编程序逻辑控制器（PLC）等，在 IMSA 模型中属于生产/控制/资源要素层（图 1.3-6 位置 3）。用于 FMC、物料储运等单元控制的单元控制器，属于生产/控制/系统集成层（图 1.3-6 位置 4）。

制造单元、储运单元需要通过现场总线与中央控制计算机连接，由中央控制计算机进行集中、统一控制，以构成具有零部件加工、检测等功能的狭义上的 FMS；用于 FMS 控制的中央控制计算机及现场总线等软硬件，在 IMSA 模型中，分别属于生产/设备/互联互通层和生产/控制/互联互通层。用于产品不同零部件加工、检测、装配的多个 FMS，可由车间生产管理计算机和工业物联网（IIoT）互联，实现车间级的信息互联互通；车间生产管理计算机及工业物联网软硬件在 IMSA 模型中，属于生产/车间/互联互通层。

IMS 硬件平台可通过企业管理计算机和局域网，与企业的产品研发、采购、销售、财务、人事等部门的管理计算机连接，构成广义上的柔性制造系统（CIMS），实现企业内部的信息互联互通和 OT 与 IT 的融合，将 IMSA 模型延伸到物流销售/企业/信息融合层。最后，企业管理计算机可通过互联网融入互联世界，利用云计算等大数据处理和服务平台，实现全球性的信息共享和协同，将现实世界的物理资源和虚拟世界的数字资源融为一体，使 IMSA 模型拓展到服务/协同/新兴业态层，构成涵盖产品整个生命周期全部资源和所有功能的完整智能制造体系。

2. IMS 技术体系

IMS 主要涉及操作技术（OT）和信息技术（IT）两大领域：OT 用于现实世界的物理

设备和生产控制，实现产品生产的自动化；IT 用于虚拟世界的数据和信息应用，实现产品研发、生产、使用、服务的敏捷化和智能化。

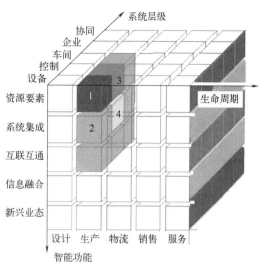

图 1.3-6　硬件平台的层级

根据 OT 与 IT 的应用范围和重要性，将 IMSA 技术标准体系划分为如图 1.3-7 所示的基础技术（A 类）、关键技术（B 类）和工业应用技术（C 类）3 大类。

① 基础技术。基础技术（A 类）包括现代制造必须使用的计算机数字控制（CNC）、计算机辅助设计/制造/工艺/工程（CAD/CAM/CAPP/CAE）以及用来保证系统安全、可靠运行的安全性、可靠性技术和用来检查、评估、衡量系统质量的检查和评价技术等，其涉及面广、通用性强，本书不再一一介绍；其中，企业资源计划（ERP）、供应链管理（SCM）、制造执行系统（MES）是企业信息化管理和实现敏捷制造、智能制造的关键技术，有关内容可参见本章后述。

② 关键技术。IMSA 定义的智能制造关键技术（B 类）包括智能服务（BA）、智能工厂（BB）、智能装备（BC）、智能赋能技术（BD）、工业互联网（BE）5 个模块。其中，智能装备（BC）不仅是实现生产自动化和构成智能工厂（BB）的基本物理资源，同时也是智能服务（BA）、智能赋能技术（BD）等技术的主要应用对象，本书后述章节将对其进行具体阐述。智能服务（BA）、智能赋能技术（BD）、工业互联网（BE）实际上包含工业大数据的云计算、雾计算、边缘计算处理，虚拟世界的数字仿真，以及物联网、信息物理系统等诸多新技术，有关内容参见后述。

③ 工业应用技术。工业应用技术（C 类）是用来实现不同行业产品特殊要求的各种技术。例如，数控机床和工业机器人的速度、位置控制和刀具、工件自动交换技术；轨道交通的安全行驶、线路控制和自动驾驶技术；航天航空的导航、自动驾驶和飞行管理技术等。其中，数控机床和工业机器人是所有行业产品加工所必需的基本设备，本书后述的章节将对相关技术进行具体阐述，其他工业应用技术的专业性强、应用面相对较窄，本书不再一一介绍。

IMSA 技术标准体系实际包含了 OT 和 IT 两大领域，OT 和 IT 的融合不仅是实现 IM 的关键，而且也是制造业数字化转型的核心。

1.3.4　OT 与 IT 融合

1. IMS 技术领域

IMSA 技术标准体系涵盖了现代操作技术（OT）和信息技术（IT）两大技术领域。全球著名工业 HMI 软件供应商美国感应自动化公司（Inductive Automation）在其发布的《工业物联网：OT 与 IT 的最佳融合（IIoT：Combining the Best of OT and IT）》白皮书中，对 IMS 常用 OT、IT 的划分如图 1.3-8 所示。

OT 技术包括数据采集与监控软件（SCADA Software）、嵌入式计算技术（Embedded

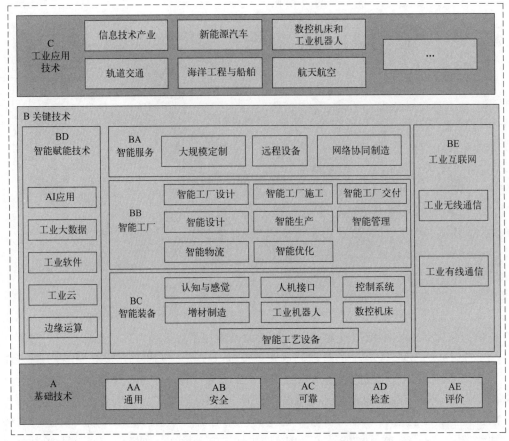

图 1.3-7　IMSA 技术标准体系

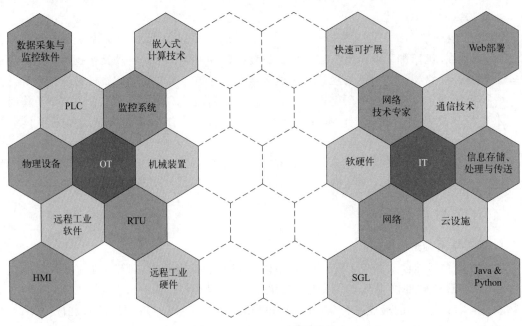

图 1.3-8　OT、IT 主要技术

Computing Technologies)、PLC、监控系统（System for Monitoring & Controlling）、物理设备（Physical Plant Equipment）、机械装置（Machinery）、远程工业软件（Remote Industrial Software）、远程终端（Remote Terminal Unit，RTU）、人机界面（HMI）、远程工业硬件（Remote Industrial Hardware）等；IT 技术包括快速可扩展（Rapid Scalability）、Web 部署（Web-based Deployments），网络技术专家（Experts in Networking Technologies），通信技术（Communication Technologies），软硬件（Software & Hardware），信息存储、处理与传送（Store、Process & Deliver Information），网络（Networks），云设施（Cloud Infrastructures），SGL 语言，Java & Python 语言，等。

OT 的优势在于对实际物理过程和设备的直接控制和监控能力，在 IMS 中，主要用于生产过程的控制、设备的监控和维护、质量检测等方面，能够帮助企业实现生产自动化和智能化。IT 的优势在于数据处理和信息管理的高效性和精确性，在 IMS 中，主要用于生产计划管理、库存管理、供应链管理、质量管理等方面，以帮助企业实现信息化管理和数字化转型。OT 和 IT 在企业中的应用可分为图 1.3-9 所示的现场、车间、工厂 3 级。

现场设备用于生产现场加工检测、物料输送和仓储，设备控制系统（CNC、IR 控制器、PLC、分布式控制系统 DCS/现场总线控制系统 FCS 等）可通过现场总线、工业以太网、无线网络互联互通。车间设备（HMI、SCADA）用于生产过程管理，它们可通过工业以太网/无线网络互联互通，对现场设备进行集中、统一控制。现场、车间级控制均针对现实世界的物理设备和生产过程，属于 OT 领域。

工厂级控制用于产品生命周期管理（Product Life-cycle Management，PLM）、供应链管理（Supply Chain Management，SCM）、企业资源计划（Enterprise Resource Planning，ERP）、客户关系管理（Customer Relationship Management，CRM），它们可通过企业办公网互联互通。企业管理使用的是虚拟世界的数据和信息，属于 IT 领域。

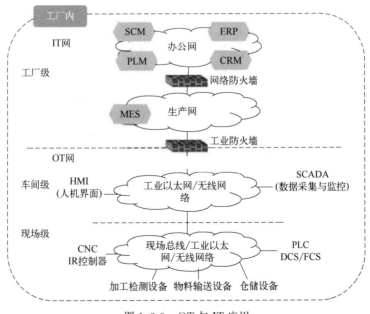

图 1.3-9　OT 与 IT 应用

现实世界的物理设备和生产过程可通过制造执行系统（Manufacturing Execution System，MES）与虚拟世界的数据和信息融合，实现工业自动化（OT）和管理信息化（IT）

的集成，使产品生产由自动化、柔性化上升到敏捷化、智能化。

2. OT 及其特征

操作技术（Operation Technology，简称 OT）又称运营技术，著名的咨询公司美国高德纳（Gartner Group）对 OT 的定义为："直接监控和/或控制工业设备、资产、流程和事件，用来检测物理过程或使物理过程产生改变的硬件和软件。"在工业领域上，OT 就是为工业自动化提供技术支持，用来保证生产过程正常进行的各种方法、工具与技能的总和，如用于设备操作、自动化控制、柔性制造的各类软硬件等。

OT 的核心是将人类的知识转化为他人（包括机器）能理解的一种可执行的知识体系，尽管在不同场合其定义可能有所区别，但总体来说，OT 主要具有以下技术特征。

① OT 主要面向用于物理资源的控制和管理，所有工业控制系统（CNC、PLC、DCS、SCADA 等）以及用于物理资源管理的大规模协作（Mass Collaboration，简称 Mass）、即时生产（Just in Time，简称 JIT）、看板管理（Kanban Management，简称 KBM）、柔性制造系统（FMS）等，均属于 OT 领域；用于虚拟资源管理的 SCM、ERP、PLM 等应用软件属于 IT 领域；用来连接物理资源和虚拟资源的制造执行系统（MES）实际上介于 IT 和 OT 之间，但通常将其归入 IT。

② OT 与业务、流程、商业模式、场景等有关，并存在于任何企业。在 IT 概念出来之前，OT 代表着企业的核心竞争力，长期在企业居主导性地位；但是，由于不同设备、物资、人员有所不同，企业管理者和员工的理念、方法、知识和掌握的数据、情报、技能存在区别，OT 的技术程度也有高有低。

③ 在智能制造系统中，OT 主要用于生产过程控制、设备监控和维护、产品质量检测等，它是实现产品生产自动化、柔性化、智能化的关键。OT 包含数据采集、设备远程监控等技术，现代 OT 需要使用有线、无线网络。

④ OT 的载体是计算机系统或其他运用计算机技术的控制系统，由于系统直接面向工业生产的物理设备和过程，安全稳定、高质高效运行是 OT 的首要目标，因此，长期以来都以专用系统、专用网络和专用软件的形式存在；与 IT 相比，OT 的标准化工作相对滞后、技术开放性较差。

3. IT 及其特征

信息（Information）和信息技术（Information Technology，简称 IT）在不同场合有多种不同的描述。从广义上说，信息是能够通过人类器官获得的，反映现实世界的运动、发展、变换状态和规律的所有信号与消息；信息技术是指能够充分利用与扩展人类信息器官功能的各种方法、工具与技能的总和。从狭义上说，信息是以文字、图像、声音、符号、数据等介质表示的事件、事物、现象等的内容、数量或特征；信息技术是指利用计算机、网络、广播电视等各种硬件设备、软件工具与科学方法，对图文声像等各种信息进行采集、存储、加工、传递与使用的技术总和。简言之，信息是现实世界中可为人类所获取的一切事实和知识，信息技术是研究如何获取、处理、传递和使用信息的技术。

当代信息技术（Information Technology）实际上已经融合了互联网技术（Internet Technology，亦称 IT）和通信技术（Communication Technology，简称 CT），因此，也有人将其称为信息通信技术（Information and Communication Technology，简称 ICT）。

随着计算机、智能手机、智能家电和互联网的日益普及，IT 已深入社会生产、人们生活的各个领域，并对社会文化、经济结构、生活方式产生深刻的影响。互联网为人们建立了便捷的知识传播通道，促进了人类知识水平的提高；越来越多的人正在利用计算机、智能手机等设备，生成、处理、交换、传播和使用各种各样的信息；电子商务、电子媒体、电子政务、网络办公等技术的发展和普及，促进了网络经济等新兴业态和公共服务体系的形成等。在工业领域，以计算机为代表的信息技术引发了第三次工业革命，信息正在成为工业生产的基本要素和战略资源，在优化资源配置、推动传统产业升级、提高社会劳动生产率等方面发挥越来越重要的作用，成为了新时期经济增长的重要引擎。

IT 的范围极广，例如，按形态可分为物化（硬件）与非物化（软件）技术；按流程可分为信息获取、传递、存储、处理及标准化技术；按功能可分为基础技术、支撑技术、应用技术等，在此不再一一说明。

作为技术，IT 同样具有所有技术共同的特征，即：方法的科学性、工具设备的先进性、技能的熟练性、经验的丰富性、作用过程的快捷性、功能的高效性等。然而，由于 IT 的服务主体是信息，核心功能是提高信息处理与利用的效率、效益；信息的秉性决定了 IT 具有区别于其他技术的个体特征，即：普遍性、客观性、相对性、动态性、共享性、可变换性等。IT 的工业应用特点如下。

① IT 包括计算机硬件和软件、网络和通信技术、应用软件和开发工具等。例如，用于数据存储、处理和传输的计算机、网络通信设备等硬件；用于信息搜索、存储、检索、分析、应用的企业资源计划（ERP）、制造执行系统（MES）、客户关系管理（CRM）、供应链管理（SCM）、办公自动化（Office Automation，简称 OA）等应用软件和开发工具。

② IT 主要应用于企业内部的信息管理、业务处理、数据分析等领域。例如，制造业的生产计划管理、库存管理、供应链管理等。

③ IT 的核心是使企业能够通过大数据提高竞争力。工业互联网、物联网及云计算、雾计算、边缘计算（见后述）等新兴业态的出现和发展，使得信息能被更快、更准地收集、传递、处理并执行，它们是 IT 的最新应用形式。

④ IT 作为制造业从柔性制造上升到敏捷制造、智能制造的关键技术，必须能够映射、捕获、处理、分析产品整个生命周期的各种信息，并通过物理业务的数字化、信息化处理，创建虚拟世界的数字模型，才能满足供应链的协调和优化、用户使用和维护等需求，实现产品生产的敏捷化和智能化。

4. OT 与 IT 融合的意义

OT 的核心是自动化，注重的是现实物理世界的设备和控制；IT 的核心是敏捷化，强调的是虚拟世界的数据和信息应用；OT 与 IT 的融合，可实现工业自动化和信息化的结合，使产品生产由自动化、柔性化上升到敏捷化、智能化。

例如，在 FMS 等 OT 平台上，利用 IT 的实时数据采集、传输功能，可提高企业对生产过程的实时监控和管理能力，及时发现和处理异常情况，并快速调整生产计划，保证产品生产的安全性、可靠性和敏捷性；利用 IT 的数据存储、分析功能，可形成产品的数字化生产过程和企业的数据资产，使产品生产具有可追溯性，为优化资源配置、调整生产流程、提高产品质量和生产效率提供依据，提升企业的决策能力和管理水平，实现产品生产的智能化等。因此，业界普遍认为，OT 和 IT 的融合是制造业实现数字化转型的核心，两者的融合程度是衡量一个企业数字化转型成功与否最直接的标准。

在制造业，OT 与 IT 的融合主要包括数据融合化、服务个性化、生产最优化、设备智能化等内容。数据融合化需要将 OT 采集到的实时数据和 IT 管理的业务数据进行整合和分析，实现全面的数据管理和利用；服务个性化需要通过 IT 实现对 OT 生产服务的个性化定制和智能化管理，提高客户满意度和市场竞争力；生产最优化需要通过 IT 对 OT 生产过程进行实时监测和控制，实现生产过程的最优化，提高生产效率和产品质量；设备智能化需要通过 IT 技术对 OT 设备进行智能监控和预测性维护，实现设备故障预警和预防性维护，提高设备效率和减少停机时间等。

OT 与 IT 融合的优点显而易见，然而，由于 OT 和 IT 属于不同的技术领域，两者的理念和方法存在明显的差异，因此，即使在提出 IT 和 OT 融合概念的美国，以及制造业高度发达的德国和日本，对此也处于探索阶段，目前尚未形成标准的解决方案和应用模式。

作为参考，图 1.3-10 是全球著名自动化企业日本横河电机株式会社（YOKOGAWA）提出的利用工业物联网（Industrial Internet of Things，IIoT）实现 OT 和 IT 融合的技术架构。

在 IMS 中，用于企业内部各类生产现场（Plant A、B）物理设备、生产过程的操作管理与控制（Operations Management & Control）的技术属于 OT 领域，它们可通过面向产品的关键任务解决方案（Mission Critical Solutions）实现集成。

涉及供应商和用户（Enterprise X/Y/Z）的供应链协作与优化（Supply-chain Collaboration & Optimization）、工程优化与维护（Engineering Optimization & Maintenance）以及用于企业内部的生产过程优化与分析（Process Optimization & Analytics）等技术，大多属于 IT 领域。其中，涉及企业外部的供应链协作与优化等信息，可通过工业互联网（Industrial Internet）和云计算（Cloud Computing）等云端解决方案（Cloud-based Solutions）集成与处理；但是，工程优化与维护的远程控制（Remote Solutions）以及生产过程优化与分析等技术，对信息处理的实时性、安全性要求较高，需要通过工业物联网（IIoT）和边缘计算（Edge Computing）/雾计算（Fog Computing）等边缘/雾解决方案（Edge/Fog Solutions）集成与处理。

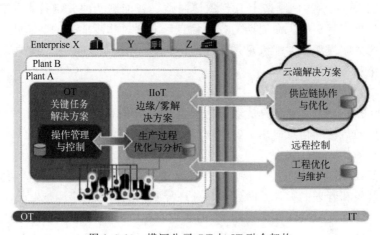

图 1.3-10　横河公司 OT 与 IT 融合架构

为了使读者能对 IMS 的支撑技术有比较完整的了解，本书第 2 章将就信息通信、大数据及处理、应用软件系统 3 方面，对智能制造所涉及的 IT 进行具体说明；有关 OT 的内容，将在第 3 章及后续章节阐述。

信息技术与应用

2.1 人工智能与机器学习

2.1.1 人工智能的产生与发展

"智能"是智能制造区别于其他产品生产方式最重要的特征，它需要机器能够像人一样，进行分析、推理、思考和决策，才能完成一些需要人类通过脑力劳动才能完成的复杂工作，从而最大限度减轻人类在产品设计、制造、服务过程中的脑力劳动，因此，人工智能（Artificial Intelligence，简称 AI）无疑是智能制造最重要的技术支撑。

AI 不仅需要机器具有逻辑推理能力，而且还需要具有形象思维，甚至灵感思维能力，才能真正模拟人类的智能，它需要涉及哲学、经济学、教育学、文学、理学、工学、医学、管理学等几乎所有的自然科学和社会科学的学科，其研究范围实际上已远远超出了计算机科学和电子信息的范畴。但是，AI 本质上是对人类思维过程的信息模拟，研究的主要物质基础及实现的技术平台仍然是计算机，因此，在我国，通常将其归入工学的计算机科学或电子信息类，属于 IT 领域。

1. AI 的产生与定义

AI 的研究最早可追溯到 1943 年美国科学家麦卡洛克（Warren McCulloch）和皮茨（Walter Pitts）提出的神经元逻辑模型，它比计算机的出现（1946 年）更早。1950 年，英国曼彻斯特大学（The University of Manchester，简称 UoM）数学家图灵（Alan Mathison Turing）发表了著名的论文《机器能思考吗?》，预言了人类制造出智能机器的可能性；1952 年，他又提出了著名的图灵测试（Turing Test）实验，即：让机器与人类对话，如果有 30％以上的人不能分辨出它是一台机器，那就可以认为机器具备了智能。由于图灵对计算机应用和 AI 研究所作出的杰出贡献，后人将他称为"人工智能之父"，美国计算机学会在 1966 年设立的代表全世界计算机研究领域最高成就的奖即以图灵命名（图灵奖）。

AI 的正式提出始于 20 世纪 50 年代中期。1955 年，美国信息论创始人香农（Claude Elwood Shannon）、计算机科学家纽厄尔（Allen Newell）、管理学家西蒙（Herbert Simon）等人研发了人类历史上的第一个被称为"逻辑理论家（Logic Theorist）"的 AI 程序，并创立了沿用至今的利用树状网络分析问题、寻找答案的分析方法。

1956 年，为解决树状网络的"结构复杂"等问题，香农、纽厄尔、西蒙和美国人工智能创始人麦卡锡（John McCarthy）、认知学家明斯基（Marvin Minsky）、机器学习创始人萨缪尔（Arthur Samuel）等专家学者，在美国达特茅斯学院（Dartmouth College）召开了人类历史上第一次人工智能技术研讨会。会上，麦卡锡首次使用了"Artificial Intelligence（AI）"这一术语，并提出了"AI 就是要让机器的行为看起来就像是人所表现出的智能行为一样"这一人工智能的最初定义；萨缪尔则提出了机器学习（Machine Learning，简称 ML）的概念，并给予了最初定义（详见后述）。达特茅斯会议在 AI 发展史上具有里程碑意义，此后，AI 逐步发展为独立的研究领域，形成了一门前沿学科。

"智能"涉及意识（Conscientious）、自我（Self）、思维（Mind）与无意识思维（Unconscious Mind）等诸多心理学概念，为了让机器能够像人一样思考，那就需要知道"什么是思考？什么叫智慧？智慧能否用简单的原则描述？"等哲学问题。然而，截至目前，人类唯一能够了解的智能仅局限于自身，且非常有限，因此，目前很难对人工智能进行准确的定义。

作为 AI 的创始人之一，美国斯坦福大学（SU）教授尼尔森（Nils John Nilsson）对 AI 的定义为"AI 是关于知识的学科，是研究怎样表示、获得和使用知识的科学"，美国麻省理工学院（MIT）教授温斯顿（Patrick Winston）认为"AI 是研究如何使计算机去做过去只有人才能做的智能工作"，这些观点都反映了 AI 的基本思想和内容。大致而言，AI 是研究如何利用计算机的软硬件，来模拟人类智能行为的理论、方法和技术的总和。

2. AI 的发展

以人类的智慧创造出堪与人类大脑相比拟的机器是一项极具吸引力的研究，人类为了实现这一梦想也已经奋斗了很多年，并经历了曲折的发展历程。

20 世纪 70 年代以前，AI 研究主要集中在美国的高等学府和科研机构，如卡内基梅隆大学（CMU）、斯坦福大学（SU）、麻省理工学院（MIT）、阿贡国家实验室（Argonne National Laboratory，简称 ANL）等。

1957 年，卡内基梅隆大学（CMU）建立了全球第一个 AI 研究实验室；同年，麻省理工学院（MIT）的香农等人研发出了通用问题求解程序（General Problem Solver，GPS），使计算机具备了解决一些常见问题的能力。1960 年，麻省理工学院（MIT）麦卡锡教授等人研发出了作为重要技术工具并沿用至今的 AI 程序设计语言 LISP。1963 年，纽厄尔公开了问题求解程序。这些研究都标志着计算机研究进入了模拟人类思维的发展阶段。

AI 技术的发展也引起了美国政府的高度重视。1963 年，在美国政府的支持下，麻省理工学院（MIT）开始了军事领域的机器辅助识别等技术的研究。1965 年，美国阿贡国家实验室（ANL）的 John Alan Robinson 教授提出了归结原理（Resolution Principle），并在自动定理证明领域获得了重大突破；同年，麻省理工学院（MIT）的 Joseph Weizenbaum 教授等人研发出了第一个 AI 聊天机器人 Eliza。

20 世纪 70 年代，AI 技术研究逐渐引起世界各国的重视，计算机也开始有了简单的思维和视觉能力。1970 年，著名的 AI 杂志 *Artificial Intelligence Journals* 在荷兰创刊，对推动 AI 技术发展、促进学术交流起到了重要作用。1972 年，法国艾克斯-马赛大学（Aix-Marseille University，简称 AMU）教授 A. Colmerauer 等人研发出 AI 程序设计的另一编程语言 PROLOG，它与 LISP 语言一样，成为 AI 研究的重要技术工具，沿用至今。

在美国，AI 研究同样取得了重大的成就，如麻省理工学院（MIT）的 Terry A. Winograd（1973 年加入斯坦福大学）研发出了 SHRDLU 自然语言书面理解系统，使 AI 领域出现了自然语言处理这一新的学科。斯坦福大学教授 E. H. Shortliffe 等人历时 5 年多，利用 LISP 语言编写出了用于诊断和治疗感染性疾病的专家系统 MYCIN，标志着 AI 技术已开始从理论走向应用。

但是，由于当时的基础科技发展水平以及可获取数据量等因素的限制，AI 技术也在机器翻译、问题求解、机器学习等应用上出现了一些问题，加上语音、图像识别等简单机器智能的研究工作进展缓慢，导致人们对 AI 的发展前途产生了疑问。20 世纪 70 年代中后期，美、英等国曾大幅下调 AI 研究投入，使 AI 发展进入了相对停滞的状态。

1977 年，美国斯坦福大学教授 Edward Albert Feigenbaum 通过研究和实验，证明了实现智能行为的主要手段是知识，并提出了"知识工程（Knowledge Engineering）"这一全新的概念，引发了以知识工程和认知科学为核心的 AI 研究高潮，知识工程逐步演变成了 AI 领域中成果最丰盛、影响最大的分支。随着专家系统和知识工程的迅速发展，部分 AI 产品开始成为商品并进入人们的生产和生活领域。

20 世纪 80 年代，人工神经元网络的相关研究取得了突破性进展。1982 年，美国物理学家 John Hopfield 研发出了一种全互联递归神经元网络（Hopfield 神经网络），提供了计算机模拟人类记忆的模型，并在 1985 年成功解决了"旅行商问题（Traveling Salesman Problem，简称 TSP）"。1986 年，美国加州大学（University of California）的 David Rumelhart 创建了误差反向传播（Error Back Propagation Training，简称 BP）算法，解决了多层神经网络隐含层连接权学习问题。在 AI 应用领域，机器视觉技术已能区别黑白、分辨物体形状，开始逐步进入市场，到 1985 年，美国已有 100 多家公司开始生产机器视觉系统。

但是，自 1986 年起，由于联邦德国、日本的制造业快速发展，大量高质量、低价格的产品被推向美国市场，美国经济出现了严重的衰退，AI 市场需求急剧下降，使 AI 企业蒙受了巨大损失。

自 20 世纪 90 年代中期以来，随着机器学习和人工神经网络等技术研究的深入，AI 技术再次进入了快速发展期，并在深度学习上取得了令人瞩目的成就。例如，1997 年 5 月，IBM 公司研发的"深蓝（Deep Blue）"计算机战胜了当时的国际象棋世界冠军俄罗斯国际象棋特级大师 Garry Kasparov；2016 年，Google 公司研发的计算机 Alpha Go 战胜围棋世界冠军韩国围棋大师李世石；2022 年美国人工智能研究公司（OpenAI）研发的 ChatGPT 聊天机器人实现了与人类进行语言交流等。特别是在 2022 年 6 月，加拿大多伦多大学（University of Toronto，简称 UofT）人类学家 Michael Chazan 与以色列 AI 研究团队合作，利用一款可以识别暴露在 200～300℃ 温度下的细微迹象的 AI 深度学习工具，在以色列的一处 100 万年前的考古遗址中，发现了古代人类用火的证据，这一发现被认为是有史以来最重要的技术创新之一。

但是，客观地说，以上成就也只是 AI 在特定条件下所获得的成功，它并不能代表机器的智慧已经超过了人类。因为，人类解决问题通常是会使用最快捷、直观的判断，而不是像计算机那样需要进行逐步推导。计算机的智能需要人给予，而人类的智能如此之复杂，不可能将全部想法与知识、信息全部告诉计算机。以目前的科学技术，AI 实际上还远远不能做到用机器代替人。

2.1.2　人工智能的研究与应用

1. AI 研究

当前，AI 的主要研究内容包括机器学习、自然语言处理（语音识别、翻译、分析等）、计算机视觉（图像识别、自动跟踪等）等，其中，机器学习是支撑所有 AI 技术的基础理论，有关内容详见后述。

AI 研究至今还未形成统一的原理或范式，在许多问题上，研究者还存在争论。大致而言，在机器模拟人类思维的方法上，目前主要有结构模拟和功能模拟 2 种实现方式。

① 结构模拟。结构模拟是仿照人类大脑的结构机理，制造出类似人脑、有知觉和自我意识、真正具备推理和决策能力的机器，这种人工智能研究称为"强人工智能（Bottom-up AI）"。强人工智能是一项充满风险的研究，一旦机器拥有自主意识，就意味着机器具有与人类一样甚至超越人类的创造性、自我保护意识、情感和自发行为，甚至反抗人类、危及人类安全。强人工智能目前尚处于研究和探索阶段，其最终实现还有待科学家们的不断努力，或许这是一个人类永远无法达到的目标。

② 功能模拟。功能模拟是撇开人脑的结构机理，仅模拟它所能实现的思维功能，让机器看起来像是具备智能，但是并不真正拥有知觉和自我意识，这种人工智能研究称为"弱人工智能（Top-down AI）"，其典型的例子就是机器学习。弱人工智能是目前 AI 研究的主流，其发展迅速，并带动了相关产业的技术进步，很多原来需要用人来做的工作如今已能通过机器完成。

功能模拟（弱人工智能）需要通过机器学习实现，其实现方法可分为工程学方法和模拟法 2 大类。

① 工程学方法。工程学方法（Engineering Approach）采用的是传统编程技术，它可以使机器呈现智能效果，但不考虑所用方法是否与人类或动物机理相同。例如，可以利用指纹、人脸、视网膜、虹膜、掌纹等各种方法识别不同的人，利用逻辑推理程序来证明公式、定理及与人类下棋等。工程学方法主要用于文字图像识别、游戏娱乐等方面，主要的机器学习算法有支持向量机（Support Vector Machine，SVM）、卷积神经网络（Convolution Neural Network，CNN）等。

② 模拟法。模拟法（Modeling Approach）不仅要使机器呈现智能效果，还要求使用与人类或动物相同或类似的机理，主要的机器学习算法有遗传算法（Genetic Algorithm，简称 GA）和人工神经网络（Artificial Neural Network，简称 ANN）等。遗传算法模拟的是人类或动物的遗传进化机制，需要人工详细规定程序逻辑，原程序的设计和修改工作量繁重；人工神经网络模拟的是人类或动物大脑中神经细胞的活动方式，能够通过机器学习，渐渐地适应环境，应对各种复杂情况。

当前以大数据、深度学习和算力为基础的人工智能在语音识别、人脸识别等以模式识别为特点的技术应用上已较为成熟，但对于需要专家知识、逻辑推理或领域迁移的复杂性任务，人工智能系统的能力还远远不足。基于统计的深度学习注重关联关系，缺少因果分析，使得人工智能系统的可解释性差，处理动态性和不确定性问题能力弱，难以与人类自然交互，在一些敏感应用中容易带来安全和伦理风险。类脑智能、认知智能、混合增强智能是重要发展方向。

2. AI 技术应用

人工智能研究遍布多个领域、涉及多种技术，如问题求解、机器定理证明（自动演绎）、自然语言处理、机器视觉、智能信息检索、专家系统等，它们相互交叉融合，目前已逐步发展成了一门新的学科，前景非常广阔。可以预计，随着科学技术的发展，在不久的将来，它将在以下方面对工业生产和人们生活产生深刻的影响和带来巨大变革。

① 工业生产。AI 技术将会在工业生产领域发挥重要作用，智能制造将成为制造业未来的发展方向。未来，产品的生产将由自动化发展到智能化，机器人将变得越来越聪明，生产将变得越来越简单，产品将变得越来越好用，服务将变得越来越完善；企业生产效率将进一步提高，生产成本将进一步降低，个性化定制将变得简单易行。

② 交通运输。人工智能将使交通运输变得更加便捷与安全，交通流量控制、交通预测、交通管理系统将越来越完善，自动导航、自动驾驶等技术将越来越成熟，车辆驾驶将越来越容易；人们的出行将变得更加方便，交通安全将得到进一步保障，道路、交通资源的利用率将得到进一步提高。

③ 医疗卫生。人工智能将使疾病诊断和治疗更加精准和高效。AI 图像识别技术的大范围应用，将帮助医生更好地进行肿瘤筛查和其他疾病的辅助诊断，AI 专家系统将对诊断治疗方案提供指导意见。目前，在细菌性血液病、脑膜炎等疾病的诊断和治疗上，AI 专家系统所提供的诊断病例和治疗方案数量已超过了人类专家。

④ 文化教育。AI 专家系统可使人类大量的知识与丰富的经验得到传承，机器翻译将使语言障碍得到进一步消除，智能化、网络化教育的普及将为开放、共享的学习和交流环境建设提供极大的便利，人类获取知识将变得更加容易。

⑤ 生活服务。人工智能将对人们日常生活和社会公共服务事业产生越来越大的影响。智能家居、智能安保等技术的大范围普及，可为人们带来一个更加舒适、安全的生活环境；智能城市、智能环保、智慧政务等系统的应用，将使社会公共服务变得更加高效和快捷；在竞技领域，AI 可变身为高端玩家与选手展开对练，或作为队友进行辅助配合，帮助选手调整战术、提升技巧等。

⑥ 军事。在军事领域，AI 带来的武器装备革新，已经成为决定战争成败的重要因素。例如，以无人机、无人艇为代表的各种 AI 武器装备，在战争中可发挥巨大的作用。

AI 的发展无疑将为人类社会带来巨大的发展和进步。为抢抓 AI 发展所带来的重大战略机遇，加快建设创新型国家和世界科技强国，2017 年 7 月，国务院印发了《新一代人工智能发展规划》，提出了新一代 AI 发展的指导思想、战略目标、重点任务和保障措施。2022年 6 月，在中国科协发布的 10 个对科学发展具有导向作用的前沿科学问题中，包括了"如何实现可信可靠可解释人工智能技术路线和方案"。2023 年 3 月，为贯彻落实国家《新一代人工智能发展规划》，科技部会同自然科学基金委针对重点领域科研需求，启动了"人工智能驱动的科学研究（AI for Science）"项目，对 AI 前沿科技研发体系进行了专项部署。这些措施都为加速我国 AI 发展奠定了重要基础。

但是，AI 的发展也会使人类安全、个体隐私、社会道德伦理等面临新的风险和挑战，这一点已引起了人们的重视。例如，2023 年 3 月，英国政府发布了针对 AI 产业监管的白皮书，概述了针对 ChatGPT 等 AI 治理的五项原则，即安全性和稳健性、透明度和可解释性、公平性、问责制和管理、可竞争性；接下来，将由监管机构向相关组织发布实用指南，以及风险评估模板等其他工具，制定基于五项原则的一些具体规则。与此同时，英国还将在议会推动 AI 立法，制定具体的人工智能法案；并要求企业解释何时以及如何使用人工智能，并透露系统的决策过程，公开使用 AI 所带来的风险等。

2.1.3　机器学习

1. 机器学习的基本概念

机器学习（Machine Learning，简称 ML）几乎是现有所有 AI 技术的基础，AI 功能的实现离不开机器学习。机器学习是一门发展中的科学，至今没有权威机构给予世所公认的标准定义。

从宏观意义上说，ML 是一门研究计算机怎样模拟或实现人类的学习行为，以获取新的知识或技能，重新组织已有的知识结构，使之不断改善自身性能的科学；它综合了统计学、信息论、控制论、概率论、逼近论、凸分析、算法复杂度理论等多门学科知识，是实现人工智能的基础科学。

从数学意义上理解，绝大多数机器学习（ML 称有监督学习）都属于数学逆运算，它是根据大量的条件和结果数据（输入和输出数据，ML 称样本），利用计算机和网络的强大计算能力和一定的方法（ML 称算法），来分析两者间的函数关系、确定或优化数学表达式（ML 称模型）的计算理论。用学术语言表达，ML 就是用大数据猜测一个复杂函数，对模型参数进行求解和优化的过程，属于空间搜索和函数的泛化。

计算机最主要的功能就是计算，即利用输入数据和表达式，求取结果数据。例如，我们可将表达式（如 $y = 100t + 50$）编制成计算机程序输入到计算机，这样，当输入 t=1、2、3…时，便可得到计算结果 y=150、250、350…。反之，如果我们先告诉计算机在输入 t=1、2、3…时，所得到的结果是 y=150、250、350…，让计算机来求出表达式 $y = 100t + 50$，这就是逆运算。一旦有了表达式，计算机便能自动计算输入 t 在任何情况下所输出的结果 y，也就是说，计算机已具备了解决 $y = 100t + 50$ 问题的智慧和能力。

逆运算的难度远大于计算。一方面，同样的输入、输出数据可能得到无数种不同的结果；另一方面，由于世界上绝大多数事物的变化实际上并不严格遵循一定的数学规律，很难用确切的数学函数予以表示，因此，在一般情况下，通过 ML 得到的模型只是一种近似结果。显然，对于同样的问题，样本数据越多、所使用的方法（算法）越科学，得出的模型误差就越小，预测的结果就越准确。此外，由于事物的变化很可能是一个动态的过程，因此，计算机需要像人类一样不断学习，持续获取数据、修正模型（ML 称训练），才能得到适应事物变化的预测结果。

ML 对人工智能的重要性是不言而喻的。例如，人们可以通过 ML 模型，让计算机预测不同输入条件下可能得到的结果，使机器看起来能像人一样进行分析、推理、思考和决策，具有预测事物变化的智慧和能力。再如，我们可以通过物体的图像、声音输入，让计算机建立形状、声音的模型来辨别各种物体，使机器看起来像人类一样具有视觉、听觉功能等。

总之，无论是分析决策，还是物体识别，机器学习的唯一目标就是利用输入数据来预测结果，这就是 ML 的本质，否则，它就不是机器学习。为了使模型更为准确，ML 需要利用互联网来收集大量的数据（大数据），并通过数据处理技术来提取有用的数据（特征），然后，再通过一定的方法（算法）来创建和优化模型，因此，ML 需要有互联网、大数据及处理等现代科技作为技术支撑。

2. ML 的产生与发展

ML 的关键是算法研究。因为，在机器学习的世界里，解决问题的方法从来不是唯一的，对于同样的问题，往往可利用不同的算法（模型）解决，因此，ML 随着算法的研究和发展而发展。

ML 的历史可追溯到 17 世纪，概率论创始人英国数学家贝叶斯（Thomas Bayes）和法国天文学家拉普拉斯（Pierre Simon Laplace）的最小二乘法（Ordinary Least Squares）推导和马尔可夫链（Markov Chain），仍是现代机器学习广泛使用的数学工具。

机器学习概念的出现始于 1950 年。当时，被后人称为人工智能之父的英国曼彻斯特大学数学家图灵率先提出了创建"学习机器"的设想，人们开始关注如何让机器能像人类一样通过学习积累知识和经验的相关研究。1952 年，在 IBM 任职的美国学者萨缪尔编制出了一个具有"学习机能"的跳棋程序，利用计算机战胜了人类的跳棋高手，这是机器学习的最早应用。

1956 年，萨缪尔参加了达特茅斯会议，并在会上提出了"让计算机不依赖确定的编码指令，来进行自主的学习工作"的设想。1959 年，萨缪尔在 *IBM Journal of Research and Development*（《IBM 研究与发展期刊》）上，发表了名为 Some Studies in Machine Learning Using the Game of Checkers（用于跳棋游戏的机器学习研究）的论文，正式使用了 Machine Learning（机器学习）一词，并提出了机器学习是"在不直接针对问题进行编程的前提下，赋予计算机学习能力的一个研究领域"的最初定义。从此，机器学习（ML）开始正式成为人工智能的一个研究领域，引起了人们的普遍关注，萨缪尔也因此被后人称为"机器学习之父"。

1957 年，美国康奈尔航空实验室（Cornell Aeronautical Laboratory，简称 CAL）的罗森布拉特（Frank Rosenblatt）发明了感知机（Perception），并使用了正负判别的线性分类模型，这一模型被认为是人工神经网络（Artificial Neural Network，ANN）的雏形。

1960 年，美国斯坦福大学（SU）的威德罗（Bernard Widrow）和霍夫（Ted Hoff）在为 GE 公司研制天线过程中，提出了 ML 的威德罗-霍夫最小二乘算法（Widrow-Hoff Least Mean Square，简称 Widrow-Hoff LMS），并被应用到感知机中。

1964 年，俄罗斯数学家万普尼克（Vapnik）和泽范兰杰斯（Chervonenkis）提出了 ML 的支持向量机（Support Vector Machine，SVM）算法，即万普尼克-泽范兰杰斯理论（Vapnik-Chervonenkis Theory，简称 VC Theory）。

1970 年，芬兰数学家林纳因马（Seppo Linnainmaa）提出了自动链式求导算法（Automatic Differentiation，AD），被认为是 ML 反向传播算法（Back Propagation，BP）的雏形。

1974 年，美国哈佛大学（Harvard University）教授 Paul J. Werbos 提出了把 BP 算法应用到神经网络的设想，并在 1982 年研制出了人工神经网络（ANN）。

1979 年，澳大利亚悉尼大学（The University of Sydney）计算机科学家罗斯·昆兰（J. Ross Quinlan）在机器学习中引入了信息论的信息增益（Information Gain）概念，提出了决策树（Decision Tree）算法（ID3）。在 ID3 基础上改进的各种算法（如 C4.0、C5.0 等）被作为 ML 的常用工具沿用至今。

1980 年，日本学者福岛邦彦（Kunihiko Fukushima）仿照生物的视觉皮层（Visual Cortex），设计了具有深度结构的神经网络"Neocognitron"，被认为是深度学习（Deep

Learning）算法的雏形。

1984 年，哈佛大学教授瓦利安特（Leslie Gabriel Valiant）建立了概率近似正确（Probably Approximate Correct，PAC）学习框架。

1987 年，德国卡尔斯鲁厄理工学院（KIT）魏贝尔（Alexander Waibel）教授研制出了首个用于语音识别的卷积神经网络（Convolution Neural Network，CNN），即时间延迟网络（Time Delay Neural Network，简称 TDNN）。

1988 年，加州大学洛杉矶分校（University of California，Los Angeles，简称 UCLA）教授佩尔（Judea Pearl）研发出贝叶斯网络（Bayesian Network，简称 BN）模型，BN 又称信度网（Belief Network）。

1989 年，美国纽约大学（New York University，简称 NYU）教授杨立昆提出了应用于计算机视觉问题的卷积神经网络，即 LeNet 的最初版本。

1995 年，杨立昆提出了更加完备的卷积神经网络 LeNet-5，并在手写字符识别等小规模问题上取得了成功。

2001 年，美国加州大学伯克利分校（University of California，Berkeley，简称 UCB）教授里奥·布莱曼（Leo Breiman）提出了一个可将多个决策树组合的随机森林（Random Forest，简称 RF）模型，较好地解决了多输入变量处理的准确度问题，提高了机器学习的速度。RF 作为机器学习的重要算法之一，已在生物信息学、生态学、医学、遗传学、遥感地理学等多领域得到应用。

2003 年，微软使用卷积神经网络研发出了光学字符读取系统（Optical Character Recognition，简称 OCR）。

2006 年，加拿大多伦多大学（UofT）教授杰弗里·辛顿（Geoffrey Hinton）提出了深度置信网络（Deep Belief Network，DBN）这一神经网络的新概念，ML 开始进入了深度学习（Deep Learning）研究阶段。

2007 年，加拿大蒙特利尔大学教授 Yoshua Bengio 研发出了第一个成功应用无监督学习方法的深度置信网（DBN）。

2010 年，杰弗里·辛顿提出了贪心逐层训练（Greedy Layer-wise Training）方法，提高了深度学习模型的训练效率和可行性。

深度学习解决了很多复杂模式的识别难题，为 AI 技术的发展提供了有力支持，它是 ML 最新的研究方向。

3. ML 的工作过程与研究内容

机器学习的最终目标是利用输入数据来预测结果，其本质就是在大量的数据中提取特征，再通过一定的算法来创建和优化模型。ML 的工作过程可分为选择数据、构建模型、验证测试、调整优化 4 步进行。计算机首先需要将众多的数据分为用于构建模型及调整优化的数据（ML 称训练数据）以及用于验证测试的输入、输出数据（ML 称测试、验证数据）3 类；接着，利用训练数据和所选择的算法，构建模型；然后，利用测试、验证数据来检查模型的准确性；模型使用后，再不断利用训练数据调整优化模型。

由此可见，ML 研究的主要内容实际上包括数据、特征和算法 3 个方面。

① 数据。数据是构建模型的基本条件。例如，想预测某一用户的购物偏好，就得有他们在京东、淘宝、拼多多等平台的购买记录；想预测某一产品的好坏，就得有该产品的使用实例和评价数据；想预测某一台机床的技术性能，就得有这台机床的使用记录、加工实例和

检测数据等。数据越多，ML 构建的模型就越合理，预测也就越准确。

在信息时代，利用互联网，人们几乎可以搜集到一切想要的数据。但是，数据的质量非常重要，如果得到的数据质量很差，即使使用最好的算法，也只能是"垃圾进，垃圾出（Garbage in，Garbage out）"。因此，ML 不仅需要利用互联网获取大数据，而且还必须利用大数据处理技术，筛选出优质数据（见后述）。

② 特征。特征是构建模型的参数。利用互联网得到的大数据形式多样，且包括了大量与构建模型无关的数据。计算机并不能像人类一样利用自己的知识和经验，直接根据主要特征快速识别物体。例如，人类辨别猫和狗时，只需要看体型、脸部形状，便可立即分辨猫或狗；而不会去关注它们在哪里、干什么、身边有什么等无关问题。但计算机则不同，人们能够告诉计算机的只能是含有猫和狗的图片，而每一张图片又由上亿个像素组成，计算机并不知道哪些像素代表猫和狗，哪些像素代表周围环境；因此，计算机需要通过无数张不同环境、不同姿态的猫和狗图片的识别，才能从中提取出代表猫和狗的特征数据，建立猫和狗的识别模型，最终分辨猫和狗。这就是为什么选择适当的特征通常比 ML 的其他步骤花更多时间。特征选择也是 ML 误差的主要来源。

③ 算法。算法是构建模型的方法。任何问题都可以用不同方法解决，ML 的算法不同，所得到的模型也将不同。ML 算法多种多样（见下述），并由此衍生了符号主义、贝叶斯派、联结主义、进化主义、类推主义等多个不同的学术流派，在此不再一一介绍。然而，迄今为止，实际上人类自己也没有真正明白我们是怎样依靠极其有限的数据，能够如此高效地辨别物体；即便有一天知道，也可能无法将自己的全部想法、知识全部告诉计算机，因此，迄今所有算法都有其优点和缺陷，但可以肯定的是，如果数据的质量很差，即使算法最好也无济于事。

4. ML 算法的分类

目前，ML 研究主要有传统 ML 和大数据环境下的 ML 两个方向。前者主要研究模拟人类的学习机制；后者主要研究如何从大数据中获取知识。传统 ML 主要依赖于经验，计算机需要通过不断解决问题积累知识，它是一个连续的实践过程，但不能做到不依赖于量变而直接发生质变、从一个概念转换到另一个概念，因此，与人类相比，至少目前计算机还不具备创造性，不会产生灵感或顿悟。大数据环境下的 ML 主要研究智能数据分析和智能计算技术，它是近年大数据的研究热点和 ML 未来的发展方向。

ML 算法大致可分为图 2.1-1 所示的经典学习（Classical Learning）、神经网络与深度学习（Neural Nets and Deep Learning）、强化学习（Reinforcement Learning）、集成方法（Ensemble Methods）几类，其中，经典学习是 ML 算法的主要内容。

经典学习算法分为监督学习（Supervised Learning）和无监督学习（Unsupervised Learning）2 类。通俗地理解，监督学习时，有一个"老师（监督者）"向计算机提供答案，比如这个图片上的动物是猫或是狗，计算机可以通过大量的示例图片，逐步学会猫或狗的识别方法；无监督学习意味着计算机需要在没有老师提供答案的情况下，从一大堆动物图片中，独立完成区分猫或狗的任务。显然，监督学习可以让计算机学得更快，在现实生活中也是以监督学习的情况居多；无监督学习通常用于数据科学，进行诸如探索性数据分析（Exploratory Data Analysis）等理论研究，在现实生活中的使用相对较少。

① 监督学习。监督学习主要有分类（Classification）和回归（Regression）2 种。

分类算法用于属性已知的物体类别区分，如垃圾邮件过滤、文档分类（语言检测）、情

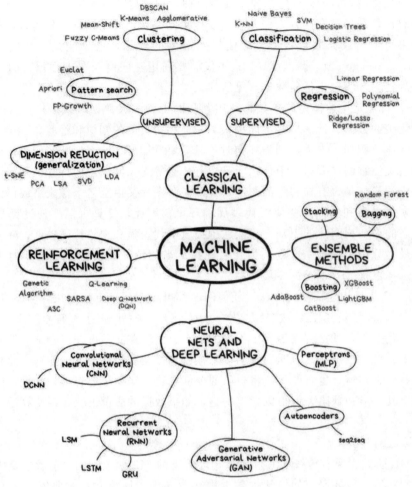

图 2.1-1　机器学习的算法

感分析、手写识别、欺诈侦测、异常检测等。常用的算法有朴素贝叶斯（Naive Bayes）、决策树（Decision Tree）、逻辑回归（Logistic Regression）、K 近邻（K-Nearest Neighbors）、支持向量机（Support Vector Machine）等。

回归算法本质上也是一种分类算法，但它需要预估数值而不是区分类别，如股票价格预测、产品供应和市场销量预测、医学诊断等。常用的算法有线性回归（Linear Regression）、多项式回归（Polynomial Regression）等。

② 无监督学习。无监督学习算法主要有聚类（Clustering）、降维（Dimensionality Reduction）、关联规则学习（Association Rule Learning）3 种。

聚类是让计算机利用一些未知的特征，找出相似的事物，以最好的方式对不同事物进行区分，并将它们聚集成簇。例如，在电子地图上，使用聚类算法的搜索引擎可将周边的商场、超市、酒店、小吃店、加油站、厕所等公共服务设施，用不同的图标一一予以显示等。聚类算法可用于电子地图的邻近点合并、市场细分（如顾客类型、忠诚度等）、图像压缩、新数据的分析和标注、异常行为检测等。常用的算法有 K 均值聚类、Mean-Shift、DB-SCAN 等。

降维算法可将特定的特征组合成更高级的特征。例如，可从用户的评分中提炼信息，组合成向用户推荐的商品、电影、音乐、游戏等。降维算法目前多用于推荐系统、主题建模、相似文档查找、假图识别、风险管理等。常用的降维算法有主成分分析（Principal Component Analysis，PCA）、奇异值分解（Singular Value Decomposition，SVD）、潜在狄利克雷分配（Latent Dirichlet Allocation，LDA）、潜在语义分析（Latent Semantic Analysis，LSA，pLSA，GLSA）、t-SNE（用于可视化）等。

关联规则学习用于潜在规律的寻找。例如，当一位顾客购买了啤酒后，推测他可能需要继续购买花生米、烧鸡等。关联规则学习目前多用于销售预测、商品推荐、商品陈列规划、网页浏览模式分析等。常用的算法有 Apriori、Eclat、FP-growth 等。

5. 常用算法简介

常用 ML 算法的最主要特点与典型应用场合简要介绍如下，ML 算法涉及的理论复杂、繁琐，本书不再予以介绍。

① 决策树和随机森林。决策树（Decision Tree）能够对人、地点、事物等的特征、品质、性能进行较为准确的评估和分类，多用于基于规则的信用评估、赛马结果预测等场合。随机森林（Random Forest）通过使用多个随机选取的数据子集，利用多个树分类器进行分类和预测，可提高决策树的精确性，多用于大规模数据集和存在大量且有时不相关的特征项的数据分析，如用户流失分析、风险评估等场合。

② 神经网络和深度置信网络。人工神经网络（Artificial Neural Networks，ANN）是一种具有非线性适应性信息处理能力的算法，可提高非结构化数据的处理能力。其中，循环神经网络（Recurrent Neural Network，RNN）具有一定的记忆能力，允许先前的输出去影响后面的输入，对大量有序信息的预测能力较强，多用于图像分类、政治情感分析等场合。卷积神经网络（Convolution Neural Network，CNN）可用于存在大量特征的大型数据集的复杂分类，如图像识别、文本转语音、药物发现等。深度置信网络（Deep Belief Network，DBN）是一种支持 ML 深度学习的深度神经网络，在提高语音、图像识别的准确率方面取得了较好的效果，可用于同声翻译、无人驾驶等 AI 领域。

③ 其他。回归（Regression）能够较为准确地找出变量间的状态关系，多用于交通流量分析、邮件过滤等场合。支持向量机（Support Vector Machine，SVM）能够对数据集进行较为准确的二元分类，多用于新闻分类、手写识别等场合。朴素贝叶斯分类（Naive Bayes Classification）能够较为准确地计算多个特征的联合条件概率，对小数据集上有显著特征的相关对象进行快速分类，多用于情感分析、消费者分类等场合。隐马尔可夫模型（Hidden Markov Model）可通过可见数据的分析来预测隐藏状态的发生，多用于面部表情分析、气象预测等场合。

2.2　工业互联网与物联网

2.2.1　工业互联网及应用

1. 互联网与工业互联网

从智能制造角度，制造企业不仅需要拥有先进的装备、材料、工艺等基础条件，而且还需要跨企业、跨地区、跨国界优化与配置各种生产和服务资源，对产品整个生命周期所涉及的人、机、物进行高效管理，使人员、设备、材料等各种资源得到最大限度的利用，为企业创造最大效益。从人工智能（AI）的角度，机器学习（ML）需要不断获取来自方方面面的数据和信息，积累知识和经验。以上这些，都必须通过互联网（Internet）才能实现。

互联网（Internet）是以有线或无线方式连接计算机的通信设备，是实现人与人信息交换的大众化工具和信息社会必不可少的基础设施。借助互联网，人们可以利用电脑、手机等通信设备，在网络覆盖的任何地点、任何时间，通过网络浏览器、微信、淘宝、支付宝等各种应用软件，进行信息获取、交流沟通、商品购买等活动。互联网主要应用于通信、金融、旅游、教育、娱乐等行业，重点面向大众化用户和消费领域。

工业互联网（Industrial Internet，简称 II）是互联网在工业领域的应用，它是信息技术（IT）与工业经济相结合的新一代基础设施。工业互联网与人们日常消费领域所使用的互联网（以下称消费互联网）的主要区别在于以下几点。

① 消费互联网的应用对象（用户）为人，主要功能是建立人与人之间的通信连接，使人们能够随时随地进行沟通和交流。对于制造企业，消费互联网可用于企业宣传和产品营销，以提高企业知名度、扩大市场，但不能用于产品的生产制造。消费互联网主要用于人们沟通和交流，最重要的是使用方便与快捷。

工业互联网的应用对象为产品研发、生产、使用和服务，它不但需要连接客户和供应商，而且还需要连接设备和产品，需要建立人、机、物三者间的通信，才能形成完整的产品制造和服务体系。工业互联网需要用来指导工业生产、控制设备运行，最重要的是信息必须实时与可靠。

② 消费互联网面向大众，强调用户的普适性，它可以在任何场合，通过 Web 浏览器、WebOS 等应用软件，直接在电脑、手机上进行操作。在内容上，除了涉及国家安全、政治倾向、社会稳定的内容有一定的监管外，其他信息通常可自由发布。

工业互联网面向生产过程，它将直接影响到设备运行和产品质量，强调的是专业性和安全性，它需要使用安装有工业 APP 的计算机或控制器才能进行操作，而且，服务平台必须对信息进行筛选、过滤等处理。

③ 消费互联网的应用平台建设一般由 IT 企业（如微软、谷歌、亚马逊、百度、阿里等）主导，企业可通过宣传广告等商业活动收取费用，获得利益，对普通用户一般为免费开放。

工业互联网的应用平台建设需要由具有悠久历史和丰富经验的大型工业企业（如 GE、SIEMENS 等）主导，用户需要通过服务平台的功能订阅、专业服务等形式，获取平台提供的有偿服务。

2. 工业互联网的产生与发展

工业互联网实际上早在 1969 年就已经出现，但直到 2012 年 11 月，其概念才由美国通用电气公司（GE）在其发布的《工业互联网：打破智慧与机器的边界》白皮书中提出。GE 公司认为，工业互联网是工业革命和互联网革命融合的产物，工业革命带来了无数的机器、设备、设施和系统，互联网革命使计算、信息与通信技术得到了巨大的进步；利用工业互联网，可使世界上的机器连接在一起，并通过仪器仪表和传感器，对机器进行实时监控和数据采集；这些数据经过具有强大算力和高效算法的服务平台处理，便可实现机器智能化，显著提高生产系统的效率。

2014 年 3 月，GE 公司联合 AT&T、思科（Cisco）、IBM 和 Intel 等企业，发起成立了美国工业互联网联盟（Industrial Internet Consortium，IIC），旨在建立一个打破行业、区

域技术壁垒，促进物理世界与数字世界融合的全球开放性会员组织，并通过设立主导标准来引领技术创新、互联互通、系统安全和产业提升。目前，IIC 成员已发展至 170 多家。

2015 年 6 月，IIC 发布了全球第一个跨行业适用的工业互联网参考架构 1.0 版（Industrial Internet Reference Architecture V1.0，简称 IIRA V1.0），随后进行了多次升级，现行版本为 IIRA V1.9。IIRA 是一个跨行业适用的参考架构，具有完整的标准体系，它不仅适用于制造业，也可用于交通运输、能源、医疗保健、零售等各行各业。

在我国，工业互联网被定义为互联网、大数据、人工智能与实体经济深度融合的新兴业态和智能制造技术的分支，它既是制造业转型升级的基础设施，也是制造业敏捷化、智能化的技术支撑。2016 年 2 月，我国成立了工业互联网产业联盟（Alliance of Industrial Internet，简称 AII），目前联盟成员已有来自 16 个行业的近 2000 家单位。AII 设立了 6 个分联盟、14 个工作组、15 个特设任务组，分别从顶层设计、需求、技术标准、网络、平台、安全、测试床、产业发展、国际合作、政策法规与投融资、人才等多方面开展工作。AII 先后与美国的工业互联网联盟（IIC）和 5G 产业自动化联盟（5G-ACIA）、欧盟的物联网创新联盟（AIOTI）、日本的工业价值链计划（IVI）促进会和边缘计算联盟（Edge Cross）等组织签署合作协议，共同开展工业互联网领域的研究工作等。

2016 年 8 月，AII 发布了《工业互联网体系架构（版本 1.0）》，1.0 版体系架构以网络、数据、安全三大体系为核心，提出了工业互联网的内涵、目标、体系架构、关键要素和发展方向。2020 年 4 月，AII 发布了《工业互联网体系架构（版本 2.0）》，2.0 版在 1.0 版的基础上，形成了集业务视图、功能架构、实施框架、技术体系于一体的全面架构，可为我国工业互联网建设提供参考。

3. 工业互联网的应用

工业互联网不仅是制造业转型升级的基础设施，同时也是敏捷制造、智能制造的必要条件。在我国，工业互联网被视作互联网、大数据、人工智能与实体经济深度融合的一种新兴业态，并将其作为智能制造技术的子体系进行研究，其应用范围主要包括平台化设计、网络化协同、个性化定制、服务化延伸、数字化管理等。

平台化设计是依托工业互联网平台，跨企业、跨行业、跨地区、跨国界组织和汇聚专业技术人员和先进的算法、模型等设计资源，利用并行设计、敏捷设计、交互设计等手段，提升设计质量和效率。

网络化协同是通过跨部门、跨企业、跨地区、跨国界的数据互通和业务互联，使得企业内部各部门和合作伙伴都能共享客户、订单、设计、生产、经营等各类信息资源，实现协同设计、协同制造、协同服务，促进资源共享和业务优化。

个性化定制是针对用户的个性化需求，让用户通过工业互联网直接介入产品生产的全过程，以获得自己需要的个性化产品和服务，提高企业的市场竞争力。

服务化延伸是指企业通过工业互联网，从原有制造业务向价值链两端拓展。例如，使加工、组装企业向"制造＋服务"型企业转变，产品生产企业向"产品＋服务"型企业转变等。服务化延伸的内容包括远程设备运行监控、故障诊断与维护、回收利用及设备融资、租赁等。

数字化管理是企业通过工业互联网，建立涵盖产品设计、制造、原材料供应、销售、使用、服务等部门，贯通产品整个生命周期的数据库，优化战略决策、产品研发、生产制造、经营管理、市场服务等业务活动，构建优质、高效的运营管理模式。

2.2.2　工业互联网参考架构

工业互联网不仅是制造业转型升级的基础设施，同时也是敏捷制造、智能制造的必要条件，在全球主要制造大国中，美国和中国提出了明确的工业互联网参考架构。由于现有的 IMS 模型大多建立在工业互联网应用的基础之上，因此，德国的 RAMI 4.0、日本的 IVRA 有时也被视为工业互联网架构。

1. IIRA

IIRA（Industrial Internet Reference Architecture）是美国 IIC 发布的具有跨行业适用性的工业互联网参考架构，它包含了 RAMI 4.0 等智能制造模型框架中的产品生命周期维度，强调了工业互联网跨行业互通的特征，不仅适用于制造业，而且也可用于交通运输、能源、医疗保健等其他行业。IIRA 可以通过 IMSA 模型的操作接口实现两者的对接（见第 1 章），构成完整的智能制造系统。

现行版 IIRA V1.9 的架构如图 2.2-1 所示。IIRA V1.9 将产品生命周期分为产品研发与生产阶段的概念化、需求、样机/设计、研制、制造、测试/验证以及到达用户后的安装、使用、改进、后期处理（如回收利用、再制造等）等阶段，并从商务、使用、功能和实施 4 个视角，对工业互联网的应用进行了完整的描述。因此，IIRA 有时也被视作美国的智能制造系统架构。

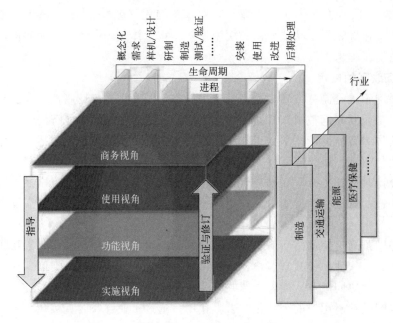

图 2.2-1　IIRA V1.9 架构

IIRA 的商务视角描述了企业所希望实现的商业愿景、价值和目标；使用视角描述了工业互联网系统的操作和使用流程；功能视角确定了工业互联网系统所需要具备的控制、运营、信息、应用和商业等关键功能及其相互关系；实施视角包括边缘层、平台层和企业层三层架构。上层视角为下层视角提供指导，下层视角可用于上层视角的验证与修订。

IIRA 的功能架构如图 2.2-2 所示，它从功能域（Factional Domains）、系统特征（System Characteristics）、横向功能（Crosscutting Functions）3 个维度，对工业互联网的功能

进行了整体描述。

IIRA 功能架构以数据分析为核心，强调跨行业的通用性和互操作性，旨在工业物联网（IIoT，见后述）的基础上，综合应用大数据分析和远程控制技术，优化工业设施和机器的运行维护，提升资产运营绩效。

① 功能域。IIRA 的功能域维度包含商务层（Business）、信息/操作/应用层（Information/Operation /Application）、控制层（Control）3 层。控制层可通过传感器采集物理系统的数据、监控物理设备的状态；通过执行器执行控制命令，控制物理设备动作。信息/操作/应用层可汇聚控制层的信息，并对其进行分析与处理，实现商务层和控制层的信息转换和互通。商务层可根据用户对产品的性能、使用、服务要求，进行综合分析，并通过信息/操作/应用层产生控制层的操作、应用指令。

② 系统特征。IIRA 的系统特征维度包含安全防护（Safety）、风险防范（Security）、恢复能力（Resilience）、可靠性（Reliability）、保密性（Privacy）、扩展性（Scalability）等多层，它从网络、设备安全的角度，对各类安全功能进行了规划，为确保工业互联网的正常运行与健康发展提供了技术保障。

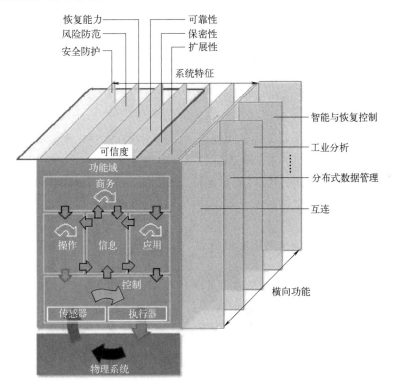

图 2.2-2　IIRA V1.9 功能架构

③ 横向功能。横向功能维度包含了互连（Connectivity）、分布式数据管理（Distributed Data Management）、工业分析（Industrial Analytics）、智能与恢复控制（Intelligent &Resilient Control）等多层，它对工业数据的跨行业互通、互连以及管理、分析、控制、恢复进行了规划，突出了工业互联网的通用性。

IIRA 与我国的工业互联网体系架构 2.0（AII V2.0）的性质有所不同，它是一个跨行业适用的参考架构，具有完整的标准体系，而且还包含了 IMSA 智能制造模型框架的产品生命周期维度，其层次更高、内容更完整、操作性更强。

2. AII V2.0

中国工业互联网产业联盟（AII）发布的工业互联网体系架构2.0（以下简称AII V2.0）如图2.2-3所示，作为智能制造技术的分支，AII V2.0以网络、平台、数据、安全4大体系为核心功能，对制造业及能源、医疗、交通等行业的资产设备、系统、企业、产业链4个实施层次进行了全面规划。4大体系的主要功能分别如下。

（1）网络体系

AII V2.0的网络体系包括网络互联、数据互通和标识解析3部分。

① 网络互联。网络互联的功能是实现企业内部与外部各种资源要素间的数据传输和信息交换。

企业内部网络主要有IT网和OT网2类（见第1章）。IT网主要用于企业管理信息的互联互通，目前以工业以太网为常用；OT网主要用于设备的集成控制，以现场总线为常用。目前，IT网和OT网已出现逐步融合的趋势，工业以太网开始向现场总线延伸，工业无线网的应用范围在渐渐扩大。

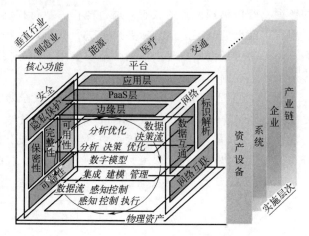

图 2.2-3   AII V2.0 体系架构

企业外部网络用来连接企业的驻外机构、上下游企业和客户、产品，实现跨企业、跨地区、跨行业的数据共用、信息共享，以Internet为常用。

② 数据互通。数据互通的功能是对数据进行标准化描述和统一建模，使要素之间的信息能相互理解，其内容包括数据传输、数据语义语法等方面。数据传输主要包括嵌入式过程控制统一架构（OPC UA）、消息队列遥测传输（MQTT）、数据分发服务（DDS）等；数据语义语法主要包括语义字典、自动化标记语言（Automation ML）、仪表标记语言（Instrument ML）等内容。

③ 标识解析。标识解析的功能是实现要素的标记、管理和定位，包括标识编码、标识解析和数据服务等内容。

标识编码用于物料、机器、产品等物理资源以及工序、软件、模型、数据等虚拟资源的识别，以实现物理实体和虚拟对象的逻辑定位和信息查询，支撑跨企业、跨地区、跨行业的数据共享共用。

我国的标识解析和数据服务体系包括国家顶级节点、国际根节点、二级节点、企业节点和递归节点5大节点。国家顶级节点是我国工业互联网标识解析和数据服务体系的关键枢纽，国际根节点是连接国际标识解析和数据服务体系的关键节点，二级节点是为特定行业或多个行业提供标识解析和数据服务的公共节点，递归节点是通过缓存等技术手段提升整体服务性能、加快解析速率的公共节点。

（2）平台体系

平台体系相当于工业互联网的操作系统，具有数据汇聚、分析建模、知识复用、应用创新4方面的功能。数据汇聚可聚集来自网络体系的多源、异构、海量数据，供数据深度分析和应用使用。分析建模可通过大数据、云计算、数字仿真（Digital Twin，又称数字孪生）、人工智能等技术，对海量数据进行分析和建模，为科学决策和智能应用提供参考。知识复用是将人类的工业经验知识转化为平台上的模型库、知识库，并以工业微服务组件的方式，进行二次开发和重复调用，以加速知识更新和普及。应用创新可为研发设计、设备管理、企业运营、资源调度等提供各类工业 APP、云化软件，帮助企业提质增效。

AII V2.0 的平台体系包括边缘层、PaaS 层和应用层 3 个层级，其主要功能如下。

① 边缘层。边缘层（Edge Layer）负责设备的连接与管理，它可将现场总线、工业以太网等网络设备接入工业互联网，并利用边缘计算等技术，进行错误数据剔除、数据缓存、实时分析等大数据预处理，降低网络和云端负荷。

② PaaS 层。PaaS 是英文 Platform as a Service 的缩写，意为"平台即服务"，它是云计算服务平台的一种（见后述）。PaaS 平台有通用服务 PaaS 和工业服务 PaaS 两种。

通用服务 PaaS 属于云计算的范畴，它可为使用者提供通用的计算、开发框架及中间件，使用者能直接利用第三方数据开发所需要的 ML 算法。通用 PaaS 平台多用于 ML 的深度学习（见前述），但较少涉及工业领域的相关知识和技术。

工业服务 PaaS 是为特定工业领域提供专业服务的平台，如美国通用电气公司（GE）的 Predix 平台、参数技术公司（PTC）的 ThingWorx 平台及德国西门子公司的 MindSphere 平台等。工业 PaaS 平台可把大量工业领域的技术原理、基础工艺、专业知识、计算模型和工具软件等，进行规则化、软件化和模块化，使之成为可重复使用的工业微服务组件，向合作伙伴开放，为使用者分析建模、知识复用提供帮助。

③ 应用层。应用层可通过工业 APP，为用户提供设计、制造、管理、服务等一系列应用服务。例如，在智能制造系统中，利用 PaaS 平台提供的工程应用软件，进行控制系统的参数实时调整与优化，实现在线自动化等。

（3）数据与安全体系

① 数据体系。数据是反映物理系统工作状态、对物理系统实施控制的基本要素，数据的采集、流通、汇聚与计算、分析是实现数字化、网络化、智能化的基础。工业互联网的数据具有专业性，其分析利用需要由熟悉行业知识和工业机理的专业队伍才能进行。工业互联网的数据来源于产品设计、制造、原材料供应、销售、使用、服务各个部门，涉及形形色色的传感器、控制系统和应用软件，数据采集困难、格式各异、分析复杂，需要有专业队伍和专门的数据体系，进行分析、处理、使用和管理。

② 安全体系。安全体系是网络运行的基本保障，其核心任务是通过监测预警、应急响应、检测评估、功能测试等方法，确保工业互联网的正常运行与健康发展。工业互联网打破了 OT 的封闭式边界，给生产现场带来了受网络攻击的风险。工业互联网涵盖制造业、能源、交通运输、医疗保健等诸多实体经济领域，一旦被黑客侵入，将对社会造成严重影响，因此，必须有稳定、可靠的安全体系支撑运行。

2.2.3　物联网及相关技术

1. 工业互联网与工业物联网

在智能制造系统（IMS）中，为了实现生产过程的自动化和柔性化，需要对产品生产所需要的原材料及加工检测所需要的刀具、工件等物品，进行自动化管理，物与物之间需要通过互联网，进行信息实时获取、交换、处理等操作。

工业物联网（IIoT）是用于工业领域物品感知、识别、处理的互联网，隶属于工业互联网。IIoT目前还没有世所公认的标准定义，大致而言，IIoT与工业互联网（II）的主要区别如下。

① 功能。从功能上说，IIoT主要是实现工业领域"物与物"连接，相当于OT网的延伸和扩展，它可突破设备边界，将各种具有网络连接功能的控制器、传感器、执行器等物理装置连为一体，通过广域数据传输、信息交换和集成控制，实现在线自动化。

工业互联网（II）是用来实现"人、机、物"全面互联的网络，它不仅包含生产自动化数据，而且，还包含用户需求分析、设计、原材料供应及产品使用、服务、回收利用等商务、管理、服务信息。工业互联网（II）可突破行业和地域边界，优化配置包含人力在内的各种生产资源，构建新型的产品制造和服务体系，实现从产品设计、制造到使用、服务全过程的数字化和网络化，其功能涵盖了工业物联网。

② 架构。IIoT的技术构架通常可分为感知、网络和应用3层。感知层通过传感器、执行器收集现场数据，执行上层指令，对现场设备进行实时状态监测与控制；网络层用来实现远距离、跨地域数据传输与信息交换；应用层用于数据解析、转换及终端操作、控制。

工业互联网的技术构架包括网络、平台、数据、安全4大体系（见前述）。网络体系相当于IIoT的感知层和网络层，用于网络互联、数据互通和标识解析；平台体系包含边缘层、PaaS层和应用层，它不仅可实现IIoT的应用层功能，而且还可提供用于产品设计、制造、使用、服务的工业微服务组件，构建行业解决方案，其应用范围比IIoT更广。

2. 物联网的产生与应用

工业物联网实际上是物联网在工业领域的延伸。物联网（IoT）是通过各种传感器获取物品信息，利用网络进行"物与物"间的信息互联、互通，实现对物品感知、识别和管理的网络系统，它不仅可用于工业领域，而且还被广泛用于消费领域，例如，商场、超市、电子导航等。

物联网的概念最早出现于比尔·盖茨1995年撰写的《未来之路》一书。1998年，美国麻省理工学院自动识别中心（MIT Auto-ID Center）创始人凯文·阿什顿（Kevin Ashton）率先提出了通过物品编码、射频识别（Radio Frequency Identification，简称RFID）和互联网技术建立"物联网"的设想，被后人称为"物联网之父"。

在我国，物联网曾被称作传感网。2005年11月，在突尼斯举行的信息社会世界峰会（WSIS）上，国际电信联盟（ITU）发布了《ITU互联网报告2005：物联网》的报告，正式明确了"物联网"的概念。

物联网（IoT）的架构如图2.2-4所示，它分为感知层（Perception Layer）、网络层（Network Layer）和应用层（Application Layer）3层。感知层可连接传感器与执行器（Sensors and Actuators），完成物理世界的信息采集和数据转换。网络层可通过路由器与网关（Routers and Gateways）连接互联网，实现远距离、跨地域数据传输与信息交换。应用层可连接云端与各类服务器

图2.2-4　IoT系统架构

（Cloud/ Servers），实现数据解析与转换，并提供各种应用。

IoT 的技术特征可概括为整体感知、可靠传输和智能处理。整体感知是利用射频识别（RFID）、条码识别、智能传感器等感知设备获取物品的各类信息；可靠传输是通过互联网、无线网，将物品的信息实时、准确地传送到云端与各类服务器上；智能处理是使用人工智能技术，对信息进行分析与处理，将其转换为所需要的应用数据。

物联网的普及与使用，可以使有限的资源得到更加合理的使用和分配，它不仅可大大提高工作效率、提升行业效益，而且也大大方便了人们的日常生活。在现代社会，物联网已经成为当今社会与人们日常生活休戚相关的基础设施而无处不在。例如，商场、超市、便利店的扫码结算，快递的物流查询和自动提货，小区、电梯的电子门禁，水、电、煤气的自动缴费，手机自动导航和实时公交查询，高速公路的 ETC 收费和停车场自动缴费等，都无一例外地应用了物联网技术。在航空航天、国防、军事领域，大到卫星、飞机、潜艇、导弹，小到无人机与单兵作战武器，同样都要应用物联网技术，提升信息化、智能化、精准化程度，适应航天航空和现代化战争的需要。

物联网的主要技术有射频识别（RFID）、M2M 系统以及在 IMSA 技术标准体系中归属于智能赋能技术的大数据、云计算、雾计算、边缘计算（见后述）等。

3. 射频识别技术

射频识别（Radio Frequency Identification，简称 RFID）又称"电子标签"，它是物联网数据采集的关键技术。

RFID 起源于 20 世纪 80 年代，90 年代开始实用化。利用 RFID 技术，可使物品具备可跟踪的特性，人们可通过互联网实时掌握物品的准确位置和其他信息。RFID 可在各种环境下工作，识别过程无需人工干预，与传统的条码识别相比，它具有数据容量大、使用寿命长、可靠性高等特点和快速识别、长期跟踪的优势，其应用日趋广泛。

RFID 是一种非接触自动识别技术，系统组成如图 2.2-5 所示。

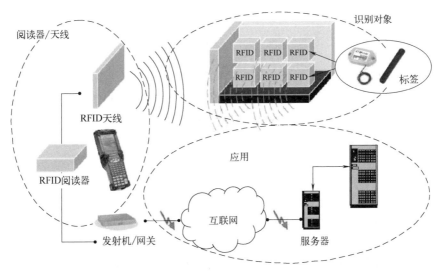

图 2.2-5　RFID 系统组成

RFID 系统是由阅读器（或其他询问器）和标签（或其他应答器）组成的一种无线通信系统。RFID 标签内带有耦合元件和芯片，每个标签都具有唯一的电子编码，标签附着在物品上，并可通过天线发射射频信号。阅读器用来读取射频信号、获取标签（物品）信息，并通过互联网上传至服务器，服务器对标签信息进行分析、处理后，便可将信息用于各种应用。

在智能制造系统中，RFID主要用于工件、托盘、刀具自动装卸设备与输送系统、自动化仓库的物料自动识别等，以实现物料装卸、输送、存储的自动化与智能化。

4. M2M 系统

M2M系统是实现一个终端（机器，Machine）与另一终端（机器或人，Machine or Man）信息交换的无线通信系统，英文称之为 Machine to Machine or Man System，简称M2M系统。M2M系统的最大特点是主动通信，它可通过各种嵌入机器、仪表、装置内部的无线通信模块，自动连接无线通信网，主动与应用平台建立通信，并利用应用平台自动采集数据，并对物品进行监控、远程控制等操作。

M2M系统是目前物联网在日常生活中最常见的应用形式，例如，图2.2-6所示的智能家居系统、智能交通系统、水电煤气的远程收费系统等。

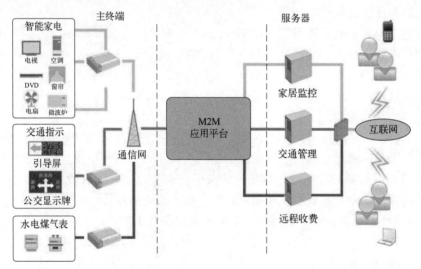

图 2.2-6　M2M 系统应用

智能家居系统（Smart Home System，简称SHS）是以住宅为平台，利用网络通信、安全防范、自动控制、音频视频等技术，对具有M2M功能的家庭安全防范、智能家电等生活设施进行集成管理的自动化系统。例如，监控摄像机、烟雾报警器、儿童和老人监护手表以及电视、扫地机器人、空调、微波炉、电冰箱、洗衣机等，均可通过手机、电脑等互联网终端设备，随时随地进行网上操作和管理。

智能交通系统（Intelligent Transport System，简称ITS）又称智慧交通系统，它是用来实现交通实时监控、公交车辆管理、旅行信息服务、车辆辅助控制的自动化系统。例如，车辆调度、自动导航、公交实时显示牌、ETC收费以及利用手机、电脑应用软件实现的停车场缴费、实时公交查询、自动订票等。

远程收费系统是用于企业、家庭水电煤气等仪表的监控和收费管理的自动化系统，它可对仪表进行数据实时查询和操作控制，并通过与银行系统、移动支付连接的计算平台，计算和收取相关费用等。

在智能制造系统中，M2M主要用于机床、工件、刀具的在线自动测量以及自动导向车（AGV）、有轨制导车（RGV）的运行监控等，实现数控设备的在线自动调整、远程故障诊断与维修以及物料输送的自动化与智能化。

2.3　工业大数据与处理技术

2.3.1　大数据与工业大数据

1. 大数据的基本概念

计算机和网络中的数据（Data）泛指以数字、文字、图片、音频、视频等形式表示的，用来描述客观事物的原始素材，它是机器学习（ML）的数据（样本）的主要来源。大数据（Big Data）是指由互联网产生的、在一定时间范围内无法以常规软件处理的大量复杂数据集。通俗地理解，也可认为大数据就是无法依靠单台计算机进行处理，或者，无法在规定时间内完成处理的数据集。大数据必须通过互联网，将数据分配至成千上万台计算机上，利用后述的云计算、雾计算、边缘计算等技术协同处理。

众所周知，计算机和网络的数据以二进制格式存储与处理，并以字节 B（Byte，8 位二进制）作为存储和计算的基本单位。二进制数据的基本数量级单位为 K（2^{10}，即 1024），数量级从小到大依次为 K、M（K^2）、G（K^3）、T（K^4）、P（K^5）、E（K^6）、Z（K^7）、Y（K^8）、B（K^9）、N（K^{10}）、D（K^{11}）等。单台计算机目前的数据存储、计算能力大多在 TB、PB 级，大数据的数量级为 EB、ZB、YB 级，甚至达到 BB、NB、DB 级。

一般认为，大数据的概念由任职于英国牛津大学（University of Oxford）的奥地利数据科学家维克托·迈尔-舍恩伯格（Viktor Mayer-Schöenberger）和英国《经济学人》杂志编辑肯尼思·库克耶（Kenneth Cukier）在 2008 年编写的《大数据时代》一书中率先提出。

大数据在物理学、生物学、环境学以及军事、金融、通信等领域的出现和应用较早，但随着互联网的普及和信息技术的高速发展，目前已逐渐进入人们日常生活和工业生产领域，并在宏观经济调控、公共卫生安全防范、灾难预警和应急响应、社会舆论监督、预防犯罪、智慧交通、公共服务、产业升级转型等方面得到了广泛的应用。

截至目前，还没有权威机构对大数据作出一个世所公认的标准定义。其中，全球著名的麦肯锡咨询公司（McKinsey&Company）将大数据定义为"一种规模大到在获取、存储、管理、分析方面大大超出了传统数据库软件工具能力范围的数据集合，它具有海量的数据规模、快速的数据流转、多样的数据类型和低价值密度四大特征"。IBM 公司则将其特点归纳为"5V"，即 Volume（大量）、Variety（多样）、Velocity（高速）、Value（低价值密度）、Veracity（真实性）等。

2. 大数据的基本特征

尽管人们对大数据的理解各有不同，但它的大量、多样、高速、低价值密度的特征已被世所公认。

① 大量（Volume）。大数据包含了互联世界人与人交流、经营交易、商品物流等所有信息，其数量巨大。例如，人们日常使用微信、支付宝、淘宝等应用软件时，任意的聊天、支付、购买、物流都会有相应的记录，从而生成各种各样的数据。据统计，微信的平均日活跃用户达 10.9 亿；2022 年"双十一"，仅天猫的一天成交量就高达 89 亿单；加上其他，我国目前平均每天所产生的数据量就高达上百 EB。美国国际数据公司（International Data Corporation，简称 IDC）发布的《数据时代 2025》报告中，预计 2025 年全球产生的日数据

量将达到 491EB，年数据量将达 175ZB。

大数据不是随机样本，而是全体数据。利用大数据，人们能够分析更多的数据，甚至可以处理和某一特殊现象相关的所有数据，从而避免随机样本实际上存在的人为限制因素，得到更为客观的结论。

② 多样（Variety）。大数据来自社交媒体、工商业、物联网等方方面面，上至天文地理，下至人间百态，无所不有，数据形式众多。从数据学的角度，大数据包括结构化数据、非结构化数据、半结构化数据 3 大类。

结构化数据（Structured Data）是数据库已定义、遵循一定数据格式和长度规范的数据。结构数据一般以行为单位存储与处理，每一行就是一条记录。结构化数据每一行的属性都相同，它可直接用关系数据库管理系统（Relational Database Management System，简称 RDBMS）进行管理。

非结构化数据（Unstructured Data）是数据库未预定义、需要整体存储和管理的数据。例如，图片、音频、视频等就是典型的非结构化数据。

半结构化数据（Semi-structured Data）是具有一定的结构性，但没有严格的格式和长度的数据。典型的半结构化数据有 HTML 文档、XML 文档等。

③ 高速（Velocity）。在万物互联的时代，每时每刻都在产生大量的数据，如果要对所有数据进行存储和管理，无疑将浪费大量的资源，因此，几乎所有的平台都需要定期清除历史记录、更新数据。大数据也许不能准确地告诉人们某件事为什么发生，但它会及时提醒我们这件事正在发生，利用大数据就必须有快速处理数据的手段。

④ 低价值密度（Value）。大数据包含了大量毫无意义的记录，真正有价值的数据所占的比例很低，但是整个数据集所隐含的价值可能很大。例如，淘宝网的单条销售记录只是代表某人购买了什么商品，这对于他人毫无意义；然而，如将此人的所有购买记录进行集中分析，便可得出此人的购买爱好，并对其进行精准的商品推荐。因此，大数据适用于宏观分析，其价值在于挖掘，以帮助人们提高宏观洞察力、把握大方向。

3. 工业大数据及特征

作为简单理解，工业大数据（Industrial Big Data）就是由工业互联网产生，并提供给工业生产使用的大数据。我国工信部 2019 年发布的《工业大数据白皮书（2019 版）》对工业大数据的定义是：在工业领域中，围绕典型智能制造模式，从客户需求到销售、订单、计划、研发、设计、工艺、制造、采购、供应、库存、发货和交付、售后服务、运维、报废或回收再制造等整个产品全生命周期各个环节所产生的各类数据及相关技术和应用的总称。

工业大数据属于大数据的范畴，与其他大数据相比，除了具有大量、多样、高速、低价值密度等共同特征外，还具有以下特征。

① 时序（Sequence）。工业大数据随着产品生命周期依次产生，有较强的逻辑时序性。例如，在产品的研发、设计阶段，一般不会产生产品生产、制造数据；在产品制造完成前，也不会产生产品运行、维修、服务数据等。

② 关联（Relevance）。工业大数据一般针对特定产品的研发、制造、使用和服务过程，数据之间的关联性强，数据的使用构成闭环。例如，产品的设计数据是原材料采购、供应和产品生产工艺制订、产品生产制造的依据；产品制造、使用、服务数据将作为研发部门进行产品改进和升级的依据等。

③ 准确（Accuracy）。工业大数据的来源单一，特别是工业物联网的数据，大都客观、

真实、可靠，因此，数据分析与处理也要求完整、准确。例如，产品的设计、研发、制造、交付必须按照用户提供的需求数据进行；产品的生产、制造必须按照产品设计数据进行；产品的远程故障诊断和维修服务，必须根据产品的生产、制造、操作使用、工作状态数据进行；等等。这就是说，工业大数据对数据分析与处理的置信度要求较高，仅依靠一般的统计相关性分析，并不足以支撑产品研发、生产制造、远程维修服务等工业应用。

4. 工业大数据架构

工业大数据一般采用图 2.3-1 所示的 4 层堆栈式架构，自下而上依次为数据采集层、数据预处理与存储层、数据建模与分析层、数据应用层。

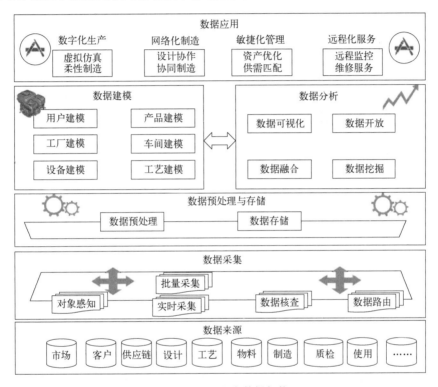

图 2.3-1　工业大数据架构

① 数据采集层。数据采集是工业大数据架构中最基础的层次，工业大数据来自于市场、客户、供应链、设计、工艺、物料、制造、质检以及产品使用、服务等整个产品生命周期的各个环节，数据类型包括加工制造设备传感器采集的工作环境、运行状态等结构化数据，由 CAD/CAM/CAPP、ERP、MES 等软件自动生成或操作人员输入的半结构化数据，以及来自其他现场设备的图片、音频、视频等非结构化数据 3 类。

② 数据预处理与存储层。数据预处理与存储层可通过通信协议解析、图片识别、音频视频解码等预处理操作，将各类数据规范化后进行分类保存，为工业互联网数据的互联互通奠定基础。

③ 数据建模与分析层。数据建模与分析层可通过数据的建模，形成用户、产品、工厂、车间、设备、工艺等模型，然后，经过数据融合、挖掘和可视化等处理，将其转化为智能制造所需要的信息，通过工业互联网对外开放。

④ 数据应用层。数据应用层可通过应用开发工具，将大数据应用于数字化生产、网络

化制造、敏捷化管理、远程化服务等智能制造的各个环节。

5. 大数据处理

大数据的处理主要经历了大型计算机、服务器+客户端、云计算+雾计算+边缘计算的发展过程。

随着物联网、人工智能等技术的发展与普及，人们对数据处理能力的要求也越来越高，大量、多样、高速、低价值密度的大数据处理是单台计算机不可能完成的任务，因此，必须利用网络和虚拟化技术，将任务分配至成千上万台提供大数据服务的计算机（虚拟资源）上协同处理。云计算（Cloud Computing）、雾计算（Fog Computing）、边缘计算（Edge Computing）是目前业界公认的3种大数据处理方式。此外，也有人提出了诸如"海云计算""露水计算"等不同设想，但目前尚未形成共识，对此不再进行介绍。

云计算、雾计算、边缘计算是根据用户和虚拟化计算资源的地理位置，形象地描述用户和数据处理设备关系的3个不同概念，三者的相互关系如图2.3-2所示。用于云计算的虚拟设备远在天边，用于雾计算的虚拟设备就在用户周围，而边缘计算的设备则位于用户物理设备上。从网络拓扑上说，云计算位于互联网顶端，雾计算位于局域网顶端，而边缘计算则位于局域网终端设备上。

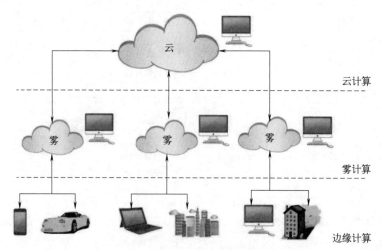

图2.3-2　云计算、雾计算与边缘计算

作为典型应用，智能停车场的车辆管理、自动收费系统就是通过汽车电子控制系统、停车场管理系统、智能导航系统、车辆跟踪管理系统和移动支付系统，利用边缘计算、雾计算、云计算技术自动处理车辆驾驶、停车管理，以及导航、跟踪、移动支付等数据的大数据处理系统，其数据处理方法大致如下。

① 边缘计算。先进的汽车电子控制系统不仅具有电子点火、动力传动、安全控制、座椅调节、视频监控等车辆控制功能，而且还安装有车载导航、语音识别、车辆跟踪等智能监控系统。汽车行驶或停靠时，驾驶员可利用车载导航系统（或智能手机）查询附近停车场和行驶线路、车位使用情况等信息，将车辆行驶到选定的停车场。对于汽车行驶、停靠，胎压和制动系统监控、倒车雷达等数据的处理必须快速、准确，但对于导航、车辆跟踪管理实际上无意义，因此，汽车电子控制系统只需要筛选车辆位置、速度、方向等信息，并将其上传到智能导航、车辆跟踪管理系统，对车辆进行监控和管理。车辆信息的筛选、上传等处理一般由汽车电子控制系统完成，属于边缘计算。

　　② 雾计算。智能停车场管理系统一般包括车位引导、出入管理、反向寻车、视频监控、特殊车辆管理、自动收费等功能。车位引导系统可向驾驶员提供停车场位置、车位使用情况、内部行驶线路等信息，引导驾驶员快捷地找到停车位。出入管理系统可自动识别车牌、开启闸机、记录进出时间、显示欢迎标语和缴费金额等数据。反向寻车系统可向驾驶员提供车辆停泊位置、线路引导等信息，以便驾驶员尽快找到自己的车辆。视频监控系统具有实时监控停车场的场景、自动比较车辆出入状态等功能，可为车辆及人身安全提供保证。特殊车辆管理系统可通过车位感知、视频识别等手段，为特殊车辆提供专属权限，引导其进入专属车位，并防止他人非法占用。自动收费系统可自动计算停车费，并通过移动支付系统收费。

　　停车场的车辆出入频繁、传感器众多，车位引导、视频监控、车牌识别、线路规划等数据的存储量大、处理复杂，但数据具有明显的区域性和时效性，因此，可通过停车场附近局域网上的空闲服务器、计算机、网关等虚拟设备（雾节点），就近存储和进行协同处理，这就是雾计算。

　　③ 云计算。智能导航、车辆跟踪管理、移动支付的用户数量众多、分布广泛，数据的存储、处理的工作量庞大，需要通过云服务平台，由分布在世界各地的空闲服务器、计算机等虚拟设备存储和协同处理，这就是云计算。

2.3.2　云计算

1. 云计算的概念及特征

　　云计算（Cloud Computing）是工业大数据分析与处理的一种基本技术手段。计算机网络中的"云"泛指互联网上一切可供共享的远程服务资源（如 CPU、数据库等）。云计算资源远在天边（云端），但用户可通过互联网随时随地使用，不再需要用自己的设备来存储数据、安装应用程序。云计算用户不需要了解服务资源的来源和细节，不必具有相应的专业知识，也无需对资源进行直接控制，便可有偿获取资源使用权。例如，人们平时常用的移动支付、自动导航以及在线杀毒、在线翻译、在线视频等，都是银行、企业通过云计算服务为大众提供的应用。

　　云计算的概念由 Google 公司前首席执行官埃里克·施密特（Eric Schmidt）在 2006 年 8 月的搜索引擎大会（SES San Jose 2006）上首次提出，随后，便成为了计算机领域最令人关注的话题和互联网建设中着力研究的重要方向。

　　2008 年，微软公司率先发布了公共云计算平台（Windows Azure Platform），正式开启了云计算服务的时代，随后，各大型网络公司都纷纷加入了云计算的行列。2009 年 1 月，阿里软件在江苏南京建立了中国首个"电子商务云计算中心"；同年 11 月，中国移动云计算平台"大云"计划正式启动。目前，云计算已发展到较为成熟和大范围普及的阶段。

　　云计算至今未有统一的定义。从技术上说，云计算属于新一代分布式计算（Distributed Computing）技术，它是传统并行计算（Parallel Computing）、网格计算（Grid Computing）技术在互联网时代的发展和应用。云计算可通过互联网和虚拟化技术，由服务中心将分布在世界各地的成千上万台处于在线闲置状态的计算机、存储器等物理设备，组建成可供其他用户共享的虚拟计算资源，然后，服务中心再将大数据的处理程序分解成无数小程序，分发给虚拟计算资源，由多台计算机同时进行处理；处理完成后，服务中心再将结果合并、返回给用户。

　　云计算的核心是让每一个使用互联网的人都可不受时间和空间的限制，利用互联网提供的快速、安全的计算服务及数据存储功能，有偿获取无限的计算资源，共享庞大的数据中心，以便在极短的时间内完成大数据的处理。云计算与其他网络应用相比，其技术特征主要体现在资源的虚拟化和柔性化两方面。

① 资源虚拟化。计算机的功能需要通过应用程序实现，不同应用程序需要使用不同的数据资源库；应用程序越复杂，需要使用的数据量就越大，对计算机计算能力的要求也就越高，有的甚至连最先进的计算机也无法独立完成。而云计算则可通过互联网，把无数计算实体（物理设备）组建成一个具有强大计算能力的系统，并以商业服务的模式，让终端用户获得强大计算能力。云计算最显著的特点是采用了虚拟化技术，系统平台能够根据用户的需求，突破时间、空间的界限，通过互联网快速配置各类资源，为用户提供强大的服务。

② 资源柔性化。云计算资源具有通用性、灵活性和可扩展性。云计算系统具有很强的兼容性和高效的运算能力，计算资源不限定应用，用户可在任意位置、各种终端获取所需的应用服务；应用平台可根据用户的请求，快速配置计算资源，为用户提供所需的服务，以降低用户使用成本、提高系统资源的利用率。

云计算的最终目标是不断提高云处理能力、减少终端用户的负担，最终将终端用户简化成一个能够通过互联网共享强大处理能力的纯输入/输出设备。目前，已经有大量的网络资源能够支持虚拟化应用，用户只需要在原有服务器基础上增加云计算功能，就可以获得所需的虚拟化应用资源。

2. 云计算技术架构

云计算系统的技术架构如图 2.3-3 所示，系统一般分为物理资源、虚拟化处理、资源与服务管理、应用部署与接入、应用 5 层；不同层次的服务以基础设施服务（IaaS）、平台服务（PssS）、软件服务（SaaS）3 种形式交付（见下述），供不同的用户使用。

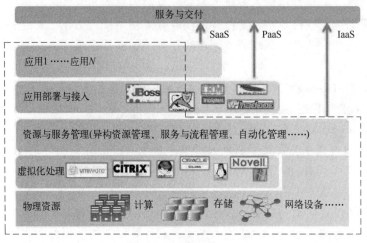

图 2.3-3　云计算的技术架构

从技术上说，云计算的第一步是通过互联网和虚拟化技术，将分布在世界各地的计算机、存储器、网络设备等物理资源，组建为可供其他用户使用的虚拟计算资源；然后，通过异构数据、服务与流程、自动化等管理系统，利用设备空闲时间，为全球用户提供基础设施服务（IaaS）。在此基础上，服务中心可通过应用部署与接入系统，将常用的应用程序、开发工具、计算框架、中间件等软件，组建成可供软件开发人员直接使用的开发环境，为软件开发商提供平台服务（PaaS）。最后，还可针对广大用户的日常应用，直接提供给用户可随时连接、随时访问的软件服务（SaaS）。

云计算的应用平台一般由用户界面、服务目录、管理系统和部署工具、监控系统和服务器集群等栏目组成。用户界面用于用户的注册、登录及资源定制等操作，以获取资源的使用权限。服务目录可根据用户的使用权限，以列表的方式显示平台可提供的服务项目，用户可根据需要自由选择、定制和退订服务项目。管理系统和部署工具用于用户的注册、登录、授权等管理及资源的调度，它可根据用户的请求，快速、有效地部署与配置资源，提供给用户所需的服务。监控系统用于资源的使用情况与负载的均衡监测，保证资源的合理分配。服务器集群包括虚拟服务器与物理服务器，集群由管理系统进行集中、统一管理，专门用来响应高并发用户请求、大计算量服务。

3. 云计算服务

云计算可根据用户需要，提供基础设施服务（IaaS）、平台服务（PaaS）、软件服务（SaaS）3 种不同的服务层次，每一服务层都具有独立的功能，可直接响应用户的服务请求，无需上层、下层提供接口与技术支持。

① 基础设施服务（IaaS）。IaaS 是 Infrastructure as a Service 的英文缩写，在很多场合被翻译为"基础设施即服务"。IaaS 是云计算的最底层服务，主要用来向从事云计算研发的个人或组织提供虚拟化的计算资源，如虚拟计算机、存储器、网络服务器等。

IaaS 首先需要资源供应商将自己的物理资源虚拟化，并通过优化管理，使之成为可供互联网用户使用的计算资源，这一过程称为资源的"云化"或"池化"。接着，用户可通过互联网，从资源供应商处租用所需的虚拟计算资源，获得部分物理资源的使用权；然后，按自己的要求安装操作系统和应用软件，并对其进行使用和管理。

IaaS 可突破物理设备的限制，共享云计算所需的基础设施。对资源供应商而言，可大幅度提高资源的利用率，并从中获得商业利益；对于用户而言，可节省大量基础设施投入，以降低研发成本。国外著名的 IaaS 供应商主要有美国亚马逊（Amazon）、威睿（VMware）、思杰（Citrix）、甲骨文（ORACLE）、诺威尔（Novell）、IBM 等。

② 平台服务（PaaS）。PaaS 是 Platform as a Service 的缩写，在很多场合被翻译为"平台即服务"。PaaS 可为云计算软件开发人员提供虚拟计算资源和通用应用程序、开发工具、计算框架、中间件等软件开发环境，用户可直接进行应用程序开发、测试和服务管理。

PaaS 是比 IaaS 更高层次的服务。IaaS 虽然解决了用户基础设施投入问题，但需要用户自行安装操作系统、应用程序等软件，因此，它并不适合需要在短时间内完成大量计算的用户。PaaS 不仅可为用户提供虚拟计算资源，而且还为用户配备了操作系统和通用软件开发环境，用户可在此基础上直接进行自己的软件开发工作，不再需要在软件开发的环境建设上花费精力。国外著名的 PaaS 供应商主要有美国的 Google、IBM、海杜普（Hadoop）、企业云计算（Salesforce）等。

③ 软件服务（SaaS）。SaaS 是 Software as a Service 的缩写，在很多场合被翻译为"软件即服务"。SaaS 可为用户有偿（或免费）提供应用程序服务，允许用户随时连接、访问应用程序。

SaaS 是目前云计算最高层次的服务，可为用户提供可直接使用的应用软件，用户无需进行软硬件配置、开发等任何工作，与 IaaS、PaaS 相比，用户使用更容易、适用面更广。SaaS 平台可随时接入自助服务，其使用便捷、适应性强，对用户的要求低，因此，其应用已越来越广泛。例如，人们平时使用的电子邮件、腾讯云、腾讯会议、腾讯直播、企业微信等就是典型的 SaaS 产品或基于 SaaS 的应用程序。

4. 工业 PaaS 和工业 SaaS

云计算的 PaaS、SaaS 服务可以用于工业领域，并称之为工业 PaaS、工业 SaaS，其作用和功能分别如下。

① 工业 PaaS。通用 PaaS 可提供应用程序开发、测试和管理服务，但较少涉及工业行业的知识。智能制造需要把工业领域大量的技术原理、行业知识、基础工艺、模型工具进行规则化、软件化、模块化，并封装为可重复使用的组件，提供给用户使用，这就是工业 PaaS。

工业 PaaS 的本质是在 IaaS 平台上构建的可扩展操作系统，它可为工业 APP 的开发、运行提供基础平台。目前，工业 PaaS 以提供工业微服务组件为主，在具体的应用过程中，还需要用户进行二次开发，才能成为可使用的工业 APP。工业 PaaS 的典型产品有美国通用电气（GE）的 Predix、参数技术公司（PTC）的 ThingWorx、德国西门子的 MindSphere 等。

② 工业 SaaS。工业 SaaS 是一个面向特定行业、特定应用场景，为用户提供工业 APP 的服务平台。作为定义，工业 APP 是一种"为了解决特定问题、满足特定需要，将工业领域的各种流程、方法、数据、信息、规律、经验、知识等技术要素，通过数据建模与分析、结构化整理、系统性抽象提炼，以统一的标准封装、固化后形成的一种可高效重用和广泛传播的工业应用程序"。简言之，工业 APP 是可直接提供给用户使用的软件化或模型化的工业技术、经验、知识和实践。

工业 SaaS 平台的建设可为柔性化、敏捷化、智能化制造的实现以及广大中小企业的转型升级提供极大的帮助。然而，由于不同企业的市场、设备、工艺、原材料、零部件、产品以及管理水平各不相同，加上工业 APP 的开发平台、框架和标准目前还没有统一，导致了工业 APP 的可移植性、复用性较差。此外，由于工业 APP 实际上是制造业隐性知识的显性化，而这些隐性知识往往涉及企业的核心技术，是企业市场竞争力的主要来源，因此，部分企业缺乏公开、共享的意愿。总之，工业 SaaS 平台的建设和应用普及尚有待时日。

2.3.3 雾计算与边缘计算

云计算的出现承载着业界的厚望，人们曾普遍认为，未来的大数据计算功能将完全可以放在云端，由云计算完成。然而，随着移动互联网、物联网的快速发展，移动应用正在逐渐成为人们处理网络事务的主要方式，接入设备（尤其是移动设备）越来越多，应用遍布各行各业。据中国互联网络信息中心（CNNIC）和全球知名物联网研究机构 IoT Analytics 等提供的数据，截至 2022 年，全球手机用户规模已达 66.48 亿，汽车保有量超过 13 亿辆，物联网的连接数量达 143 亿。

移动互联网、物联网设备的大幅度增长，将产生越来越多的原始运营数据，这些数据都需要进行转换、汇总和分析，才能用于网络运行维护管理与大数据分析，如果它们都由云计算处理，云计算中心的负荷将会越来越重；加上云数据的导入和导出实际上并不像人们想象的那样轻而易举，云服务平台的运行也将面临巨大的压力。与此同时，随着数据量和数据节点数的不断增加，为保证数据传输和信息获取的实时性，对网络带宽（Network Bandwidth，即单位时间传输的数据量）的要求也变得越来越高。因此，如何减轻云端负荷和网络运行压力，提高大数据的处理能力和速度，已成为 IT 领域必须解决的问题之一，雾计算、边缘计算由此而生。

雾计算、边缘计算的出现时间、实现手段虽然有所不同，但其目的都是减轻云端负荷和网络运行压力，提高数据处理速度，说明如下。

1. 雾计算的产生与定义

雾计算（Fog Computing）是继云计算之后提出，近年发展起来的一种新型的大数据计算模式，从技术逻辑上说，雾计算是云计算的延伸和拓展，也可称之为分散式云计算。

雾计算的名词来源于一句名言"雾比云更贴近地面"。云和雾一样在空气中飘浮，也就是说，云计算、雾计算所提供的服务都来自于虚拟化的网络资源；但是，雾不像云那样高不可及，雾计算的服务资源可由分布在用户周围的"雾节点"就近提供，数据的存储和主要处理功能，从云端下移到了"雾节点"上，这样一来，不仅减轻了云端负荷和网络运行压力，而且，用户可更快、更高效地得到处理结果，其实时性、可移动性比云计算更好。

一般认为，雾计算的概念由美国哥伦比亚大学教授斯特尔佛（Stolfo）在 2011 年最先提出，其最初目的是利用"雾"来阻挡网络黑客的入侵。2012 年，美国思科公司对雾计算做了详细定义，并将其作为公司的网络发展战略正式提出。

雾计算顺应了互联网的"去中心化"发展趋势，因此，自思科提出雾计算概念以来，美国 ARM（Advance RISC Machines）、戴尔、英特尔、微软等多家著名企业及普林斯顿大学等研究机构，先后加入了雾计算研究阵营。

2015 年 11 月，美国率先成立了非营利性的开放雾联盟（Open Fog Consortium，简称 OFC），旨在通过开发雾计算的开放式架构、分布式计算、网络互联、数据存储等核心技术，推广、普及雾计算技术，促进物联网发展；OFC 于 2018 年 12 月并入了美国工业互联网联盟（Industrial Internet Consortium，IIC）。

2017 年 2 月，OFC 发布了开放雾（Open Fog）的参考体系架构。2018 年 8 月，美国的电气与电子工程师协会（Institute of Electrical and Electronics Engineers，简称 IEEE）正式发布了 IEEE 1934—2018《采用 Open Fog 参考体系架构的雾计算》标准，并将雾计算定义为"一种系统级的水平体系架构，它将计算、存储、控制和网络的资源和服务部署在云（Cloud）到物（Things）的任何地方，使服务和应用程序能够更接近数据生成源，并能从物、网络边缘及云的多个协议层进行扩展"。

2. 雾计算的技术特征

就本质而言，云计算、雾计算都是基于互联网的分布式数据处理方法，都需要使用虚拟化、柔性化的计算资源，但两者的体系架构有所不同。OFC 发布的开放雾（Open Fog）参考体系架构如图 2.3-4 所示。

Open Fog 体系架构定义了雾计算的 8 项核心技术，并将其称为雾计算的八大支柱。八大支柱技术分别为安全性、可扩展性、开放性、自主性、RAS（可靠性 Reliability、可用性 Availability、可维护性 Serviceability）、敏捷性、层次性和可编程性。

雾计算同样需要使用虚拟化资源，通过资源池为用户提供服务，同样支持移动设备连接；雾计算服务器可与云计算服务器互连，并使用云计算中心的服务资源，因此，对于普通用户应用，两者实际上并无太大的区别。但是，从技术实现手段上说，由于雾计算的大量数据可通过雾节点直接处理，故具有如下优点。

① 实时性好。云计算通常需要将所有数据统一上传到云计算中心存储与处理，对互联网的带宽要求很高；而雾计算则可以通过智能过滤进行数据选择性传输，只将重要的计算结

图 2.3-4　开放雾参考体系架构

果通过互联网上传到云端，其他绝大部分数据都可通过局域网（LAN），由靠近网络边缘的"雾节点"直接处理，因此，可大幅度降低互联网运行压力、提高数据处理速度，数据传输和信息获取的实时性更好。

② 适应性强。云计算以 IT 运营商服务、社会公有云为主，强调整体能力，其资源配置、任务分配、数据综合需要由云服务中心的高性能计算设备集中完成。雾计算则以量制胜，它可通过局部范围内的计算设备，如路由器、交换机、网关等传统网络设备或专门部署的小型服务器进行联合工作，形成一定的计算能力。雾节点可渗入工厂、学校、社区、商场、停车场等生产、生活设施以及汽车、家电等日常生活用品，能够适应各种各样的服务需求。

③ 安全性高。雾计算将数据的主要处理和存储功能放在"雾节点"上，尽管雾节点和计算平台的处理速度、功能都不及云计算，但雾节点可以在广大的区域高密度部署，即使某一节点出现异常或云端连接暂时断开，也可以将数据快速转移到附近节点继续工作，避免云端异常造成的网络崩溃，数据的安全性更高。

3. 边缘计算的产生与发展

边缘计算（Edge Computing）是直接利用局域网（LAN）连接的物理设备，从源头完成数据预处理的一种大数据计算方法，它不仅可使用实时连接的网络设备，也可通过间断连接的笔记本电脑、智能手机、平板电脑等设备实现。边缘计算将大数据的预处理从基于互联网的云计算、基于局域网的雾计算，延伸到了具体的物理设备上，它可不经服务器直接完成大数据的预处理，云服务中心、雾节点可根据需要访问边缘计算的历史数据。

美国韦恩州立大学（Wayne State University，简称 WSU）的学者认为，边缘计算是指在网络边缘执行计算的一种新型计算模型，边缘计算的操作对象为来自于云服务的下行数据和来自于万物互联服务的上行数据，而边缘计算的边缘是指从数据源到云计算中心的路径中的任意计算和网络资源。ISO/IEC JTC1/SC 38 对边缘计算的正式定义是：将主要处理和数据存储放在网络边缘节点的分布式计算方式。

边缘计算概念的出现实际上比云计算（2006 年）、雾计算（2011 年）更早，其技术发展可追溯至 1998 年美国阿卡迈（Akamai）公司提出的内容分发网络（Content Delivery Network，简称 CDN）。CDN 是一种基于互联网的缓存技术，它可利用部署在各地的缓存服务器，通过中心平台的负载均衡、内容分发、调度等功能模块，将用户访问直接转移到距离最近的缓存服务器上，以此减轻网络拥塞，提高响应速度。

CDN 注重的是数据的备份和缓存，但边缘计算注重应用功能，其基本思想是实现功能缓存（Function Cache）。功能缓存的概念最初于 2005 年由美国韦恩州立大学提出，并用于个性化的邮箱管理服务；2009 年美国卡内基梅隆大学提出了 Cloudlet（小朵云）的概念，它可利用部署在网络边缘的网络互连主机，为移动设备提供类似云计算的服务，故称为"小朵云"。随后，随着物联网等技术的快速发展，为了解决云计算的负荷和网络带宽的问题，出现了移动边缘计算（Mobile Edge Computing，MEC）、雾计算（Fog Computing）等概念。

2016 年 5 月，美国国家科学基金会（NSF）将边缘计算列为计算机系统研究突出领域（Height Light Area）；同年 10 月，NSF 举办了边缘计算重大挑战研讨会（NSF Workshop on Grand Challenges in Edge Computing），对美国未来的边缘计算发展目标进行了规划。

边缘计算的出现也引起了世界各国的重视。2015 年 9 月，欧洲电信标准化协会（European Telecommunications Standards Institute，简称 ETSI）发表了移动边缘计算的白皮书，并成立了移动边缘计算行业规范工作组，致力于边缘计算的应用需求分析和相关标准制定工作。2017 年 3 月，ETSI 将移动边缘计算正式更名为多接入边缘计算（Multi-access Edge Computing，MEC）。

我国的边缘计算研究工作和世界几乎同步，2016 年 11 月，华为、中国科学院沈阳自动化研究所、中国信息通信研究院等企业和研究机构在北京成立了边缘计算产业联盟（Edge Computing Consortium，简称 ECC），旨在构建边缘计算产业合作平台，引领边缘计算产业发展。2017 年 5 月，首届中国边缘计算技术研讨会在合肥开幕，同年 8 月，中国自动化学会成立了边缘计算专委会，以推动我国边缘计算的研究和发展。

4. 边缘计算的应用

从技术发展的角度看，边缘计算的发展经历了 3 个阶段。第一阶段是边缘加速（Edge Acceleration），该阶段主要是通过内容分发网络（CDN）或应用加速器（Application Accelerator），来加速静态内容或应用的传输；第二阶段是边缘服务（Edge Service），该阶段主要是通过微服务（Micro Service）或数据容器（Data Container），来提供动态内容或应用的服务；第三阶段是边缘智能（Edge Intelligence），该阶段主要是通过人工智能模型或算法，来实现数据分析、预测、优化等智能功能。

边缘计算本质上也是一种基于互联网的分布式数据处理方法，这一点与云计算、雾计算并无区别，但是，边缘计算可将数据处理和服务从云端或雾节点转移到网络终端设备（数据源）上。对物联网而言，边缘计算的应用将意味着数据处理可在本地完成，许多控制可直接由设备实现，而无需再交由云端或雾节点处理。毫无疑问，利用边缘计算将大幅度减轻云端负荷和网络运行压力，进一步提升数据处理速度和安全性，为用户提供更快的响应，因此，可广泛用于智能城市、智能交通、智能医疗、智能制造、智能农业等领域。

在智能制造领域，边缘计算节点（网关）可部署在生产现场的管理计算机、数控系统、工业机器人控制器、PLC 等智能控制设备上，利用边缘计算，一方面可通过对现场设备运行、产品质量检测、生产过程监控等信息的分析和处理，实现设备在线自动调整、生产过程优化等功能；另一方面，还可向企业管理中心、雾节点、云计算服务中心上传数据，实现远程运行监控、故障诊断和维修等功能。

边缘计算的最大优点是实现了智能设备的 IT 与 OT 融合，它可以通过数字孪生（Digital Twin）、赛博系统（CPS）等技术，将物理世界的运行和虚拟世界的信息这两种不同体系、长期以来相互隔离的技术融为一体，实现产品价值链各个环节的无缝对接，使智能制造同时具有了 IT 的敏捷性、灵活性、商业性和 OT 的精确性、安全性、可用性。

2.4 数字孪生与 CPS

2.4.1 数字孪生

1. 数字孪生的产生与发展

数字孪生（Digital Twin）又称数字映射、数字镜像，它起源于美国，目前已被作为 OT 与 IT 融合的重要手段，成为智能控制的重点研究方向和实用化技术之一，在工业制造、工程建设、城市管理、医疗卫生等领域得到了推广和应用。

数字孪生至今还没有世所公认的标准定义。美国国防采办大学（Defense Acquisition University，简称 DAU）认为"数字孪生是充分利用物理模型、传感器更新、运行历史等数据，集成多学科、多物理量、多尺度、多概率的仿真过程，在虚拟空间中完成映射，从而反映相对应的实体装备的全生命周期过程"的一种技术。

通俗地理解，数字孪生是一种具有机器学习（ML）功能的仿真技术，它可在信息化平台上，为物理实体（物理设备或物理系统）创造一个等价的动态数字模型。利用数字孪生技术所创建的动态数学模型与其他静态数学模型的区别在于：它不仅能用于物理实体的仿真分析，而且还能实时检测物理实体的运行状态和环境数据，并将其复现到模型中，通过机器学习（ML）动态修正、完善数学模型和仿真分析算法，为后续运行和改进提供决策。

数字孪生的产生可追溯到 20 世纪 60 年代。当时，美国国家航空航天局（National Aeronautics and Space Administration，简称 NASA）在实施阿波罗登月计划时，首次利用图 2.4-1 所示的现实空间（Real Space）飞行器检测数据（Data），在计算机的虚拟空间（Virtual Space）上建立了能够向飞行器实时反馈控制信息（Information）的飞行器动态数学模型，并通过对空间飞行器飞行的仿真分析，实现了空间飞行器的飞行状态监测和预测。

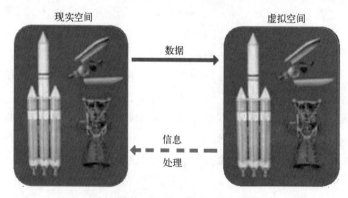

图 2.4-1 飞行器动态仿真

对于"数字孪生"概念的提出者，业内并没有统一的说法。一般认为，数字孪生的概念源自于美国密歇根大学（University of Michigan，简称 UMich）教授迈克尔·格里夫斯（Michael Grieves）于 2003 年提出的"物理产品的数字表达"思想。2005 年，格里夫斯将其称为"镜像空间模型（Mirrored Spaces Model）"，2006 年，又将其改名为"信息镜像模型（Information Mirroring Model）"。

2011 年 3 月，美国空军研究实验室（Air Force Research Laboratory，简称 AFRL）的科布林（Pamela A. Kobryn）和蒂格尔（Eric J. Tuegel）在名为"Condition-based Maintenance Plus Structural Integrity（CBM＋SI）& the Airframe Digital Twin（基于状态的维护＋结构完整性 & 战斗机机体数字孪生）"的演讲中，首次明确提出并使用了 Digital Twin 一词，演讲主题是通过数字孪生（Digital Twin）技术，实现战斗机维护的数字化。当时的设想是：首先，在飞机上安装能实时检测关键部件结构状态和飞行载荷的传感器，然后，在计算机上建立能够根据传感器检测数据同步变化的飞机动态数字模型（数字孪生体）；这样，飞机每次飞行后，便可根据数字孪生体，确定飞机现有的结构状态和所经历的载荷，并通过下次飞行的预期载荷等数据，预测飞机能否继续执行下次任务，分析评估飞机是否需要进行维护。

当时，美国通用电气（GE）公司正致力于工业数字化、工业互联网体系构建研究，他们在为美国国防部提供 F-35 联合攻击机解决方案时，发现了数字孪生技术的价值，随即将其作为工业领域智能制造的关键技术之一，进行了深入的研究和应用，并且为企业带来了巨大的经济效益。GE 公司早在 2018 年就宣称，他们已为每个引擎、每个涡轮、每台核磁共振仪创造了一个数字孪生体，数字孪生体的数量已达 120 万个。

作为智能制造 IT 与 OT 融合的重要手段，数字孪生实现了现实空间与虚拟空间的数据互通和信息融合，受到了国内外相关学术界和企业的高度关注。在德国工业 4.0 和我国的制造业转型升级战略中，都将其视为智能制造关键技术之一，在制造业进行了推广和应用。据全球知名咨询公司美国高德纳（Gartner Group）调查，早在 2019 年初，全球部署物联网的企业和组织已有 13％应用数字孪生技术，62％的组织正在准备使用数字孪生技术。近年来，这一比率更是得到了大幅度提高。

2. 数字孪生的技术特征

数字孪生是具有机器学习（ML）功能的仿真技术，从广义上说，仍属于数字仿真技术的范畴，但是，它与常规仿真技术比较，主要具有如下技术特征。

① 模型高保真。常规仿真技术所生成的模型是固定或相对固定的，但利用数字孪生技术生成的数学模型（数字孪生体）可通过机器学习动态演变、与物理实体同步变化，因此，能够准确、实时反映实体状态，其真实性比常规数学模型更好。

② 控制闭环化。常规数学模型直接利用仿真结果，控制物理实体运行，所构成的控制系统属于开环系统；数字孪生能够实时检测物理实体的状态与运行环境，生成动态演变的数字孪生体，并将推演、预测的结果实时反馈到物理实体，构成闭环控制系统。

③ 技术要求高。常规仿真只需要了解实体的物理特性，便可利用机理建模的方法，直接通过计算机创建数学模型；数字孪生需要综合运用传感技术、AI 技术、大数据处理技术，利用机器学习功能创建数学模型，其技术要求高于常规建模。

在制造业，数字孪生技术生成的数字孪生体与常规数学模型相比，其技术特征主要体现在动态、实时、双向、全生命周期 4 方面。

动态是指数字孪生体可根据传感器检测数据实时演变；实时是指数字孪生体的演变和物理实体的变化同步或接近同步；双向是指数据和信息可以在物理实体和数字孪生体之间双向

流动、构成闭环；全生命周期是指数字孪生可贯穿于产品设计、开发、制造、服务、维护、回收的整个生命周期，它不仅能够帮助企业提高产品质量、降低生产成本，而且还可以帮助用户更好地使用、维护、回收产品。

3. 数字孪生技术的应用

数字孪生技术的应用范围非常广泛。例如，在城市建设中，可利用城市模型和基础设施（水、电、气、交通等）、市政资源（警力、医疗、消防等）等信息，创建城市数字孪生体，进行高效管理；新加坡、印度海得拉巴（Hyderabad）、我国雄安等已开始进行这方面的摸索和实践。在基建工程中，可利用数字孪生技术，对高速公路、桥梁、隧道等基础设施建设，进行载荷分析、工程仿真、安全评估，提高可靠性，降低建设成本等。

数字孪生技术源自于制造业（航天航空），智能制造是其最重要的应用领域。除了美国 GE 公司外，德国西门子（SIEMENS）、德玛吉森精机（DMG MORI）、海德汉（Dr. Johannes Heidenhain GmbH）等全球著名的机床、数控系统制造商都在数字孪生技术的研究和应用上，取得了令人瞩目的成就。

作为德国工业 4.0 的代表性企业，SIEMENS 公司在 2016 年 4 月正式发布了 MindSphere 工业云，并利用 SIMATIC IT、PLM、MES 和 NX 等软件，创建了完整的产品数字孪生体，实现了物理设备的数字驱动。为了加速 IT 与 OT 融合，SIEMENS 于 2018 年 8 月，收购了荷兰曼迪克斯公司（Mendix Technology B. V.），并推出了可视化的应用软件——低代码开发平台（Low-Code Development Platform，简称 LCDP）。2019 年 4 月 1 日，又将其旗下的过程工业与驱动集团（PD）与数字化工厂集团（DF）合并，组建为集软件、工厂自动化、运动控制、过程自动化和客户服务于一体的数字化工业集团，从组织结构上为 IT 与 OT 融合创造了条件。早在 2019 年的中国国际工业博览会上，SIEMENS 就展示了 Digital Twin 在成都工厂、南京 SIEMENS 数控有限公司、苏州 SIEMENS 电器有限公司等企业中的应用。其中，苏州 SIEMENS 电器有限公司通过在研发、物流、生产和质量等各个核心业务节点采用 SIMATIC、SIMICAS、NX、Teamcenter、MindSphere 等软件以及智能化生产线、机器人等工业自动化设备，已基本实现了对产品全生命周期的数据管理。成都工厂和南京 SIEMENS 数控有限公司已达到了 SIEMENS 数字化工厂的标准。

在机床制造业，世界著名的机床制造集团德玛吉森精机（DMG MORI）公司将数字孪生作为关键技术，纳入了自动化、数字化和可持续性三位一体的发展战略中。利用数字孪生技术，DMG MORI 可为所有用户提供与实际购买设备完全相同的数字孪生体，使得用户能够在虚拟环境中熟悉新设备、创建数控程序，并进行加工仿真和加工参数优化，大大缩短了人员培训、程序调试、工艺验证等生产准备时间，节省了物料、刀具和材料成本，生产效率和产品质量得到了大幅度提高。DMG MORI 还根据智能数控机床的控制要求，开发了图 2.4-2 所示的 CELOS DYNAMICpost 等应用软件，将 CAD/CAM 后处理器、机床仿真、工艺优化、MAPPS 对话编程等功能集成为一体，可实现 CAD/CAM 与数控机床的无缝对接，为用户提供新一代的智能制造装备。

在数控系统生产企业，世界著名的数控系统和光学传感器生产厂家——德国海德汉公司，利用数字孪生技术，在数控系统上开发了 RemoTools SDK 数据通信、Virtual TNC 机床仿真等应用软件，使 CNC 不仅能与企业资源计划（ERP）、制造执行系统（MES）直接连接，而且还可向上级控制器实时提供机床位置、工作状态和运行环境等数据，为智能数控机床的研发提供了技术保障。

2.4.2　CPS

1. CPS 的产生与发展

CPS 是英文 Cyber-Physical Sys-tem 的简称，中文通常译作"信息物理系统"或"赛博系统"。Cyber 源于希腊语，本意为引导者、管理者，在控制论创始人美国学者诺伯特·维纳（Norbert Wiener）1948 年出版的《控制论》中用了 Cybernetics 来表示"控制论的"；在现代英语中，Cyber 一般

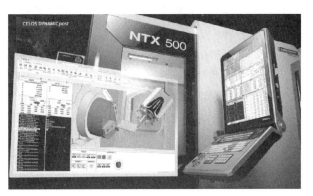

图 2.4-2　CELOS DYNAMICpost 应用软件

作为形容词"计算机的""网络的"使用。由于英文 Cyber 的含义实际上更偏重控制，同时，也为了避免 Cyber 与 Information（信息）的混淆，本书将直接使用英文缩写 CPS。

CPS 的概念由美国 NASA 于 1992 年最先提出，后作为无人机控制技术应用到军事领域。自 2006 年以来，在《美国竞争力计划》《挑战下的领先——竞争世界中的信息技术研发》等官方文件和美国国家科学基金会（NSF）发布的研究项目中，CPS 均被列为其重要研究项目，并位居 IT 八大关键技术之首。德国 2013 年发布的工业 4.0 战略中，CPS 也被作为构建 Smart 工厂的核心技术体系之一，进行了大力推广与应用。

CPS 源自于美国的无人飞行器控制技术研究。无人飞行器是一种高度智能的机电一体化产品，需要通过计算机系统实时处理大量的数据和信息，如飞行器的飞行姿态、机身温度、燃油消耗等内部数据的实时监测与控制，航线、速度、高度、目的地、气候等外部信息的处理等。这些数据和信息都需要通过安装在飞行器上的传感器采集和无线通信系统传输，并由计算机按预先设定的算法进行综合分析处理，得到最佳的飞行控制数据，并自动控制飞行器按预定的轨迹，以最佳的姿态飞行；与此同时，计算机还需要将飞行器的运行信息发送给地面指挥人员，由指挥人员对飞行器进行实时监控，如果遇到特殊、紧急情况，可以由指挥人员接管控制权，对飞行器进行人工控制。

无人飞行器控制系统采用了计算、通信与物理系统一体化设计，具备实时感知、动态控制、信息处理、互联网远程操控等功能，这种系统实际上就是典型的 CPS。

CPS 实际上是一种集计算、通信与控制功能于一体的新一代智能控制系统，至今还没有世所公认的标准定义。美国国家科学基金会（NSF）将 CPS 描述为"CPS 在物理、生物和工程系统中，其操作是相互协调、互相监控的，并由计算核心控制着每一个联网的组件，计算被深深嵌入每一个物理成分，甚至可能进入材料中，这个计算的核心是一个嵌入式系统，通常需要实时响应，并且一般是分布式的"。在我国《信息物理系统白皮书》中，将 CPS 描述为：CPS 是一种通过先进的感知、计算、通信、控制等信息技术和自动控制技术，实现物理空间与信息空间中人、机、物、环境、信息等要素相互映射、适时交互、高效协同的复杂系统。简单地说，CPS 是一种利用信息技术控制物理实体的控制系统。

由于 CPS 实现了 OT 与 IT 的融合，并可利用互联网远程操控物理实体，它催生了诸多集计算、通信、控制功能于一体的智能设备，并可广泛用于工业控制、航天航空、智能家居、交通运输等领域。美国国家科学基金会（NSF）认为，未来的 CPS 将实现整个世界万物的互联和互动。

2. CPS 的技术特征

CPS 是一种广义上的网络控制系统，它不但可用于设备、生产现场的控制，而且也可用于企业，乃至整个工业系统的运行控制，其应用范围、系统规模可以比传统的 OT 网络系统更广、更大。此外，由于 CPS 融入了 IT 的互联网通信和信息处理等技术，系统的远程操控性能和智能化程度，均比传统使用现场总线等 OT 网络的系统更好、更高。

CPS 的系统功能如图 2.4-3 所示。CPS 的物理实体（Physical）可以是材料（Material）、环境（Environment）、人（Human）、机器（Machine）、执行过程（Execution）等；数字空间（Cyber/Digital）的处理包括数据分析（Data Analysis）、应用程序与服务（Apps and Services）、决策制定（Decision Making）等。

CPS 的物理实体和数字空间通过互联网建立通信连接（Connection），物理实体的检测数据（Data）可传输到数字空间进行分析与处理，数字空间的应用服务、决策信息（Information）可传输到物理实体进行控制，并构成了从物理实体的状态感知与数据采集，到数字空间的数据处理与分析、科学决策，再到物理实体的精准控制、最新状态感知与数据采集这一完整的闭环。

图 2.4-3　CPS 的系统功能

CPS 的技术架构一般可分为感知层、数据传输层和控制与应用层 3 层。感知层主要由传感器/执行器等末端设备组成，传感器用于实体状态、运行环境等数据、信息的采集，执行器用来控制实体的运行。数据传输层用来连接物理实体和数字空间，实现数据、信息的互联互通。控制与应用层用于数据、信息的分析与处理，可利用数字孪生、机器学习等 IT 技术，生成正确的决策和控制实体运行的信息，并以可视化界面等形式提供用户应用。

CPS 属于 OT 与 IT 的集成应用，综合了嵌入式系统（Embedded System）、物联网（IoT）、机器学习（ML）、数字孪生等技术。

CPS 继承了嵌入式系统以应用为中心、以计算机为基础，能根据用户需求灵活组建的特征，同时增强了嵌入式系统的开放、互联功能。嵌入式系统的重点是计算单元，一般为封闭式运行，计算单元和物理实体、不同子系统（设备）之间通信相对较少，也很难通过互联网与外界进行开放式互联；而 CPS 则融合了 IoT 技术，支持互联网数据、信息的采集和应用，因此，CPS 的开放性和互联性比嵌入式系统更好。

CPS 应用了 IoT 的连接技术，可通过互联网"连接万物"，实现物理实体和数字空间的信息交互，同时又扩大了 IoT 的连接范围，并增强了对连接对象的控制能力。IoT 的重点是信息获取，其应用对象主要为不具备执行能力的物品，通信手段以 RFID 为主，信息交互大都发生在物品与服务器之间，不同对象之间的协同控制要求相对较低；而 CPS 强调的是数字空间对物理实体的控制，它不仅需要获取物理实体信息，而且还将信息反馈给物理实体并控制其运行，它包含了 IoT 技术，并拓展了 IoT 的功能。

CPS 的数据分析、决策制定应用了机器学习和数字孪生技术，同时又突出了数字空间与物理实体的结合和对物理实体的控制，在数字孪生的基础上拓展了控制功能。数字孪生可动态模拟、实时监测现实空间的物理设备和生产过程，并运用机器学习进行预测、优化和决策，将物理实体虚拟化；而 CPS 一方面可通过 IoT 技术的应用，为数字孪生提供精确的实时数据，另一方面又可以利用数字孪生生成的信息对物理实体进行控制和管理，实现了虚拟空间与现实空间的有机结合。

2.5 信息化管理与 MES

2.5.1 企业信息化与 MRP

1. 信息化管理技术的发展

智能制造是 IT 与 OT 高度融合的产品生产方式，需要涵盖产品的整个生命周期，它不仅需要利用机器学习、数字孪生、CPS 等 AI 技术实现产品制造的智能化，而且，也离不开企业信息化管理技术的支持。无论 AI 技术还是现代企业信息化管理，都需要实时获取生产现场的各种数据，因此，必须通过制造执行系统（Manufacturing Execution System，简称 MES）来实现企业管理和车间现场的信息互通。

MES 是在企业信息化管理技术基础上发展起来的系统。敏捷制造（AM/SM）、智能制造（IM）是 IT 与 OT 高度融合的新一代产品生产方式，它们不仅需要实时获取生产现场的各种信息和数据，而且还必须通过企业信息化管理（Enterprise Informatization Management，简称 EIM）技术，对产品研发、生产、销售、服务过程中的全部人、财、物、信息资源，进行集中统一的管理，因此，EIM 技术也是企业实现敏捷制造、智能制造必备的基础条件。

EIM 技术的发展是一个随着新管理理念、新技术的产生而逐步发展的过程。美国制造执行系统协会（Manufacturing Execution System Association，简称 MESA）在 20 世纪末发布的白皮书中（MESA White Paper No.5，1997），将 20 世纪的 EIM 发展历程总结为图 2.5-1 所示的演变过程。

MESA 认为，目前企业信息化管理所使用的企业资源计划（Enterprise Resource Planning，简称 ERP）、供应链管理（Supply Chain Management，简称 SCM）、可集成制造执行系统（Integratable Manufacturing Execution System，简称 I-MES）等信息化管理技术，源自于 20 世纪 60 年代用于计算机财务管理的会计（Accounting）系统，到了 20 世纪 70 年代，发展成了物料需求计划（Material Requirement Planning，简称 MRP）。

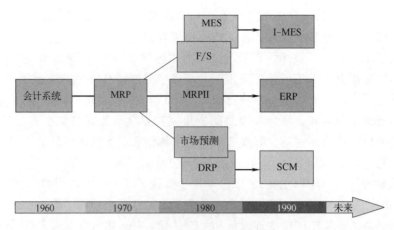

图 2.5-1   EIM 技术的发展历程

20 世纪 80 年代，随着 MRP 应用范围的扩大、企业管理要求的提高以及敏捷制造（AM/SM）概念的出现，MRP 的功能被不断补充与完善，逐步发展成了面向企业资源综合管理的 MRPII 等改进版软件，并演变为今天的企业资源计划（Enterprise Resource Planning，简称 ERP）。与此同时，为了适应敏捷制造的需要，解决 MRP 所存在的企业管理部门和车间生产现场的"信息断层"问题，又研发出了具有针对性的重点解决方案（Focused Solutions，F/S），即制造执行系统（MES），并演变为今天的可集成制造执行系统（Integratable Manufacturing Execution System，简称 I-MES）。此外，为了提高企业市场预测（Forecasting）能力，又研发了用于产品市场预测和销售管理的分销资源计划 DRP（Distribution Requirements Planning，简称 DRP）软件，并演变成今天可用于物料供应商、产品生产企业、分销商、最终用户集成管理的供应链管理（Supply Chain Management，简称 SCM）系统。

2. MRP 的产生与发展

MRP 最初用于制造业物料的计划管理。对传统的制造业来说，企业的产品生产实际上是一个从原材料采购、在制品与半成品制作到产成品形成的过程，产品生产所需要的原材料、外购零部件以及生产过程中产生的半成品、在制品等统称为"物料（Material）"。物料是产品生产最基本的物质资源，如何高效利用物料，最大限度减少库存积压，对企业降低生产成本、缩短生产周期、提高资金利用率具有十分重要的意义。

在计算机诞生前，企业的原材料、外购零部件的采购计划制订及半成品、在制品的库存统计等物料管理工作均需要人工完成。到了 20 世纪 50 年代初，随着计算机的诞生，美国的一些航空航天企业开始借鉴计算机财务管理的方法，逐步利用计算机来处理一些物料的库存管理问题。为了全面提升制造业的物料供应效率和库存管理水平，1957 年，美国专门成立了生产与库存管理协会（American Production and Inventory Control Society，简称 APICS），来统一研究和部署企业的物料供应和库存管理问题。

为了使计算机能够在物料管理上发挥更大的作用，1964 年，IBM 公司的奥利基（Joseph Orlicky）研发出了一种专门用于物料供应和库存管理的计算机软件，并命名为"物料需求计划（Material Requirement Planning）"，简称 MRP。利用 MRP，操作者只需要输入生产计划（MPS）和物料清单（BOM），计算机便可根据生产进度要求和物料库存情况，自动生成与产品生产配套的物料采购计划。同年，全球著名的电动工具制造企业美国百得公司

（Black & Decker）率先将 MRP 应用于企业物料管理，由此开启了计算机用于企业管理的先河。

第一代 MRP 的物料采购计划只能根据预定的生产计划制订，它没有考虑产品市场需求、企业生产能力、原材料供应等因素的变化，因此，其应用范围受到一定的局限。20 世纪 70 年代，IBM 公司研究人员对 MRP 的功能进行了补充和完善，在 MRP 的基础上，增加了能力需求计划（Capacity Requirements Planning，简称 CRP）、车间作业控制（Shop Floor Control，简称 SFC）、采购管理（Purchasing Management，简称 PM）等功能模块，并采用了“计划-执行-反馈”的闭环控制方案，研发出了称为“闭环物料需求计划（Closed-Loop MRP）”的改进版 MRP。

Closed-Loop MRP 考虑了企业自身的产能条件和生产过程中可能出现的各种变化因素，它可根据生产车间、供应商、生产调度人员输入的信息，动态调整物料采购计划，有效地提升了企业的管理水平，受到了企业的普遍欢迎。到 1981 年，美国已有接近 8000 家企业，将 MRP 应用于企业管理。

Closed-Loop MRP 较好地解决了企业内部的物料管理问题，但尚不具备完善的产品市场需求分析预测（Forecasting）和车间控制系统（Shop Floor Control System，简称 SFCS）的执行管理功能。在 20 世纪 80 年代，为了适应当时提出的敏捷制造（AM/SM）发展战略的需要，MRP 派生出了面向企业资源综合管理的第二代物料需求计划（MRPII）、重点解决企业信息“断层”问题的制造执行系统（MES）、用于不确定市场需求预测的分销资源计划（DRP）3 种不同的企业管理软件。到 20 世纪 90 年代，MRPII、MES、DRP 分别演变成了企业信息化管理常用的企业资源计划（ERP）、可集成制造执行系统（I-MES）及供应链管理（Supply Chain Management，简称 SCM）3 大管理系统。

2.5.2 MRPII/ERP 与 DRP/SCM

1. MRPII 和 ERP

第二代物料需求计划（MRPII）和企业资源计划（ERP）是 MRP 在不同时期的功能拓展和应用延伸，ERP 是制造业信息化和敏捷制造、智能制造重要的支撑技术之一。

① MRPII。MRPII 产生于 1983 年，它由 IBM 公司的怀特（Oliver Wight）等人在 Closed-Loop MRP 基础上研发，是一种集企业各种资源（生产、销售、财务、人力、物料、技术等）管理于一体的综合管理软件。MRPII 在 Closed-Loop MRP 的基础上，增加了商业计划（Business Planning，简称 BP）、销售与运营计划（Sales and Operations Planning，简称 SOP）等功能，使 MRP 由单一的物料管理扩展到了企业全部资源的管理。

MRPII 以生产计划为主线，对物料、资金和信息进行了统一规划，并可对计划的执行结果进行模拟与仿真，使企业能够通过周密的计划，有效利用各种资源，大幅度提高企业经济效益；同时，MRPII 还集成了企业财务管理功能，可直接反映计划执行后企业能够产生的收益和所能达到的经营目标。MRPII 为企业的信息化管理提供了有力的工具，20 世纪 80 年代，在美国生产与库存管理协会（APICS）的大力宣传和推动下，在企业中得到了极为广泛的应用。

② ERP。企业资源计划（Enterprise Resource Planning，简称 ERP）产生于 20 世纪 90 年代，当时，随着经济全球化进程的加速和敏捷制造等概念的出现，美国高德纳公司（Gartner Group）在 MRPII 的基础上，提出了企业资源计划（ERP）的概念，目的是全面调配

和平衡企业的人、财、物，产、供、销等资源，最大限度优化企业管理、激发企业潜能，以获得最大的经济利益。

ERP 在 MRPII 的基础上，强化和细分了企业管理功能，增加了设备、质量、分销及人力资源等管理模块，这是一种集仓库、财务、销售、人力、资产、流程管理于一体的综合管理软件，它吸收了业务流程重组、准时生产、数据挖掘等新技术，可以对企业资源进行深度优化，使信息管理渗透到企业生产经营的各个方面。

ERP 将企业的生存环境视为一条由供应商、企业自身、分销网络、客户等环节构成的产品"供应链（Supply Chain）"，其核心思想是以市场需求（客户）为导向，统一规划企业的采购、生产、销售等生产环节，使企业运行成为一个有机的整体。ERP 除了能够对生产过程进行管理外，还能从资金、物料、人力等方面监控企业运行，帮助企业做出正确的决策。

ERP 较好地解决了经济全球化环境下如何提高企业竞争力的问题，成为了敏捷制造、智能制造的关键技术之一。但是，由于 ERP 是在 MRPII 基础上发展起来的技术，当时的互联网应用尚未像今天这样普及，因此，其优势同样主要体现在企业内部成本、质量控制和客户管理方面，资源管理注重于企业内部集成和高效运作，在外部资源利用和市场分析预测方面，聚焦于直接的供应商和分销商，对其他方面的信息利用相对较少。

2. DRP 和 SCM

分销资源计划（DRP）和供应链管理（SCM）是为了增强 Closed-Loop MRP 的市场预测能力，在不同时期出现的 2 种供应链管理软件；SCM 目前已经成为企业实现敏捷制造、智能制造的关键技术之一。

① DRP。DRP 是分销资源计划（Distribution Requirements Planning）的简称，是一种使用市场需求分析预测功能，制订企业采购、生产、物流计划的管理软件，主要用于供应链后端的产品分销渠道（总部、销售分公司、代理商等）的订单、库存、运输管理。DRP 可以帮助企业及时掌握产品销售环节的市场需求和产品库存信息，达到减少产品积压、节省运输费用、降低销售成本、提高企业经济效益的目的。利用 DRP，企业可通过产品订单和实际销售情况的分析，及时掌握市场需求信息，预测市场变化，科学合理地制订采购、生产、物流计划，以减少库存，降低销售成本，提高经济效益。

DRP 主要由库存管理、质量控制、预测仿真、运输管理、采购管理、计划调度管理、订单管理等功能模块组成。库存管理具有库存量/出入库记录的查询与统计、周期盘点、货物调控等功能，可为企业最大限度降低库存提供支撑。质量控制具有质量跟踪与统计、质量记录与分析等功能，可以预防不合格品流入市场。预测仿真具有市场、订单分析等功能，可用于市场、产能、库存预测。运输管理可用于承运商优选、运输计划制订和产品跟踪。采购管理可用于供应商优选、采购计划制订和外购零部件质量监控。计划调度管理可用于生产计划制订、资源统一调配和生产组织。订单管理可用于订单分类统计、订单追踪、市场分析，为企业决策提供参考。

② SCM。SCM 是供应链管理（Supply Chain Management）的简称。供应链（Supply Chain）的概念来自于被后人称为"竞争战略之父"的著名管理学家哈佛大学教授波特（Michael E. Porter）在 1985 年提出的"价值链（Value Chain）"理论，后来逐步演变为"供应链（Supply Chain）"。英国克兰菲尔德大学（Cranfield University）教授哈里森（Alan Harrison）将供应链定义为"供应链是执行采购原材料，将它们转换为中间产品或成品，并

将成品销售到用户的功能网链"。简言之，供应链就是由原材料供应商、产品生产企业及分销商、最终用户构成的，为市场提供产品（为社会创造价值）的功能链。

SCM 的主导思想是合作，它把产品生产企业与原材料供应商、产品分销商、最终用户的关系，从传统的业务往来上升到优势互补、合作共赢的合作伙伴关系，把供应链视为一个整体进行集成化管理，使得企业能够以最低的成本、最高的效率，完成产品的增值过程。

SCM 的关键之一是原材料供应商、产品生产企业及分销商、最终用户间的生产、库存、需求、供应、运输等信息的共享，因此，必须借助互联网才能实现。SCM 的关键之二是通过 AI 技术高效利用信息，帮助制造企业预测市场，作出正确的决策，以及利用协同设计、联合库存等方法，提高产品质量和生产效率、减少库存等。

SCM 与 ERP 各有所长，简单地说，ERP 注重的是企业内部资源集成和高效运作；而 SCM 则关注企业外部资源的管理和高效利用，其内部管理大都沿用 ERP 的思想和功能。在决策预测方面，SCM 实现了供应链的信息共享，弥补了 ERP 的不足，因此，更有利于企业及时作出正确的决策。

2.5.3 MES 及应用

1. MES 的功能

制造执行系统（MES）、可集成制造执行系统（I-MES）是为了解决企业信息"断层"等关键问题，在不同时期出现的、面向车间的信息管理软件，它们可用来连接企业信息管理系统（ERP、SCM 等）和车间自动化控制系统（如 SCADAS、HMI 等），实现 IT 和 OT 的技术融合。MES、I-MES 是实现现场生产敏捷化、智能化的基本技术手段之一。

如前所述，MRPII、ERP 实现了企业生产、销售、财务、人力、物料、技术等内部资源的信息化集成管理，DRP、SCM 实现了企业、原材料供应商、产品分销商、最终用户的信息共享和集成管理，但是，这些信息化管理软件的主要功能是优化企业内部资源、供应链和制订生产计划，其服务对象为企业管理（决策）层，在技术分类上属于 IT 领域，实际上并不具体支持车间的生产过程和现场设备的管理和控制。而 SCADAS、HMI 等车间控制系统则主要用于生产现场的自动化加工、检测、物流等设备的管理和控制，其服务对象为车间实施层，在技术分类上属于 OT 领域，它们可以向管理人员提供现场生产数据，但不能将数据实时传输到 MRPII、ERP、DRP、SCM 等信息管理系统，无法实现生产计划的自动调整与优化。也就是说，单纯采用 MRPII、ERP、DRP、SCM 信息管理技术和 SFC，企业的产品生产实际上仍然是一种由上而下、按预定计划进行的过程，一方面，管理部门不能根据生产现场的设备使用情况和实际生产进度，动态调整生产计划；另一方面，车间也不能根据原材料供应及产品销售、使用、质量等信息，及时调整设备和生产进度；一旦产品出现质量问题，也很难追溯生产过程的所有信息，快速、准确地查明问题的原因。因此，企业的信息化管理实际上存在"断层"。

敏捷化、智能化制造需要的是"计划"与"生产"间的密切配合，这就要求企业和车间管理人员都能够在最短的时间内，掌握现场设备、生产进度及生产准备、产品销售使用等信息，才能快速、准确地调整与优化生产计划和生产过程，合理调配各类生产资源，以应对快速多变的市场，适应日趋激烈的市场竞争环境。MES、I-MES 就是为了解决这一企业信息化管理关键问题而研发的软件系统。美国制造执行系统协会（MESA）在 1997 年发布的白皮书（MESA White Paper No. 6，1997）中，将 MES 的功能总结为：在产品从工单发出到成品产出的过程中，MES 是生产活动的最佳信息传递者；当事件发生变异时，MES 可通过实时正确的信息、生产执行系统规范、原始工作情况、信息反馈，作出快速的响应，以减少无附加值的生产活动，提高生产效率；在改善生产条件、保证及时交货、减少库存与周转、提高经济效益方面，MES 可以为企业与供应链提供一个双向的生产信息流。

2. MES 的产生与发展

MES 产生于 20 世纪 80 年代末，当时，为了实施敏捷制造的发展战略，美国先进制造研究中心（Advanced Manufacturing Research，简称 AMR）通过大量的企业调查，发现绝大多数企业的信息化管理都开始使用 MRPII、ERP 系统，车间现场控制则主要采用数据采集与监控系统（Supervisory Control and Data Acquisition System，简称 SCADAS）、人机界面（Human Machine Interface，简称 HMI）等，企业管理和现场控制可以通过一种标准化的工具软件进行连接，以解决信息化管理存在的"断层"问题。

1990 年 11 月，AMR 率先提出了 MES 的设想，并将其作为处于企业决策（计划）层和车间现场控制层之间，负责车间生产管理和调度的执行层进行了相关研究。1992 年，美国成立了制造执行系统协会（MESA），提出了计划、执行、现场控制三层结构的企业信息化管理体系，并将连接计划层和现场控制层的执行层正式命名为制造执行系统（MES）。

20 世纪 90 年代初期，随着信息技术的发展和 MES 应用的逐步扩大，AMR 研究小组开始考虑将模块化和组态技术应用到 MES 中，提出了可集成 MES（Integratable MES，I-MES）的概念。国际自动化学会（International Society of Automation，简称 ISA，当时称为仪表系统和自动化协会 Instrumentation Systems and Automation Society）提出了集成有生产管理（资源管理、调度管理、维护管理）、工艺设计（文档管理、标准管理、过程优化）、过程管理（现场监控、数据采集）和质量管理（统计 SQC、实验室信息管理 LIMS）4 大功能，由实时数据库支持的 MES 模型。

1997 年，MESA 对 MES 功能模块进行了整体设计，将 MES 的功能分为图 2.5-2 所示的工序调度、资源分配和状态管理、制造单元分配、人力资源管理、过程管理、维护管理、质量管理、文档管理、产品跟踪和清单管理、性能分析、数据采集 11 个功能模块；使之成为了可与供应链管理（SCM）、企业资源计划（ERP）、客户关系管理（CRM）、运输与后勤（T&L）、协同制造商务/产品数据管理（CMC/PDM）等信息管理软件集成化运行的完整系统。

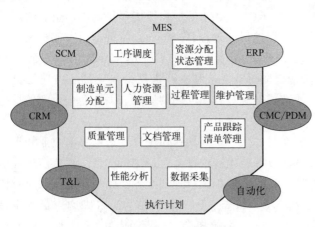

图 2.5-2　I-MES 模型

1997 年，ISA 开始启动企业控制系统集成标准 ISA SP95 和批量控制标准 ISA SP98 的编制工作。1999 年，美国国家标准与技术研究院（NIST）在 ISA、MESA 提出的 MES 模型基础上，对 MES 进行了标准化，并制定了国际 MES 行业标准 ANSI/ISA-S95，明确了 MES 的层次结构。

进入 21 世纪以来，随着 AI 技术的发展，MES 已可通过智能设备获取更完整的数据，进行更准确、更及时的生产管理，MES 开始向可视化、智能化、大范围应用的制造运营管理（Manufacturing Operations Management，简称 MOM）方向发展。

3. MES 的应用

MES（I-MES）的主要应用如图 2.5-3 所示。

企业使用 MES 时，可通过 ERP、SCM 等信息管理系统，将产品订单、物料采购计划等信息转换为产品的生产计划，传送至 MES；然后，由 MES 将产品规格、型号、技术要求等信息转换为作业程序、控制参数、操作指令等执行命令，发送给自动化设备和相关操作人员；最后，在车间控制系统的集中、统一控制下，完成产品的制造。

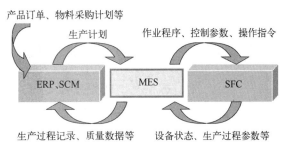

图 2.5-3　MES 的主要应用

在产品制造过程中，MES 可随时获取生产现场的设备运行时间、利用率、当前状态以及零部件的加工进度、质量检测结果、物料使用情况等设备状态和生产过程参数，并将其转换成生产过程记录和质量数据等信息，反馈到 ERP、SCM 系统。ERP、SCM 可根据这些信息，及时调整生产计划，使各类资源能够得到高效利用，产品质量得到及时控制。

MES 实现了企业信息管理系统和车间控制系统的集成运行，使得企业信息管理系统能够根据现场生产情况实时调整物料供应和生产计划，车间控制系统则可根据客户需求和物料供应情况动态调整生产流程，它不仅可减少供应链成本、缩短产品生产周期、提高劳动生产率、提高企业对市场的快速反应能力、为客户提供快速优质的服务，而且还可通过企业内部信息的集中管理，简化信息传递流程，实时生成各类报表，整体提高企业工作效率。因此，MES 已经成为敏捷制造、智能制造的关键技术之一，在企业得到了广泛应用。

第3章

智能制造装备与系统

3.1 智能制造装备与控制

3.1.1 智能制造装备的一般概念

1. 智能制造装备

装备是企业、工矿、军队等组织机构所配备的机器、工具、器材和技术的总称,一般按行业(组织机构)分类。设备是为了满足某方面需要或完成某方面工作所配置的机器、工具、器材,通常按用途分类;如果设备采用了人工智能技术,能够在一定程度上模拟人类智能、自动适应环境条件变化,这样的设备就称为智能设备。智能制造是一种产品生产方式,它需要使用各种各样的设备和技术,因此,智能制造装备是工业企业为实现产品智能化生产所配备的全部设备和技术的总称,包括智能设备、非智能设备及其他技术。

智能制造的目的是利用人工智能技术减轻人类在产品设计、制造和服务过程中的脑力劳动,甚至拓展人类的智慧。随着科学技术的进步,人们所使用的设备越来越先进,智能化程度在不断提高。

例如,计算机辅助设计(CAD)、计算机辅助工程(CAE)、计算机辅助工艺(CAPP)、计算机辅助制造(CAM)等工程技术以及企业资源计划(ERP)、供应链管理(SCM)等信息化管理技术的应用,为产品制造、企业管理提供了高效的工具;数控机床、柔性制造单元(FMC)的应用,使零部件加工实现了自动化和柔性化;工业机器人(IR)、自动导向车(AGV)的应用,实现了生产现场物料搬运的自动化和柔性化;柔性制造系统(FMS)的出现,实现了多品种小批量零件加工、检测、搬运的全面自动化;制造执行系统(MES)的应用,实现了企业信息化管理和现场自动化生产的集成;工业互联网和敏捷制造生态系统(SME)的应用,实现了人力、技术、设备资源的无边界集成,使得以用户需求为核心的产品快速生产成为了可能;机器学习、大数据处理等人工智能(AI)技术的研究与实践,为制造智能化提供了有力的工具等。

所有这些先进制造技术的应用,最终都需要通过计算机(包括软件)、互联网(包括数据处理)以及自动化设备(包括计算机控制系统)完成。因此,广义意义上的智能制造装备实际上包括计算机、互联网、自动化设备以及其他各种工具、器材和技术。在信息时代，计算机、互联网已经成为了与人们日常生活息息相关的基础设施，其应用遍及社会各个领域，因此，在大多数场合，智能制造装备通常是指用于工业生产现场的自动化加工、检测、装配设备，以及用于生产现场零件和工具装卸、输送、仓储的物料流转设备等。

2. 智能制造装备分类

根据用途，用于工业生产现场的智能制造装备一般可分为图 3.1-1 所示的物料流转设备、数控加工设备和自动检测设备 3 大类，由于智能化控制一般都需要通过控制系统软件和相关检测装置实现，因此，就设备本身而言，其名称、结构和用途实际上与自动化、柔性化加工制造设备并无区别。

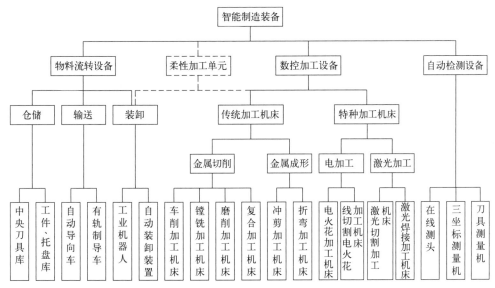

图 3.1-1　智能制造装备的分类

① 数控加工设备。数控加工设备用于产品零部件加工，它是直接决定产品质量、生产效率的关键设备。数控加工设备的种类繁多，智能制造以金属切削机床为常用。

根据我国标准，金属切削机床可分为传统加工机床、特种加工机床 2 大类。传统加工机床又分为金属切削机床和金属成形机床 2 类；金属切削机床中的车削、镗铣、磨削加工机床，金属成形机床中的板料冲剪、折弯加工机床，特种加工机床中的电火花、线切割电火花和激光切割、焊接加工机床，以及多种功能复合的复合加工机床是智能制造的常用设备。数控加工设备可与工件、托盘、刀具自动装卸设备集成一体，组成可用于无人化、柔性化、自动化加工的柔性制造单元（FMC）。

② 物料流转设备。物料流转设备用于生产现场的物料仓储、输送和装卸，是实现产品生产自动化、无人化的基础设备。工业机器人（IR）的使用灵活、动作快捷，可广泛用于加工、检测设备和自动化仓库的中小型物料（工件、托盘、刀具等）搬运和装卸，是目前最常用的物料流转设备。自动装卸装置的结构简单、控制容易，是自动化生产线和大型薄板类零件装卸的常用设备。自动导向车（AGV）、有轨制导车（RGV）的运动灵活、作业范围大，是自动化车间、工厂用于物料长距离运送的常用设备。

③ 自动检测设备。智能加工、检测设备一般需要具备刀具、夹具、工件等部件的安装位置、几何尺寸自动检测，误差自动补偿，以及零部件加工质量检查、工艺参数自动优化等

功能；物料流转设备需要具备物体识别、路径引导等智能化功能；因此，智能制造一般需要配备在线测头、三坐标测量机、刀具测量机等检测设备。在线测头通常用于数控加工设备的刀具、模具、工件安装位置、几何尺寸检查，机器人的视觉装夹、轨迹引导等，它可由设备控制系统（CNC、IR 控制器）直接控制，测量结果可通过相关软件自动转换为系统控制参数。三坐标测量机、刀具测量机用于零部件的整体加工质量检查、刀具的精密测量和调整，零部件整体加工质量的提高需要通过工艺路线、加工设备的调整与优化实现，刀具的精密测量和调整通常需要由人类专家进行，这些测量数据需要由上级控制器进行集中、统一处理。

3. 智能设备层次

智能制造设备（以下简称智能设备）需要直接或间接应用人工智能技术，因此，都需要采用计算机数字控制系统（直接或间接）。根据设备的智能化程度，制造业常用的智能设备通常可分为以下 3 类。

① 一般数控设备。一般数控设备包括传统的数控机床、示教型工业机器人等，这类设备具备程序与数据的输入/输出、修改、记录、保存，算术、逻辑、函数运算及故障自诊断等基本功能，并能够自动执行程序，具有"记忆力"和"操作力"。但它们只能机械地执行人类预先设定的程序，无论外界条件如何变化，控制系统都不会自主改变所存储的数据和程序，系统参数和程序的调整与优化必须由人或上级控制器完成。因此，从严格意义上说，它们只能称为自动化加工设备。

一般数控设备虽然不能称为真正意义上的智能设备，但它已具备自动化、柔性化运行的能力，也可以利用智能化的上级控制器调整和优化系统参数和程序，因此，同样可用于智能制造。

② 初级智能设备。初级智能设备是应用了部分人工智能技术的数字化控制设备，例如，具有工件、刀具、温度、振动自动检测、识别和补偿功能的数控加工设备，能够自动识别物体、跟踪物体运动、规避障碍的协作型工业机器人等。初级智能设备具备了一定的"观察力"和"应变力"，控制系统可根据外界条件的变化，在一定范围内调整和优化参数和程序，但系统参数的调整和程序修改的原则（决策）仍需要由人类预先设定，控制系统不具备自主学习、分析、判断和决策的能力。

初级智能设备是目前智能制造使用最普遍的智能设备，绝大多数智能数控机床、智能工业机器人实际上都属于初级智能设备，因此，除非特别说明，本书后述的智能设备就是指初级智能设备。

③ 高级智能设备。高级智能设备不仅具备与初级智能设备同样的自动检测、自动识别、自动补偿、自动跟踪等能力，而且还具备一定程度的自主学习、分析、判断和决策的能力，控制系统不仅能够根据外界条件的变化，自行调整和优化参数和程序，而且还能够在一定范围内，通过机器学习分析、归纳、总结参数调整和程序修改原则，自行决策。

高级智能设备在航天航空、军事领域已有一定的应用，也是制造业未来的发展方向，目前大多处于研究和探索阶段。

3.1.2　智能控制系统结构

1. 智能设备的控制要求

所谓智能设备（初级智能设备，下同），就必须或多或少具备一些能模拟人类智能的功能，在人工智能技术还没有达到"创造"以前，至少应具有实时获取、分析环境数据，在一定程度上适应产品、环境变化的"观察力"和"应变力"。因此，它与普通的柔性化、自动化设备相比，一般具有以下基本特征。

① 分布式控制。智能设备通常安装有图 3.1-2 所示的状态检查、工件测量、刀具测量、视觉装夹等在线测量装置，能实时获取工作环境、设备状态、加工质量数据，自动识别工件、刀具，并根据测量数据，自动调整设备的运行状态，优化系统的控制和加工参数，保证系统始终处于最优运行状态，以获得最高的生产效率和最佳的产品质量。因此，智能设备不仅需要有与自动化设备同样的控制系统，配备控制器、伺服驱动器、操作显示面板等基本部件，而且还需要有连接各种智能输入/输出装置（简称智能 I/O）的网络扩展功能。

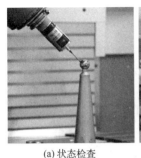   

(a) 状态检查　　　　　(b) 工件测量　　　　　(c) 刀具测量　　　　　(d) 视觉装夹

图 3.1-2　在线测量装置

智能 I/O 不仅包括用于设备状态、工件、刀具在线测量的专用传感器，而且还包括用来模拟人类认知和语言的传感器/执行器，例如，模拟人类感官的温度、接触、力、光传感器，用于图像识别、声音识别和语音提示的传感器/执行器等。智能 I/O 需要用于各种场合，因此，大都具有网络连接功能，它们可通过开放式现场总线，以网络从站（Slave Station）的形式与控制系统连接，构成图 3.1-3 所示的以智能设备控制系统为主站（Master

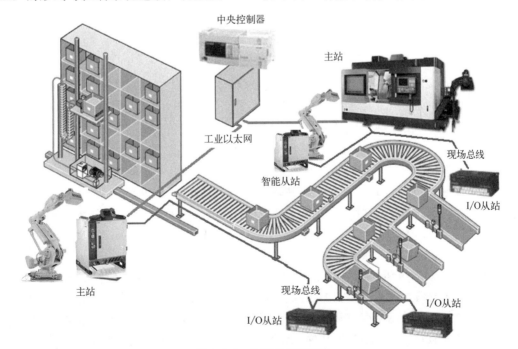

图 3.1-3　分布式控制系统

Station)、智能 I/O 为从站的分布式控制系统（Distributed Control System，DCS）。

　　② 开放性互联。敏捷制造、智能制造需要通过计划与生产的密切配合，快速响应市场，需要通过车间控制计算机（中央控制器）及制造执行系统（MES）实现 ERP、SCM 等信息管理系统和生产现场控制系统的集成，按 ERP、SCM 提供的生产计划、产品规格参数、物料供应信息，对现场设备进行集中、统一管理，同时，还需要将现场设备的运行状态、产品质量检测等数据，实时反馈到信息管理系统，进行生产计划的优化和调整，最大限度提高设备利用率。因此，智能设备控制系统需要具备图 3.1-4 所示的开放性互联功能。

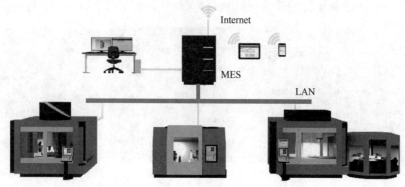

图 3.1-4   开放性互联

　　智能制造的最终目标是能够对产品设计制造、使用服务、回收利用的所有数据进行全程管理，实现产品设计、服务敏捷化。在企业内部，智能设备需要以从站的形式接入车间或企业的局域网（LAN），构成以上级计算机（如车间控制计算机）为主站、智能设备为从站的集成制造系统；在企业外部，需要通过管理计算机接入互联网（Internet），实现供应链的信息共享与设备的远程管理和维修服务，使合作伙伴能及时掌握产品生产过程的各类信息，设备生产厂家能及时发现产品设计的薄弱环节，并对设备使用过程中所发生或可能发生的故障，进行远程诊断、维修指导和预先提醒。

　　2. 智能控制系统的结构

　　智能控制系统用于现场设备控制，属于 OT 领域，其硬件组成通常如图 3.1-5 所示。

　　从网络控制的角度，智能控制系统的现场控制部分一般包含现场总线（I/O 总线）、伺服总线和局域网（LAN）3 个网络系统。

　　① 现场总线。现场总线（Field Bus）是用于 I/O 设备连接的串行数据总线，故又称 I/O 总线。I/O 总线不但可代替传统的输入/输出连接电缆，用来连接控制系统的操作面板、I/O 模块等基本输入/输出部件（又称本地 I/O），而且还可通过分布式 I/O 单元连接远程输入/输出和智能 I/O。现场总线的种类较多，数控机床、工业机器人及 PLC 常用的现场总线有 PROFINET、PROFIBUS、I/O-Link、CC-Link、EtherCAT、DeviceNet、CANopen、ASI 等。

　　② 伺服总线。数控机床、工业机器人等智能设备的位置、速度一般需要伺服驱动系统进行控制，伺服总线是用来连接智能控制装置（如 CNC、IR 控制器等）与伺服驱动器，可高速传输位置、速度等高精度信号的专用串行数据总线，其传输速率、可靠性要求高于一般的现场总线。伺服总线一般不对外开放。数控机床、工业机器人常用的伺服总线有 FANUC 公司的 FSSB（FANUC Serial Servo Bus）、SIEMENS 系统的 DRIVE CliQ、安川公司的

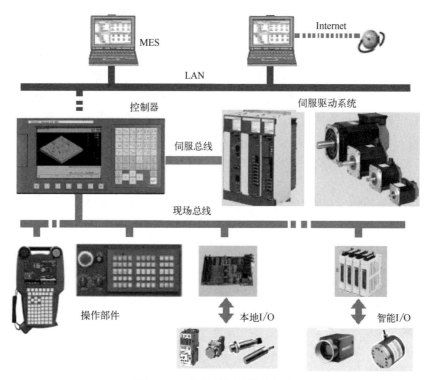

图 3.1-5　智能控制系统的组成

Drive、KUKA 公司的 KCB（KUKA Control Bus）等。

③ 局域网。局域网用于智能设备与中央控制器或其他智能设备的集成，智能控制系统大多采用工业以太网（Ethernet）。通过局域网，智能控制系统不但能以从站的形式，连接到上级控制器或其他智能设备，构成柔性制造系统（FMS）或单元（FMC），而且也可作为柔性制造系统（FMS）或单元（FMC）的主站，控制其他智能设备运行。

需要注意的是：系统硬件是设备智能控制的必要条件，但不是充分条件；设备的智能控制必须有相关的系统软件（附加功能）的支持。此外，大部分国产数控系统的功能简单，通常只能用于数据通信，这种系统一般不能用于设备智能控制。

3.2　智能数控加工设备

3.2.1　数控机床及其智能化

1. 数控机床的产生与发展

现代产品的生产离不开机器，机器由各种各样的零件组成；机床是用来加工机器零件，使之获得所要求的几何形状、尺寸精度和表面质量的机器，它是制造机器的机器，故称为工作母机。无论工业、农业、交通运输，还是航空航天、国防、军事，没有机床就加工不出零件，制造不了机器；没有机器就生产不了产品，发展不了经济；没有好的机床，就加工不出好的零件，制造不出好的机器；没有好的机器，就生产不出好的产品。因此，机床是国民经济基础的基础，也是衡量一个国家制造业水平、现代化程度和综合实力的重要标志。

采用数字化控制技术的机床统称数控机床（Numerical Control Machine Tools，简称

NC 机床），它是用于零部件高速、高精度、柔性化、自动化加工的关键装备，目前的所有先进制造都离不开 NC 机床。也可以说，当代数字化控制技术都源自于 NC 机床。

研发 NC 机床的最初目的是解决金属切削机床的轮廓加工——刀具轨迹自动控制问题。这一设想最初由美国帕森斯（Parsons）公司在 20 世纪 40 年代末提出，1952 年，帕森斯公司和美国麻省理工学院（MIT）联合，在一台辛辛那提（Cincinnati）公司生产的立式铣床上安装了一套试验性的数控系统，并成功地实现了刀具在三维空间的运动轨迹控制，这是人们所公认的第一台 NC 机床。1954 年，美国本迪克斯（Bendix）公司在帕森斯公司专利的基础上，研制出了第一台工业用的 NC 机床。

NC 机床的诞生不仅解决了普通机床无法完成的复杂轮廓加工问题，而且其加工过程可通过加工程序改变和自动控制，具备了多品种小批量零件自动化加工的柔性，由此奠定了它在先进制造中的核心地位，成为了柔性制造、敏捷制造、智能制造最为重要的加工设备。

为了提高 NC 机床的生产效率，实现多工序自动加工，1958 年，美国卡尼-特雷克（Kearney & Trecker，简称 K&T）公司在 NC 机床上增加了自动换刀装置（Automatic Tool Changer，简称 ATC），研发出了全球首台带有 ATC 的 NC 机床，并将其称为加工中心（Machining Center）。加工中心可一次装夹完成零件的钻、铣、镗、攻螺纹等多道工序的加工，实现了工序的集中和工艺的复合，它不仅大幅度缩短了加工的辅助时间、提高了生产效率，而且还可减少零件安装、定位次数，间接提高了加工精度，因此，立即得到了迅速的发展，并成为了 NC 机床中产量最大、使用最广的机床之一。此后，为了进一步提高加工中心的自动化程度，使之能够进行长时间无人化加工，人们又在加工中心的基础上增加了工作台面（托盘）自动交换装置（Automatic Pallet Changer，简称 APC）。带有 APC 的加工中心不仅能一次装夹完成零件的多工序加工，而且还可通过交换托盘，更换夹具和工件，从而进一步提高 NC 机床的柔性化、自动化程度。

在加工中心的基础上，增加 APC 或工业机器人等工件、托盘的自动装卸设备，便可构成无人化加工的柔性制造单元（Flexible Manufacturing Cell，FMC）；FMC 增加工件或托盘输送、仓储等物料流转设备以及自动检测设备，便可构成狭义意义上的柔性制造系统（Flexible Manufacturing System，FMS），成为智能制造的硬件支撑平台。

2. 数控机床的分类

NC 机床是一个广义上的概念，凡是采用了数字控制技术、用于零部件加工的设备（即机床）均属于 NC 机床的范畴。机床的种类繁多，按照加工方法，可分为传统加工和非传统加工（特种加工）2 类。

① 传统加工机床。传统加工是利用机械能和热能，通过切削、磨削、冲压、折弯和铸造等方法，实现材料去除或增加的加工方法。传统加工机床包括金属切削机床、金属成形机床、铸造机械、塑料成形机床、木材加工机床等多种。其中，铸造机械是将金属熔炼成符合要求的液体，并将其浇入铸型里，经冷却、凝固后得到预定形状、尺寸和性能的热加工设备，通常用于金属零件毛坯的制造；塑料成形、木材加工机床多用于生活用品的生产，它们在智能制造中的使用相对较少。

金属切削机床的加工精度高、适应性强、加工灵活方便，它是所有机床中使用最广泛、数量最多的类别。按照我国现行标准（GB/T 15375），金属切削机床被分为表 3.2-1 所示的 11 类，并以大写汉语拼音字母作为类别代号，Q 类包括管子加工、刻线等。

表 3.2-1　金属切削机床类别代号

类别	车	钻	铣	镗	磨	齿轮加工	螺纹加工	刨插	拉	锯	其他
代号	C	Z	X	T	M/2M/3M	Y	S	B	L	G	Q
读音	车	钻	铣	镗	磨	牙	丝	刨	拉	割	其

在 11 类金属切削机床中，车削是以工件旋转为切削主运动的加工方式；磨削需要使用砂轮等特殊磨具；而钻、铣、镗都是以刀具旋转为切削主运动的加工方式，通常可使用统一的结构布局和同样的刀具安装方式，利用加工中心实现工艺的复合；刨插、拉、锯、齿轮加工、螺纹加工及其他加工机床，由于结构、用途、工艺的特殊性，其使用面相对较窄。因此，数控车削、磨削、加工中心以及现代复合加工机床是工业企业最为常用的加工设备，被广泛用于各行各业的金属零件加工，是智能制造最为常用和最重要的加工设备。

金属成形机床又称锻压机床，它是采用挤、冲、压、拉等成形工艺，对坯料进行挤压、冲裁、剪切、弯曲等加工，使之获得所要求形状的机床。金属成形机床加工不会或很少产生切屑，其材料利用率和生产效率均较高。其中，数控折弯机、数控转塔冲床是金属板材加工的关键设备，可广泛用于机械、电工电子、汽车摩托车、航空航天等行业的罩壳、箱柜、盖板、防护门、连接板等零部件的加工，同样是智能制造常用的加工设备。

② 特种加工机床。特种加工又称非传统加工（Non-Traditional Machining，NTM），它是利用电能、热能、光能、声能、磁能等物理与化学能量或它们的组合，实现材料去除或增加的加工方法，包括电加工、激光加工、超声加工、等离子加工、磁脉冲加工、射流加工、高能束加工及增材制造（3D 打印）等。特种加工不需要使用刀具，属于非接触、无机械变形加工。电火花加工（Electrical Discharge Machining，EDM）机床、线切割电火花加工（Wire Cut EDM，WEDM）机床、激光切割/焊接加工机床是模具、刀具制造及金属板材加工的重要设备。

3. 数控机床的智能化

数控机床的智能化研究始于 20 世纪 80 年代，当时，美国提出了研发"适应控制"机床的设想，并在电加工机床上实现了放电间隙、加工参数的自适应控制，但智能机床的概念直到 21 世纪初才正式提出。2006 年 9 月，在美国芝加哥举办的国际制造技术展览会（International Manufacturing Technology Show，简称 IMTS）上，日本著名的机床制造企业马扎克（Mazak）公司首次展示了以"智能机床（Intelligent Machine）"命名的数控机床，大隈（Okuma）公司展示了以"智能数字控制系统（Intelligent Numerical Control System，简称 INCS）"命名的数控系统，代表着智能数控机床已开始出现实用化的产品。

智能数控机床至今没有世所公认的定义。作为参考，日本马扎克公司将智能数控机床的功能描述为："能够监控自身工作状态，自行分析多种与机床、加工状态、工作环境有关的信息，并采用对应的措施来保证加工的最优化。"美国国家标准与技术研究院（NIST）制造工程实验室对智能数控机床的功能定义是："能感知自身状态和加工能力，可以预测机床在不同状态下的加工精度，自我评估工件的加工质量；能监视和优化自身的加工行为，发现误差、补偿误差；具有自我学习能力等。"

由于数控机床的种类繁多，功能和用途各异，因此，智能化难以用统一的标准衡量。根据现有产品的技术特点，数控机床的智能化大致体现在以下几方面。

① 智能编程与操作。智能数控机床一般使用智能 CAD/CAM 软件和现场人机对话的方

式编程。智能 CAD/CAM 软件不仅具有传统的从 CAD 图纸中获取零件的形状、自动生成 NC 加工程序的功能，而且还能通过 MES、SCADAS 等系统，实时获取企业的设备和刀具数据库的信息，自动选择和配置机床和刀具，最大限度提高生产效率和设备利用率。在操作现场，操作者只需要通过人机对话编程功能，输入被加工零件和刀具材质、加工部位与最终加工要求等基本数据，数控系统就能够通过专家系统软件，自动确定刀具运动轨迹、加工参数，生成 NC 加工程序，并通过三维图形模拟加工过程、验证编程结果。此外，先进的数控系统还配置有语音提示和导航功能，可通过语音提示等方式与操作者进行交流，及时提醒操作者进行正确的操作，确保机床安全、可靠运行。

② 智能监控与管理。智能数控机床一般都安装有现场监控传感器及软件，可通过数控系统及 MES、SCADAS 等系统，将每台设备、每一工位的加工状态数据实时传送到企业信息管理系统（如 ERP、SCM 等），创建可通过互联网查阅的工况记录数据库，使得管理者可通过互联网，随时了解现场加工情况，实时监视机床的运转状态，使得现场管理更加敏捷、灵活。部分数控系统还可以选配智能化的日程管理软件，使得现场设备能根据订单数量、交货期和通过 CAD/CAM 软件计算得到的零件加工时间等数据，编制每日作业计划，对设备进行准确的作业调度，最大限度提高设备利用率，确保交货周期和降低生产成本。

③ 自适应控制。智能数控机床需要具备一定的实时获取、分析环境数据，在一定程度上适应环境变化的能力，以提高设备的智能化程度和零件的加工质量。自适应控制的要求与机床的类别有关，例如，金属切削机床通常配置有刀具自动测量与补偿、工件自动测量与补偿、热变形补偿、振动抑制等功能；金属成形机床需要配置刀具和模具自动识别、动态挠度补偿、角度自动测量与补偿等功能。

④ 自诊断与维修。智能数控机床不仅具备通常数控系统的故障自诊断功能，而且还需要具备刀具寿命管理、刀具破损检测、系统定期维护等维护、修理功能。先进的数控系统还可以通过图形导航、语音提示等功能，指导操作者进行相关检查；检查结果还可通过互联网上传到设备生产厂家的在线服务中心，由生产厂家的服务工程师进行在线诊断和维修指导，从而减少设备故障停机时间。

智能数控机床的出现，为未来制造业全面自动化创造了条件。首先，通过工件、工具的自动识别、测量与补偿，以及自动振动抑制和热变形补偿、干涉预防和安全检测等功能，可全面提高机床的加工精度、效率。其次，对于柔性化、自动化集成制造系统，数控机床的自动化和智能化，可大大减少人在生产、设备管理上的工作量，使人能有更多的精力和时间来解决机床以外的复杂问题。

3.2.2　车削加工数控机床

车削是以工件旋转为主运动（主轴）、刀具做进给运动的切削加工方式。从机械结构上说，车削加工机床有卧式、立式 2 大类；主轴轴线（工件旋转中心线）呈水平布置的车削加工机床，称为卧式车床；主轴轴线呈垂直布置的车削加工机床，称为立式车床。立式车床多用于大型零件的车削加工，其使用量相对较少，本书不再对其进行深入阐述。

根据机床的功能与用途，智能制造常用的卧式车削加工数控机床有数控车床、车削中心、车铣复合加工中心 3 类，其结构特点与主要用途分别如下。

1. 数控车床

数控车床一般是指图 3.2-1 所示的仅具备传统车削功能的数控车削机床。数控车床的工件固定安装在主轴（卡盘）上，可在主轴电机的驱动下旋转；刀具固定在可在床身上十字滑动的刀架（刀塔）上。当工件在主轴带动下旋转时，如刀架相对于工件进行 X（垂直于主轴中心线）、Z（平行于主轴中心线）轴插补运动，便可加工出图 3.2-2 所示的型面和型腔。

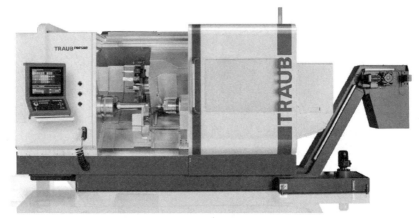

图 3.2-1　数控车床

 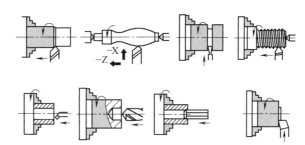

图 3.2-2　数控车床加工示例

2. 车削中心

刀架（刀塔）是用于数控车床刀具安装和交换的基本部件，因此，不能以是否具有自动换刀装置（ATC）来区分数控车床和车削中心。

车削中心的典型结构如图 3.2-3 所示，它与数控车床的主要区别有如下 3 方面。

图 3.2-3　车削中心

① 具有 Y 轴控制功能。车削中心的刀架（刀塔）不仅可进行与数控车床同样的 X、Z 向运动，而且还能够进行垂直于 XZ 平面的 Y 向运动。

② 具有 Cs 轴控制功能。车削中心的主轴（第 1 主轴）电机不仅可以用于工件旋转速度控制，而且还可以切换为位置控制模式，成为绕 Z 轴回转的数控进给轴（Cs 轴），使得工件能够在任意位置（角度）定位和实现回转进给运动。

③ 可使用动力刀具。车削中心的刀架（刀塔）不仅可安装固定车刀，而且还可安装用于钻、铣、镗加工的旋转刀具（动力刀具，Live Tool），对安装在主轴上的工件进行钻、铣、镗等加工。

车削中心不仅可用于以工件旋转为主运动、刀具做进给运动的传统车削加工，而且还可以通过主轴（第 1 主轴）的 Cs 轴控制，第 2 主轴电机驱动的动力刀具旋转运动以及 X、Y、Z 轴的三维进给运动，对安装在主轴（第 1 主轴）上的工件侧面和端面，进行图 3.2-4 所示的钻、铣、镗等加工，因此，它实际上是一种最早出现的车铣复合加工机床。

车削中心与数控车床一样采用转塔刀架的回转分度交换刀具，动力刀具的主传动系统安装在转塔内部，其刀具交换动作简单、换刀速度快，并且可使用传统的固定式车削刀具，其车削能力强。但是，对于钻、铣、镗加工，存在 Y 轴行程短、动力刀具刚性差、传动系统结构复杂、刀具转速低等一系列不足，因此，其钻、铣、镗加工能力较弱。

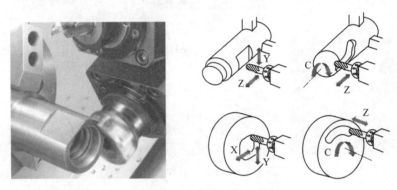

图 3.2-4　车削中心加工示例

3. 车铣复合加工中心

车铣复合加工中心是以车削加工机床为主体，具备标准钻、铣、镗全部功能的车削加工机床，其典型结构如图 3.2-5 所示。

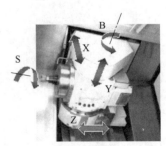

图 3.2-5　车铣复合加工中心

车铣复合加工中心不仅具有标准的车床床身和车削主轴，而且还具有与立柱移动式立式加工中心同样的，用于钻、铣、镗加工的铣削主轴和自动换刀装置，它实际上是数控车床的床身和立式加工中心立柱、主轴和自动换刀装置的复合。以立式加工中心立柱、主轴和自动换刀装置代替车削中心的回转刀架和动力刀具是车铣复合加工中心和车削中心在结构上的主要区别。

为了实现 5 轴加工，车铣复合加工中心的铣削主轴一般采用主轴电机直联或电主轴驱动结构，其转速可高达每分钟数千至数万转，并可直接安装标准钻、铣、镗加工刀具和使用与加工中心同样的大容量刀库和自动换刀装置，其铣削主轴刚性好、转速高、刀具容量大，机床的镗铣加工能力比车削中心更强。

车铣复合加工中心的 Z 轴、Y 轴移动一般通过立柱在床身上的运动实现，X 轴运动通过主轴箱的上下移动实现，其 X、Y 轴行程远大于车削中心；此外，铣削主轴箱一般还具有绕 Y 轴大范围摆动（B 轴）的功能，加上车削主轴的 Cs 轴控制，机床具备了 5 轴（X、Y、Z、B、C）加工功能。

3.2.3　镗铣加工数控机床

镗铣是以刀具旋转为主运动、刀具相对工件的移动为进给运动的切削加工方式。从机械结构上说，镗铣加工机床同样有卧式、立式 2 大类。立式机床的主轴轴线（刀具中心线）呈垂直布置，工件安装在水平工作台面上，因此，比较适合盘类、法兰类零件上表面的孔、面加工；卧式机床的主轴轴线（刀具中心线）呈水平布置，工件安装在水平工作台面（一般可回转）上，因此，比较适合箱体类零件侧面的孔、面加工。立式、卧式镗铣加工机床都是智能制造的常用设备。

根据机床的功能与用途，智能制造常用的镗铣加工机床可分为立式加工中心、卧式加工中心、铣车复合加工中心 3 类，其结构特点与主要用途分别如下。

1. 立式加工中心

立式加工中心是带有自动换刀装置的立式数控镗铣加工机床。立式数控镗铣加工机床有数控铣床、数控镗铣床 2 类，根据通常的习惯，将图 3.2-6（a）所示的在传统升降台铣床基础上发展起来的数控机床称为数控铣床；将图 3.2-6（b）所示的在传统床身铣床基础上发展起来的数控机床称为数控镗铣床。

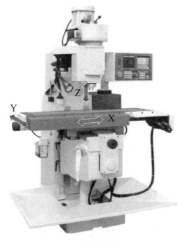
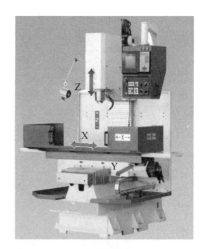

(a) 数控铣床　　　　　　　　　　　　　　(b) 数控镗铣床

图 3.2-6　立式数控镗铣加工机床

数控铣床、数控镗铣床功能、用途并无本质区别。相对而言升降台铣床的主轴箱固定，Z轴进给一般通过主轴箱内部的套筒升降或工作台升降实现，因此，主轴刚性较好，X、Y方向的承载能力较强，Y、Z轴行程较短，比较适合铣削加工。床身铣床的工作台只能进行水平面的十字运动，Z轴进给通过主轴箱的升降实现，因此，Z向承载能力较强，Y、Z轴行程较长，比较适合孔加工。无自动换刀功能的数控铣床、数控镗铣床只能用于单一工序的加工，因此，很少用于需要进行多品种小批量加工的智能制造系统。

图3.2-7所示的带有自动换刀装置的立式数控镗铣加工机床称为立式加工中心。立式加工中心可用于多品种小批量零部件的多工序、自动化加工，其柔性强、加工效率高、适用面广，是智能制造最常用的数控加工设备。

主轴轴线垂直的结构特点决定了3轴基本型立式加工中心的加工部位以工件的上表面为主，因此，比较适合箱体、法兰、端盖、模具型腔、叶片、管板类零件的铣削和孔加工。为了扩大机床的加工范围，立式加工中心一般配套有卧式数控回转工作台等附件，可以通过工件的回转，使立式加工中心的加工面可由原来的上表面扩大到任意侧面，并具备螺旋槽、多面箱体类零件的加工能力，其加工范围更宽，适应性更强。

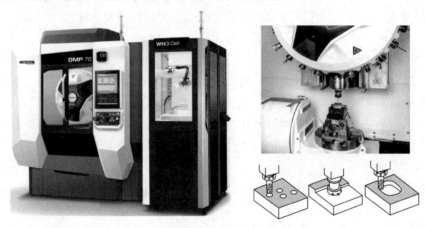

图 3.2-7　立式加工中心

2. 卧式加工中心

卧式加工中心是在图3.2-8（a）所示卧式数控镗铣床基础上，通过增加自动换刀装置形成的产品。

卧式加工中心的主轴（刀具）位于工作台侧面，只要配上立式分度台，便可实现工件的侧面加工；如果使用立式数控回转工作台，还可简单利用回转轴（B轴）和垂直轴（Y轴）的联动加工螺旋槽；机床的加工范围更大，适用面更广。

卧式加工中心的工作台面上部敞开，工件装卸比立式加工中心更容易，并且可以简单地利用180°回转式托盘自动交换装置（APC），实现工件的自动交换，使工件加工和装卸同时进行，省略工件装卸辅助时间，提高设备利用率。带APC的卧式加工中心，如果增加托盘库，便可称为一种具有工件自动交换功能，可进行较长时间无人化、自动化加工的柔性制造单元（FMC）。

总之，与立式加工中心相比，卧式加工中心的适用范围更广，刚性更好，但机床结构比立式加工中心复杂，造价比同规格立式加工中心更高，它是大中型箱体类零件数控加工的理想设备。

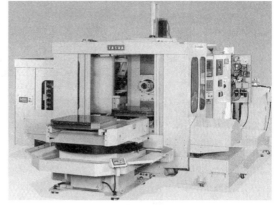

(a) 数控镗铣床　　　　　　　　　　　(b) 加工中心

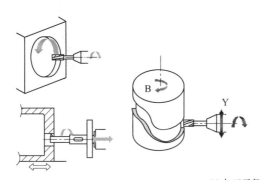

(c) 加工示例

图 3.2-8　卧式加工中心

3. 铣车复合加工中心

铣车复合加工中心是在加工中心上增添了车削功能的复合加工机床，车削功能一般通过高速、大转矩内置力矩电机（Built-in Torque Motor）或直驱电机（Direct Drive Motor）直接驱动的数控转台（车削主轴）实现。

铣车复合加工中心通常以立式加工中心为主体，常见形式有图 3.2-9 所示的带卧式车削功能的铣车复合加工中心及带立式车削功能的铣车复合加工中心 2 种。

带卧式车削功能的铣车复合加工中心如图 3.2-9（a）所示。立式加工中心多采用主轴箱可绕 Y 轴摆动（B 轴）的结构，机床配置有卧式高速直驱转台，其中，高速直驱转台可进行速度、位置控制模式的切换。当高速直驱转台切换为位置控制模式时，它便成了绕 X 轴回转的数控进给轴（A 轴），机床便成了一台 X/Y/Z/A/B 轴的 5 轴立式加工中心。当高速直驱转台切换为速度控制模式时，便可成为带动工件旋转的车削主轴（S 轴），此时，可通过安装在加工中心主轴上的车削刀具，对工件进行车削加工。

带立式车削功能的铣车复合加工中心如图 3.2-9（b）所示。立式加工中心一般采用主轴箱可绕 X 轴摆动（A 轴）的结构，机床配置有立式高速直驱转台，高速直驱转台同样可进行速度、位置控制模式的切换。当高速直驱转台切换为位置控制模式时，它便成了绕 Z 轴回转的数控进给轴（C 轴），机床便成了一台具有 X/Y/Z/A/C 轴的 5 轴立式加工中心。当高速直驱转台切换为速度控制模式时，便可成为带动工件旋转的车削主轴（S 轴），此时，可通过安装在加工中心主轴上的车削刀具，对工件进行车削加工。

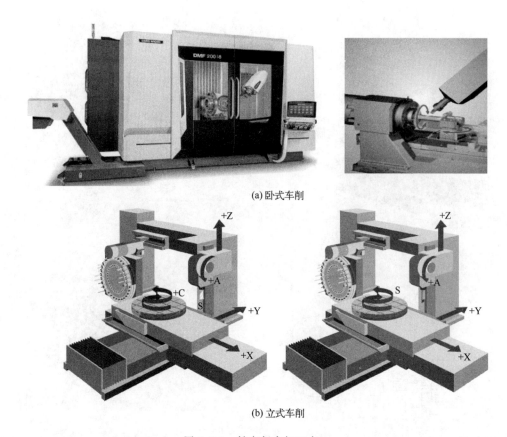

(a) 卧式车削

(b) 立式车削

图 3.2-9   铣车复合加工中心

3.2.4   磨削加工数控机床

磨削是以磨具旋转为主运动，磨具相对工件的移动为进给运动，利用磨具、磨料去除工件表面多余材料的一种加工方法。大多数磨削机床以高速旋转的砂轮作为磨具。磨削不仅可用于淬硬钢、铸铁和铜合金等常规材料零件的精密加工，而且还可用于工业陶瓷、蓝宝石和硬质合金等超硬材料的精密加工，因此，被广泛用于机械制造各领域。磨削也是机械加工的最后工序，属于高精度金属切削加工，加工表面粗糙度可达到 $Ra\ 0.01\mu m$ 以下。

磨削加工机床的种类较多，我国标准将其分为 M、2M、3M 三大类。智能制造常用的磨削加工数控机床主要有 M 类的内外圆磨床、平面成形磨床、工具磨床（刀具刃磨机床）等。

1. 数控内外圆磨床

内外圆磨床是用于圆柱、圆锥零件内孔、外圆及端面磨削的加工设备，它被广泛用于机床主轴和箱体、汽车和摩托车发动机、液压泵、模具、医疗器材等零部件的内孔、外圆及端面磨削加工。

当代先进的数控内外圆磨床如图 3.2-10（a）所示。机床一般具有磨削主轴自动更换、砂轮自动修整、工件自动测量等功能。

数控内外圆磨床不仅可以用于传统的内外圆、端面磨削加工，而且还可通过工件头架的位置控制（回转角度，C 轴），实现非圆成形磨削和螺纹磨削加工功能。

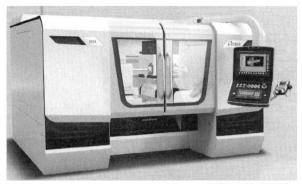

(a) 机床及用途

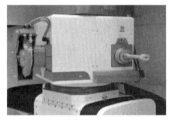
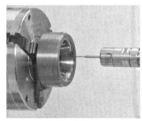

(b) 主轴转塔   (c) 在线测量探针   (d) 砂轮修整器

图 3.2-10 数控内外圆磨床

数控内外圆磨床的磨削主轴自动更换一般通过图 3.2-10 (b) 所示的主轴转塔实现，主轴转塔通常可以安装 2～4 根内圆、外圆磨削主轴或图 3.2-10 (c) 所示的测量探针。利用测量探针，控制系统可对工件安装位置、加工尺寸进行在线检测和误差自动补偿。图 3.2-10 (d) 所示的砂轮自动修整和补偿是数控磨削加工机床的基本功能，由于磨削加工时砂轮的磨损速度较快，为保证机床的加工精度和效率，需要及时利用修整器对砂轮进行修整。数控内外圆磨床的砂轮修整运动、砂轮修整量均可由数控系统自动控制、自动补偿。

2. 数控平面成形磨床

平面成形磨床是用于工件平面或成形表面磨削的加工设备，它被广泛用于导轨和台面、刀片锯片、齿轮齿条等零部件的平面、成形表面的磨削加工。

当代先进的数控平面成形磨床如图 3.2-11 (a) 所示。机床需要配置图 3.2-11 (b) 所示的各种砂轮修整器，将砂轮表面修整成不同形状，以适应平面磨削及成形表面的高效、高精度磨削要求；如果使用顶置式砂轮修整器，还可以在磨削加工的同时，对砂轮进行连续同步修整。数控平面成形磨床的砂轮修整运动、砂轮修整量均可由数控系统自动控制、自动补偿；此外，工件还可进行回转、摆动等运动，因此，其不仅可用于传统的平面成形磨削，而且还可用于齿牙盘、叶片等零件的高精度加工。

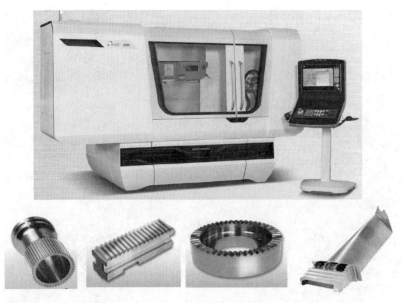

(a) 机床及用途

(b) 砂轮修整器

图 3.2-11　数控平面成形磨床

3. 数控工具磨床

工具磨床是专门用于工具制造和刀具刃磨的磨削加工设备，通过配置相应的附件，也可以用于样板和模具的内圆、外圆、平面成形磨削。数控工具磨床不仅是工具制造行业的主要加工设备，也是金属切削加工必要的辅助设备。

当代先进的数控工具磨床如图 3.2-12 （a）所示。工具的形状复杂，对机床的控制轴数、联动轴数的要求高，因此，大多数工具磨床都具有 5 轴以上的控制功能，可以通过多轴联动，刃磨任意形状的刀具。

工具的外形尺寸一般较小，机床大多以金刚石砂轮作为磨具，为了提高效率，减少磨具的更换次数，小型工具磨床的磨削主轴大多采用图 3.2-12 （b）所示的双端结构，主轴两端可同时安装多个砂轮片，进行相同或不同加工。

工具磨床同样需要具备砂轮自动修整功能，金刚石砂轮的修整一般需要使用图 3.2-12 （c）所示的金刚石滚轮进行。先进的数控工具磨床还具备工件、砂轮自动测量功能，用于工件测量的探针一般安装在主轴箱上，用于砂轮测量的探针一般安装在修整器上；工件、砂轮误差均可由数控系统自动控制、自动补偿。

4. 磨铣复合加工中心

由于磨削加工和镗铣加工都是以刀具（磨具）旋转为主运动的切削加工方式，如果砂轮

(a) 机床及用途

(b) 主轴及工件测量探针

(c) 砂轮修整器及砂轮测量探针

图 3.2-12　数控工具磨床

和主轴采用图 3.2-13（a）所示的 HSK（德文 Hohl Shaft Kegel 缩写）等系列高速加工标准刀柄连接，便可兼容加工中心的钻铣镗刀具，组成一台磨铣复合加工中心。

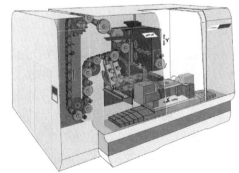

(a) 刀柄与机床　　　　　　　　　　　　　　(b) 结构示意

图 3.2-13　磨铣复合加工中心

磨铣复合加工中心大多以平面成形磨床为主体,机床内部结构如图 3.2-13 (b) 所示。磨铣复合加工中心的纵向运动(X 轴)一般采用工作台移动结构,工作台上安装有可进行卧式摆动(A 轴)、立式回转(B 轴)的双轴数控回转工作台;砂轮的垂直方向进给(Y 轴)通过主轴箱在立柱上的上下移动实现;砂轮的轴向进给(Z 轴)通过立柱在床身上的移动实现;机床的刀库布置于机床侧面,刀具更换采用机械手换刀装置。机床的布局和立柱移动式 5 轴卧式加工中心十分类似。

3.2.5 金属成形数控机床

1. 金属成形机床的分类

金属成形机床又称锻压机床,它是对坯料进行挤压、冲裁、剪切、弯曲等加工,使之获得所要求形状的传统加工机床。按照我国现行标准(GB/T 28761),锻压机床分为表 3.2-2 所示的 8 类,并以大写汉语拼音字母作为类别代号,Q 类包括冷轧、铆接、开卷校平、送料装置等。

表 3.2-2   锻压机床类别代号

类别	机械压力机	液压机	自动锻压机	锤	锻机	剪切与切割机	弯曲矫正机	其他、综合类
代号	J	Y	Z	C	D	Q	W	T

在 8 类金属成形机床中,数控折弯机(弯曲矫正机)、数控转塔冲床(剪切与切割机)是用于冷态金属板材加工的通用设备,可广泛用于机械、电工电子、汽车摩托车、航空航天等行业的罩壳、箱柜、盖板、防护门、连接板等零部件的加工。

2. 数控折弯机

折弯机(Bending Machine)是利用模具,将冷态下的金属板材弯曲成具有各种几何截面形状的零件的成形加工设备。通过选配不同的刀具、模具,折弯机也可用于金属板材的剪切、冲孔、压圆、拉伸等加工。

数控折弯机由瑞士斯伯克(Cybelec)公司于 1970 年率先研制,当代先进的数控折弯机如图 3.2-14 所示。

数控折弯机的滑块上下(Y 轴)及后挡料前后(X 轴)、左右(Z 轴)、上下(R 轴)等多个方向的运动和位置均可以通过数控系统自动、精确控制,机床不仅可以通过选配不同刀具和模具、随行托架、刀具自动夹紧装置等部件,进行高质量、高效自动折弯加工,而且还具有动态挠度补偿、角度自动测量与补偿、工件和刀具自动识别等智能化控制功能。

3. 数控转塔冲床

转塔冲床(Turret Punch Press)是利用转塔(Turret)的旋转更换刀具与模具,对金属板材进行冲孔、浅拉伸成形的成形加工设备。通过选配不同的模具,转塔冲床也可用于板材的切割、压窝、刻印、折弯、攻螺纹等成形加工。

数控转塔冲床由美国威德曼(Wiedemann)公司于 1955 年率先研制,当代先进的数控转塔冲床如图 3.2-15 所示。

数控转塔冲床的板料左右(X 轴)、前后(Y 轴)移动以及模具更换(转塔旋转)均可以通过数控系统自动控制,它不仅能够通过单次冲压完成冲孔、压窝、攻螺纹等加工,而且还可通过部分重叠的连续步进冲压、蚕食等方式,沿直线、圆弧等轨迹进行冲孔、切边、折弯等加工;先进的数控转塔冲床通常都具有模具二维码自动识别、模具安装监视等智能化加工功能。

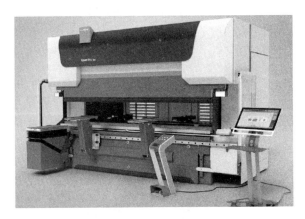

(a) 机床及用途

(b) 刀具与模具　　　　　　　　　　　(c) 智能识别与检测

图 3.2-14　数控折弯机

(a) 机床及用途

(b) 刀具与模具　　　　　　　　　　　(c) 智能识别与监控

图 3.2-15　数控转塔冲床

　　数控转塔冲床的加工需要模具，利用步进冲压、蚕食方式进行冲孔、切割的加工效率相对较低，同时，冲压也会引起板料的局部变形，因此，现代化的板料冲孔、切割、刻印等加工已更多地使用激光切割机。

3.2.6　特种加工数控机床

1. 特种加工机床的分类

特种加工机床是利用电能、热能、光能、声能、磁能等物理与化学能量或它们的组合，实现材料去除或增加的加工方法。根据我国现行标准（JB/T 7445.2），特种加工机床被分为表 3.2-3 所示的 14 类，并以大写汉语拼音字母作为类别代号，QT 类包括化学刻蚀、电铸成形、化学铣削、电刷镀等。

表 3.2-3　特种加工机床类别代号

类别	电火花	电弧	电解	超声	快速成形	激光	电子束
代号	D	DH	DJ	CS	KC	JG	DS
读音	电	电弧	电解	超声	快成	激光	电束
类别	离子束	等离子弧	磁脉冲	磁磨粒	射流	复合加工	其他
代号	LS	DL	CC	CL	SL	FH	QT
读音	离束	等离	磁冲	磁料	射流	复合	其他

在以上 14 类特种加工机床中，电火花加工（Electrical Discharge Machining，EDM）是最早出现的一种特种加工技术；其中，电火花加工机床和线切割电火花加工机床可用于模具、刀具、精密微细机械、油泵油嘴、仪器仪表等行业的难加工材料的精细加工，是目前应用最广泛的特种加工设备。激光加工是一种新型的加工方式，其用途广、适应性强、速度快、精度高，且几乎不受材料限制，无刀具磨损及工件切削变形等问题，因此，在机械、汽车、电工电子、航天航空等行业得到了越来越广泛的应用，其中，激光切割机、激光焊接机是现代切割、焊接加工的常用设备。

2. 数控电火花加工机床

电火花加工是利用沉浸在工作液中的电极脉冲放电所产生的瞬间高温，蚀除导电材料的一种加工方法，由于在放电过程中伴有火花，故称为电火花加工或放电加工。

电火花加工机床（Sinking Electrical Discharge Machine，SEDM）是利用电火花加工型腔、型体或孔的加工机床，由于电火花加工机床的工具（电极）无需回转，故可制成各种复杂形状的轮廓造型，加工复杂型腔、型面。

电火花加工方法由苏联在 1943 年最先提出，当代先进的数控电火花加工机床及用途如图 3.2-16 所示。

图 3.2-16　SEDM 机床及用途

数控电火花加工机床不仅可以对电极的位置进行高精度控制，而且还可通过多轴数控转台、电极自动交换装置（Automatic Electrode Changer，AEC）、工件自动交换装置（Automatic Workpiece Changer，AWC），以及放电间隙、加工参数的自适应控制，电极磨损自动补偿等功能，实现高精度、复杂型腔的柔性、自动和智能化加工。当代先进的高精度电火花加工机床的最小加工孔径可达到 0.1mm 以下，最小内角半径可达 $R0.004$mm 以下，加工表面粗糙度可达到 $Ra0.06\mu$m 以下（镜面电火花加工机床）。

电火花加工需要通过电极放电的细小火花蚀除材料，其加工速度、效率较低，且只能用于导电材料的加工。近年来，随着高速铣削（High Speed Milling，HSM）加工、激光加工等新型加工工艺的快速发展，部分传统的电火花加工已经开始逐步由 HSM 加工、激光加工替代，但是，对于深槽、窄缝、小孔加工，模具的深腔加工、内角清角加工、棱边的精细加工以及超硬材料的加工等，电火花加工机床仍具有独特的优势。

3. 数控线切割电火花加工机床

线切割电火花加工机床（Wire Cut Electrical Discharge Machine，WEDM）的加工原理与电火花加工机床（SEDM）基本相同，但 WEDM 以连续移动的细金属导线（钼丝、铜丝等）作为工具电极，因此，可对工件进行连续切割加工。

WEDM 的电极丝直径细小（可达 0.1mm 以下），它不仅可以用于微细异形孔、窄缝和复杂形状的加工，而且所需的加工余量小、材料利用率高，特别适合贵重金属加工。相对SEDM 而言，WEDM 不需要制造特定形状的电极，工具设计和制造费用低；此外，加工时电极丝在不断移动，电极丝的损耗少，电极磨损对加工精度的影响小，但 WEDM 不能用于盲孔加工。

WEDM 加工方法由苏联在 1960 年最先提出，当代先进的数控线切割电火花加工机床如图 3.2-17 所示。

图 3.2-17　WEDM 机床及用途

数控线切割电火花加工机床可以通过工件多轴控制，进行上/下面异形体、扭曲曲面体、变锥度体和球形体等多种形状零件的加工，还具有自动穿丝、电热丝热处理以及线径自动补偿、垂直度和锥度自动测量与补偿等智能化控制功能。

线切割电火花加工同样只能用于导电材料加工，并存在加工速度、效率较低的缺陷。近年来，随着激光加工机床的快速发展，部分传统的线切割电火花加工已经开始逐步由激光加工替代，但是，对于深槽、窄缝、小孔及棱边的精细加工等，线切割电火花加工机床仍有较为广泛的应用。

4. 数控激光切割机

激光加工机床是利用激光束与物质相互作用的特性，对材料进行切割、焊接、雕刻、打标、表面处理及微细加工的特种加工设备。激光加工几乎不受材料限制，且无刀具磨损及工件切削变形等问题，其用途广、适应性强、加工速度快、加工质量好，因此，在机械、汽车、电工电子、航天航空等行业得到了越来越广泛的应用。

激光束易于聚焦、发散和导向，可很方便地调整光斑和功率，以适应不同的加工要求，在同一台设备上完成切割、打孔、焊接、表面处理等多种加工，做到一机多用。激光可通过聚焦形成微米级的光斑，可用于精密微细加工。激光束的能量利用率很高，为常规热加工工艺的数十到上千倍，且无加工污染。

气体激光切割原理由美国贝尔实验室的库默·帕特尔（Kumar Patel）于 1964 年发明，当代先进的数控激光切割机及用途如图 3.2-18 所示。与传统的冲裁、等离子切割、电弧切割等加工相比，激光切割的速度快、加工精度高、切缝细小，最高加工精度可达 0.001mm，表面粗糙度可达 $Ra0.1\mu m$ 以下。

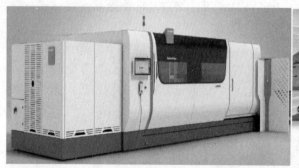

(a) 机床及用途

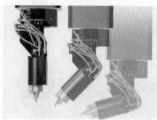

旋转气嘴

(b) 喷嘴交换与控制

图 3.2-18　激光切割机及用途

先进的激光切割机一般都具有喷嘴自动交换、气嘴摆动与旋转、自动上下料等柔性化、自动化加工功能，此外，还可以通过声光检测、喷嘴监控、自动连续变焦、间隙自动检测与控制等智能化控制技术，自动调整工作参数，适应加工对象的变化。

3.3　智能物流和检测设备

3.3.1　工业机器人

1. 工业机器人的分类

物料流转设备用于工件、刀具的自动装卸、输送和存储，它是自动化、柔性化、智能化生产必需的基础设备，工业机器人是智能制造最常用的物料自动装卸设备。

工业机器人的概念由美国乔治·德沃尔（George Devol）于 1954 年最早提出，1959 年，美国机器人专家约瑟夫·恩盖尔柏格（Joseph F. Engelberger）利用乔治·德沃尔的专利，研制出了世界上第一台真正意义上的工业机器人。

工业机器人主要用来协助人类完成重复、频繁、单调、长时间的工作，或进行高温、粉尘、有毒、辐射、易燃、易爆等恶劣、危险环境下的作业。后来，随着技术的发展，各种可适应不同领域要求的服务机器人被相继研发，机器人开始进入人们生产、生活的各个领域，其品种、数量越来越多，性能水平越来越高。

机器人的种类繁多，直到今天，还没有一种世所公认的分类方法。根据现有的技术水平，机器人一般可分为如下三代。

第一代机器人。第一代机器人通常是指能通过离线编程或示教操作生成程序，并再现动作的机器人。第一代机器人使用的技术和数控机床十分相似，既可通过事先编制的程序控制机器人的运动，也可通过手动示教操作，记录运动过程并生成程序，重复运行。

第二代机器人。第二代机器人装备有一定数量的传感器，它能获取作业环境、操作对象等的简单信息，并通过计算机的分析与处理，作出简单的推理，并适当调整自身的动作和行为。第二代机器人已具备一定的智能，可与人类协同工作，故又称协作机器人。

第三代机器人。第三代机器人有多种感知机能和一定的自适应能力，可通过复杂的推理做出判断和决策，自主决定机器人的行为，它是真正意义上的智能机器人。第三代机器人目前主要用于家庭、个人服务及军事、航天等领域。

根据产品的应用环境（用途），机器人一般分为图 3.3-1 所示的工业机器人和服务机器人两大类。

图 3.3-1　机器人的分类

工业机器人（Industrial Robot，简称 IR）是指在工业环境下应用的机器人，属于可编程、多用途的自动化设备，主要有加工、装配、搬运、包装 4 类。工业机器人的应用环境大多已知，因此，以第一代示教再现机器人居多；用于智能制造的工业机器人需要具备一定的环境适应能力，经常采用图像识别、接触传感等人工智能技术，属于第二代机器人。

服务机器人（Personal Robot，简称 PR）是服务于人类非生产性活动的机器人总称，属于半自主或全自主工作的智能机电设备，它们能完成有益于人类的服务工作，但不直接从事产品生产。服务机器人可分为个人/家庭服务机器人（Personal/Domestic Service Robot）和专业服务机器人（Professional Service Robot）2 类，服务机器人在机器人中的比例已达 95％以上，其涵盖范围非常广。

2. 工业机器人的用途

工业机器人（IR）可以代替人类完成繁重、危险、单调的工作，其主要用途包括加工、装配、搬运、包装 4 类。

① 加工机器人。加工机器人主要用于金属和非金属材料的焊接、切割、折弯、冲压、雕刻、研磨、抛光等加工，以避免加工时所产生的电弧、强光、烟尘、高温飞溅物对人体造成伤害。焊接机器人（Welding Robot）用于金属材料的焊接加工，它是目前工业机器人中产量最大的产品；切割机器人大多用于船舶、车辆等大型设备的材料分割；研磨、雕刻、抛光机器人主要用于汽车、摩托车、工程机械、家具建材、电子电气等行业的表面处理。

② 装配机器人。装配机器人（Assembly Robot）是将不同的零件或材料组合成组件或成品的工业机器人，常用的有组装和涂装两大类。组装机器人主要用于机械制造和计算机（Computer）、通信（Communication）和消费性电子（Consumer Electronic）行业（简称 3C 行业）；涂装机器人用于部件或成品的油漆、喷涂等表面处理。

③ 搬运机器人。搬运机器人（Transfer Robot）是从事物体移动作业的工业机器人的总称，常用的主要有输送机器人和装卸机器人两类。工业生产中的输送机器人以自动导向车（Automated Guided Vehicle，AGV）为主，AGV 具有独立的控制系统和路径识别传感器，能够大范围行走和自动规避障碍，可用于物料的长距离搬运和输送，有关内容详见后述。

装卸机器人多用于自动化生产及仓储设备的工件、刀具装卸，故又称上下料机器人。装卸机器人是智能制造最常用的自动装卸设备，它不仅可用于图 3.3-2（a）所示加工设备的刀具、工件装卸，构成柔性制造单元，且可用于图 3.3-2（b）所示自动化仓库的物料存取。

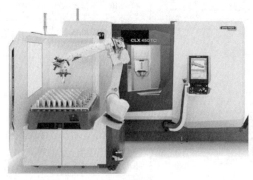
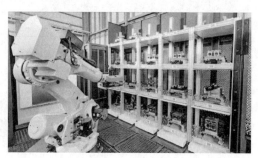

(a) 装卸   (b) 存取

图 3.3-2   搬运机器人的应用

④ 包装机器人。包装机器人（Packaging Robot）用于物品分拣、产品包装及物品码垛作业。3C 行业的产品产量大、周转速度快，成品包装任务繁重，化工、食品、饮料、药品行业涉及安全、卫生、清洁、防水、防菌等问题，是包装机器人的主要应用领域。

3. 工业机器人的组成

工业机器人是一种功能完整、可独立操作的可编程、柔性化、自动化设备，广义上的工业机器人是由如图 3.3-3 所示的机器人本体及相关附加设备组成的完整系统，其机械部件包括机器人本体、末端执行器、变位器等，控制系统主要包括机器人控制器（IR 控制器）、驱动器、操作单元、上级控制器等。

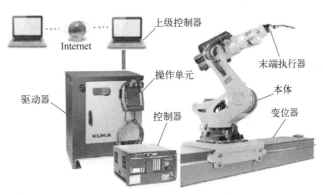

图 3.3-3　工业机器人的组成

机器人本体、控制器、驱动器、操作单元是机器人必需的基本组成部件。末端执行器是机器人的作业工具，需要根据要求设计制造；变位器是用于机器人或工件整体移动的附加装置，可根据需要选配。

工业机器人控制系统用于机器人的运动控制、操作编程及网络控制，其原理、结构和功能实际上与数控系统相同，它同样可以通过现场总线连接操作面板、I/O 模块以及分布式 I/O 单元，利用伺服总线连接 IR 控制器和伺服驱动器，利用局域网（LAN）连接中央控制器或其他智能设备，构成智能控制系统或单元。

4. 工业机器人的结构

从运动学原理上来说，机器人本体是由若干关节（Joint）和连杆（Link）组成的运动链。根据关节间的连接形式，工业机器人主要有垂直串联、水平串联和并联 3 种结构。

① 垂直串联机器人。垂直串联（Vertical Articulated）是工业机器人最常见的结构形式，机器人的本体部分一般由图 3.3-4 所示的 5～7 个关节在垂直方向依次串联而成，它可以模拟人类从腰部到手腕的运动，可用于加工、搬运、装配、包装等各种场合。

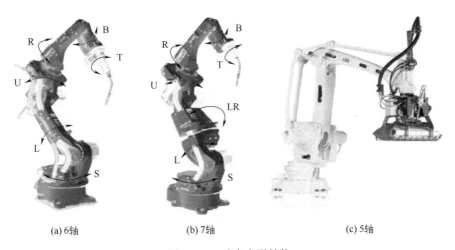

(a) 6轴　　　　　(b) 7轴　　　　　(c) 5轴

图 3.3-4　垂直串联结构

图 3.3-4（a）所示的 6 轴串联是垂直串联机器人的典型结构，6 个运动轴分别为腰回转、下臂摆动、上臂摆动、腕回转、腕弯曲、手回转，工具的运动通过 6 轴的合成产生，可较好地控制三维空间内工具的位置和姿态，适应各种作业要求。但是，由于结构限制，6 轴

垂直串联机器人存在运动干涉区域，当上部或正面运动受限时，下部、反向作业非常困难。因此，有时需要采用图 3.3-4（b）所示的 7 轴串联结构，以便通过下臂回转，避让干涉区。此外，对于某些特定的作业，有时也可省略 1~2 个运动轴，简化为图 3.3-4（c）所示的 5 轴，甚至 4 轴串联结构。

② 水平串联机器人。水平串联（Horizontal Articulated）结构是日本山梨大学在 1978 年发明的一种建立在圆柱坐标系上的结构形式，又称为选择顺应性装配机器人手臂（Selective Compliance Assembly Robot Arm，简称 SCARA）结构。

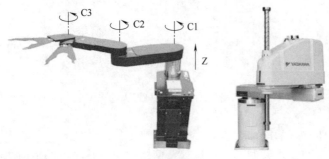

图 3.3-5 SCARA 机器人

SCARA 机器人的基本结构如图 3.3-5 所示。这种机器人的手臂由 2~3 个轴线相互平行的水平旋转关节 C1、C2、C3 串联而成，以实现平面定位；整个手臂可通过垂直方向的直线移动轴 Z 进行升降运动。SCARA 机器人结构简单、外形轻巧、定位精度高、运动速度快，但其升降行程通常较小，承载能力较低，多用于 3C、药品、食品行业的平面作业。

③ 并联机器人。并联机器人（Parallel Robot）的结构设计源自于 1965 年英国科学家 Stewart 提出的 6 自由度飞行模拟器（Stewart 平台），1978 年被澳大利亚学者 Hunt 引用到机器人中。

Stewart 平台的标准结构如图 3.3-6（a）所示，平台通过空间均布的 6 根并联连杆支撑，利用 6 根连杆伸缩运动，可实现三维空间的前后、左右、升降及倾斜、回转、偏摆 6 个自由度运动。Stewart 平台的运动需要通过 6 根连杆轴的同步控制实现，其结构较为复杂，控制难度很大。1985 年瑞士洛桑联邦理工学院（Swiss Federal Institute of Technology in Lausanne）的 Clavel 博士发明了一种图 3.3-6（b）所示的简化结构，它采用悬挂式布置，可通过 3 根并联连杆轴的摆动，实现三维空间的平移运动，并称之为 Delta 结构。Delta 运动平台可通过安装回转轴，增加回转自由度，实现 4~6 自由度的控制。

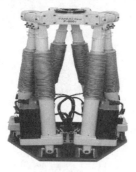
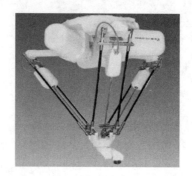

(a) Stewart   (b) Delta

图 3.3-6 并联机器人

5. 工业机器人的智能化

截至目前，智能工业机器人还没有世所公认的定义。一般认为，所谓的智能工业机器人除了能够柔性化、自动化运行外，还能够实时获取、分析某些环境数据，在一定程度上适应产品、环境的变化，即具备一定的"观察力""应变力"。

① 观察力。工业机器人的观察力需要通过各种传感器来实现。机器人常用的传感器有摄像头、图像传感器、红外线传感器、激光传感器、语音传感器、温度传感器、力传感器、触觉传感器等多种。在智能制造系统中，摄像头、图像传感器可用于工具、工件自动识别和工作状态监控，激光传感器可以用于刀具、工件测量，语音传感器可用于人机对话编程和操作提示，温度传感器可用于热变形补偿，力传感器、触觉传感器、红外线传感器等可以用于安全保护等。

② 应变力。应变力是决定工业机器人智能化程度的关键。在智能制造系统中，工业机器人的应变力不仅需要包括轨迹跟踪与规划、自动避障，以及实时识别和测量物体，根据环境自动调节参数、调整动作和处理紧急情况等自身的应变能力，而且还应该具备与人及其他设备进行信息交流的能力，及时将检测数据传送到上级控制器或其他设备中，以便协调其他设备动作，或者，在上级控制器的控制下集中、统一运行。

3.3.2　物料输送与存储设备

物料输送与存储设备是用于工件、夹具、刀具长距离运送和毛坯、成品、夹具、刀具安放的辅助设备，包括自动导向车、有轨制导车、自动装卸装置以及毛坯库、托盘库、成品库、中央刀具库等。

1. 自动导向车

自动导向车（AGV）又称无人搬运车，这是一种可以按事先设定的路线或通过激光、电磁感应等无线引导自动行驶的工业车辆。按日本 JIS 标准的定义，AGV 是以电池为动力源的一种自动操纵行驶的工业车辆。从机器人技术的角度，AGV 属于一种可自动行走的移动式工业机器人，因此，又称自主移动机器人（Autonomous Mobile Robot）。

AGV 由美国巴雷特电子（Barrett Electric）公司于 1953 年最先研发。早期的 AGV 大多利用埋在地下的导线所产生的电磁信号进行导航，行驶路线固定；到了 20 世纪 80 年代末，开始应用激光无线导航等技术，大幅度提高了 AGV 的运动灵活性。

当代先进的 AGV 如图 3.3-7 所示。AGV 一般具有独立的计算机控制系统，需要应用并行与分布式处理、模糊控制与神经网络等人工智能技术，具有图像识别、自动避障、路径优化、智能作业分配等智能化控制功能，才能保证安全、可靠运行。

标准结构的 AGV 只能用于物料的运输，而不具备装卸功能，因此，实际使用时一般还需要利用工业机器人或其他自动装卸设备，进行加工、检测设备及自动化仓库的物料装卸。为了方便使用，减少设备投资，对于小型物料输送，有时将装卸机器人直接安装于 AGV 上，实现了物料输送、装卸的一体化，成为名副其实的自主移动机器人（AMR）。

AGV（AMR）具有承载能力强（可达 5000kg 以上）、续航时间长（最大可达 15h）、机动性好、适用范围广、路径变更方便、移动范围不受限制等一系列优点，可用于多工位、多种物料的随机输送，但是，其行驶速度通常较慢（一般不超过 120m/min）、定停精度较低（通常大于 ±5mm），并且需要有自动调度、安全行驶、高精度定位、无线通信、自动装卸等系统的支撑，其控制复杂、初期投资较大，因此，大多用于汽车制造、航空航天等行业的大型工件搬运，或者对作业环境有清洁、安全、环保特殊要求的食品、药品、化工企业。

(a) 外形

(b) 应用

图 3.3-7　自动导向车（AGV）及应用

2. 有轨制导车

有轨制导车（Rail Guided Vehicle，RGV）又称有轨穿梭小车，是一种沿固定轨道自动行驶的物料输送工具，属于可移动式工业机器人的一种。

RGV 一般有图 3.3-8 所示的地面安装和桁架安装 2 种。桁架安装的占地面积小，轨道布置灵活，但对车辆、物料安装的可靠性要求高，故大多用于小型、轻量工件、刀具等物料的输送。

RGV 的结构简单、控制方便、安全防护容易、运行可靠性高，且可采用滑动接触供电，其动力充沛，车辆承载能力强，行驶速度快（可超过 200m/min），抗干扰性能好，定停精度高，路径规划、调度也比较容易。但是，由于 RGV 的运行轨道为占用固定空间的机械构件，一旦安装完成，路线修改相当困难，同时，车辆只能沿轨道顺序行驶，可同时运行的车辆通常较少，其机动性、灵活性较差。RGV 一般不具备物料自动装卸功能，它需要与工业机器人、自动上下料装置等设备配合使用，因此，比较适合于汽车、摩托车、3C、食品、药品等行业的柔性制造线（FML）的物料定点输送。

当代先进的 RGV 有时采用直线电机驱动（磁悬浮），并配备有智能感应、图像识别等智能化控制技术，可实现高速、高精度定位。

3. 自动装卸装置

自动装卸装置用于刀具、工件、托盘等物料的安装、更换，工业机器人是目前最为常用

(a) 地面安装

(b) 桁架安装

图 3.3-8　有轨制导车（RGV）及应用

的物料自动装卸装置。但是，对于大型板材的激光切割，数控折弯等设备的工件装卸、托盘装卸，以及通过桁架式有轨制导车传送的刀具、工件装卸，由于作业范围等方面的限制，使用工业机器人装卸有时十分困难，需要使用图 3.3-9 所示的特殊工件自动交换装置（AWC）。

AWC 一般由框架、机械手等部件组成，机械手一方面可以用来夹持工件、刀具，同时又可在框架上进行上下、左右、前后运动，以实现工件、刀具的空间移动。

AWC 的框架可以根据需要设计成各种形式。例如，对于中小型工件、刀具的短距离移动和装卸，一般采用图 3.3-9（a）所示的悬臂式单柱支承结构，以节省占地面积；需要长距离移动的中小型工件、刀具的装卸，则多采用图 3.3-9（b）所示的单轨导向多柱支承或桁架安装结构；而大型板材、托盘的移动和装卸，则多采用图 3.3-9（c）所示的双轨导向龙门支承结构。机械手的短距离移动可通过气动系统实现，长距离移动一般可通过伺服电机和齿轮齿条传动机构等方式实现。

AWC 大多为定点移动、顺序动作，其动作简单、控制容易，因此，大多作为数控机床、工业机器人等智能设备的附件，直接由主机控制系统对其进行控制，其柔性化、智能化程度低于工业机器人。

4. 自动化仓库

柔性化、自动化生产系统需要有储存工件、托盘、刀具等物料的仓储设备。自动化仓库（Automated Warehouse）是一种由计算机管理、能够记忆物料存放位置，并能够在无人工干预的情况下，通过工业机器人、自动装卸装置自动存取物料的中央仓储设备，其典型结构如图 3.3-10 所示。

(a) 悬臂式

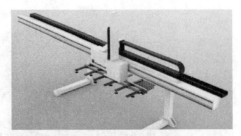

(b) 单轨导向

(c) 双轨导向

图 3.3-9 工件自动交换装置及应用

(a) 工件库

(b) 刀具库

图 3.3-10 自动化仓库及应用

　　自动化仓库（中央库）用于自动化生产车间物料的集中、统一储存，它一般采用多层立体货架结构，物料安放在标准结构的料盘内。自动化仓库两个货架之间的通道称为巷道；可在巷道内移动、升降，对物料进行存取操作的设备称为巷道堆垛机。

　　自动化仓库的物料输送、存取已普遍采用自动导向车（AGV）、有轨制导车（RGV）、带直线变位器的工业机器人、自动装卸装置等柔性化、自动化设备；物料自动识别、自动分拣等智能化控制技术已得到全面应用。现代化的自动化仓库不仅物料存取方便灵活、迅速准确，而且还可通过计算机管理系统，自动管理物料库存、流转等全部数据，最大限度地减小库存，降低生产成本，它是柔性制造、敏捷制造、智能制造的基本设施之一。

　　高速、高效是现代数控加工设备的基本特征，工件、托盘的更换十分频繁。为了保证加工的连续、提高设备利用率，除了自动化仓库（中央库）以外，通常还需要在加工设备或加工单元上设置图 3.3-11 所示的用于工件、托盘临时安放的物料缓冲区。物料缓冲区的工件、托盘可直接通过加工设备或加工单元的工业机器人、自动装卸装置装卸，缓冲区的毛坯和成品可通过自动导

图 3.3-11　物料缓冲区

向车（AGV）、有轨制导车（RGV）等柔性化、自动化输送设备，批量输送和转移到自动化仓库中。

3.3.3　自动检测设备

　　为了保证产品质量，柔性化、自动化加工系统需要通过自动检测设备及时检查工件加工质量、刀具磨损情况，并通过控制系统的自动补偿功能，修整系统参数和程序数据，保证加工设备处于最佳的运行状态。柔性化、自动化加工系统的检测设备主要有在线测头、三坐标测量机、数控刀具测量机等。

1. 在线测头

　　在线测头是可以直接在数控加工设备上安装，并利用数控系统的测量程序控制测量运动的测试工具；其测量数据一般可由数控系统直接处理，在线测头的测量结果需要用于系统参数、程序数据的修正和补偿，测量数据必须精确可靠，因此，通常需要使用接触式检查测头。

　　数控加工设备使用的在线测量主要有图 3.3-12 所示的回转中心测量、工件测量、刀具测量 3 类。

　　回转中心和工件测量需要通过安装在机床主轴上的三维探头实现，安装了三维探头的数控机床具有类似三坐标测量机的功能，它可通过探头的运动，快速准确地获得测量点的三维位置数据，并计算出物体的几何尺寸、轮廓形状等与位置相关的数据。

　　例如，利用探头回绕标准球（校准球）的运动，可由数控系统自动计算回转、摆动轴的回转中心，并进行误差自动补偿；利用探头对工件、夹具的基准点检测，可自动设定、补偿工件坐标系零点；利用探头对加工位置、工件轮廓的测量，可调整程序轨迹、提高加工精度

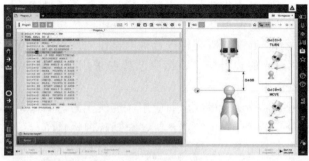

(a) 回转中心测量

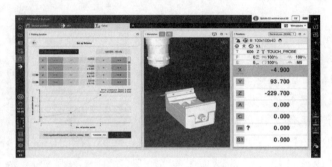

(b) 工件测量

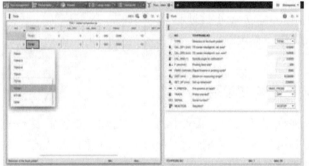

(c) 刀具测量

图 3.3-12　在线测头及应用

等。但是，由于测量条件、机床本身精度、数控系统功能等方面的限制，在线测头的测量精度、测量功能都无法与三坐标测量机相比，因此，通常只用于坐标系原点、工件安装位置、零件几何尺寸、加工位置和轮廓误差等的一般检测。

数控机床的刀具测量需要通过安装在工作台上的刀具测量探头实现，通过检测刀具和探头的接触位置，数控系统可自动计算出刀具长度、半径、磨损量等刀具补偿数据，并进行自动设定与误差补偿。

2. 三坐标测量机

三坐标测量机（Coordinate Measuring Machine）是用于物体几何尺寸高精度测量的基本设备，它可以通过三维探头和被测物体的相对运动，快速准确地获得测量点的三维坐标位置数据，并通过这些位置数据，计算出物体的几何尺寸、轮廓形状和测量点位置。

三坐标测量机实际上是一种高精度的数控设备，其测量原理和安装了工件测头的数控机床并无本质上的区别。由于三坐标测量机不需要进行工件加工，运动部件几乎不受外力，因此，可达到比数控机床更高的精度。

当代先进的三坐标测量机如图 3.3-13 所示。三坐标测量机的床身、导轨等部件通常使用热变形极小的花岗岩材料制作，导轨需要使用摩擦阻力极小的气浮静压技术，直线位置测量使用高精度的光栅尺（位置分辨率在 0.05μm 以下），使用需要在恒温（20℃±2℃，2h 内温度变化小于1℃）、恒湿（50％±10％）、无尘的环境下进行，因此，其测量精度可达到 0.3μm 以下。

图 3.3-13　三坐标测量机及应用

三坐标测量机一般用于零部件最终精度的检测，零部件整体质量的提高通常需要通过工艺路线、加工设备的调整与优化实现，这一工作一般需要由人类专家在中央控制计算机上进行处理。

3. 数控刀具测量机

数控刀具测量机是用于复杂刀具形状、几何尺寸精密测量的高精度全自动数控测量设备，测量机一般配置有 3 个直线运动轴和一个回转轴，可用于回转类刀具、零件、模具以及刀片、扁平零件的精密测量。当代先进的数控刀具测量机如图 3.3-14 所示。

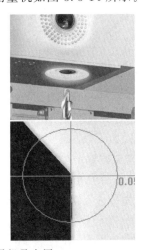

图 3.3-14　数控刀具测量机及应用

刀具测量机实际上是一种用于图像分析的光学仪器。数控刀具测量机一般具有 2～4 套光学测量系统，可通过高分辨率的图像传感器［一般为 CCD（电荷耦合器件）相机］，对刀具的边缘、刀片几何形状进行无接触表面光、透射光测量，它可替代传统的轮廓投影仪和对刀仪，对刀具进行全自动测量和轮廓识别，并生成数字化的测量数据文件。

高精度的刀具测量机一般采用花岗岩床身，直线运动轴的位置分辨率可达 $0.004\mu m$、重复定位精度小于 $1\mu m$；CCD 相机的放大倍数可达 400 倍，测量值分辨率可达 $0.25\mu m$。此外，还配套有快速测量，轮廓全自动识别，轮廓扫描、对比、自动校准，CAD 文件生成器等智能化控制功能，为柔性化、智能化制造的刀具管理、产品质量控制提供技术保障。

3.4 智能制造单元

3.4.1 AWC 装卸 IMC

智能制造单元（Intelligent Manufacturing Cell，简称 IMC）目前还没有世所公认的标准定义。从一般意义上说，所谓智能制造单元，应是由应用了人工智能技术的数控加工设备和工件自动装卸设备组成的，能够通过工件的自动交换，实现较长时间无人化、柔性化连续加工的柔性制造单元（FMC）。由于 IMC 与 FMC 的硬件结构、组成部件以及主要功能、用途等并无本质区别，对所使用的人工智能技术也无统一的规定和要求，因此，两者实际上很难严格区分。

IMC 是一种可独立运行的柔性化、自动化和无人化加工设备，它既可以是柔性制造、智能制造系统的组成部分，作为系统集成设备使用，也可作为可进行无人化、柔性化加工的加工设备独立使用。其使用十分灵活，用途非常广泛。

具有工件自动交换功能是 IMC 与数控机床的最大区别。IMC 的工件自动交换可通过工业机器人或其他形式的工件自动交换装置（AWC）实现。其中，工业机器人是目前中小型零件加工 IMC 最为常用的工件装卸方式，其结构形式较多，有关内容详见后述。

AWC 的形式多样。常用的有托盘自动交换装置（APC）＋托盘库、棒料装载库（Bar Loading Magazine，简称 BLM）＋自动取件装置、自动送料装置（Automatic Feeding Device，简称 AFD）＋自动取件装置等。

APC＋托盘库为传统 FMC 的工件自动交换形式，可用于工作台面安装工件的数控加工设备的工件自动交换；BLM 多用于车削加工机床的细长棒料输送；AFD 通常用于数控折弯、数控冲剪等金属成形机床以及激光切割等特种加工机床的大面积板材的输送。BLM 和 AFD 通常只能用于数控机床的毛坯输送，它们需要配套自动取件装置，才能构成具备完整工件自动交换功能的 IMC。使用 APC＋托盘库、BLM＋自动取件装置、AFD＋自动取件装置的 IMC 常见结构如下。

1. APC＋托盘库装卸 IMC

APC＋托盘库装卸 IMC 由带 APC 的数控加工设备（以卧式加工中心为主）和回转式（或直线式）托盘库组成，其常见结构如图 3.4-1 所示。

APC＋托盘库装卸 IMC 采用的是传统柔性制造单元（FMC）结构，交换工件时需要将工件连同夹具、工作台面（托盘）进行整体更换；安装有被加工工件（毛坯）的托盘、安装有加工完成工件的托盘均存放在托盘库上。

数控机床加工时，托盘库可自动回转（或平移），将下一个安装有毛坯的托盘移动到 APC 的托盘交换位等待；工件加工完成后，可通过 APC 的运动，同时取下数控机床和托盘库上的托盘，然后，通过 APC 的 180°回转运动，将托盘库交换位的托盘和数控机床的托盘

(a) IMC

(b) 托盘库

图 3.4-1　APC＋托盘库装卸 IMC

互换，完成工件交换动作。托盘交换完成后，数控机床接着进行下一工件的加工；同时，托盘库再次回转（或平移），将下一个安装有被加工工件的托盘转到 APC 交换位，直至托盘库的所有毛坯加工完成。

APC＋托盘库装卸 IMC 实际上只是一台增加了工件自动交换功能的数控机床，APC 和托盘库的运动均可由机床数控系统的辅助机能（辅助控制轴、集成 PLC 等）直接控制，无需独立的工件交换控制系统。

APC＋托盘库装卸 IMC 的结构简单、控制容易，但是，托盘库的工件装卸一般需要人工完成，同时，由于托盘库大多采用平面布置，单元占地面积大，托盘存储容量通常较小（为 4～6 个），可自动交换的工件数量有限。因此，大多作为独立加工单元，用于工序多、加工时间长的大中型复杂零件加工，以提高设备利用率，而较少用于需要长时间连续无人化工作的简单零件加工。

当代先进的 APC＋托盘库装卸 IMC 如图 3.4-2 所示。这种 IMC 采用了机械手托盘交换装置和立体托盘库，它不仅大幅度增加了托盘库容量、减小了占地面积，而且还能同时用于 2 台数控机床的托盘交换。机械手托盘交换装置还可以与 AGV、RGV 等托盘自动输送装置结合使用，利用机械手托盘交换装置更新托盘库托盘，实现长时间连续无人化加工。

2. BLM＋自动取件装置

棒料装载库（BLM）是用于细长毛坯（棒料）储存与输送的自动化装置，通常用于卧式车削加工机床的毛坯（棒料）储存与输送。

使用 BLM 的车削 IMC 如图 3.4-3 所示，由于 BLM 只能用于毛坯（棒料）的自动输送，因此，IMC 一般需要配备桁架式机械手、机内运动机器人（见后述）等自动取件装置，才能真正构成具备工件自动装卸功能的 IMC。

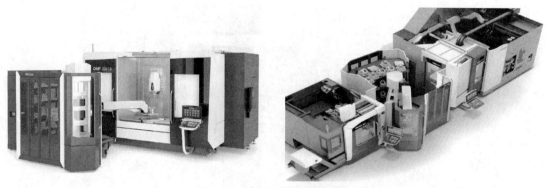

图 3.4-2 机械手装卸托盘 IMC

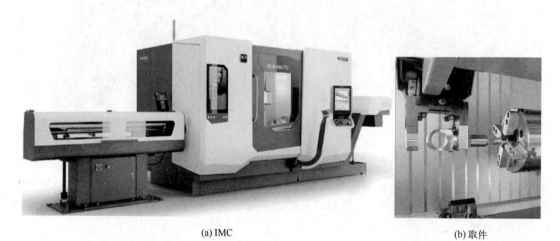

(a) IMC

(b) 取件

图 3.4-3 BLM 输送 IMC

棒料车削一般需要先完成工件的全部加工，然后，再切断棒料、分离工件，因此，工件加工时，棒料将由卡盘夹持并随同主轴旋转。为此，BLM 一般由图 3.4-4（a）所示的棒料导向及图 3.4-4（b）所示的推料 2 部分组成。棒料导向机构用于棒料的径向定位，防止棒料旋转时可能发生的甩动；推料机构用于棒料输送。

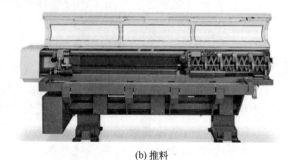

(a) 导向

(b) 推料

图 3.4-4 BLM 的结构

BLM 的动作简单、控制容易，同样可由机床数控系统的辅助机能（辅助控制轴、集成PLC 等）直接控制，无需使用独立的 BLM 控制系统。但是，只配置 BLM 的数控车削机床，实际上只是一台具备毛坯自动输送功能的加工设备，它不具备自动提取、安放加工完成工件（成品）的功能，因此，通常只作为带自动送料功能的独立设备使用。BLM 用于车削 IMC 时，车削加工机床需要具备成品自动提取、安放功能，才能构成完整 IMC，实现长时间无人化、自动化加工。

3. AFD + 自动取件装置

AFD 多用于金属成形、激光切割等数控机床的板材输送。AFD 通常由板材库、机械手等部件组成。板材库用于板材的储存，一般采用多层料架结构；机械手用于板材输送，通常为直线移动式。

AFD 一般由数控机床生产厂家根据设备结构、工件形状及交换要求专门设计，用户可根据需要选择。

用于小型板材输送的 AFD 常采用图 3.4-5 所示的料架机械手一体化结构；大型板材输送的 AFD，机械手和料架分离，机械手可采用悬臂支承、单轨导向多柱支承、双轨导向龙门支承、桁架等方式安装。

图 3.4-5　料架机械手一体化 AFD

使用 AFD 的金属成形加工 IMC 如图 3.4-6（a）所示。对于数控折弯、冲压等金属成形加工，由于板材（毛坯）与加工完成工件（成品）的大小、形状都不同，因此，AFD 一般只用于板材（毛坯）输送，工件（成品）需要使用随行托架、工业机器人、AGV 等其他自动化装置运送、储存。

使用 AFD 的切割加工 IMC 如图 3.4-6（b）所示。切割加工一般不会改变板材外形，板材（毛坯）和工件（成品）只在面积、重量上有区别，因此，AFD 既可用于板材（毛坯）的输送，也可用于工件（成品）的运送、储存，使用 AFD 可直接构成具备工件自动交换功能的完整 IMC。

AFD 大多为定点移动、顺序动作，其动作相对简单、控制容易，一般直接由数控系统的辅助机能（辅助控制轴、集成 PLC 等）进行控制，通常无需独立的 AFD 控制系统。

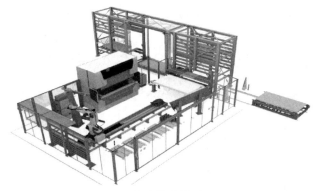

(a) 金属成形加工

图 3.4-6

(b) 切割加工

图 3.4-6　AFD 输送 IMC

3.4.2　机器人装卸 IMC

1. IMC 基本结构

使用工业机器人实现工件自动交换的 FMC 由日本 FANUC 公司于 1976 年率先研制。工业机器人是一种具有完整计算机控制系统、能独立进行自动化运行的柔性化、智能化设备，其功能丰富、运动灵活、动作快捷，而且其作业工具可根据需要设计和更换，故可直接用于 IMC 的工件、托盘交换。

一台数控机床配置一台工业机器人是机器人装卸 IMC 的基本结构，其组成如图 3.4-7 所示。工业机器人既可以用于图 3.4-7（a）所示的工件装卸，也可以用于图 3.4-7（b）所示的托盘装卸；托盘装卸的 IMC 可实现使用不同夹具的工件交换，柔性更强。

工业机器人既能用于数控机床和工件库（托盘库）的工件（托盘）交换，也能用于工件库（托盘库）和 AGV、RGV 等自动输送设备的工件（托盘）交换，因此，这种 IMC 可直接用于无人化、自动化连续加工。工业机器人还可通过图 3.4-8 所示的图像识别等智能化控制技术，实现视觉装夹功能，进一步提高 IMC 的智能化程度。

(a) 工件装卸　　　　　　　　　　　　　(b) 托盘装卸

图 3.4-7　工业机器人装卸 IMC

2. 机器人共用 IMC

工业机器人具有独立的计算机控制系统，它不仅可用于单台数控机床的工件装卸，而且还可通过变更作业程序，同时用于图 3.4-9 所示多台数控机床的工件（托盘）自动交换。

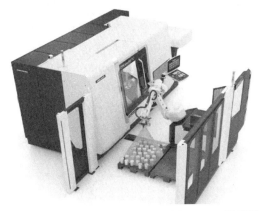

图 3.4-8　视觉装夹 IMC

图 3.4-9　机器人共用 IMC

一般而言，如果机器人固定安装，利用本体运动实现 2 台数控机床工件交换的加工单元，称为机器人共用 IMC；如果机器人可整体移动，同时用于 2 台以上数控机床工件交换，则称为智能制造系统（IMS，见后述）。

机器人共用 IMC 不仅可用于工艺较多、加工时间较长的复杂零件加工，提高机器人的利用率、节省设备投资、减小 IMC 占地面积，而且还可将不同类型的数控机床自由组合，实现不同加工工艺的单元式集成。

3. 独立制造岛

独立制造岛（Alone Manufacturing Is-land，简称 AMI）是一种能够进行封闭式运行，独立完成特定零件全部加工的柔性化、自动化加工单元。

独立制造岛的结构如图 3.4-10 所示。独立制造岛一般以一台数控机床为核心，由若干辅助加工设备以及工件、托盘自动装卸装置组成，由于加工设备为邻近布置，被加工零件相同，因此，同样可通过一台机器人完成所有加工设备的工件（托盘）交换。

早期的独立制造岛一般由安装 CAD /

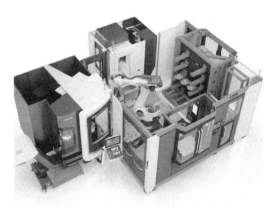

图 3.4-10　独立制造岛

CAM、CAPP 等软件的高性能数控系统直接控制，进行的是与外部隔离的封闭式运行，单元与外界的联系需要人工进行，生产计划、加工要求等信息需要人工输入，物料运送原则上也需要人工完成。由于加工单元无法与外部设备、企业生产管理系统协同工作、共享信息，因此，又称自动化孤岛（Island of Automation）或信息孤岛（Information Island）。

现代独立制造岛是应用了互联网技术的开放式加工单元，它不仅可独立进行柔性化、自动化运行，而且也可与企业局域网（工业以太网）、互联网连接，作为柔性化、智能化制造系统的构成单元，由中央控制计算机进行集中、统一的管理和控制。

3.4.3　机器人集成 IMC

机器人集成 IMC 是一种工业机器人和数控机床一体化设计的新型 IMC，它是当前数控机床自动化的发展趋势之一，在先进的数控机床生产企业已开始批量生产和销售。目前，常用的机器人集成 IMC 产品主要有机器人装卸机集成 IMC 和机器人机内运动 IMC 两种，其结构特点如下。

1. 机器人装卸机集成 IMC

机器人装卸机是以工业机器人为主体的通用型工件、托盘装卸装置。机器人装卸机通常由数控机床生产厂家根据自身产品的结构与特点，进行标准化、模块化设计，并可与多种规格的数控机床配套使用，用户可直接选配，组成图 3.4-11 所示的机器人装卸机集成 IMC。

(a) 结构

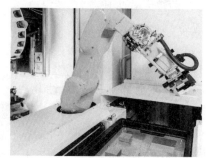

(b) 工件装卸

图 3.4-11　机器人装卸机集成 IMC

机器人装卸机的结构紧凑、通用性好、使用简单，它可方便地将数控机床扩展成 IMC，以满足多品种小批量零件的柔性化、自动化、无人化加工需要。

机器人装卸机集成 IMC 的工业机器人和数控机床的控制系统由生产厂家统一设计，两者可通过带计算机的人机界面集中操作，其使用简单、调试快捷、集成容易；IMC 的设计制造、安装连接、系统集成、整机调试等全部工作都由数控机床生产厂家在出厂前完成，用户可直接安装使用，因此，可避免用户二次安装调试，大幅度缩短 IMC 安装调试时间，减少安装调试故障。

2. 机器人机内运动 IMC

机器人机内运动 IMC 是一种将机器人工件装卸装置作为数控机床基本部件，直接安装于数控机床内部的新型 IMC。这种 IMC 实现了工件装卸装置和数控机床的完全集成，工件自动交换可像自动换刀一样，成为数控机床的基本功能。

机器人机内运动 IMC 如图 3.4-12 所示。工件装卸机器人一般悬挂安装在防护罩内，单元结构更紧凑、使用更简单、安装调试更快捷、集成更容易。

机器人机内运动 IMC 的工业机器人和数控机床的控制系统可集成一体，两者使用同一人机界面操作，无需用户进行任何其他安装、连接和调试。但是，由于数控机床内部空间、结构刚性的限制，机器人的规格一般较小，承载能力有限（一般在 10kg 以下），因此，目前大多用于外形规范、加工时间短的中小型零件加工，或与棒料装载库（BLM）配合，用于车削加工完成的工件取卸与输送。

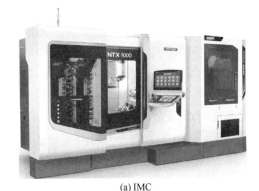

(a) IMC

(b) 机器人

图 3.4-12　机器人机内运动 IMC

3.5　智能制造系统

3.5.1　切削加工 IMS 实例

1. 智能制造系统及结构

智能制造是一种面向未来的先进产品生产模式，广义意义上的智能制造系统是广泛采用人工智能技术的计算机集成制造系统（CIMS），它可以将企业生产全过程所涉及的人、技术、管理三要素以及产品设计、制造的全部信息有机集成，能够自动优化运行。

狭义意义上的智能制造系统是应用了人工智能技术，由数控加工、物料运储设备和计算机控制系统组成，可实现连续无人化、自动化加工的柔性制造系统（FMS），这样的系统目前已在大型、现代化制造企业得到了实际的应用，本书将以此为例进行介绍。

智能制造系统（Intelligent Manufacturing System，简称IMS）目前还没有世所公认的标准定义。从一般意义上说，IMS实际上是一种应用了人工智能技术的FMS，两者的硬件结构、组成部件以及主要功能、用途并无本质的区别，IMS对所使用的人工智能技术也无统一的规定和要求，两者并无明确的界限。

IMS的形式多样。根据数控机床的工艺特征和用途，当前实用化的IMS主要有金属切削加工IMS和金属成形加工IMS两类，前者以金属切削数控机床（或IMC）为主体，后者以金属成形及激光切割数控机床为主体，两者都具备物料自动装卸、输送、储存功能，可在中央控制计算机的统一控制和管理下，按生产计划的要求有序运行，对零部件进行长时间无人化、柔性化加工。金属切削加工IMS需要配备刀具中心，工件交换可采用托盘交换、机器人直接装卸等方式；金属成形加工IMS不需要刀具中心，工件装卸需要使用自动送料装置（AFD）、工业机器人，有关内容详见后述。

金属切削加工的种类繁多，IMS的规模有大有小。一般而言，零件加工时间越短，要求无人化运行时间越长，需要准备的零件就越多，工件（或托盘）库的容量就越大；要求加工的零件、加工工序越多，需要的机床和刀具就越多，对刀具中心的容量要求就越高。实用化的小型IMS通常只有三四台数控加工设备，大型IMS一般有5台以上数控加工设备，甚至更多。金属切削加工IMS不仅需要数控加工、工件装卸、自动仓储等设备，有时还包含自动检测设备，对于大型系统，物料搬运大多需要利用自动导向车（AGV）、有轨制导车（RGV）等输送设备。金属切削加工IMS的示例如下。

2. 移动机器人搬运IMS

移动机器人搬运IMS多用于中大型箱体类零件加工。箱体类零件的结构通常较复杂，制造成本较高，加工时间一般较长，因此，零件的流转速度较慢，库存量也较少，对自动化仓库的仓储容量要求通常不高。但是，箱体类零件的体积、重量一般较大，工件装卸与输送需要使用大规格搬运设备。为了降低制造成本、提高设备利用率，用于箱体类零件加工的IMS大多采用数控机床和工件库就近布置的结构形式，工件装卸、存取与输送，由移动工业机器人统一完成，构成集数控加工、工件装卸、搬运、工件库于一体的自动生产线型IMS。

箱体类零件一般采用卧式加工中心加工，机床的加工范围广、加工能力强，通常只需要几台（3~5台）机床，基本上可以满足绝大多数箱体零件的加工要求。卧式加工中心的刀库容量一般较大，备用刀具可直接安装在机床刀库上，利用数控系统的刀具寿命管理机能自动更换，因此，较少使用中央刀库。

图3.5-1为全球著名机床生产企业德玛吉森精机（DMG MORI）集团为厦门东亚机械工业股份有限公司（EAMI）设计的，用于空气压缩机箱体和轴承座加工的移动机器人搬运IMS示例。

图3.5-1所示的IMS由4台DMG MORI NHC 4000卧式加工中心、工件库和移动式工业机器人组成；工件装卸、存取与输送由移动式工业机器人统一完成，IMS可进行24小时

无人化运行。

　　NHC 4000 为 DMG MORI 中型卧式加工中心最新产品，机床外观及内部结构如图 3.5-1（b）所示。NHC 4000 的 X/Y/Z 行程为 560/560/650mm，B 轴可 360°回转，X/Y/Z 快进速度为 60m/min；机床带 180°回转式托盘交换装置，托盘面积为（400×400）mm^2，可安装的最大工件尺寸为 ϕ630mm×900mm，最大工件质量为 400kg，托盘交换时间为 8s。NHC 4000 的刀库容量为 40（标配）～240（选配）把，最大刀具尺寸为 ϕ70mm（ϕ170mm，邻位无刀）×450mm，最大刀具质量为 8kg，从一次切削到另一次切削的时间为 2.8s。NHC 4000 的 X/Y/Z 为全闭环控制，位置检测使用分辨率为 0.01μm 的高精度磁栅尺，主轴最高转速为 15000r/min，可满足高速高精度加工的要求。

(a) 实景

(b) NHC 4000 加工中心

图 3.5-1　移动机器人搬运 IMS 示例

3. AGV 搬运 IMS

　　AGV 搬运 IMS 一般用于大型、重型模具或箱体类零件加工，由于工件体积大、重量重，零件加工一般需要使用大型、重型数控机床。

　　大型、重型零件加工的 IMS 结构庞大，工件的运送距离通常较长，工件一般需要使用大型自动导向车（AGV）、有轨制导车（RGV）进行搬运；工件装卸一般需要使用专门设计的大型工件装卸装置。

　　图 3.5-2 是德玛吉森精机（DMG MORI）公司为加拿大赫斯基（Husky Technologies）公司（全球著名注塑设备生产企业）卢森堡工厂设计的大型模具加工 IMS 示例。

　　IMS 以 3 台 DMC 160 U duoBLOCK 卧式加工中心、PH-AGV 5000 大型自动导向车（AGV）、422 位工件库、3000 位刀具中心及刀具装卸机器人为主体构建，可用于具有 144 个型腔的大型 PET 吹塑瓶模具加工，全年工作时间为 5000h，模具的实际加工精度可达 10μm。

(a) 实景

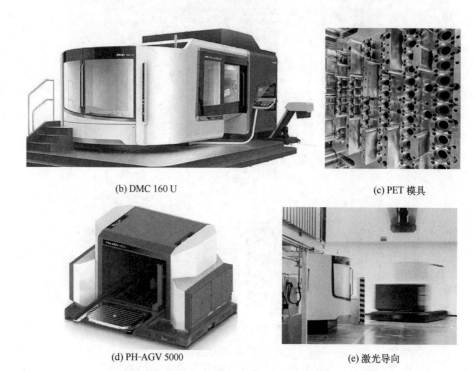

(b) DMC 160 U　　　　　　　　　　　(c) PET 模具

(d) PH-AGV 5000　　　　　　　　　　(e) 激光导向

图 3.5-2　AGV 搬运 IMS 示例

DMC 160 U duoBLOCK 为 DMG MORI 大型卧式加工中心最新产品，配套 SIEMENS 840D Solutionline 数控系统，机床的 X/Y/Z 行程为 1600/1600/1100mm，X/Y/Z 快进速度为 60m/min；工作台面积为（1250×1000）mm²，可安装的工件最大尺寸为 ϕ1600mm× 1300mm，最大工件质量为 4000kg，刀库容量 63 把（标配）；机床可选配 RS 6 回转托盘交换系统、52kW/1800N·m 重型主轴等自动化加工、重型加工部件。

PH-AGV 5000 是 DMG MORI 公司研发的大型托盘输送设备，AGV 的最大承载质量可达 5000kg（含托盘），最大托盘尺寸可达 1600mm×1250mm，运动速度可达 150m/min（9km/h）。AGV 使用激光外形扫描导航技术，可在自动扫描运动方向的周围空间，自动规避障碍物，确保 PH-AGV 5000 安全运动。

IMS 的刀具利用 DMG MORI 研发的刀具管理系统控制，它可根据产品加工的需要或刀具的实际使用情况，及时对加工中心刀库中的刀具进行更新。刀具的输送、装卸均由带图像处理摄像头和二维码识别功能的移动式工业机器人自动完成，刀具测量、调整与管理由中央控制计算机进行控制。

4. 大型 IMS

泵、阀等中小型零件属于典型的多品种、小批量加工，产品种类、加工工序繁多，柔性化、无人化加工所需要的数控机床和刀具数量均较多，IMS 的规模一般较大。

图 3.5-3 是德玛吉森精机（DMG MORI）公司为德国贺德克（HYDAC International）公司研制的液压阀块加工 IMS 示例。

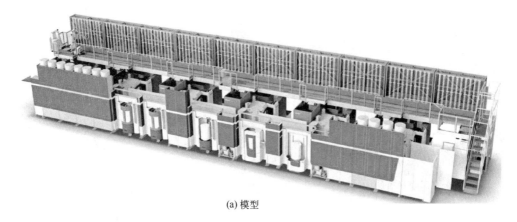

(a) 模型

(b) 现场

(c) LPS 4

图 3.5-3　液压阀块加工 IMS 示例

图 3.5-3 所示的 IMS 由 6 台 NHX 4000 卧式加工中心、48 位托盘输送线、4000 位刀具中心，以及用于托盘、刀具装卸的移动机器人等设备组成。6 台加工中心布置于 IMS 中部，左右两侧为 48 位直线式托盘库（LPP），后侧下部为托盘输送线，后侧上方为 4000 位刀具中心，整个 IMS 为长/宽/高约 33m/8.5m/5.2m 的直线式立体结构，可用于 3000 多种不同液压阀块等零件的加工。

IMS 的所有设备由 LPS 4 中央控制计算机进行统一管理。LPS 4 可安装 DMG 公司所有数控机床及托盘、工件、刀具、夹具交换装置（包括 AGV）运行控制软件，以及 ISTOS 生产计划管理、CELOS 任务管理、OEE 报告和评估等管理软件，并通过局域网与 HYDAC 生产管理部门的 ERP、上层刀具管理等系统连接，管理部门可实时监控 IMS 生产状态，并对系统的加工过程及托盘、刀具的供应进行必要的干预。

NHX 4000 为 DMG MORI 带 180°回转式托盘交换装置的中型卧式加工中心标准产品，

机床外形、内部结构及其他主要技术参数均与 NHC 4000 相同（参见前述），机床的托盘、刀具输送与存储系统如图 3.5-4 所示。

IMS 的托盘存储输送系统如图 3.5-4（a）所示。系统可通过 DMG MORI 公司 48 位 LPP 直线托盘输送系统，实现 NHX 4000 的工件（托盘）自动交换。托盘输送系统设有 5 个工件装载站，其中：2 个采用工业机器人自动装卸，可用于 IMS 无人化加工；3 个为人工装卸，可用于托盘库的更新。

(a) 托盘存储输送系统

(b) 刀具存储输送系统

图 3.5-4　托盘和刀具存储输送系统

IMS 的刀具存储输送系统如图 3.5-4（b）所示。4000 位的刀具中心分为 10 组，每组 400 刀位；刀具中心和机床侧还各设有一个 120 位缓冲刀库，通过工业机器人吹气设备清洁返回刀具中心的全部刀具；刀具中心和机床刀库的刀具通过移动式工业机器人输送和装卸。刀具装卸机器人安装有摄像头和视觉系统，它不仅可在刀具存取时，自动检查刀位的刀具安装情况，而且还可通过示教操作，快速设置刀库零点。

IMS 的刀具测量、调整与管理由 LPS 4 中央控制计算机控制。刀具测量机与 LPS 4 连为一体，可自动将刀具数据写入刀具管理系统数据库；机器人可通过二维码识别刀具，并将刀具安装到刀库或刀具中心库的正确位置。此外，LPS 4 中央控制计算机还可在机床加工开始或刀具安装前，自动检查刀具的可用寿命和储备情况，及时将超期使用或缺少的刀具通知刀具管理部门。

3.5.2　成形加工 IMS 实例

金属成形加工的工艺较为简单，在大多数场合，零件坯料可通过钢板切割、折弯完成加工，然后，通过组装和焊接成形。因此，金属成形加工 IMS 的加工设备种类、台数一般较少，但设备体积通常比金属加工机床更大，物料需要综合使用自动导向车（AGV）、自动送料装置（AFD）、工业机器人进行运送和上下料。此外，由于成形加工的工序单一，不需要使用大量刀具，因此，IMS 一般无（不需要）刀具中心。

不同金属成形加工 IMS 的结构形式类似，以下为著名金属成形机床生产厂家瑞士百超（Bystronic）集团研发的扫雪车尾部连接件加工 IMS 实例。

1. IMS 组成

扫雪车尾部连接件由图 3.5-5 所示厚度相同的上、下盖和 U 形连接体焊接而成，其中，上、下盖只需要进行切割加工，U 形连接体需要进行切割、折弯加工。不同规格扫雪车的连接件只是板厚、形状存在区别，结构完全一致，因此，可直接通过金属成形加工 IMS 进行柔性化、无人化自动加工。

(a) 用途

(b) 组成

图 3.5-5　连接件及组成

连接件加工 IMS 的整体结构如图 3.5-6 所示。

IMS 由带物料输送功能的自动化仓库（料库）、激光切割加工单元（切割单元）、U 形连接体折弯加工单元（折弯单元）、连接件组装和焊接加工单元（焊接单元）4 部分组成。料库用来储存和输送激光切割机毛坯（钢板）及 U 形连接体坯料；切割单元用来切割上、下盖和 U 形连接体坯料；折弯单元用于 U 形连接体的弯曲成形；焊接单元用于上、下盖和 U 形连接体组装和焊接加工。各单元的组成、结构和功能分别如下。

2. 料库

IMS 的料库用于系统的物料储存和输送，料库为图 3.5-7（a）所示的双联多层料架结

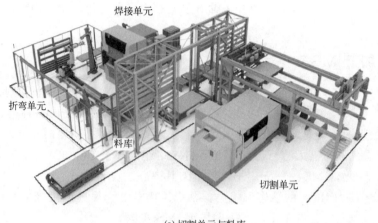

(a) 切割单元与料库

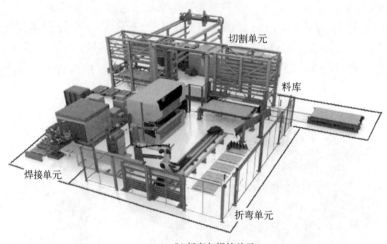

(b) 折弯与焊接单元

图 3.5-6 IMS 整体结构

构，其中，一侧料库与切割单元的自动进料装置及分拣出料装置相连，用于切割单元的自动进/出料；另一侧料库用于折弯单元装卸机器人的进料；料库中间为托架传送装置，用于毛坯（钢板）、U 形连接体坯料的传送和转移。料库的工作过程如下。

① 系统进料。IMS 的毛坯为标准规格钢板。系统进料时，首先由大型自动导向车（AGV），将多层叠放的钢板运送到托架传送装置的装卸位。接着，系统自动检查切割单元进料位的托架，如托架上无钢板，层叠钢板可由传送装置直接安放到进料位，用于切割单元进料；如托架有钢板，则将层叠钢板安放到两侧料库任意位置的空料架上储存，待进料位钢板取空后，再通过传送装置转移到切割单元进料位。

② 切割单元进/出料。切割单元的毛坯为钢板（单片），加工完成后的工件为上下盖和 U 形连接体坯料。单元进料时，进料托架被推入切割单元的进料区，由进料装置的进料机械手取出最上层钢板，送至激光切割机进料位（见下述）。

切割加工得到的 U 形连接体坯料，可通过分拣机械手安放到出料托架上，并输送到料库的出料位。接着，系统自动检查折弯单元进料位，如进料位无托架，传送装置可将出料托架直接安放到折弯单元进料位，给折弯单元供料；如进料位有托架，则将出料托架安放到两侧料库任意空料架上储存，待折弯单元进料托架退回后，再通过传送装置转移到折弯单元进料位。

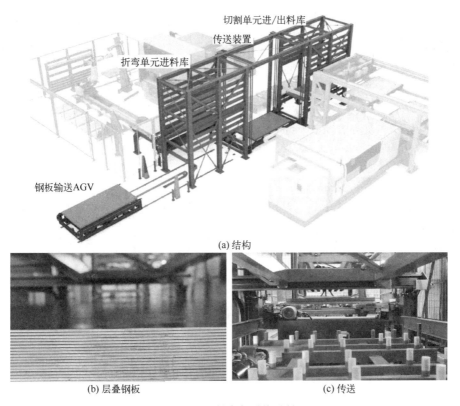

图 3.5-7 料库与系统进料

3. 切割单元

IMS 的切割单元如图 3.5-8 所示，单元主要由激光切割机和带进料机械手、分拣机械手的自动上下料装置组成，其结构与功能分别如下。

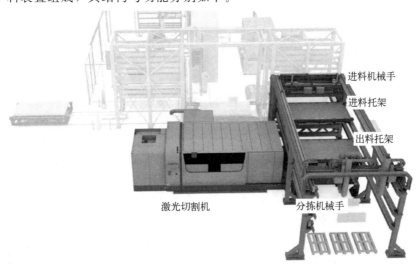

图 3.5-8 切割单元组成

① 取料。激光切割机的毛坯为标准钢板（单片），钢板由安装有多个真空吸盘的进料机械手从进料托架上取出，安放到激光切割机的进料位；进料机械手可安装图 3.5-9（b）所示的板厚检测器，自动检测钢板厚度，避免吸持多层钢板。

(a) 进料机械手

(b) 检测   (c) 安放

图 3.5-9　自动进料

② 切割加工和分拣（图 3.5-10）。激光切割机进料位的钢板可通过切割机的进料机构自动输送到加工位，并进行上下盖和 U 形连接体折弯坯料的切割加工。切割完成后，由分拣机械手将上下盖安放到 AGV 上，直接运送到焊接单元进行组装和焊接；U 形连接体坯料则被安放到出料托架上，送回料库出料位，然后，通过料库传送装置将其输送到折弯单元进料位或储存到空料架上。分拣机械手为双手同步作业，带有真空吸盘自动更换功能，可一次完成两件分拣。

(a) 切割加工   (b) 吸盘更换

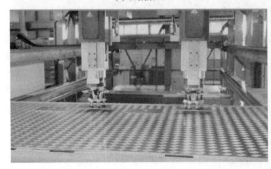

(c) 分拣出料

图 3.5-10　切割加工和分拣

4. 折弯单元

IMS 的折弯单元如图 3.5-11 所示，单元由折弯机、移动机器人、出料传送带等部件组成，其结构与功能分别如下。

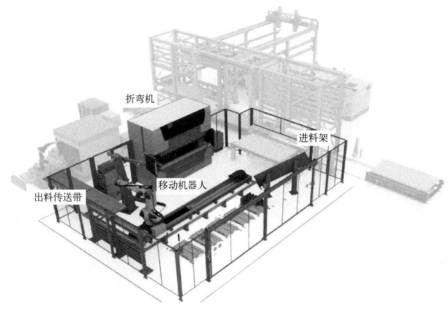

图 3.5-11　折弯单元结构

折弯单元用于 U 形连接体成形加工，主要功能如图 3.5-12 所示。切割单元加工完成的 U 形连接体坯料返回料库后，可通过料库的传送装置，自动传送到折弯单元进料位；接着，移动机器人运动到进料位取出坯料，并将其安放到折弯机上进行折弯加工。U 形连接体加工完成后，移动机器人从折弯机上取下工件，运动到出料位，将工件安放到出料传送带上，送入焊接单元进行组装和焊接加工。

(a) 自动取料

(b) 折弯加工

(c) 自动出料

图 3.5-12　折弯单元主要功能

5．焊接单元

IMS 的焊接单元如图 3.5-13 所示，单元由上下料机器人、组装焊接区以及进/出料 AGV 等部件组成，其结构与功能分别如下。

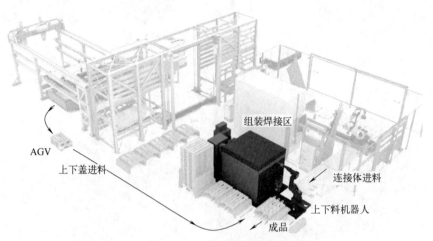

图 3.5-13   焊接单元结构

焊接单元用于连接件组装和焊接加工，主要功能如图 3.5-14 所示。由 AGV 输送来自切割单元的上下盖，以及由传送带输送来自折弯单元的 U 形连接体，可由上下料机器人放置到组装夹具上，进行组装；组装完成后，由焊接机器人进行焊接加工。

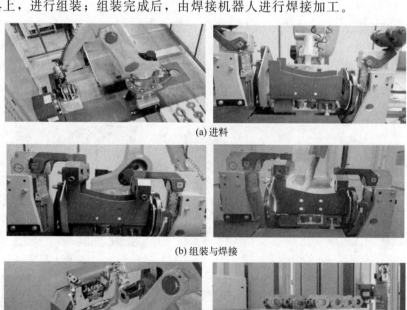

(a) 进料

(b) 组装与焊接

(c) 成品运送

图 3.5-14   焊接单元主要功能

连接件焊接完成后，可由上下料机器人将成品安放到 AGV 上，运送到后续的涂装生产线，进行打磨、涂装等处理后，便可包装出厂。

数控机床篇

第 4 章

数控机床的结构形式

4.1 数控机床的特点

4.1.1 数控机床的基本要求

如前所述，数控机床的智能化一般通过控制系统（CNC）的软件功能实现，机床的机械结构与传统的数控机床并无区别。

从本质上说，数控机床与普通机床一样，也是一种将金属材料加工成各种不同形状零件的设备。早期的数控机床、国产普及型数控机床以及通过改造改装而成的数控机床，大都以普通机床为基础，通过部分结构的改进而形成产品。因此，在许多场合，普通机床的结构形式、设计计算方法仍适用于数控机床。

但是，随着高速高精度、复合加工技术的发展，以及直线电机、电主轴、直接驱动电机等新型机电一体化产品的普及和应用，为了适应现代制造业对生产效率、加工精度、安全环保等方面越来越高的要求，数控机床的机械结构正在发生重大变化，其机械部件日趋简化，新颖的结构和部件不断涌现，数控机床正在逐步形成自己独特的结构形式。

现代数控机床是用于产品机械零部件高速高精度、自动化、智能化加工的关键设备，尽管机床需要加工的零部件（工件）体积、形状、加工要求、加工方法各不相同，但总体目标都是以最简单、最经济、最高效的方式，完成零部件的加工，同时，又能够方便地生产制造、安装调整和使用维护，因此，它对机械结构提出了如下的基本要求。

1. 安全可靠

数控机床是一种高度自动化的加工设备，其部件众多、动作复杂、运动高速。构成 FMC 或 FMS 时，需要配套工件、刀具自动装卸、交换等物流输送设备，进行自动化、无人化加工；用作敏捷制造、智能制造设备时，还需要由 MES 等进行自动化管理和生产调度。因此，对其运行可靠性和安全性的要求大大高于传统由操作者现场操作的机床，它必须以安全、可靠运行作为最高准则，严防发生人身和设备安全事故。

为了进行高速高精度加工，数控机床通常配有高压、大流量的冷却系统。为了防止切屑、冷却液的飞溅，数控机床必须有安全、可靠的全封闭防护罩等安全防护措施，以确保操作管理者的人身安全和周边设备的正常运行。

方便、快捷、舒适的操作性能同样是数控机床需要具备的基本特性。尽管数控机床具有自动加工、工件和刀具的自动装卸与交换等功能，机床正常工作时，并不需要操作者进行太多的人为干预，但是，机床及工件、夹具、刀具的调整维修等工作还是需要由操作者在现场完成，因此，数控机床同样需要具备良好的操作性能。

2. 高速高刚度

结构刚度反映了机床抵抗变形的能力。刚性变形所产生的误差，很难通过数控系统的调整和补偿等办法予以完全解决。敏捷制造、智能制造要求数控机床具有快速适应不同零件加工的能力；加工对象和加工要求的变化频繁，机床需要具有适应各种加工要求的结构与性能；机械传动部件不但需要有适应高速高精度加工的速度和精度，而且还需要有适应重载加工的结构强度和刚度，防止高速运动和切削加工时可能产生的变形。

数控机床大多属于高速高效加工设备，其切削速度（主轴转速）、进给运动速度（刀具与工件的相对运动速度）和加速度远远高于普通机床，大多数高速加工机床的主轴转速超过10000r/min、快速进给运动速度超过 60m/min、进给加速度超过 1g（9.8m/s^2），因此，运动和支承部件必须有足够的强度和刚度，才能承受部件高速运动所产生的冲击。高速运动可能使机械传动系统产生强烈的振动和噪声，因此，机床的机械传动系统不仅需要有足够的刚性，而且还应尽可能简化结构，缩短传动链，减少传动齿轮等可能产生振动和噪声的传动部件，提高机床的抗振性，减轻切削时的共振和颤振，提高零件加工精度和表面质量，减小机床运行对环境的影响。

提高结构刚度的最简单的方法是加大结构件的体积，但是，提高运动速度、加速度和位置控制精度则需要最大限度地减小运动部件的质量，两者通常存在矛盾。因此，高速高精度加工机床需要采用各种特殊的结构和新颖的传动部件，在减小运动部件质量的同时，通过最佳的结构设计，提高机械部件的静、动刚度。

3. 高精度

利用伺服驱动系统代替传统的机械进给系统是数控机床和普通机床的本质区别。当代数控机床的伺服驱动系统的位置分辨率已经高达 0.01μm 的数量级，运动部件的最小移动量通常需要保证在 0.001mm 以下，进给运动速度的调节范围要达到 1～30mm/min 左右，主轴转速高达每分钟数万转，进给传动系统必须具有足够高的运动精度、良好的跟踪性能和低速稳定性，才能对数控系统的微量运动指令做出准确的响应，对零件进行高精度加工。

机械传动系统的间隙直接影响到机床运动部件的定位精度，虽然，数控系统可通过间隙补偿、单向定位等措施，来减小和补偿传动间隙、提高定位精度，但不可能予以完全消除；特别是非均匀间隙，还需要通过简化传动系统结构、采用无间隙传动部件等机械措施，从根本上予以消除。

机床的热变形是影响机床加工精度的主要因素之一。由于数控机床的主轴转速、进给运动速度远远高于普通机床，机床长时间连续工作时，电机、丝杠、轴承、导轨所产生的发热远比普通机床严重；特别在高速切削加工时，高温切屑也会引起相关部件的发热，其热变形影响比普通机床更为严重。因此，高速高精度运动部件不仅需要通过冷却水强制冷却、油雾喷射、制冷剂恒温冷却等措施，降低部件发热，而且还需要通过对称的结构设计和高效的传动部件，尽可能减小热变形的影响。

4.1.2 提高机床性能的措施

1. 改进结构

机床的总体结构和布局直接影响到结构刚度和技术性能。改进机床布局,不但可使机械结构更为简单、经济、合理,而且能改善机床受力情况和热稳定性,提高机床的运动速度和精度,满足高速高效高精度加工的要求。

例如,对于卧式车削加工的机床,通过采用斜床身布局,可改善机床受力情况和操作性能,提高结构刚度;采用立式床身布局,可提高机床加工能力,完善车削复合加工性能;通过倒置式布局,可方便、快捷地实现工件的自动装卸等。在立式数控镗铣加工机床上,通过立柱移动结构,可扩大机床的行程范围,方便托盘自动交换,同时使机床运动部件质量不受工件的影响,保持运动速度和精度的稳定性;而上置式、桥架式等新颖的结构,可大幅度降低运动部件的质量,改善机床热变形,为高速高精度加工创造条件。在卧式数控镗铣加工机床上,通过采用 T 形床身、框架式立柱、滑枕式主轴、"箱中箱"等特殊结构布局,在简化机床的结构层次、提高结构刚度、改善热变形的同时,还可最大限度地降低运动部件的质量,使机床具有更高的运动速度和定位精度,以满足现代数控机床的高速高精度加工需要。

2. 增强刚度和抗振性

机床的结构刚度直接影响机床的精度和动态性能。机床刚度主要取决于机械部件的体积、质量、材质、阻尼、固有频率及负载激振频率等。

提高结构件刚度的措施众多。例如,通过合理设计床身、立柱、拖板等部件的截面,科学布置筋板,采用焊接构件等措施,可有效提高结构件的刚度;通过重心驱动、双丝杠对称驱动等结构,可大大减小运动部件的弯曲、扭转力矩,提高传动刚度和效率;利用对称、平衡的结构设计,可有效补偿部件的热变形;通过改善构件间的连接形式、缩短传动链、采用直接驱动电机,以及优化传动系统设计、进行轴承和滚珠丝杠等传动部件的预紧,可有效提高传动系统的刚性等。

3. 减轻振动和热变形

高速旋转部件的动态不平衡力和切削加工所产生的振动是引发机床振动的主要原因。数控机床的高速旋转部件,特别是主轴部件需要进行严格的动平衡,以消除动态不平衡力;如果传动系统存在蜗轮/蜗杆、齿轮等部件,均需要消除间隙、减少机床的激振力。高速高精度机床有时还通过结构大件中充填阻尼材料、表面喷涂阻尼涂层等措施,来提高机械部件的静态刚度和固有频率,抑制振动,避免共振。

导致机床产生热变形的热量主要来自机床内部的发热源,以及由于运动摩擦、切削加工所产生的发热。数控机床改善热变形的措施主要有:通过简化传动系统的结构,减少传动齿轮、传动轴等传动部件数量,减少摩擦部位;降低运动部件质量,采用滚珠丝杠、直线导轨、高速轴承等高效、低摩擦传动部件,减少摩擦发热;采用对称的结构设计,使部件均匀受热,补偿热变形;对丝杠、主轴等主要发热部件进行强制冷却,避免热量的集聚;采用高压、大流量、内外冷却系统,减小切削加工引起的温升等。

4. 提高运动速度和精度

机床的运动速度和精度不仅和数控装置、驱动器、驱动电机等控制部件有关,而且还在很大程度上取决于机械传动系统。机械传动系统的刚度、间隙、摩擦死区、非线性环节都是影响机床运动速度和精度的重要环节。合理选择机床的结构布局,最大限度地减小运动部件的质量，可大幅度提高机床的运动速度和精度；采用高效、低摩擦的轴承、滚珠丝杠、静压导轨、直线滚动导轨、塑料滑动导轨等传动部件，可大大减小运动系统的摩擦阻力，提高运动速度和精度，避免低速爬行；通过缩短机械传动链，对蜗轮/蜗杆、齿轮等部件进行消隙，对轴承和滚珠丝杠进行预紧等，可减小机械系统的间隙和死区，提高机床的运动精度。

4.1.3　数控机床的结构特点

数控机床虽然种类繁多、结构各异，但总体而言，它们的机械部件结构都在一定程度上具有以下的共同特点。

1. 结构简单

数控机床的基本特点是由伺服进给系统代替了普通机床的机械进给系统，并可通过主轴驱动电机的电气调速改变切削速度，因此，它取消了普通机床的机械进给变速箱，同时大大简化主传动系统的结构。

数控机床的伺服进给电机具有大范围、恒转矩输出特性，可直接连接滚珠丝杠驱动直线进给运动，或连接蜗杆（蜗杆/蜗轮机构）驱动回转进给运动；机床所使用的主轴电机调速范围宽、输出转矩大，电机和主轴可直接连接或利用简单的机械变速，便可实现切削速度的大范围调整。因此，数控机床的机械传动部件（如齿轮、轴、轴承等）的数量比普通机床要少得多。在使用直接驱动电机、电主轴时，还可省略滚珠丝杠、蜗杆/蜗轮、主轴箱等部件，实现机械"零传动"。

数控机床的运动可通过加工程序自动控制，机床不需要像普通机床那样，利用操作手柄进行速度和位置的调整，因此，其手动操作机构比普通机床要简单得多，大多数机床甚至完全没有手动操作机构。

2. 传动高速高效

数控机床一方面可通过伺服进给和主轴驱动，大大简化机械传动系统的结构，另一方面也对传动部件提出了更高的要求。为了满足数控机床高速、高效、高精度的要求，机床所使用的传动部件需要具有高速、高效、低摩擦和无间隙的特性，需要采用滚珠丝杠、塑料滑动导轨、静压导轨、直线滚动导轨等高效、低摩擦传动部件，以减小进给系统的摩擦阻力，提高传动效率，获得良好的低速运动性能和较高的定位精度。

在快速进给速度接近或超过 100m/min，主轴转速超过 20000r/min 的现代高速高精度加工机床或 5 轴加工机床、复合加工机床上，采用直线电机、转台直接驱动电机、电主轴等新颖的传动部件是机床进给、主传动系统的必然选择。

3. 功能部件标准化

功能部件的专业化、标准化生产是现代数控机床重要的结构特点。功能部件标准化不仅可减小数控机床设计工作量、加快制造速度、提高产品可靠性、方便用户使用维修，而且符合敏捷制造、智能制造所强调的实现人员、技术和组织跨企业、跨行业、跨地域、无边界集成，快速适应市场变化，最大限度减少人类对制造活动的介入等新要求。

在现代数控机床上，不仅轴承、滚珠丝杠、直线导轨等传统的机械基础部件采用的是专业生产厂家生产的标准产品，而且主轴单元、回转工作台、自动换刀装置、自动排屑装置、自动润滑装置、自动冷却装置等用来实现指定功能的完整部件和成套装置，也已有越来越多的专业厂家专业化、标准化生产，并在数控机床上得到了广泛应用。柔性制造单元、柔性制造系统的工件自动装卸，也越来越多地使用工业机器人、自动导向车等自动化设备，代替传统的工件自动交换装置。

4. 布局不断创新

追求高速、高效、高精度，进行加工的集成、复合，实现自动化、无人化加工是当代数控机床的发展方向；最大限度地利用资源、节能降耗、绿色环保是敏捷制造、智能制造对数控机床提出的新要求。

高效、自动和复合加工一方面大大提高了机床效率，但另一方面也必然导致机床的开机时间、工作负载的增加，机床必须能够在高负载下长时间可靠工作，它对机床的结构部件提出了更高的要求；同时，也希望数控机床能兼有精加工、粗加工的性能。如果沿用传统的结构布局，机床就需要有适应粗加工、大切削的刚度、强度和抗振性以及适应精加工的精度，其结构部件的体积、质量、耗材必然增加，零部件的制造难度将大大增加，对驱动电机的功率、转矩要求将大幅度提高，难以实现节约资源、节能降耗的目标。因此，现代数控机床需要利用高速加工工艺，来代替传统的强力切削，保证机床的加工效率和精度。

为了实现高速高精度加工，必须在保证结构刚性的同时，最大限度地减小机床的运动部件质量。

4.2　数控机床的基本形式

4.2.1　车削加工机床

1. 加工原理与机床结构

车削加工机床是用于轴、套、环等圆柱体类零部件表面加工的机床，为了能够使工件截面成为准确的圆，车削加工一般采用图 4.2-1 所示的工件回转、刀具固定的切削加工方式，其切削主运动需要通过工件旋转产生，加工时，只要改变刀具与工件回转中心线的距离，便可改变工件截面圆的直径。

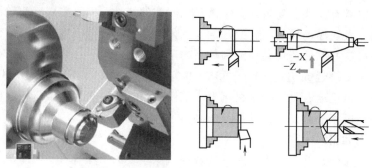

图 4.2-1　车削加工原理

车削加工机床的工件一般只进行旋转运动，工件回转中心线的空间位置保持不变，工件表面的加工形状，需要通过刀具相对于工件回转中心线的切削进给运动获得。例如，如果刀具进行与工件回转中心线平行的直线运动，便可使工件外表面呈现圆柱形；如果刀具进行与工件回转中心线垂直的直线运动，便可使工件端面为平面；如果使刀具中心线和工件回转中心线同轴，便可在工件回转中心线上进行孔加工等。

由于工件的体积、形状各不相同，为了保证机床结构稳定、工件安装调整方便，车削加工机床的工件安装方式主要有卧式和立式 2 种。小规格轴、套、环类零件，可以采用回转中心线平行于地面的安装方式，以方便棒料毛坯的安装，进行工件的连续加工；大规格轴、套、环类零件的体积大、质量大，需要采用回转中心线垂直于地面的安装方式，以保证机床结构稳定。工件回转中心线平行于地面的车削加工机床称为卧式车床，工件回转中心线垂直于地面的车削加工机床称为立式车床。

2. 卧式车床结构形式

卧式车床是最为常用的车削加工机床，通常直接简称车床。车床的结构形式有图 4.2-2 所示的平床身、斜床身和立式床身 3 类。国产普及型数控车床多采用平床身结构；全功能数控车床、车削中心以斜床身结构居多；立式床身多用于大型、车铣复合加工机床。

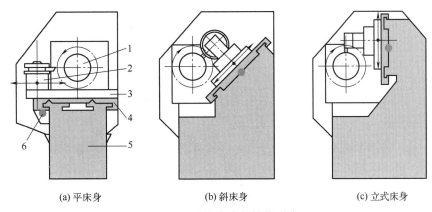

（a）平床身　　　　　　　　（b）斜床身　　　　　　　　（c）立式床身

图 4.2-2　卧式车床的结构形式

1—卡盘；2—刀架；3—滑板；4—拖板；5—床身；6—Z 轴丝杠

① 平床身。平床身机床具有工作面敞开性好、工件装卸方便、进给轴运动受重力影响小、加工制造容易等优点。但是，由于纵向进给的 Z 轴丝杠通常安装在床身前侧的拖板下方，进给驱动力偏移导轨中心，因而其受力情况、导向性和刚性均较差。此外，当机床连续加工时，主轴箱的发热所引起的中心偏移，也将直接影响工件的加工精度，并且误差很难通过数控系统补偿。

平床身机床的刀架位于操作者和主轴之间，工件装卸和调整、加工观察有所不便，机床操作、排屑性能均较差。因此，多用于对加工精度、质量要求不高的场合，是国产普及型数控车床常用的结构形式。

② 斜床身。斜床身机床的刀架倾斜布置在机床的后上方，纵向进给丝杠位于导轨中心，它较好地解决了平床身机床所存在的纵向进给系统受力、拖板突出前方、刀架布置困难、操作性能差等问题；同时，也减少了主轴中心热变形偏移对加工精度的影响。

斜床身机床的刀架安装位置合理，工件装卸和调整、加工观察方便，刀具容量可比平床身机床更大，排屑性能也较好，适合于高速、高精度加工，是全功能数控车床、车削中心等现代车削加工机床的常用结构形式。斜床身机床的纵向进给拖板需要倾斜安装，横向进给轴（X 轴）受重力影响，对机床的加工制造、装配调整等要求较高。

③ 立式床身。立式床身机床的刀具位于主轴上方，纵向进给丝杠位于导轨中心，它同样解决了平床身机床所存在的问题。同时，由于刀架安装在主轴上方的十字拖板上，拖板可进行水平方向和垂直方向的运动，它不仅可用来安装车刀刀架，而且也能安装镗铣加工主轴箱，并利用与加工中心同样的方式自动换刀，因此，特别适合于现代车铣复合加工机床。立式床身的加工制造、装配调整要求很高，通常用于大型、复合加工机床。

3. 立式车床结构形式

立式车削加工机床的工件回转中心线垂直于地面，机床的结构形式一般有图 4.2-3 所示的单立柱、双立柱 2 类。小型机床多采用单立柱结构，大型机床则需要采用双立柱结构。

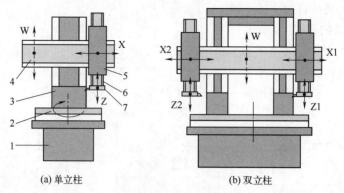

(a) 单立柱　　　　　　　　　(b) 双立柱

图 4.2-3　立式车床结构形式

1—床身；2—卡盘；3—立柱；4—横梁；5—拖板；6—滑枕；7—刀架

① 单立柱。单立柱机床的横梁通过单一的立柱支承，横梁上安装有可左右移动的拖板（X 轴），拖板上安装有可上下移动的滑枕（Z 轴），刀架固定在滑枕前端；为了扩大垂直轴（Z 轴）的行程区间，机床一般还设计有横梁升降的辅助轴 W，以大范围改变 Z 轴加工区间。立式车床的主轴为垂直向上安装，可以安装大型卡盘，机床不仅结构稳定、承载能力强，而且工作面的敞开性比卧式车床更好，工件装卸更方便，因此，是大型、重型零件车削加工机床的常用结构形式。

② 双立柱。双立柱机床的横梁通过两侧立柱支承，横梁上通常安装有 2 个可左右移动的拖板及上下移动的滑枕；机床同样设计有横梁升降的辅助轴 W，以大范围改变 Z 轴加工区间。双立柱机床的结构稳定性更好、加工效率更高、加工能力更强。

立式车床用于大型、重型回转体零件加工，单件加工的时间通常较长，工件装卸频率远低于中小型卧式车床，加上大型、重型零件的自动装卸、自动搬运和仓储必须使用特殊的设备且实现困难，因此，一般较少用于自动化、智能化的生产线，本书不再对其进行详述。

4. 技术特征

车削加工机床的结构特点决定了它具有如下特征。

① 用于回转体加工。车削加工的切削主运动需要通过工件旋转实现，因此，特别适合回转体端面、内外圆柱面、锥面、球面或其他成形面、螺纹的加工。在此基础上，也可通过钻头、丝锥、镗刀、铰刀进行中心孔加工。

② 加工精度高。车削加工的切削主运动为工件旋转，刀具只进行相对于工件的进给运动，改变主轴转速便可调整切削速度，改变刀具运动轨迹便可加工出不同轮廓。车削加工的内外圆柱面直接通过工件旋转加工，与镗铣加工机床需要通过刀具圆弧运动加工内外圆柱面相比，其直径、圆度的误差更小，加工一致性更好，表面加工质量更高。

③ 孔加工受限。普通车削加工机床的刀具不能旋转，需要进行钻、镗、铰、扩、攻螺纹等孔加工时，只能利用工件旋转产生刀具相对于工件的旋转运动，孔加工只能在工件的回转中心线方向进行。由于工件体积大、重量重、结构对称性差、重心和回转中心一般不重合，其旋转速度不能过高，故不能用于小孔高速加工。

4.2.2　镗铣加工机床

1. 加工原理与基本结构

镗铣加工机床是用于法兰、箱体等零部件孔、面加工的机床，加工采用的是图 4.2-4 所示的工件固定、刀具回转的切削加工方式，其切削主运动需要由刀具旋转产生，加工时，只要改变刀具与工件的位置，便可对工件的不同部位进行切削加工。

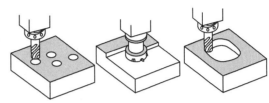

图 4.2-4　镗铣加工原理

镗铣加工机床的工件通常固定安装在机床上，机床结构稳定、承载能力强。同时，由于刀具体积小、重量轻，能够以极高的转速旋转和极快的速度运动，因此，特别适合于当代高速、高精度加工。

镗铣加工机床的刀具旋转由主轴带动，根据主轴的安装方向，机床的基本结构形式有图 4.2-5 所示的立式、卧式和后述的龙门式 3 种。

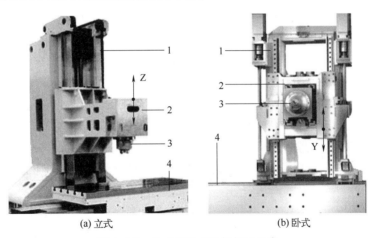

(a) 立式　　　　　　　　(b) 卧式

图 4.2-5　立式与卧式镗铣加工机床

1—立柱；2—主轴箱；3—主轴；4—工作台

立式机床的主轴中心线垂直于地面，刀具的上下运动（Z 轴）一般通过主轴箱的上下移动实现，刀具其他方向的运动需要通过工件或立柱的运动实现；卧式机床的主轴中心线平行于水平面，刀具的运动需要通过工作台运动或滑枕在主轴箱内的运动实现。

2. 立式与卧式机床

数控镗铣加工机床的刀具安装在主轴上，工件安装在工作台上，刀具相对于工件的运动需要通过工作台、主轴箱、滑枕的运动实现。立式与卧式机床的结构如图 4.2-6 所示。

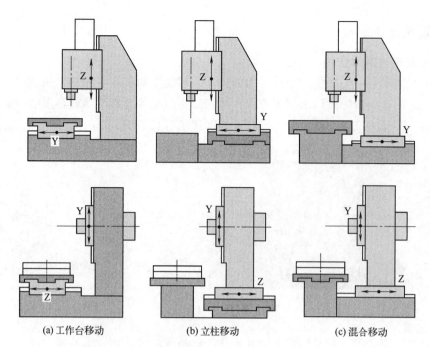

图 4.2-6　镗铣加工机床的基本结构

① 工作台移动式。工作台移动式机床的工件安装在水平布置的十字工作台上，刀具与工件的相对运动，可通过十字工作台和主轴箱的运动实现，机床的结构简单，整体性好，安装调试方便。但是，由于工件安装在工作台上，需要随同十字工作台运动，运动部件的质量较大，对运动速度、精度有较大影响；此外，工作台的承载能力和行程也受到一定的限制，因此，多用于中小型机床。

② 立柱移动式。立柱移动式机床的工件固定安装在工作台上，工作台和底座连为一体或直接安装在地面上（称为落地式），刀具相对于工件的运动通过立柱的十字运动和主轴箱的上下运动实现，这种机床结构刚性好，工作台承载能力强，机床行程也可做得很大。立柱移动式机床的工件无需进行任何运动，工件质量不会对刀具运动速度、精度产生任何影响，因此，可用于大型机床或高速、高精度机床。

③ 混合移动式。混合移动式机床的刀具相对于工件的运动由工作台左右移动、立柱前后移动和主轴箱上下移动组合而成，由于机床的床身为 T 形，结构与传统的刨床类似，故又称 T 形床身结构或刨台式结构。混合移动式机床的工作台、立柱均为单层结构，其运动稳定性优于工作台移动式和立柱移动式机床，机床行程同样可做得很大；但是，由于工件需要随同工作台运动，工件质量对 X 轴的运动速度和精度将产生影响，机床承载能力、运动速度和精度介于工作台移动式和立柱移动式之间，因此，多用于中型镗铣加工机床。

3. 龙门式机床

龙门式机床实际上是一种大型立式机床，机床具有两侧立柱和横梁组成的"门框"（龙门架），横梁上安装有拖板，主轴箱安装在拖板上，工件安装在龙门架下方的工作台上，刀具相对于工件的运动需要通过拖板在横梁上的左右运动（Y 轴）、主轴箱在拖板上的上下运动（Z 轴）、工作台或龙门架的前后运动（X 轴）实现。

龙门式机床的基本结构有图 4.2-7 所示的工作台移动式和龙门移动式 2 种，每种又可分

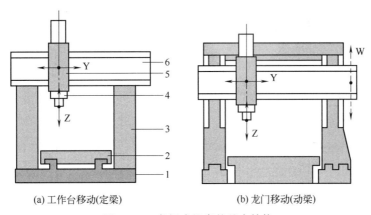

(a) 工作台移动(定梁)　　　　　　　　(b) 龙门移动(动梁)

图 4.2-7　龙门式机床的基本结构

1—底座；2—工作台；3—立柱；4—主轴箱；5—拖板；6—横梁

横梁固定（定梁）和横梁可升降（动梁）2 种形式。

① 工作台移动式。工作台移动龙门式机床的工件前后运动（X 轴）通过工作台运动实现。小型机床的横梁一般采用固定式结构（定梁），大中型机床的横梁一般可上下移动（动梁）调整高度，作为辅助运动轴改变主轴在垂直方向上的加工区间。

工作台移动龙门式机床的结构刚性好，安装调整方便，但由于工作台需要带动工件运动，底座的长度需要在 X 轴行程的 2 倍以上，机床的占地面积较大；此外，工件的重量也将直接影响 X 轴的运动速度和精度，故多用于中小型机床。

② 龙门移动式。龙门移动龙门式机床的龙门架可以整体移动，工作台可与底座连为一体或直接安装在地面上，机床的承载能力强，工件重量也不会对 X 轴运动速度、精度和结构稳定性产生任何影响；同时，机床的底座长度只需要稍大于 X 轴行程，占地面积小；因此，多用于大型机床。

龙门式机床同样用于大型、重型零件加工，单件加工的时间通常较长，工件装卸频率低，自动装卸、自动搬运和仓储实现困难，因此，较少用于自动化、智能化的生产线，本书不再对其进行详述。

4. 托盘交换机床

早期柔性制造单元（FMC）的工件自动装卸一般通过托盘自动交换装置（APC）实现，这种结构的 FMC 结构简单、控制容易，且可作为独立设备（单元）用于长时间无人化加工，其应用较为广泛。

APC 的实现方式主要有图 4.2-8 所示的移动式和回转式 2 种，机床可以为卧式，也可以是立式。但是，由于 APC 的安装位置固定，为了简化结构、增强刚性、提高精度、方便控制，机床一般采用立柱移动式结构。

移动式 APC 多用于 X 轴为工作台移动的机床，它可通过液压缸的松夹、推拉，实现加工区和装卸区的托盘交换，无需进行托盘升降运动。移动式 APC 的托盘安装与取出需要在 2 个不同位置进行，用于 X 轴立柱移动式机床时，将影响 X 轴的实际加工范围，且托盘交换时间也较长，冷却液和切屑的防护比较困难。

回转式 APC 通过液压缸的松夹、180°回转，实现加工区和装卸区的托盘交换，APC 的占地面积小，托盘交换速度快，冷却液和切屑的防护也较容易。回转式 APC 只能用于工作

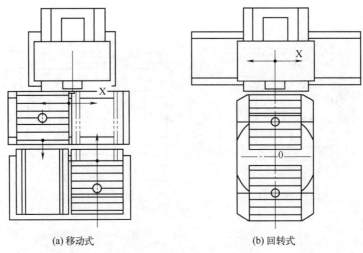

(a) 移动式   (b) 回转式

图 4.2-8 带 APC 的机床结构

台固定不动的机床，并需要通过抬起动作，将托盘与机床、APC 底座分离后，才能进行 180°回转交换，托盘的体积、承载能力不宜太大。

5. 技术特征

镗铣加工机床的结构特点决定了它具有如下特征。

① 适用范围广。镗铣加工机床既可用于平面、侧面、曲面、沟槽的铣削加工，也可以用于孔的钻、扩、铰、镗、攻螺纹加工，其工艺范围广，机床适应性强。

② 刀具、工件交换方便。镗铣加工机床的布局合理、工作台面敞开，可以通过各种方式实现刀具和工件的自动交换，不仅刀库容量大，而且还很容易组成各种自动化加工单元，实现柔性化、无人化、智能化加工。

③ 高速高精度。镗铣加工机床以刀具旋转为主运动，旋转部件重量轻、结构对称性好，转速可高达上万转，甚至数万转，可满足高速切削的要求。此外，机床还可采用工件固定、主轴箱运动的刀具进给方式，最大限度减小运动部件质量并保持其不变，刀具的进给速度、定位精度可以很高。但是，镗铣加工机床的圆柱面加工需要通过刀具的圆弧运动实现，因此，其加工效率、精度和表面质量都不及车削加工机床。

4.2.3 高速高精度加工机床

高速、高精度加工是提高机床加工效率和加工质量最有效的方法之一，它是现代数控机床的主要发展方向之一。

高速高精度加工机床的刀具进给速度、加速度往往接近甚至超过 100m/min、10m/s^2（1g）；刀具（主轴）的最高转速通常在 10000r/min 以上，有时甚至超过 100000 r/min；机床的定位精度一般需要达到 0.01mm 以内。因此，在结构设计上，必须充分考虑高速、高精度要求，在保证机床加工精度、结构刚度的前提下，需要最大限度地减小机床运动部件的质量和惯量。

高速高精度加工机床以中小规格的立式和卧式镗铣加工机床为主，为了最大限度减小运动部件质量，机床一般采用工件固定的主轴箱移动式结构。

1. 立式高速高精度机床

立式高速高精度机床的典型结构如图 4.2-9 所示，这种机床结合了龙门式机床、立柱移动式结构的优点，其运动部件桥架在工作台上方，故又称"桥架式"结构。

桥架式机床的结构类似龙门式机床，其工作台为固定安装，与底座连为一体；底座两侧安装有固定的墙式立柱，横梁桥架在立柱上方，拖板安装在横梁上，主轴箱安装在拖板上。刀具的左右运动（X 轴）通过拖板在横梁上的左右移动实现，前后运动（Y 轴）通过横梁在立柱上的前后移动实现，上下运动（Z 轴）通过主轴箱在拖板上的上下移动实现。

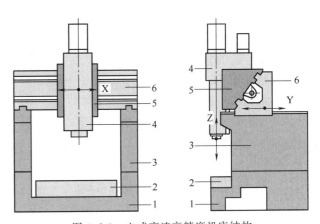

图 4.2-9 立式高速高精度机床结构

1—底座；2—工作台；3—立柱；4—主轴箱；5—拖板；6—横梁

桥架式机床已脱离传统为满足大行程或重型加工需要的龙门式结构理念，根本目的是最大限度降低运动部件质量，满足高速高精度机床的要求。机床通过 X、Y 轴上置式结构，大幅度减小了 X、Y 轴运动部件的质量，保证了运动速度、定位精度不受工件的影响，并且可有效防止铁屑、冷却液对运动部件的污染，满足高速、高精度加工的要求。

桥架式机床整体结构刚性好、工作台承载能力强、运动部件质量小，同时，还可有效避免铁屑、冷却液污染对运动速度、定位精度的影响，它是目前立式高速高精度机床普遍采用的结构形式。

2. 卧式高速高精度机床

卧式高速高精度机床的典型结构如图 4.2-10 所示，刀具 3 个方向的运动全部通过主轴箱移动实现。由于机床采用了框架式结构拖板套装主轴箱、主轴箱套装滑枕式主轴的内外双框架结构，故又称"箱中箱（Box in Box）"或"框中框"结构。

箱中箱结构机床的床身采用的是龙门式结构，工作台与底座连为一体，底座两侧安装有定梁龙门架，拖板采用的是上下双支承、双丝杠同步驱动的框架式结构（外框架），主轴箱套装在拖板内侧，安装有主轴的滑枕套装在主轴箱内侧（内框架）。刀具的左右运动（X 轴）通过拖板在龙门架上的移动实现，刀具的上下运动（Y 轴）通过主轴箱在拖板内侧的移动实现，刀具的前后运动（Z 轴）通过滑枕在主轴箱内侧的移动实现。

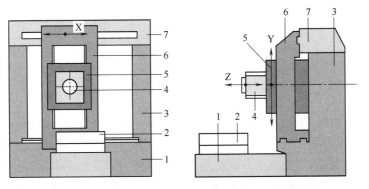

图 4.2-10 卧式高速高精度机床结构

1—底座；2—工作台；3—立柱；4—滑枕；5—主轴箱；6—拖板；7—横梁

　　箱中箱结构机床同样是为了最大幅度地降低运动部件质量，提高整体刚性，满足高速、高精度加工要求设计，与传统结构的卧式机床相比，它不仅以框架式拖板、滑枕式主轴箱的移动代替了传统的立柱或工作台移动，大大减小了运动部件的质量，而且拖板、滑枕均采用上下导轨对称支承，其结构刚性和运动稳定性更好。

　　箱中箱结构不仅结构刚性好、运动部件质量小、工作台承载能力强，而且部件的结构对称、热变形影响小，故可最大限度满足高速高精度机床的快速性和精度要求，它是目前卧式高速高精度机床普遍采用的结构形式。

4.3　车削加工数控机床结构

4.3.1　卧式数控车床与车削中心

　　卧式数控车床的床身有斜床身、立式床身、平床身3种基本形式。斜床身的结构合理、操作方便、排屑性能好、热变形影响小，它是数控车床、车削中心最常用的典型结构。立式床身的结构灵活多变，特别适合于车铣复合加工机床。平床身多用于国产普及型数控车床，由于控制系统功能简单，通常不作为智能设备使用，本书不再对其进行介绍。

　　斜床身数控车床、车削中心的基本组成如图4.3-1所示，数控车床和车削中心的区别在于主轴控制功能和刀架的结构，其他部件的结构和功能相同。

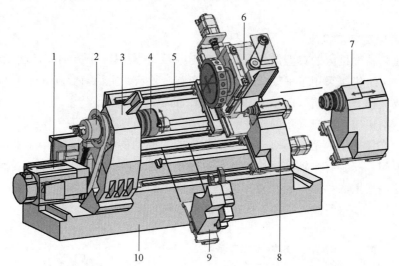

图4.3-1　斜床身数控车床、车削中心典型结构
1—主轴电机；2—主轴；3—主轴箱；4—卡盘；5—床身；6—刀架；
7—副主轴；8—尾架；9—托架；10—底座

　　底座、床身、主轴、刀架是卧式数控车床和车削中心必备的基本组成部件。尾架用于长轴类零件的前端辅助支承与定位，避免长工件高速旋转时可能产生的甩动；托架用于大型零件或细长棒料加工的中间辅助支承，防止因重力和切削力引起的工件弯曲变形；副主轴用于主主轴夹持端的加工，用来解决单主轴机床的二次装夹问题。

　　用于盘类、短轴类零件单端加工的小型机床，一般无尾架、副主轴、托架等部件，机床底座和床身有时制成一体；用于大中型零件加工的通用型机床，一般需要配置尾架和托架；

需要进行夹持端加工的机床，需要配置副主轴。

数控车床的各组成部件的主要功能与常见结构如下。

1. 底座和床身

底座用于支承机床整体的部件，用于机床安装、运输以及床身、主轴箱、尾架、托架、冷却、排屑等部件的安装；床身用来支承拖板运动。斜床身机床拖板上用来支承刀架的平面与水平面倾斜，其倾角一般为 45°、60° 或 75°；刀架可在拖板上进行倾斜移动（X 轴）。

中小型机床的底座和床身体积相对较小，为了提高机床结构刚度，降低加工制造成本，经常采用图 4.3-2 （a）所示的一体型结构。

(a) 底座和床身一体　　　　　　　　　　　　　　　　(b) 平床身斜拖板

图 4.3-2 床身变形结构

大型机床整体倾斜的床身体积大、耗材多，加工制造有所不便，加上拖板运动需要利用导轨面倾斜的上下导轨支承，由于重力的作用，两导轨实际上并不均匀受力，主导轨（Z 轴导轨）需要同时承受垂直压力和侧向力。因此，大中型高速高精度数控车床和车削中心经常采用图 4.3-2 （b）所示的平床身斜拖板结构。

平床身斜拖板结构的数控车床主导轨为水平（或小角度倾斜）布置，拖板设计成具有倾斜滑台、可水平移动的部件，安装在倾斜滑台上的刀架仍可进行倾斜运动（X 轴），同样具有斜床身的优点。平床身斜拖板结构机床大幅度减小了床身体积，机床耗材少，主导轨受力均匀，加工制造方便，但拖板的质量较大，对 Z 轴的快速性和精度有一定的影响。

2. 主轴

数控车床和车削中心的主轴结构基本相同，但主轴控制要求有明显的区别。数控车床主轴只需要具备旋转和调速功能（速度控制）。车削中心的主轴除了需要具备速度控制功能外，还需要在镗铣加工时，使主轴成为伺服控制的回转进给轴（Cs 轴），进行任意位置定位和低速高转矩回转进给，因此，主轴除了需要控制速度外，还必须具备 Cs 轴控制功能。

现代数控机床的主轴都采用交流主轴驱动系统驱动，与普通机床的感应电机齿轮箱变速相比，它不仅具有可大范围无级变速、调速精度和最高转速高等优点，而且还可通过数控系统的速度/位置（Cs 轴）控制切换，使主轴成为回转进给轴。为了兼顾车削加工的高速和镗铣加工的高精度位置控制要求，数控车床、车削中心的主传动系统一般采用图 4.3-3 所示的同步带传动或电主轴驱动，其结构非常简单。

(a) 同步带传动　　　　　　　　　　　　　　　　(b) 电主轴驱动

图 4.3-3　主传动系统

　　数控车床、车削中心的副主轴主要用来解决工件夹持端加工的"二次装夹"问题。车削加工时，工件（毛坯）必须有一端用于卡盘夹持、固定工件，对于单主轴机床，夹持端加工必须由其他机床完成，或者在前端加工完成后，更换卡盘（通常需要）并重新安装工件，才能继续进行加工，即存在工件"二次装夹"问题。二次装夹不仅增加了加工辅助时间，影响加工效率，而且还会带来装夹误差，影响加工精度。

　　带副主轴的机床如图 4.3-4 所示，副主轴布置在床身尾部，与主主轴同轴，并可进行轴向进给运动（W 轴）。副主轴可安装工件前端夹持卡盘，当主主轴完成前端加工后，可直接通过副主轴的前移夹持工件前端，或利用机械手将工件从主主轴转移到副主轴上，通过副主轴完成夹持端加工，从而解决工件"二次装夹"问题，使工件能够在一台机床上一次性完成全部加工。

　　如果夹持端的工序简单，主副主轴加工的刀具可使用同一刀架安装（单刀架结构）。单刀架结构机床的主副主轴加工不能同时进行，因此，适合于简单零件的夹持端加工。如果夹持端的工序复杂，为了提高机床的加工效率，需要采用后述的双刀架、三刀架结构，独立安装副主轴加工刀具，或者统一安装、布置主副主轴加工刀具。

图 4.3-4　带副主轴的机床

3. 刀架

　　卧式数控车床和车削中心均采用刀塔可回转的刀架自动更换刀具，为了保证刀具定位准确、固定可靠，刀塔一般采用高精度齿牙盘定位、液压松/夹的结构，但是，两类机床的刀架内部结构和功能有明显的不同。

车削加工是以工件回转为切削主运动的加工方式，刀具只需要进行相对于主轴的径向（X 轴）和轴向（Z 轴）运动，便可实现传统的车削加工功能，因此，刀架只需要具备换刀和刀具夹持功能。数控车床刀架的典型结构如图 4.3-5（a）所示，车削刀具可直接使用传统的方柄车刀及用于中心孔加工的固定式钻、镗刀具；刀架只需要具有刀塔回转（换刀）和锁紧功能，刀具的径向、轴向运动直接通过拖板的运动实现。

(a) 数控车床

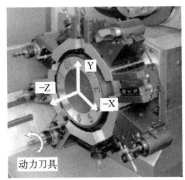
(b) 车削中心

图 4.3-5　刀架结构

车削中心不仅具有车削加工功能，而且还能够通过旋转刀具对工件进行钻、镗、铣等加工，刀架的结构远比数控车床复杂。车削中心刀架的典型结构如图 4.3-5（b）所示，刀塔不仅需要安装车削加工的固定刀具，而且还需要安装钻、镗、铣等加工的旋转刀具（动力刀具，Live Tool），因此，刀架内部必须有驱动刀具旋转的刀具主轴传动系统。同时，由于钻、镗、铣加工需要刀具进行三维空间的运动，即刀塔除了可通过拖板实现径向、轴向运动外，还必须能够进行垂直于拖板（XZ 平面）的上下运动（Y 轴），因此，刀架内部还需要有实现刀塔上下运动的 Y 轴进给传动系统。

4. 卡盘、尾架和托架

卡盘、尾架、托架为车削加工机床的常用附件，通常可由用户根据自己的需要选配。

① 卡盘。车削加工机床的工件通过安装在主轴前端的卡盘夹持。通用型数控车床、车削中心一般采用图 4.3-6（a）所示的液压三爪卡盘；专门用于棒料加工的数控车床、车削中心一般采用图 4.3-6（b）所示的弹簧夹头夹持；非圆零件加工的机床需要采用专用卡盘。

(a) 三爪

(b) 弹簧夹头

图 4.3-6　卡盘

② 尾架和托架。尾架和托架用于大型工件和细长轴的辅助支承，其作用如图 4.3-7 所示。大型工件体积大、重量重，细长工件重心远离夹持端，如仅依靠卡盘单端夹持，不仅工件安装不够稳固，而且由于重力、切削力的作用，很容易产生前端下垂，影响加工质量，甚

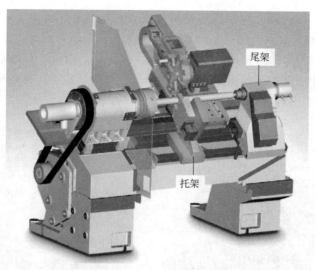

图 4.3-7   尾架和托架的作用

至可能在高速旋转时产生甩动，危及设备和人身安全。

尾架用于轴类零件的前端辅助支承和中心孔加工，与主轴同轴布置，并可进行图 4.3-8 所示的伸缩和轴向移动。数控车床、车削中心一般使用自动尾架，尾架伸缩通常通过液压系统实现，轴向运动由控制系统辅助坐标轴（W 轴）控制。

(a) 伸缩   (b) 轴向移动

图 4.3-8   尾架运动

尾架用来安装图 4.3-9 所示的顶尖或中心孔加工刀具。安装顶尖时，利用顶尖可对工件前端中心孔进行定位，并压紧工件，保证工件与主轴同轴，防止工具高速旋转时发生甩动。尾架安装中心孔加工刀具时，可对工件前端进行中心孔钻、铰、镗等加工。

(a) 顶尖   (b) 中心孔加工刀具

图 4.3-9   尾架功能

托架用于工件的径向辅助支承，可以防止因重力、切削力引起的工件下垂。数控车床、车削中心一般使用自动托架，其移动可通过控制系统辅助坐标轴（W1 轴）控制。

4.3.2 多刀架车削加工机床

数控车床、车削中心的刀具通常都采用转塔回转式刀架安装和交换，为了完成多工序复杂零件的加工，机床就必须配备大容量的刀架。在转塔式刀架上，增加刀具容量，就必须加大转塔直径、增加转塔和主轴的中心与拖板面（XZ 平面）的距离，这会使机床的体积变大，结构刚性变差。同时，由于刀架需要随机床的 X/Y/Z 轴运动，其体积和重量将直接影响机床的运动速度和定位精度。因此，在使用转塔回转式刀架的高速高精度加工数控车床、车削中心上，大多采用图 4.3-10所示的多刀架结构，通过增加刀架数量，扩大刀具容量，降低运动部件质量，提高结构刚度。

图 4.3-10　多刀架车削加工机床

多刀架车削加工机床一般采用主、副双主轴结构，刀架的形式主要有上下布置双刀架、上置式双刀架和三刀架 3 种。

1. 上下布置双刀架机床

上下布置双刀架是数控车床、车削中心最常用的刀架形式，机床结构如图 4.3-11 所示。

上下布置双刀架机床的 2 个刀架分别位于主轴的后上方和前下方，2 个刀架都有独立的运动区间，均可进行轴向（Z 轴）全程运动，所有刀位均可安装主副主轴的加工刀具，机床结构紧凑、使用灵活。上下布置双刀架机床可通过数控系统的 2 通道（路径）控制功能，将机床分为 2 个相对独立的控制单元，主副主轴既可使用独立的刀架，各自运行不同的加工程序，也可同时使用 2 个刀架的刀具，进行多工序复杂零件的加工。

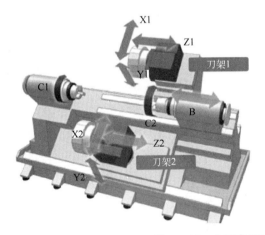

图 4.3-11　上下布置双刀架机床

2. 上置式双刀架机床

上置式双刀架机床一般用于主副主轴双工作区加工，机床结构如图 4.3-12 所示。

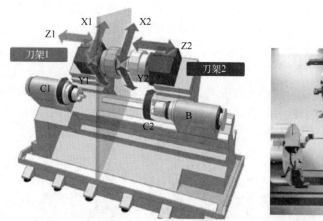

图 4.3-12　上置式双刀架机床

　　上置式双刀架机床的 2 个刀架全部位于主轴的后上方，机床采用中间分隔、对称布置的结构，将主副主轴分隔为 2 个独立的加工区，并通过数控系统的 2 通道（路径）控制功能，将机床分为完全独立的控制单元，主副主轴只能使用独立的刀架，各自运行不同的加工程序，其功能相当于 2 台机床的合成。

　　上置式双刀架可通过中间隔离门分隔成 2 个独立的加工区间，因此，可在主主轴（或副主轴）加工的同时，进行副主轴（或主主轴）的工件装卸操作；使工件装卸和加工可同时进行，以节省加工辅助时间，提高机床使用效率。

3. 三刀架机床

　　三刀架机床用于多工序复杂零件加工，机床结构如图 4.3-13 所示。

　　三刀架机床一般有 2 个上置刀架和 1 个下置刀架。上置刀架分别用于主主轴侧和副主轴侧的加工，其运动区间一般不能重叠；下置刀架可进行全行程运动，进行全范围加工。三刀架机床需要通过数控系统的 3 通道（路径）控制功能，完成多工序复杂零件的加工。

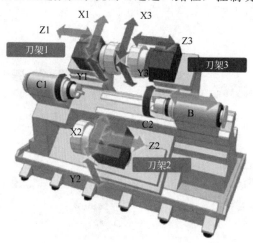

图 4.3-13　三刀架机床

4.3.3　车铣复合加工中心

　　车铣复合加工中心是以卧式车削加工机床为主体，具备标准钻、铣、镗功能的车削加工机床，它不仅具有标准的车削主轴和刀架，而且还具有与立式加工中心同样的镗铣加工主轴和自动换刀装置，因此，这种机床实际上是卧式车削加工车床和立式加工中心的复合体。

从功能上说，车削中心实际上已经具备了车铣复合加工能力，但是，受到刀架结构的限制，其镗铣加工功能存在如下的不足。

① 镗铣能力弱。由于转塔刀架的回转直径较大，出于结构刚性、运动干涉、安全防护、外形体积等方面考虑，镗铣刀具的长度不能过长。同时，为了保证机床的车削能力，转塔上需要有一定的刀具容量，刀柄和刀具的直径均不能过大。机床的镗铣加工能力有限。

② Y 轴行程小。车削中心的刀架安装在 Z 轴滑台上，刀架上不仅需要安装刀具、分度定位机构、回转电机等部件，而且还需要安装动力刀具主传动系统和刀具主轴电机，刀架体积大、重量重。为了保证刀架的结构刚性，防止运动干涉，刀架垂直方向运动（Y 轴）的行程一般较小（通常在 100mm 左右）。

③ 动力刀具功率小、刚性差。车削中心的动力刀具需要通过刀塔内置的电主轴或布置在刀架后端的刀具主轴电机驱动。采用刀塔内置的电主轴驱动时，由于安装位置的限制，电主轴的体积不能过大，动力刀具功率较小。采用后端刀具主轴电机驱动时，刀具主传动系统需要穿越整个刀架的分度定位、松/夹机构，并在刀塔前端将主轴方向从轴向转换到径向，传动系统结构复杂、传动链长、主轴刚性差、转速低。

车铣复合加工中心是随着数控系统多轴、多通道控制技术的发展而产生的一种现代化机床，机床外形如图 4.3-14 所示。

机床采用了车削加工机床的床身、刀架和立式镗铣加工机床的立柱、主轴箱、自动换刀装置组合式结构，车削加工和镗铣加工可通过不同的主轴、进给和换刀系统实现，机床具有完整的卧式车削加工和立式镗铣加工功能，实现了真正意义上的车铣复合加工。

车铣复合加工中心的基本形式主要有斜床身、立式床身 2 种，典型结构如下。

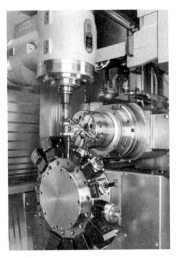

图 4.3-14　车铣复合加工中心

1. 斜床身结构

斜床身车铣复合加工中心的结构如图 4.3-15 所示。机床下方为刀架下置式斜床身车削加工机床标准结构，左右两侧为车削主轴和副主轴（或尾架），安装车削加工刀具的转塔式刀架布置在主轴前下方的拖板上，拖板可在床身上进行左右运动（Z1 轴），刀架可在拖板上

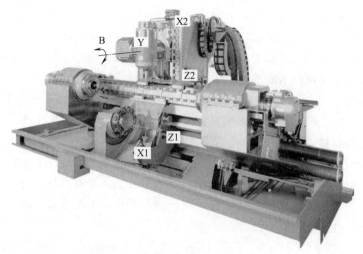

图 4.3-15　斜床身车铣复合加工中心

进行上下运动（X1 轴），机床具备卧式车削加工机床的全部功能。

斜床身车铣复合加工中心的镗铣加工主轴采用动柱式立式加工中心结构，立柱可在床身上左右移动（Z2 轴），立柱内侧安装有可上下运动（X2 轴）的箱体，箱体内部安装有可前后运动（Y 轴）的滑枕，滑枕前端安装有可回转摆动（B 轴）的镗铣主轴，并可利用与立式加工中心同样的方式，自动更换镗铣加工刀具，机床具备立式加工中心的全部功能。

斜床身车铣复合加工中心结构紧凑，安装调整方便，控制相对容易，但是，由于立柱体积大、重量重，对床身的结构刚性要求较高，此外，对 Z2 轴的快速性和定位精度也有一定的影响，故多用于中小型车铣复合加工中心。

2. 立式床身结构

立式床身车铣复合加工中心的结构如图 4.3-16 所示。机床的下方采用立式床身车削加工机床的标准结构，底座前方的左右两侧为车削主轴和副主轴（或尾架），安装车削加工刀具的转塔式刀架安装在主轴下方的滑板上。滑板可在底座上左右运动（Z2 轴），刀架可在滑板上进行上下运动（X2 轴），机床具备卧式车削加工机床的全部功能。

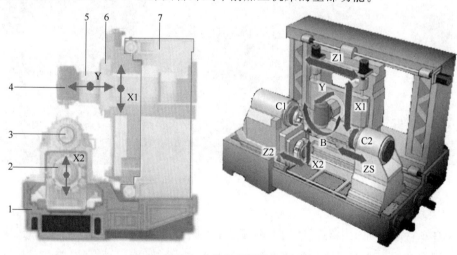

图 4.3-16　立式床身车铣复合加工中心

1—底座；2—刀架；3—车削主轴；4—镗铣主轴；5—滑枕；6—拖板；7—床身

立式床身车铣复合加工中心采用了高速高精度加工中心的"箱中箱（Box-in-Box）"结构。龙门架结构的立式床身安装在底座后侧，床身内侧布置有图 4.3-17 所示的"箱中箱"镗铣主轴运动部件。镗铣加工刀具的左右运动（Z1 轴）通过拖板在龙门架上的移动实现，拖板采用上下支承、双丝杠同步驱动的框架式结构（外框架）；刀具的上下运动（X1 轴）通过主轴箱在拖板内侧的移动实现，主轴箱套装在拖板内侧，采用两侧丝杠同步驱动；刀具的前后运动（Y 轴）通过滑枕在主轴箱内侧的移动实现，滑枕套装在主轴箱内侧（内框架），采用 4 导轨对称支承；镗铣主轴安装在滑枕前端，可回绕 Y 轴摆动（B 轴），调整镗铣刀具的方向。

图 4.3-17　镗铣主轴运动部件
1—床身；2、6—拖板；3—镗铣主轴；4—滑枕；5—主轴箱

立式床身车铣复合加工中心以拖板运动代替了立柱运动，减小了运动部件的质量；由于拖板、主轴箱采用了对称支承、双丝杠同步驱动，滑枕采用 4 导轨对称支承，机床结构刚性好、热变形影响小，可最大限度满足高速高精度加工机床的快速性和精度要求。

立式床身车铣复合加工中心的进给运动轴较多，并且，拖板运动（Z1 轴）和主轴箱运动（X1 轴）都需要采用双丝杠同步驱动，因此，对控制系统的功能要求高，系统控制复杂，故多用于大型高速高精度车铣复合加工中心。

4.4　镗铣加工数控机床结构

4.4.1　立式加工中心

立式加工中心的主轴中心线垂直于水平面，机床的基本结构形式主要有工作台移动式、立柱移动式、主轴箱移动式 3 类。工作台移动式机床多用于中小型零件加工，立柱移动式机床多用于大型零件加工，主轴箱移动式机床用于高速高精度加工机床。

1. 工作台移动式

工作台移动式加工中心的刀具主平面（XY 平面）进给运动需通过工件（工作台）的移动实现，机床的基本结构如图 4.4-1 所示。中小型机床的床身和底座通常设计成一体，工件安装在工作台上，工作台可在底座（床身）上进行十字运动（X、Y 轴）；立柱固定在床身

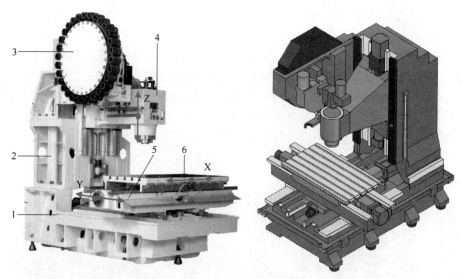

图 4.4-1 工作台移动式加工中心

1—床身（底座）；2—立柱；3—刀库；4—主轴箱；5—拖板；6—工作台

（底座）上，主轴箱可在立柱上进行上下运动（Z轴）。

工作台移动式加工中心的主轴垂直于工作台面，3 轴结构的机床只能进行工件上表面的加工。如在工作台上安装图 4.4-2 所示的卧式单轴数控回转工作台（A 轴）或双轴数控回转工作台（A、C 轴），机床便可实现 4 轴或 5 轴加工功能。

(a) 单轴　　　　　　　　　　　　　　　　(b) 双轴

图 4.4-2 卧式数控回转工作台

工作台移动式加工中心的结构简单、安装运输方便。但是，由于机床主轴箱悬挂在立柱上，依靠安装在立柱上的滚珠丝杠驱动和导轨支承，主轴中心线与导轨面的距离较远，因此，主轴箱体积、重量不宜过大，Y 轴行程受到一定的限制，故多用于传统的中小规格立式加工中心。此外，由于刀具的 XY 平面进给运动需要通过安装有工件的工作台运动实现，不仅运动部件质量大，而且工件质量也会对 X、Y 轴移动速度和精度产生影响，因此，也较少用于高速高精度加工机床。

2. 立柱移动式

立柱移动式加工中心又称动柱式加工中心，这种机床的工作台和床身（底座）设计成一体固定不动，刀的 XY 主平面进给运动通过立柱的移动实现。

动柱式加工中心的典型结构如图 4.4-3 所示，机床的床身（底座）上安装有可左右移动（X轴）的拖板；拖板上安装有可前后移动（Y轴）的立柱；主轴箱可在立柱上上下运动（Z轴）。

动柱式加工中心不仅工作台固定不动，而且可通过立柱上部的悬伸，使主轴中心线紧靠导轨面，扩大 Y 轴行程。机床的结构刚性好、承载能力强、运动部件重量恒定，X、Y 轴的行程可以很大，故可用于大型零件加工。但是，由于机床的结构层次较多，立柱的重量和体积较大，对机床的快速性有一定的影响。

动柱式加工中心不仅可通过卧式数控回转工作台实现 4 轴或 5 轴加工功能，而且可通过图 4.4-4 所示的 180°回转工作台，方便地实现托盘自动交换，组成柔性制造单元。

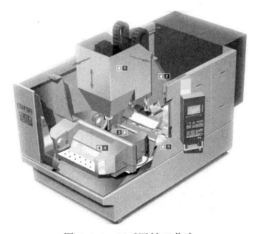

图 4.4-3　动柱式加工中心

3. 主轴箱移动式

主轴箱移动式加工中心的工作台固定不动，刀具的 3 轴进给运动全部通过主轴箱的移动实现，机床运动部件体积小、重量轻并且恒定，它是目前高速高精度加工机床常用的结构形式。

主轴箱移动式加工中心的 X、Y 轴进给运动系统采用上置式结构，机床的常见结构形式有悬梁式和桥架式 2 种。

① 悬梁式。悬梁式加工中心的结构如图 4.4-5 所示。这种机床采用了固定式宽床身结构，以悬梁代替了动柱式加工中心的移动立柱，X、Y 轴进给系统安装在立柱顶部。机床的 X 轴运动通过立柱顶部的拖板左右运动实现，Y 轴运动通过悬梁在拖板上的前后运动实现，主轴箱安装在悬梁前侧，并可在悬梁上进行上下运动（Z 轴）。

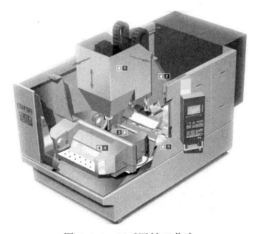

图 4.4-4　180°回转工作台

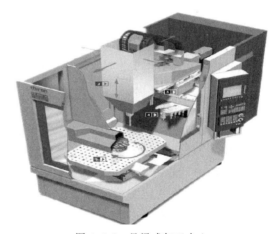

图 4.4-5　悬梁式加工中心

悬梁式加工中心的悬梁体积、重量远小于立柱，它不仅减轻了运动部件的重量，而且可有效避免铁屑、冷却液对 X、Y 轴进给传动系统的影响，机床可达到很高的进给速度和定位精度。但是，机床需要有宽大的床身，机床的整体重量大、耗材多，悬梁的前伸也会导致主轴刚性的下降，因此，Y 轴行程不宜过大，故适合于中小型高速高精度加工中心。

悬梁式加工中心的工作台为固定安装，同样可通过卧式数控回转工作台实现 4 轴或 5 轴加工功能，或者利用 180°回转交换托盘，组成柔性制造单元。

② 桥架式。桥架式加工中心如图 4.4-6 所示。这种机床采用的是桥架式"箱中箱"拖板，拖板两侧利用墙式立柱支承，并可在立柱顶部前后运动（Y 轴）；主轴箱安装在拖板的框内，可进行左右运动（X 轴）；滑枕式主轴安装在主轴箱上，可进行上下运动（Z 轴）。

桥架式机床不仅减轻了运动部件的重量，可有效避免铁屑、冷却液对 X、Y 轴进给传动系统的影响，并较好地解决了悬梁式加工中心存在的主轴悬伸问题，扩大了 Y 轴行程，而且 Y 轴的导轨间距宽，机床结构对称性好，主轴受力均匀、运动平稳，可有效改善热变形的影响，加工与定位精度更高。但是，工作台两侧存在墙式立柱，台面敞开性相对较差，工件装卸、托盘交换等操作性能不及动柱式和悬梁式，因此，通常用于对速度和精度要求特别高的高速高精度机床。

图 4.4-6　桥架式加工中心

4.4.2　卧式加工中心

卧式加工中心的主轴中心线平行于水平面，刀具的上下运动（Y 轴）只能通过箱体移动实现，因此，机床的结构区别主要在 X、Z 轴的运动方式上。卧式加工中心的刀具左右（X 轴）、前后（Z 轴）的运动方式主要有工作台移动式、立柱移动式（或工作台/立柱混合移动式）、箱体移动式（或箱体/工作台、立柱混合移动式）3 种。工作台移动式多用于中小型零件加工，立柱移动式多用于大中型及重型零件加工，箱体移动式用于高速高精度加工机床。

1. 工作台移动式

工作台移动式卧式加工中心如图 4.4-7 所示。这种机床通常采用宽床身、框式立柱结构，立柱与床身连为一体，床身上安装有十字滑台，主轴箱上下利用立柱两侧导轨对称支承。

工作台移动式卧式加工中心刀具的前后运动（Z 轴）通过拖板在床身上的移动实现，左右运动（X 轴）通过滑台在拖板上移动实现，上下运动（Y 轴）通过主轴箱在立柱上的移动实现；工作台安装在 X 轴滑台上，随 X、Z 轴运动。

图 4.4-7　工作台移动式卧式加工中心

卧式加工中心的主轴中心线平行于工作台，特别适合箱体类零件的侧面加工。为了扩大加工范围，工作台面一般都具有回转分度（B 轴）功能，可以使箱体的所有侧面都成为与主轴中心线垂直的加工面。

工作台移动式为卧式加工中心的传统结构，机床的整体性好、安装运输方便。但是，由于机床的床身到工作台面有拖板、滑台、托盘 3 层，结构刚性较差；加上工件需要随同托盘进行左右、前后、回转运动，为了保证机床的运动速度和精度，工件的质量受到一定的限制。因此，通常用于中小型零件的加工。

工作台移动式卧式加工中心用托盘自动交换装置（APC）组成柔性制造单元（FMC）时，其托盘交换一般采用图 4.4-8 所示的移动式 APC 装置实现，托盘交换时需要进行 X、Z 两个方向的运动，交换时间较长，冷却液、铁屑的防护也比较困难。

2. 立柱移动式

X、Z 轴均采用立柱移动式的卧式加工中心多用于大型、重型零件的加工，这种机床一般采用图 4.4-9 所示的工作台与床身分离型结构，工作台、床身直接安装于地面，故又称落地式机床。

落地式机床的工作台直接安装在地面，其承载能力极强，并且可使用固定式、回转式、托盘交换式以及它们的组合等结构形式，以适应不同的加工需要。落地式机床用于大型、重型零件加工时，机床需要有很大的加工范围，X 轴行程最长可达数十米，机床的操作平台通常安装在立柱上，操作者可随同立柱一起运动。

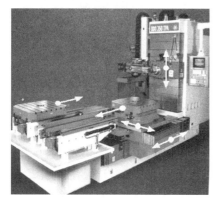

图 4.4-8　托盘交换

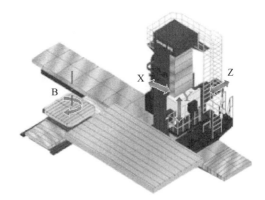

图 4.4-9　落地式机床

落地式机床的移动部件体积、质量极大，机床的运动速度不能过快，定位精度受到一定的限制，通常只用于大型、重型零件的常规加工。为了满足中小型零件高速高精度加工的要求，中小型机床一般使用工作台/立柱混合移动式结构，以减轻运动部件重量。工作台/立柱混合移动式机床有 Z 轴工作台移动和 X 轴工作台移动 2 类。

① Z 轴工作台移动。Z 轴工作台移动机床的常见结构有图 4.4-10 所示的 2 种，机床一

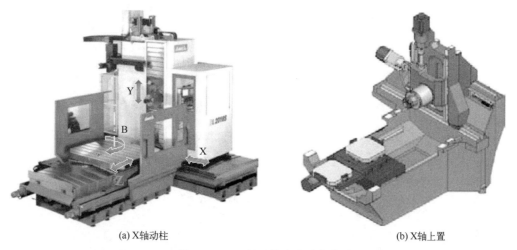

(a) X轴动柱　　　　　　　　　　　　　　(b) X轴上置

图 4.4-10　Z 轴工作台移动机床

般采用整体结构，由于床身的体积、重量与 X 轴行程直接相关，因此，多用于 X 轴行程不大的中小型箱体零件加工。

图 4.4-10（a）为传统结构，机床采用 T 形床身，取消了工作台移动式机床的 X 轴滑台，减少了工作台的结构层次和运动部件重量，机床结构紧凑，结构刚性好，承载能力强，回转工作台的配置灵活，X、Y 轴的运动部件质量不受工件影响，机床具有较高的定位精度。

图 4.4-10（b）为高速高精度机床结构，机床采用了斜床身结构，X 轴进给系统安装在床身顶部，并以拖板移动代替了立柱移动，大大减小了 X 轴运动部件的体积和重量，同时，又可改善主轴切削受力情况以及铁屑、冷却液的影响，进一步提高 X 轴运动速度和定位精度。斜床身机床需要有宽大的床身，机床的整体重量大、耗材多，故适合于中小型高速高精度加工中心。

② X 轴工作台移动。X 轴工作台移动机床的常见结构如图 4.4-11 所示，机床采用倒 T 形床身，取消了工作台移动式机床的 Z 轴拖板，它同样可减少工作台的结构层次和运动部件的重量，提高机床刚性和工作台承载能力。

Z 轴立柱移动式机床通常采用工作台底座和床身分离型结构，X 轴行程一般较大，因此，多用于大型模具、床身、梁等零件的加工。

工作台/立柱混合移动式的卧式加工中心可通过图 4.4-12 所示的移动式或 180°回转式 APC，实现托盘自动交换功能，组成传统的柔性制造单元（FMC）。但是，托盘交换时需要有 X 轴（或 Z 轴）的移动和推拉运动，因此，同样存在工件交换时间较长，冷却液、铁屑的防护要求高等问题。

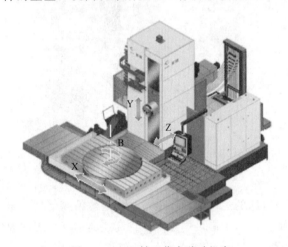

图 4.4-11　X 轴工作台移动机床

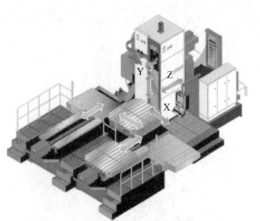
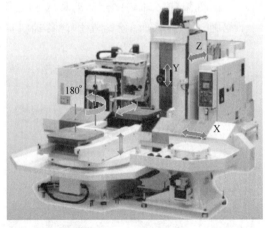

图 4.4-12　混合移动式机床的托盘交换

3. 箱体移动式

为了最大限度减小运动部件质量，提高机床的进给运动速度与定位精度，现代高速高精度卧式加工中心大多采用箱体移动或箱体/工作台混合移动式结构。

X、Y、Z 轴均为箱体移动的卧式加工中心如图 4.4-13 所示，机床采用的是"箱中箱"标准结构，它以框架式拖板在龙门框上（外框）的左右运动（X 轴）和滑枕在主轴箱内（内框）的前后运动（Z 轴），代替了立柱或工作台的左右和前后运动，大大减小了运动部件的质量，大幅度提高了进给运动速度和定位精度。

箱体移动式机床的框架式拖板运动（X 轴）一般采用上下导轨支承、双丝杠同步驱动的结构；主轴的前后运动（Z 轴）采用四角对称支承、滑枕移动结构；主轴箱上下运动（Y 轴）通常采用重心驱动结构，滚珠丝杠中心线位于主轴箱重心并固定在箱体上，

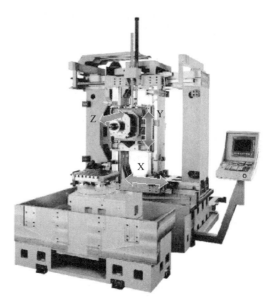

图 4.4-13　箱体移动机床

通过螺母旋转带动丝杠和主轴箱升降。箱体移动式机床不仅大幅度减小了运动部件质量，而且结构对称、受力均匀、运动稳定、热变形影响小，故可达到很高的运动速度和精度。

标准"箱中箱"结构机床的回转工作台直接安装在底座上，工作台结构层次少、承载能力强，而且可直接通过 180°回转 APC 实现托盘交换，无需进行推拉运动，因此，托盘交换速度快，冷却液和铁屑防护简单，组成 FMC 容易。但是，由于机床主轴的轴向进给运动（Z 轴）需要通过滑枕在主轴箱内的运动实现，主轴传动系统的设计较为困难，通常只能采用主电机直接连接或电主轴驱动，其主轴输出转矩较小，结构刚性较差，切削能力受到一定局限。此外，龙门式床身的体积较大，双丝杠上下驱动不仅需要 2 套进给传动装置，而且对控制系统功能和安装调整的要求较高，因此，在实际机床上，也经常使用箱体/工作台、立柱混合移动式结构。

箱体/工作台、立柱混合移动式机床的常见结构有图 4.4-14 所示的 2 种。

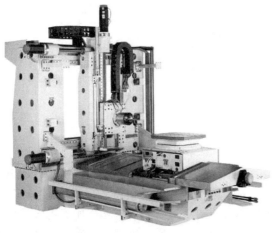

(a) 工作台移动

(b) 立柱移动

图 4.4-14　箱体/工作台、立柱混合移动式机床

图 4.4-14（a）所示的机床采用了箱体/工作台混合移动结构，其 X、Y 轴进给系统采用了"箱中箱"结构，保留了高速高精度特征，Z 轴进给系统以工作台移动代替了滑枕主轴进给，取消了主轴箱内框，提高了主轴结构刚性，主轴输出转矩大、切削能力强，但 Z 轴的运动速度和定位精度有所下降，托盘交换也不及"箱中箱"机床方便。

图 4.4-14（b）所示的机床采用了箱体/立柱混合移动结构，它取消了"箱中箱"机床的龙门式床身，利用立柱移动代替了"箱中箱"机床的框架式拖板运动（X 轴），缩小了机床体积和重量，简化了 X 轴进给传动系统结构，降低了控制系统功能和安装调整要求，并可直接通过 180°回转 APC 实现托盘交换，但主轴同样存在输出转矩较小、刚性较差的问题。

4.4.3　5 轴与复合加工机床

5 轴与复合加工机床是当代数控机床的发展方向之一。可通过 5 轴联动功能加工叶轮、叶片、螺旋桨、模具等复杂型面的机床称为 5 轴加工机床，具有镗铣、车削、磨削等多工艺加工功能的机床称为复合加工机床；5 轴与复合加工机床一般都具有自动换刀功能，故又称为 5 轴加工中心、复合加工中心。

5 轴加工与复合加工的基本要求如图 4.4-15 所示，两者的区别主要在控制系统功能和回转轴驱动方式上。

5 轴加工机床主要用于空间曲面铣削和倾斜孔加工，控制系统需要具备空间坐标变换、刀具方向调整和端点控制等 5 轴联动切削进给功能，使刀具中心线始终垂直于加工表面。复合加工机床则需要通过工件的旋转，进行车削或内外圆磨削加工，因此，数控回转轴需要具备切削进给（位置控制）和高速旋转（速度控制）切换及铣、车、磨加工控制功能。

由于车削、内外圆磨削加工的工件旋转、刀具方向调整同样需要通过回转、摆动轴实现，即具备 5 轴控制功能，两类机床的结构形式、控制系统硬件实际上并无太大的区别，因此，现代 5 轴机床通常集 5 轴加工和复合加工于一体，可同时满足 5 轴和复合加工要求。

(a) 5 轴加工

(b) 复合加工

图 4.4-15　5 轴加工与复合加工

在机床结构上，5 轴控制可通过工件回转摆动、主轴回转摆动或工件回转/主轴摆动等方式实现。其中，在 3 轴基本型机床的基础上增加双轴数控转台及在立式机床上增加主轴回转摆动头，是实现 5 轴与复合加工最简单的方式。

利用专业化生产的双轴数控转台，增加工件回转摆动轴的 5 轴与复合加工机床，可不受机床结构的限制，直接将 3 轴基本型机床升级为 5 轴与复合加工机床，其实现容易、制造方便。但是，双轴数控转台的安装将增加工件安装高度、减少 Z 轴加工行程，因此，转台的回转直径和摆动范围通常较小，加工能力受限，通常只能用于叶轮、端盖、泵体等小型零件的 5 轴和复合加工。

利用图 4.4-16（a）所示回转摆动头，增加主轴回转摆动轴的 5 轴与复合加工机床，同样可使用专业化生产的部件，无需对 3 轴机床的原有结构做较大改变，其使用灵活、制造容易。但是，由于主轴需要有回转、摆动运动，大转矩、高刚性的主传动系统设计较为困难，因此，实际使用时一般采用电主轴直接驱动，主轴的刚性较差、输出转矩较小、切削能力有限，故多用于图 4.4-16（b）所示的轻合金大型零件高速加工的龙门式机床。

(a) 回转摆动头

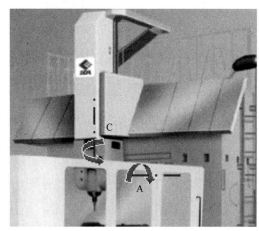
(b) 机床

图 4.4-16　增加主轴回转摆动轴的 5 轴与复合加工机床

高性能的 5 轴与复合加工机床一般都需要进行专门设计，从机床结构上考虑 5 轴和复合加工需要，以提高 5 轴加工能力和机床整体性能，机床的常见结构形式如下。

1. 立式机床

立式机床的主轴中心线垂直于水平面，主轴位于工作台上方，主轴箱四周的运动空间较大，是 5 轴与复合加工机床最常用的结构形式。专门设计的立式 5 轴加工机床有工件回转摆动、工件回转/主轴摆动 2 种基本结构。

① 工件回转摆动式。工件回转摆动 5 轴加工机床有图 4.4-17 所示的 C 轴 360°回转、A 或 B 轴摆动 2 种，A 或 B 轴的摆动范围通常在 120°到 180°之间，机床一般采用箱体移动、XY 轴进给运动系统上置式结构。

立式工件回转摆动 5 轴加工机床不仅解决了使用双轴数控转台所存在的转台回转直径和摆动范围小、工件安装高度高、Z 轴加工行程短、工作台结构层次多等问题，而且还具有箱体移动式机床的高速高精度加工特征，其加工范围大、承载能力强、进给速度快、定位精度高，故可用于大规格叶轮、箱体类零件的 5 轴加工。

立式工件回转摆动 5 轴加工机床如果 C 轴使用高速数控转台，便可成为一台用于端盖、法兰类零件铣车复合加工的复合加工中心。例如，当 C 轴切换为速度控制模式、主轴换上车刀锁紧后，如 A 轴在 90°位置定位夹紧，C 轴便可成为卧式车削主轴，进行图 4.4-18（a）所示卧式车削加工；如 A 轴在 0°位置定位夹紧，C 轴便可成为立式车削主轴，进行图 4.4-18（b）所示的立式车削加工。如果 C 轴切换为位置控制模式、主轴换上镗铣类旋转刀具，便可成为一台 5 轴加工机床，进行图 4.4-18（c）所示的 5 轴镗铣加工。

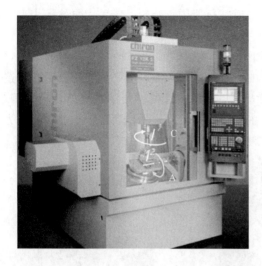
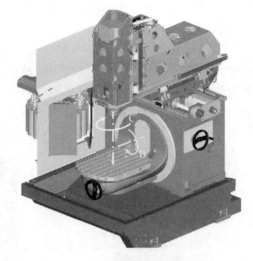

(a) A轴摆动

(b) B轴摆动

图 4.4-17   工件回转摆动 5 轴加工机床

(a) 卧式车削

(b) 立式车削

(c) 5 轴镗铣

图 4.4-18   工件回转摆动机床的复合加工

工件回转摆动 5 轴加工机床的结构紧凑，主轴传动系统结构简单、刚性好、加工能力强，但是，由于结构所限，机床的 X、Y 轴行程一般较小，不能用于大型叶片、梁、模具、机架等构件及细长棒料的 5 轴加工。

② 工件回转/主轴摆动式。用于大型零件 5 轴加工的机床一般采用图 4.4-19 所示的工件回转/主轴摆动结构，机床一般采用立柱移动式结构，以提高工作台结构刚性和承载能力，扩大加工范围。

工件回转/主轴摆动 5 轴加工机床的主轴箱摆动（B 轴）范围一般在 180°左右，A 或 C 轴可进行 360°回转；当 A 或 C 轴使用高速数控转台时，便可成为一台用于大型构件、细长棒料或大型回转体零件铣车复合加工的复合加工中心。例如，在图 4.4-19 （a）所示的 A 轴回转机床上，如将 A 轴切换为速度控制模式、主轴换上车刀锁紧，A 轴便可成为卧式车削主轴，进行图 4.4-20 （a）所示的卧式车削加工；如 A 轴切换为位置控制模式、主轴换上镗铣类旋转刀具，便可成为一台 5 轴加工机床，进行图 4.4-20 （b）所示的 5 轴镗铣加工。

同样，在图 4.4-19 （b）所示的 C 轴回转机床上，当 C 轴切换为速度控制模式、主轴换上车刀锁紧后，如 B 轴在 0°位置夹紧后，C 轴便可成为立式车削主轴，进行立式车削加工；

(a) A轴回转

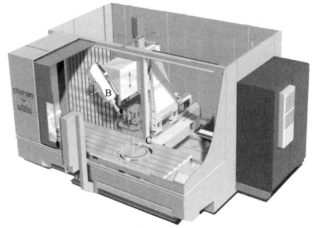

(b) C轴回转

图 4.4-19　工件回转/主轴摆动 5 轴加工机床

(a) 车削加工

(b) 5轴镗铣

图 4.4-20　铣车复合与 5 轴加工

如 C 轴切换为位置控制模式、主轴换上镗铣类旋转刀具，便可成为一台 5 轴加工机床，进行 5 轴镗铣加工。

工件回转/主轴摆动 5 轴加工机床的结构刚性好、加工范围大、工作台承载能力强，不仅可用于大型叶片、梁、模具、机架等长构件的 5 轴加工，而且还可用于细长棒料的卧式车削或大型回转体零件的立式车削加工。但是，由于主轴箱摆动需要有足够空间，机床通常需要采用立柱移动式结构，运动部件质量较大，其高速性能一般不及工件回转摆动 5 轴加工机床。

2. 卧式机床

卧式机床的主轴箱大多位于立柱内框，主轴摆动非常困难，因此，5 轴与复合加工一般只能通过工件回转摆动实现，其结构形式较单一。

卧式 5 轴与复合加工机床的结构主要有图 4.4-21 （a） 所示的 B 轴回转、A 轴摆动和图 4.4-21 （b） 所示的 A 轴回转、B 轴摆动 2 种。

B 轴回转、A 轴摆动是卧式 5 轴机床的典型结构，A 轴的摆动范围一般为 $120°\sim180°$。如果 C 轴使用高速数控转台，便可成为一台用于端盖、法兰类零件铣车复合加工的复合加工中心。B 轴回转、A 轴摆动 5 轴与复合加工机床的工作台面面积大，支承刚性好，工件装

(a) B轴回转

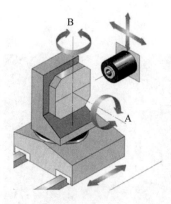

(b) A轴回转

图 4.4-21   卧式 5 轴与复合加工机床

卸方便，托盘交换容易，适合于复杂箱体、模具、泵体等零件的 5 轴与复合加工。

A 轴回转、B 轴摆动卧式 5 轴机床的工作台面垂直于水平面，B 轴的摆动范围一般在 165°左右。如果 A 轴使用高速数控转台，同样可成为一台用于端盖、法兰类零件铣车复合加工的复合加工中心。由于机床的工作台面面积较小，托盘交换较为困难，因此，通常只用于中小型叶轮类零件的 5 轴加工。

第5章

数控机床机械部件

5.1 机械基础部件

5.1.1 基础部件与分类

1. 基础部件概况

虽然数控机床的功能与用途不同、结构多样，但作为金属切削机床，它们都包括驱动刀具（或工件）切削进给运动的进给传动系统、驱动工件（或刀具）旋转的主轴传动系统以及刀具自动交换装置等共同的机械部件。通用部件的专业化、标准化生产，不仅有利于提高产品生产效率、确保产品质量、方便用户使用维修，而且也是实现数控机床敏捷制造、智能制造的基本要求。

数控机床的机械通用部件包括构成机床本体的基础部件和实现特定功能的功能部件 2 类。前者用来实现机床基本的刀具（或工件）切削进给运动和主轴旋转运动，后者用来满足某类机床的特定功能要求。

以卧式车削加工和卧式镗铣加工机床为例，机床本体的典型结构如图 5.1-1 所示，其他形式的机床虽然底座、床身、立柱等大件的结构有所区别，但构成进给系统、主轴系统的基础部件相同。

由图可见，滚珠丝杠、导轨、主轴是用来实现数控机床刀具（或工件）切削进给直线运动和主轴旋转运动的基础部件，在带回转进给运动轴的数控机床上，还需要选配数控回转工作台。在现代高速高精度多轴、复合加工机床上，有时还需要使用直线电机、内置力矩电机、电主轴等新颖的机电一体化传动部件。

2. 滚珠丝杠和导轨

滚珠丝杠和直线导轨是数控机床刀具（或工件）切削进给直线运动系统最常用的传动部件，其外形如图 5.1-2 所示。

滚珠丝杠是滚珠丝杠螺母副的简称，它是将电机的旋转运动转换为直线运动的基础部件。滚珠丝杠具有摩擦损耗低、传动效率高、使用寿命长、精度保持性好、动/静摩擦的变化小以及不易产生低速爬行等一系列优点，而且还可通过螺母的预紧消除传动间隙，提高传

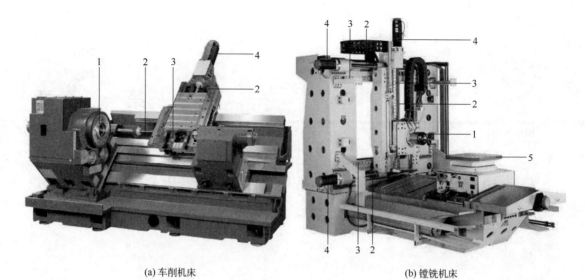

(a) 车削机床   (b) 镗铣机床

图 5.1-1 数控机床基础部件

1—主轴；2—滚珠丝杠；3—导轨；4—伺服电机；5—数控转台

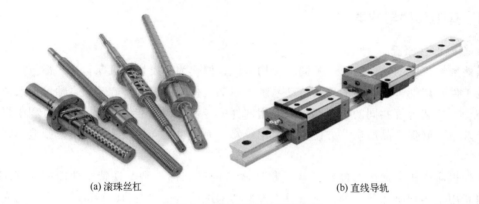

(a) 滚珠丝杠   (b) 直线导轨

图 5.1-2 滚珠丝杠与直线导轨

动刚度和精度，因此，在数控机床上得到了极为广泛的应用。

直线导轨是直线滚动导轨的简称，又称滚动导轨、线轨，它是数控机床直线运动的基本导向部件。直线导轨的摩擦阻力小、运动灵敏、安装调整方便，且对导轨安装面的加工精度要求较低，因此，它可大幅度降低机床生产厂家的加工制造成本、缩短生产周期，是数控机床最常用的直线运动导向部件。

滚珠丝杠与直线导轨的结构原理及安装调整的基本方法详见后述。

3. 主轴

主轴是带动工件或刀具旋转、实现切削加工主运动的基础部件。主轴的调速范围（特别是恒功率调速范围）、输出功率、最高转速以及传动精度和刚度，直接决定了机床的切削加工能力和加工效率，因此，主轴传动系统的性能是衡量机床性能的重要指标。

由于加工方法、使用要求、结构形式有所不同，不同机床对主轴传动系统的性能要求也有所区别。例如，用于重切削、大型零件加工的机床，要求主轴有较大的输出功率和低速输出转矩，传动系统必须具有足够的结构刚性，但对最高转速的要求较低；用于高速高精度加工的机床，则要求主轴有较高的输出转速和传动精度，传动系统必须结构简单；用于车铣复合加工的机床，主轴需要进行速度控制/位置控制的切换，既要有较大的低速输出转矩，也要有较高的传动精度等。

数控机床的主传动系统一般由机床生产厂家根据机床的用途和性能要求设计，其常见的结构形式及相关基础部件详见后述。

4. 直接驱动电机

为了满足现代数控机床高速高精度加工的要求，简化乃至完全取消机械传动系统，先进的数控机床已开始使用图 5.1-3 所示的用于进给和主轴直接驱动的直线电机（Linear Motor）、电主轴（Motor Spindle）等新一代无需机械传动的基础部件。

(a) 直线电机　　　　　　　　　　　　　(b) 电主轴

图 5.1-3　直线电机与电主轴

复合加工机床的数控回转轴不仅需要具备回转进给的高精度位置控制特性，而且还需要在车削、磨削加工时带动工件高速旋转，因此，需要采用图 5.1-4 所示的内置力矩电机（Built-in Torque Motor）、直接驱动电机（Direct Drive Motor）等新一代无需机械传动的高速高转矩直接驱动旋转电机。

(a) 内置力矩电机　　　　　　　　　　　(b) 直接驱动电机

图 5.1-4　直接驱动旋转电机

5.1.2　滚珠丝杠原理与结构

1. 传动原理

数控机床的直线进给运动的主要传动部件有滚珠丝杠螺母副（滚珠丝杠）、齿轮齿条副、蜗杆蜗条副等。滚珠丝杠不仅传动效率高、精度保持性好，而且制造工艺成熟、生产成本低、安装维修方便，因此，是中小型数控机床使用最为广泛的传动部件。

滚珠丝杠是一种以滚珠为滚动体的螺旋式传动元件，其传动原理与内部结构如图 5.1-5 所示。

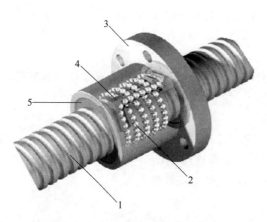

图 5.1-5 滚珠丝杠原理与结构

1—丝杠；2—滚珠；3—螺母；4—反向器；5—密封圈

滚珠丝杠主要由丝杠、螺母、滚珠 3 大部件组成：丝杠实际上是一根加工有半圆螺旋槽的螺杆；螺母上加工有和丝杠螺旋槽同直径的半圆螺旋槽和回珠滚道（反向器）；滚珠用于丝杠和螺母的啮合。当丝杠和螺母套装后，便可形成两端通过回珠滚道连接的封闭式圆形螺旋滚道，滚珠安装在螺母滚道内，当丝杠（或螺母）旋转时，便可通过滚珠推动螺母（或丝杠）进行轴向直线运动。由于丝杠（或螺母）旋转时，滚珠不仅需要在滚道内自转，而且还需要沿滚道进行螺旋运动，因此，必须通过回珠滚道将运动到滚道终点的滚珠返回至起点，形成连续的循环滚动。

滚珠丝杠螺母副具有运动的可逆性，它既能将丝杠（或螺母）的旋转运动转换为螺母（或丝杠）的直线运动，也可在螺母（或丝杠）直线运动时带动丝杠（或螺母）旋转，因此，存在重力作用的进给轴需要安装制动器和重力平衡装置。

2. 结构形式

根据滚珠丝杠螺母的回珠滚道形式，滚珠丝杠有图 5.1-6 所示的内循环和外循环 2 种基本结构。

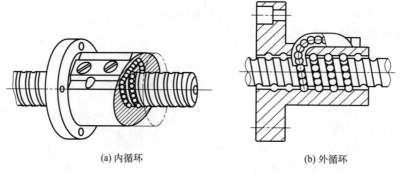

(a) 内循环   (b) 外循环

图 5.1-6 滚珠丝杠的结构形式

内循环滚珠丝杠的回珠滚道设计在螺母内部，滚珠在返回过程中需要与丝杠接触。回珠滚道通常制成腰形槽嵌块的形式，将每圈（列）滚道都封闭成独立的循环滚道，每个螺母一般有 2～5 列滚道。内循环滚珠丝杠的结构紧凑、定位可靠、运动平稳，也不易产生滚珠磨损和卡塞，但由于每列滚道都需要独立封闭，故不能用于多头螺纹传动，螺母的制造要求也较高。

外循环滚珠丝杠的回珠滚道设计在螺母外部，滚珠在返回过程中与丝杠无接触。外循环滚珠丝杠的滚珠可通过螺母外表面的插管或螺旋槽返回，多圈滚道只需要有一个统一的回珠滚道，其结构简单、制造容易，并可用于多头螺纹传动丝杠；但是，其高速运动时的噪声较大，对回珠滚道结合面的制造要求较高，一旦滚道结合不良，不仅会引起滚珠运动不稳、增加运动阻力和噪声，严重时甚至会卡塞滚珠，导致丝杠无法正常运动。

3. 主要技术参数

滚珠丝杠的主要结构参数有导程、直径、额定动载荷、预载荷等。结构参数可以根据进给系统的要求选择，用于数控机床的滚珠丝杠导程通常为 4～20mm，直径一般为 $\phi25$～$\phi100$mm，预载荷大致在轴向工作载荷的 30％。丝杠直径越大，结构刚性就越高，承载能力就越强；对于同直径的丝杠，减小导程可减少每转的运动距离，提高直线定位精度，但同时也必须缩小滚珠直径、降低载荷。

滚珠丝杠的最大运动速度、加速度一般不能超过 100m/min、10m/s^2，传动效率通常为 90％～98％。滚珠丝杠的传动精度标准在不同的国家和地区有所不同，我国标准将其分为 P1～P5、P7、P10 共 7 个等级，以 P1 为最高；普通型数控机床一般选用 P4、P5 级精度，高精度数控机床可选配 P2、P3 级精度。

为了满足智能制造的需要，自动适应不同的工作环境，用于高速高精度进给传动的滚珠丝杠通常采用中心冷却，在丝杠内部通入恒温冷却液，保持丝杠温度恒定。

5.1.3 滚珠丝杠安装与连接

1. 滚珠丝杠的安装形式

滚珠丝杠的安装形式与进给传动系统结构、行程、传动刚度等因素有关，数控机床常用的安装形式有图 5.1-7 所示的丝杠旋转和螺母旋转 2 种。丝杠直径小于螺母，允许的转速更高，且容易与电机轴进行连接，因此，中小型数控机床大多采用丝杠旋转、螺母直线运动的安装方式。

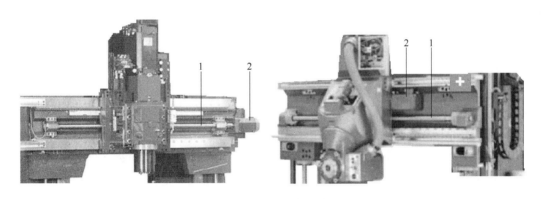

(a) 丝杠旋转   (b) 螺母旋转

图 5.1-7　滚珠丝杠的安装形式
1—滚珠丝杠；2—伺服驱动电机

采用丝杠旋转安装形式时，丝杠需要通过支承轴承进行轴向固定的旋转运动，螺母需要与直线运动部件连为一体进行轴向运动；电机轴与丝杠可通过联轴器直接连接或使用同步带连接。

螺母旋转多用于长行程、重载进给运动系统，如立柱移动、大型工作台移动等。为了保证传动刚性和进给力，驱动长行程、大型部件运动的丝杠长度与直径必然较大，丝杠质量和惯量将导致伺服驱动电机负载转矩的大幅度增加，因此，需要采用丝杠固定、螺母旋转并移动的安装形式。

螺母旋转安装时，丝杠被完全固定；驱动电机和螺母均安装在运动部件上，由螺母旋转产生轴向力带动运动部件移动。丝杠固定安装不仅可以大幅度降低电机负载，而且还能通过预拉伸提高丝杠刚度，减小丝杠直径，降低制造成本。螺母旋转进给系统的结构可参见本章后述。

2. 滚珠丝杠的安装

采用丝杠旋转安装形式时，丝杠的轴向固定方式有图 5.1-8 所示的 4 种。

① G-Z 支承。G-Z（固定-自由）支承又称 F-O 支承，这是一种丝杠与电机连接端通过双向推力轴承支承（固定），另一端完全腾空（自由）的安装方式，其结构最简单。G-Z 安装时，进给系统的传动刚度将随螺母与支承端的距离增加而降低，丝杠热变形引起的伸长也将直接影响定位精度，而且丝杠高速旋转时容易产生甩动，因此，一般只能用于短行程进给传动系统。

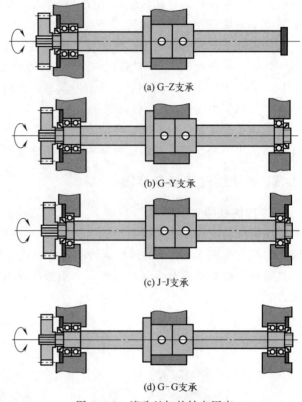

(a) G-Z 支承

(b) G-Y 支承

(c) J-J 支承

(d) G-G 支承

图 5.1-8　滚珠丝杠的轴向固定

② G-Y 支承。G-Y（固定-游动）支承又称 F-S 支承，这是一种丝杠与电机连接端通过双向推力轴承支承（固定），另一端利用径向轴承作为辅助支承的安装方式。G-Y 支承的丝杠两端均有径向轴承支承，解决了丝杠高速旋转时可能产生的甩动问题，提高了传动系统的临界转速和抗弯强度，可用于中等行程的进给传动系统。由于 G-Y 支承的丝杠轴向可游动，因此，丝杠热变形引起的伸长同样会影响定位精度。

③ J-J 支承。J-J 支承（简支-简支）的丝杠两端采用单向推力轴承支承，轴向载荷由两端支承轴承分别承担。J-J 支承不仅可避免高速旋转时的甩动，而且还可通过丝杠预拉伸提高传动刚度、减少热变形影响，故可用于大行程进给传动系统。但丝杠热变形引起的伸长会导致预载荷下降，降低系统的传动刚度，严重时可能产生轴向间隙，影响定位精度。

④ G-G 支承。G-G（固定-固定）支承又称 F-F 支承，这是一种丝杠两端均使用双向推力轴承进行双重支承的安装方式，它不仅可通过预拉伸提高传动系统的静态刚度，而且还能将热变形伸长转化为轴承预紧力，提高动态刚度，故可用于重载大行程、高速高精度进给传动系统。

3. 滚珠丝杠的连接

丝杠旋转安装时，丝杠和驱动电机一般通过联轴器或同步带进行连接，齿轮连接目前已较少使用。

联轴器连接用于图 5.1-9 所示电机和丝杠同轴安装的进给系统，丝杠和电机轴通过图 5.1-10 所示的挠性联轴器连接。

挠性联轴器是一种具有同轴度和垂直度误差补偿功能、利用摩擦力传递转矩的无间隙连接器件。联轴器的两侧是用来连接电机或丝杠轴端的轴套，轴套内安装有多组内外锥环，当锁紧盖压紧时，内锥环径向收缩、外锥环径向胀大，使轴和轴套精密结合，无间隙连接。联

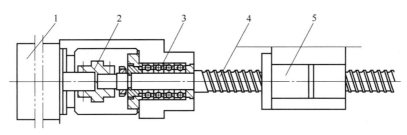

图 5.1-9　联轴器连接

1—电机；2—联轴器；3—轴承；4—丝杠；5—螺母

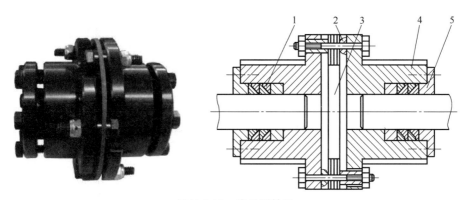

图 5.1-10　挠性联轴器

1—锥环；2—球面垫；3—柔性片；4—轴套；5—锁紧盖

轴器中间的柔性片具有径向固定、轴向变形功能，可补偿两侧轴的同轴度、垂直度误差。联轴器具有结构简单、扭转刚度大、传动无间隙、安装调整方便等优点，但只能用于丝杠与电机同轴直接连接，不能通过减速提高驱动转矩。

同步带连接用于丝杠和电机轴平行安装的进给传动系统，丝杠和电机轴通过图 5.1-11 所示的带轮和同步带连接。数控机床一般使用啮合性能好、承载能力强、传递功率大的圆弧齿同步带和铝合金等低密度材料制造的轻质带轮；带轮与丝杠、电机轴通常使用与挠性联轴器同样的锥环胀紧连接方式，以消除传动间隙。

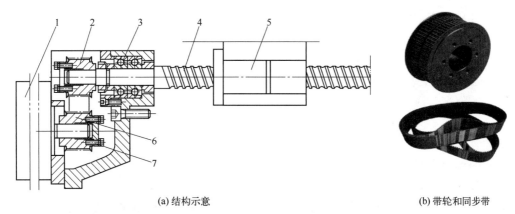

(a) 结构示意　　　　　　　　　　　　　　　(b) 带轮和同步带

图 5.1-11　同步带连接

1—电机；2，6—带轮；3—轴承；4—丝杠；5—螺母；7—弹性套

同步带传动兼有带传动和链传动的优点，传动效率可达 95% 以上，线速度可达 80m/s 左右，是替代齿轮连接的理想方式。同步带传动系统的结构简单、制造成本低，安装时只需要保证丝杠和电机轴平行，对电机位置无要求，其安装调整非常方便；同步带传动系统的传动比可变，既可通过减速提高驱动转矩，也可通过升速提高输出转速，可以灵活适应各种进给系统的要求，因此，在数控机床上得到了广泛的应用。

5.1.4 直线导轨与滚针滑块

1. 导轨的基本形式

导轨是直线运动轴的导向部件，数控机床的导轨形式主要有滑动导轨、静压导轨、滚动导轨 3 类。

① 滑动导轨。滑动导轨的结构简单、制造方便、刚度高，是传统机床使用最广泛的导轨形式。滑动导轨的截面形状有矩形、三角形、燕尾形、圆形 4 种，矩形导轨的制造容易、承载能力大、安装调整方便，是传统数控机床常用的导轨形式。

铸铁/铸铁、铸铁/淬火钢直接接触的滑动导轨摩擦阻力大，摩擦系数随速度变化，低速运动容易出现爬行。因此，在数控机床上使用时，通常需要对接触面进行粘贴聚四氟乙烯软带、涂覆环氧树脂涂料等处理，以降低导轨摩擦系数，提高导轨的耐磨性和稳定性。滑动导轨目前多用于进给速度较低、需要进行重切削的大中型数控机床。

② 静压导轨。静压导轨的滑动接触面开有油腔，当压力油通过节流口注入油腔后，可在滑动面上形成压力油膜，使运动部件浮起，将固体摩擦转换成液体摩擦，因此，其摩擦系数极低，运动磨损几乎为零，精度保持性非常好。

静压导轨具有良好的传动刚度、精度和抗振能力，但其结构复杂、安装要求高，且需要配套高清洁度的液压系统，因此，多用于对加工精度要求特别高的数控磨削加工机床。

③ 滚动导轨。滚动导轨的导轨面上放置有滚珠、滚柱、滚针等滚动体，可使接触面的滑动摩擦变为滚动摩擦，从而大幅度降低摩擦阻力，提高运动速度和定位精度，并减小导轨磨损，延长导轨使用寿命。滚动导轨通常由专业生产厂家标准化生产，用户使用时只需要进行连接固定，其使用简单、调整方便、对安装面的要求低，因此，在现代高速高精度数控机床上得到了极为广泛的应用。

根据滚动体的形状，滚动导轨可分为滚珠导轨、滚柱导轨和滚针导轨 3 种。其中，滚珠导轨、滚柱导轨通常以直线导向轨和滚动滑块组合的形式整体提供，故又称直线导轨（Linear Guide），简称线轨；滚针导轨一般以滑块的形式提供，导轨需要用户自行加工制造。

直线导轨和滚针滑块的结构原理如下。

2. 直线导轨结构与原理

直线导轨通常由专业生产厂家成套提供，其组成部件主要包括图 5.1-12 所示的导向轨和滑块 2 部分。导向轨用于滑块运动的导向，一般安装在固定的支承部件上；滑块用来带动运动部件移动，通常与运动部件连为一体。直线导轨对安装面的加工精度要求较低，其使用简单、安装调整方便。

直线导轨的导向轨长度和滑块数量可根据用户实际需要选择，但是，为了方便运输、避免变形，标准导向轨的长度一般在 5m 以内，长行程进给系统可通过多根导向轨接长的方式增加行程。每一导向轨通常可安装 2~4 个相同滑块，用户可根据运动部件的接触面长度和传动刚度、导向性能等要求，选择滑块数量。

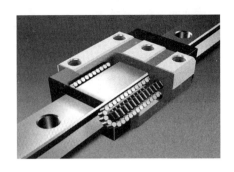

图 5.1-12　直线导轨的组成

直线导轨的结构与原理如图 5.1-13 所示，滚动体可以为滚珠或滚柱。

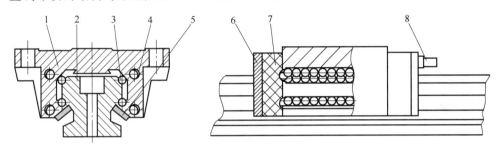

图 5.1-13　直线导轨的结构与原理

1—滑块；2—导轨；3—滚动体；4—回珠孔；5—侧密封；6—密封盖；7—挡板；8—润滑油杯

　　导向轨的上表面加工有一排等间距的安装通孔，用于导向轨固定；导向轨的两个侧面有四条经精密磨削加工制成的滚道，用于滑块导向。滚珠导轨的滚道沟槽截面为圆弧，滚柱导轨的滚道沟槽截面为直线，滚动体和导向轨均为线接触，其承载能力、传动刚度高于普通的钢球点接触。导向轨表面经过硬化处理，滚道磨损小、精度保持性好。

　　滑块上加工有 4～6 个安装通孔，用来连接运动部件。滑块内部安装有滚动体，当导向轨与滑块发生相对运动时，滚动体可沿着导向轨和滑块上的滚道运动。滑块的两端安装有连接回珠孔的反向器，滚动体可通过反向器，反向进入回珠孔，返回到滚道循环滚动。滑块侧面和反向器两端均安装有密封盖，以防止灰尘、切屑、冷却水等污物的进入。滑块的一端安装有润滑油杯连接口或润滑脂加注口，用户可根据需要通入润滑油或加注润滑脂。

　　由于滚道截面结构特殊，使得直线导轨可以承受上下、左右方向的载荷，并具有较好的传动刚度和较强的抗颠覆力矩能力，可适用于各种方向载荷的直线运动轴。直线导轨的运动灵敏、摩擦阻力小，动静摩擦系数基本一致；传动间隙可通过预载荷消除，导轨成对使用具有误差均化效应，故可用于高速高精度运动导向。

　　直线导轨的摩擦系数一般为 0.002～0.003，最大运动速度、加速度理论上可达到 500m/min、250m/s^2 左右，但是，考虑到使用寿命，实际上多用于 300m/min、50m/s^2 以下直线运动系统。

　　直线导轨的主要技术参数有精度、预载荷、使用寿命、额定载荷等。导轨精度分为 P1～P6 共 6 个等级，以 P1 级精度为最高；预载荷分 P0～P3 共 4 个等级，P0 为重预载、P1 为中预载、P2 为普通预载、P3 为无预载（间隙配合）。精度、预载荷等级一般可按表 5.1-1 选用（C 为导轨额定动载荷）。

表 5.1-1   直线导轨推荐的精度和预载荷等级

使用场合	精度等级	预载荷等级	预载荷值
刚度高、有冲击和振动的大型重型进给系统	4、5	P0	$0.1C$
精度要求高，承受侧载荷、扭转载荷的进给系统	3、4	P1	$0.05C$
精度要求高、冲击和振动较小、受力良好的进给系统	3、4	P2	$0.025C$
无定位精度要求的输送机构	5	P3	0

3. 直线导轨的安装

为了提高导向性能和进给系统运动稳定性、均化导轨安装误差，直线导轨通常需要成对使用，将其中的一根作为基准导轨，起主要的导向作用；将另一根作为从动导轨，用作辅助导向和支承。

直线导轨的导向轨需要安装在进给系统固定部件上，为运动部件提供导向；滑块需要安装在运动部件上，带动运动部件移动。直线导轨可以水平、竖直或倾斜安装，导向轨也可接长使用，但安装原则一致。

导轨安装时，需要利用导向轨、滑块的安装基准面进行定位。直线导轨有"均化误差"的作用，运动部件的实际误差通常只有安装基准面误差的 1/3 左右，因此，它对安装基准面的表面粗糙度要求并不高，一般只需进行精铣、精刨等加工，便可满足要求。

直线导轨的安装方法有图 5.1-14 所示的定位销定位、螺栓定位、楔块定位、压板定位 4 种，定位销定位为一次性固定，通常用于平行度调整困难或无需调整平行度的进给系统。

导向轨安装时，需要将基准导轨的导向轨定位面紧靠在固定部件的安装基准面上，然后通过定位销、螺栓、楔块、压板进行定位。导向轨定位完成后，可利用顶面的固定孔，用固定螺钉将导向轨和固定部件连为一体。

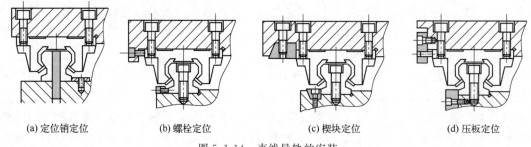

(a) 定位销定位   (b) 螺栓定位   (c) 楔块定位   (d) 压板定位

图 5.1-14   直线导轨的安装

在运动速度不高的轻载进给系统上，直线导轨的滑块可以通过运动部件的基准面定位，直接固定在运动部件上；但对于高速高精度或重载加工的进给系统，为了保证滑块的安装精度，通常需要对滑块侧面进行定位，滑块安装位置同样可通过螺栓、斜楔块、压板等方式进行调整与定位。

直线导轨的滑块需要有润滑措施，润滑方式有润滑脂润滑和润滑油润滑 2 种。脂润滑只需要按导轨生产厂家的要求选用和定期加注润滑脂，不需要管路和供油系统，也不存在漏油、油液污染等问题，一次加注通常可使用1000h 以上，因此，对于运动速度不高的进给系统，使用脂润滑可以取消润滑系统，降低生产成本。油润滑的润滑均匀、润滑效果好，但需要有润滑管路和供油系统，油液也会对部件、冷却液产生一定的污染，故多用于高速高精度进给系统，为了简化润滑系统结构，直线导轨通常可与轴承、滚珠丝杠等部件一起，通过集中润滑装置进行统一润滑。

4. 滚针滑块

直线导轨具有灵敏性好、精度高、安装简单等优点，但其支承刚度有限、抗振性相对较差，长行程进给系统需要进行导向轨接长处理，因此，适合用于轻载加工、行程较短的高速高精度数控机床。用于重载加工、长行程运动的落地式、龙门式、立柱移动式大型数控机床的滚动导轨一般需要使用图 5.1-15 所示的传动刚度高、载荷大、抗振性好的滚针滑块。

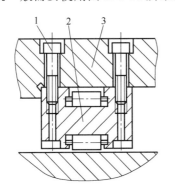 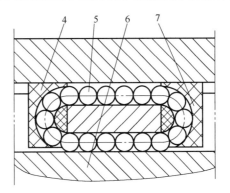

图 5.1-15　滚针滑块的结构
1—安装螺钉；2—滑块；3—运动部件；4,7—挡板；5—滚针；6—导轨

滚针滑块可通过安装螺钉直接固定在运动部件上。滑块内安装有可在滑块与导轨之间滚动的滚针，滚针可经两端挡板从返回槽中返回，循环滚动。由于滚针的长度比同直径的圆柱滚子更长、接触面更宽，因此，滚针滑块的承载能力、传动刚度比直线导轨更高，但其摩擦系数也大于直线导轨，运动灵敏性和精度略低于直线导轨。

滚针滑块为专业生产厂家生产的标准部件，滚针可在滑块的封闭滚道中循环运动，运动行程不受限制。滚针滑块的数量可根据运动部件的接触面长度、传动刚度、受力情况等要求选择，每一导轨一般不少于 2 个。滚针滑块的导轨需要由用户自行加工制造，导轨截面形状可以是矩形，也可以是三角形、燕尾形，其使用灵活方便。

滚针滑块的精度一般按滑块高度的误差分 C、D、E、F 四级，C 级为最高。滚针滑块只能承受单侧载荷，为防止侧向偏移和打滑，滚针轴线倾斜度、滑块安装面与导轨面平行度通常都应控制在 0.02mm/1000m 以内；导轨面粗糙度一般应在 $Ra0.63\mu m$ 以下；表面淬硬层不应小于 58HRC，深 2mm。滚针滑块可通过安装面与滑块间的楔块、弹簧、垫片等预紧，为保证滚针的正常转动，预紧力原则上不应超过滑块额定动载荷的 20%。

5.2　直接驱动电机

5.2.1　直线电机与电主轴

随着高速高精度加工、复合加工等技术的发展，数控机床对进给系统、主轴系统的速度与精度要求越来越高，传统的通过旋转电机与机械传动装置驱动刀具进给和主轴运动的传动方式，已难以满足当代数控机床的发展需要。研发新一代机电一体化产品，取消传统的机械传动装置，利用电机直接驱动刀具和主轴运动，已经成为当前运动控制技术的研究热点和未来的发展方向之一。直线电机、电主轴、内置力矩电机、直接驱动电机作为代表性产品，目前已在高速高精度加工、复合加工机床上得到了推广和应用。

1. 直线电机

直线电机（Linear Motor）是用于直线运动系统直接驱动的新一代机电一体化产品，它具有运动速度高、惯性小、刚度大、无磨损等一系列优点，利用直线电机可取消滚珠丝杠，简化数控机床直线进给系统结构，大幅度提高直线轴运动速度和定位精度。

直线电机相当于将旋转电机展开，将旋转电机的转子变为直线电机固定的次级、定子变为移动的初级。数控机床进给驱动使用的是交流伺服电机，属于永磁同步电机，转变成直线电机时，图 5.2-1 所示的永磁转子将成为次级、安装有绕组的定子成为初级。

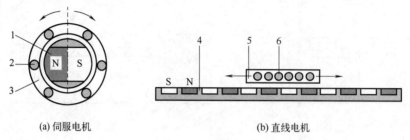

(a) 伺服电机   (b) 直线电机

图 5.2-1　直线电机原理

1—转子；2,6—绕组；3—定子；4—次级；5—初级

直线电机早在 1845 年已由英国物理学家惠斯通（Charles Wheastone）发明，但是，由于技术原因，直到 20 世纪 70 年代，才开始在工业领域的某些特殊行业得到应用，90 年代，直线电机开始用于数控机床。

数控机床使用的直线电机的典型结构如图 5.2-2 所示。

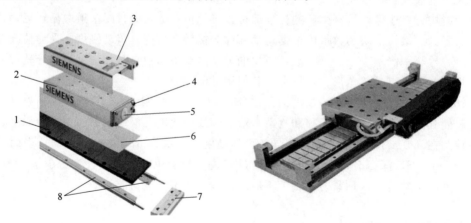

图 5.2-2　直线电机结构与安装

1—次级；2—初级；3—精密冷却器（选配）；4—初级冷却器；5—接线盒；
6—次级防护罩（选配）；7—挡板（选配）；8—次级冷却器（选配）

直线电机由安装电枢绕组的永磁式固定次级（由转子演变）、移动初级（由定子演变）、冷却器等部件组成。由于次级不需要布置绕组，因此，使用时可根据实际需要，通过多段接长增加行程。

直线电机可通过初级直接驱动运动部件进行直线运动，可完全取消滚珠丝杠、同步带、联轴器等机械传动部件，实现直接驱动。目前，直线电机的推力已超过 20000N，移动速度、加速度已达 1200m/min、30g（300m/s^2）以上，是高速高精度加工机床理想的驱动部件。

直线电机的结构和原理决定了直线电机的效率和功率因数要低于同容量的旋转电机，而且电枢（初级）位于运动部件底部，因此，需要采用强制水冷的方式来保证电枢散热。此外，由于直线电机的次级敞开，对切屑、冷却水的防护要求很高，并需要进行隔磁处理。

直线电机既可水平安装，也可垂直安装，大型机床还可采用双电机同步驱动。单电机水平安装的进给系统结构示例如图 5.2-3 所示。

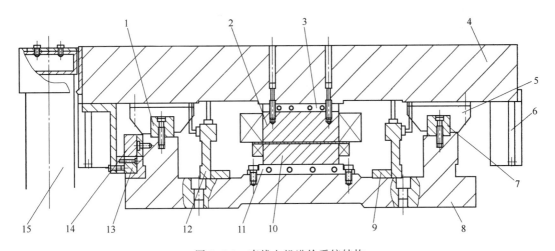

图 5.2-3　直线电机进给系统结构

1,7—直线导轨；2—初级；3,11—冷却板；4—工作台；5—导轨滑块；6—防护板；
8—床身；9,12—辅助导轨；10—次级；13,14—光栅尺；15—拖链

单电机水平安装的进给结构简单、导轨跨距小、电机和测量装置安装维护方便、控制容易，但进给推力较小。此外，由于初级和次级的电磁吸力和重力的方向相同，如工作台的刚度不足，安装大质量工件时会使工作台变形，导致初级与次级的间隙减小，影响电机性能，故多用于中小型高速高精度加工机床。

2. 电主轴

电主轴是电机主轴（Motor Spindle）的简称，它最早用于磨削加工机床，其转速可达每分钟数万甚至十几万转。随着高速加工机床的发展，电主轴以其简洁的结构和优异的高速性能，在车削加工、镗铣加工数控机床上得到了较为广泛的应用。

电主轴实质是一台转子中空的旋转电机，其结构如图 5.2-4 所示。

电主轴的定子安装在带有冷却槽的外套上，中空转子的内套用来安装机床主轴。

使用电主轴驱动的主轴无任何机械传动部件，大大降低了传动噪声和振动，故可在极高

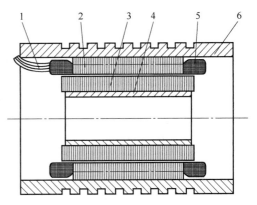

图 5.2-4　电主轴结构

1—电枢线；2—定子；3—转子；
4—内套；5—绕组；6—外套

的转速下稳定运行。但是，它不能通过机械变速提高输出转矩和扩大恒功率输出范围，因此，多用于轻载加工的高速高精度数控机床。

电主轴安装方式主要有图 5.2-5 所示的 2 种。

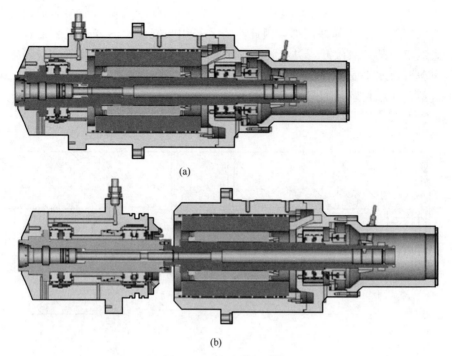

图 5.2-5　电主轴的安装

图 5.2-5（a）的电主轴安装于主轴前后轴承间，主轴传动系统结构紧凑、轴向尺寸短、主轴受力均匀、刚度高、出力大，但传动系统的结构固定，电机安装维护较麻烦，故多用于数控车床和立式加工中心。

图 5.2-5（b）的电主轴同轴安装在主轴后侧，前端主轴构成独立单元，电机安装维护方便，便于模块化设计，但其轴向尺寸长，故多用于高速高精度卧式加工中心。

电主轴必须采用循环水进行强制冷却，轴承一般需要采用油气润滑。由于转速很高，主轴轴承一般采用硬度高、热膨胀系数小、弹性模量大的角接触陶瓷球轴承，超高速电主轴还需要采用磁悬浮、液体动/静压等无接触轴承。采用电主轴驱动的主轴、主轴传动件都要精密加工、装配和调校，主轴组件的动平衡精度应达到 0.4 级以上。零件设计需要遵守结构对称性原则，部件连接原则上应采用过盈配合、胀紧等方式，不能采用键和螺纹连接。电机转子与主轴间一般利用过盈配合来实现转矩传递，过盈量应根据电机转矩确定，有时高达0.08～0.10mm，主轴一般需要通过热压法（180～200℃）安装。

由于电主轴的部件安装要求较高，为了便于不同用户使用，产品的结构形式主要有图 5.2-6 所示的部件型、单元型、整体型和回转/摆动型 4 种。

部件型电主轴只提供带冷却外套的定子和中空转子部件，用户可根据自己的需要，设计转子内部的主轴、刀具松/夹机构和定子安装固定、冷却等部件。部件型电主轴多用于大功率驱动，其使用灵活方便，但部件连接支承、定子散热、转子动平衡、润滑等问题均需要用户自行解决，它对机床生产厂家的设计和制造能力要求较高。

单元型电主轴转子内部的主轴、刀具松/夹机构及定子安装部件由电机生产厂家统一设计与制造，用户使用时只需要进行单元安装与冷却系统的设计，无需考虑部件连接支承、转子动平衡、润滑等问题，其使用简单、安装方便。

整体型电主轴具有完整的主轴、刀具松/夹机构、冷却系统和安装外壳，电机所有的安

(a) 部件型　　　　　　　　　　　　(b) 单元型

(c) 整体型　　　　　　　　　　　　(d) 回转/摆动型

图 5.2-6　电主轴产品的结构形式

装调整问题已由生产厂家统一解决，用户使用时只需要连接电气系统、压缩空气系统、冷却管，便可以像普通电机一样直接安装与使用，无需进行主轴系统的任何设计和安装调整。

回转/摆动型电主轴不仅具有完整的主轴、刀具松/夹机构、冷却系统和外壳，而且带有垂直方向 360°回转和水平方向大范围摆动的传动部件，可直接用于龙门式机床，实现 5 轴加工功能。

5.2.2　直接驱动旋转电机

直接驱动旋转电机是用于数控机床回转轴直接驱动的新一代机电一体化产品，其额定转速低、输出转矩较大，不但可直接驱动数控机床的回转进给运动，而且可通过伺服驱动器切换为速度控制模式，升速后驱动车削主轴旋转。

直接驱动旋转电机由美国科尔摩根（Kollmorgen）公司的前身 Inland 电机公司于 1949年率先研制，由于结构简单、使用方便，在工业领域得到了广泛的应用。直接驱动旋转电机本质上是一种低速、高转矩输出的多级交流伺服电机，根据电机的结构形式，通常分为内置力矩电机和直接驱动电机 2 类，两者的安装和冷却方式有所不同，但原理一致。

1. 内置力矩电机

内置力矩电机一般采用强制水冷部件型结构，电机生产厂家只提供定子和转子 2 大部件，定子的安装固定以及转子与负载的连接、支承等部件都需要用户自行设计制造。

内置力矩电机的结构如图 5.2-7 所示。转子为大直径中空结构，并布置有多对永磁体。定子内安装有电枢绕组和位置/速度检测编码器，冷却方式有带冷却外套和内置冷却 2 种：带冷却外套的定子需要用户自行设计水冷系统；内置冷却的定子内部已布置有冷却管路，用户只需要连接进/出水管。

内置力矩电机的结构简单、使用灵活，既可用于低速高转矩大型数控回转轴的直接驱动，也可用于车铣复合加工机床的高速转台的直接驱动。目前，低速高转矩电机的最大输出

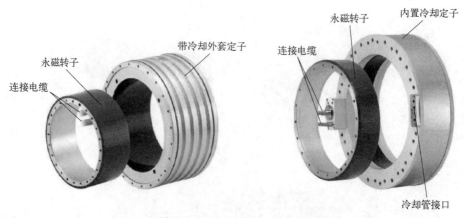

图 5.2-7 内置力矩电机结构

转矩、中空直径已可达 10000N·m、ϕ600mm；高速电机的最大输出转矩、最高转速可达 1000N·m、1000r/min，产品可满足绝大多数高速高精度与复合加工数控机床的要求。

采用内置力矩电机驱动的数控回转工作台称为直驱转台。托盘可交换的直驱转台外观和结构示例如图 5.2-8 所示。

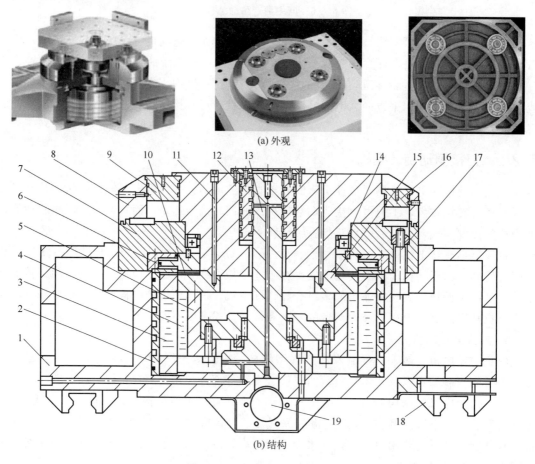

图 5.2-8 直驱转台外观与结构

1—拖板；2—冷却套；3—定子；4—转子；5—内套；6—液压缸；7—底座；8—转台；9,12,16—分油器；10—制动片；11—螺钉；13—芯轴；14—平面轴承；15—连接盘；17—安装螺钉；18—直线导轨；19—滚珠丝杠

内置力矩电机的定子直接固定在拖板上,转子通过内套与转台连成一体;转台体和拖板可通过液压缸和制动片锁紧。转台体上方用来安装托盘,托盘通过锥面与转台体啮合,并可通过 4 个安装有弹簧夹头的松/夹机构松开或夹紧。

直驱转台实现了数控回转进给的电机直接驱动,与传统的蜗轮/蜗杆传动相比,其结构更简单,无机械传动间隙、噪声和振动,且可用于复合加工机床的车削主轴驱动。但它不能像蜗轮/蜗杆那样,通过小规格电机的大比例(90、180、360)减速提高输出转矩,传动系统刚度较低。

2. 直接驱动电机

直接驱动电机的结构形式有图 5.2-9 所示的多种。

图 5.2-9 直接驱动电机

直接驱动电机与内置力矩电机一样,本质上也是一种低速、高转矩输出的多级交流伺服电机,但是,直接驱动电机采用的是与传统电机同样的自然冷却或风冷式整体结构,用户可以直接安装并连接负载使用,无需设计强制水冷系统,其使用比内置力矩电机简单。直接驱动电机的使用范围较广,它既可用于数控机床,也可用于工业机器人及印刷、包装等机械的回转驱动。

直接驱动电机的转子同样安装有多对永磁体,其结构形式有图 5.2-10 所示的转子内置和转子外置 2 种。

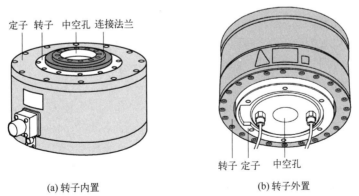

(a) 转子内置   (b) 转子外置

图 5.2-10 直接驱动电机

转子内置的电机结构典型、维修方便、散热容易,同尺寸电机的容量比转子外置电机更大,故可用于数控机床回转进给轴、工业机器人关节轴驱动;转子外置的转子惯量大、运动平稳、负载连接方便,同容量电机可以驱动的负载惯量比转子内置电机更大,故多用于大直径回转输送机构的驱动。

直接驱动电机的转子同样需要直接驱动负载。为提高连接刚度和可靠性，转子输出端通常采用中空法兰结构，但中空直径远小于同规格的内置力矩电机，部分电机有时采用盲孔，使后端能够安装标准轴连接的编码器。

直接驱动电机的结构完整、使用方便，既可用于高速高精度与复合加工机床的回转进给轴与高速转台的直接驱动，也可用于工业机器人及其他机械的回转驱动。目前，低速高转矩电机的最大输出转矩、最高转速可达 1000N·m、500r/min，产品可满足大多数高速高精度与复合加工数控机床的要求。

5.3 主轴传动系统

5.3.1 主轴传动的基本形式

1. 主轴传动的基本要求

金属切削加工是通过刀具相对于工件的旋转运动去除多余材料的一种加工方式，因此，用来驱动工件或刀具旋转的运动轴称为主轴。数控机床对主轴传动（简称主传动）的基本要求如下。

① 刚度和精度。主轴需要承受由工件或刀具高速旋转产生的离心力和由切削加工产生的切削力，传动部件必须有足够的刚度，才能保证运动可靠、平稳。为了保证机床的加工精度，工件或刀具旋转时应平稳、同心且无轴向窜动。因此，用来安装工件或刀具的主轴不仅需要有足够的刚度，而且定心面的径向跳动、轴向窜动以及振动和热变形等，均必须控制在一定的范围。

② 转速。金属切削机床的刀具与工件相对运动速度称为切削速度，它是决定机床加工效率和工件表面加工质量的关键技术参数，不同材质的工件与刀具需要有不同的切削速度，才能获得理想的加工效果。切削速度是旋转运动部件直径与转速的乘积，金属切削机床的切削速度可通过改变主轴转速调节，为了提高机床的适应能力，并获得理想的切削效果，就要求主轴转速的变化范围越大越好。

③ 功率。金属切削机床单位时间内的切削量（去除材料能力）与主轴输出功率成正比，为了保证机床的加工能力，就要求主轴能够在不同的转速下输出同样的功率，即主轴需要有足够大的恒功率调速范围。

④ 可靠性。机床主轴传动系统的结构应尽可能简单，以方便安装、调整和维修；主轴部件需要经久耐磨，具有较长的使用寿命和精度保持性；主传动部件需要有良好的润滑，以降低运行时的发热、噪声和振动。

机床主轴传动系统的精度、刚度和可靠性与结构设计、零部件材料、加工制造条件、配套件质量等诸多因素有关，在同等加工制造条件下，传动系统的结构越简单、安装调整越方便，其精度就越容易保证，可靠性也越高，但是，主轴输出速度、功率和转矩的调节就越困难，这就需要根据机床的实际需要，合理选择主轴传动系统结构，保证机床主要技术指标。

2. 主传动的基本形式

数控机床的主轴一般使用专门设计的高性能交流感应电机（主轴电机）驱动，可通过驱动器的矢量控制变频实现大范围调速。驱动电机和主轴间大多采用直接连接（或同步带连接）、简单机械辅助变速连接等结构形式；高速高精度与复合加工机床还经常采用电主轴直接驱动，主传动系统结构比普通机床更简单。车削加工机床和镗铣加工机床常见的主传动系统结构形式如下。

① 车削加工机床。车削加工机床的主轴需要通过卡盘、夹头夹持工件，主轴需要带动卡盘、夹头及工件旋转，旋转部件不仅体积大、重量重，而且结构对称性差，对主轴刚度的要求较高，但对主轴最高转速的要求低于镗铣加工机床；车削中心的主轴不仅需要旋转，而且还需要有主轴位置（Cs 轴）控制功能。因此，现代数控车削加工机床的主传动系统一般采用图 5.3-1 所示的同步带连接方式，以满足主轴高精度位置控制的需要；高速高精度车削加工机床，还经常使用电主轴直接驱动结构。

图 5.3-1　车削加工机床主传动系统

② 加工中心。用于镗铣加工的立式、卧式加工中心的主轴只需带动刀具旋转，刀具装夹简单，旋转部件的体积小、重量轻、结构对称性好，可以达到的最高转速高，对主轴的刚度要求低于车削加工机床，且只需要具有分度定位功能。因此，大多采用图 5.3-2 所示的主轴电机和主轴单元同步带连接或机械辅助变速连接的结构形式。

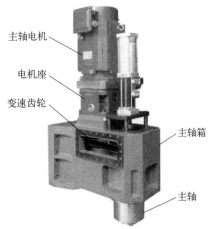

主轴电机

电机座

变速齿轮

主轴箱

主轴

(a) 主轴单元　　　　　　　　　(b) 机械辅助变速

图 5.3-2　加工中心主传动系统

采用同步带连接的主传动系统无机械变速装置，主传动系统结构简单、旋转部件重量轻、噪声和振动小，但主轴的输出功率、转矩和调速范围无法通过主传动系统改变，因此，需要采用调速范围大、恒功率输出范围宽的高性能交流主轴驱动系统驱动。

电机的输出转矩与电枢电流成正比，输出功率与输出转矩和转速的乘积成正比。由于发热条件的限制，电机连续工作的最大电流（额定电流）是一个定值，因此，主轴电机在低于额定转速工作时，只能保持输出转矩不变（恒转矩调速），输出功率随转速的降低而降低；转速高于额定转速时，则可通过降低额定电流（转矩），保持输出功率不变（恒功率调速）。因此，同步带连接的主传动系统的低速切削能力受到电机特性的限制。

采用机械辅助变速的主传动系统可在驱动电机电气变速的基础上，通过机械变速装置提高低速输出转矩、扩大恒功率调速范围，提高机床的低速切削能力。例如，额定转速为 1500 r/min、最高转速为 6000r/min 的主轴电机，如采用 1:1 和 1:4 两级机械辅助变速，就可获得图 5.3-3 所示的主轴输出特性，使恒功率调速范围由 4:1 扩大至 16:1，低速输出转矩提高到原来的 4 倍。

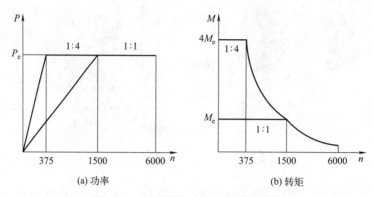

(a) 功率　　　　　　　　　　　　(b) 转矩

图 5.3-3　机械辅助变速主轴输出特性

3. 主传动部件

数控机床的主传动部件一般包括主轴、轴承及连接、密封、润滑、紧固件等，主轴和轴承是其中最主要的部件。

① 主轴。主轴是带动工件（车削加工）或刀具（镗铣加工）旋转的部件，前端需要安装夹持工件、刀具的卡盘、夹头，后端需要安装连接驱动电机的同步带轮、齿轮、联轴器等部件，内部需要安装卡盘、夹头的松夹机构等部件。主轴一般安装在主轴箱上，由前后轴承支承。

主轴的结构参数主要有直径（外径）、内孔、长度和支承宽度等。直径越大，刚度就越高；但其支承轴承内径也就越大，轴承的极限转速也越低，同等级轴承的公差也越大。车削加工机床的主轴内孔需要用于棒料输送、安装夹头或液压卡盘，其直径较大；镗铣加工机床的主轴内孔用来安装刀具夹紧装置，其直径较小。为了保证主轴刚度，内孔直径通常不应超过主轴外径的 50%。

主轴材料与刚度、载荷、耐磨性和热处理等因素有关，常用材料有 ST45、20Cr、40Cr、38CrMoAl、GCr15、9Mn2V 等，常用热处理方式为调质、渗氮和淬火等。低价位数控机床多采用 ST45 调质处理；载荷较大或需要轴向运动的主轴可采用 20Cr、40Cr 等合金钢以增加耐磨性；高精度机床可选用 38CrMoAl 等材料进行渗氮处理。主轴的前后轴颈、内锥孔和轴颈的同轴度公差应控制在 5μm 以内；前后轴颈应按轴承内径配磨，并过盈 1～5μm；内锥孔与刀具、夹头，外锥孔与卡盘的接触面积应大于 85%，且保证大端接触等。

② 轴承。轴承是支承主轴旋转的部件，切削加工时，主轴需要承受轴向和径向切削力，因此，应通过多个单轴承的组合或组合轴承。数控机床主轴常用的轴承安装形式有图 5.3-4 所示的 4 种（粗线代表推力轴承、圆代表径向轴承）；后端驱动的主轴，通常需要在尾部增加径向辅助支承轴承。

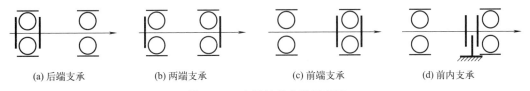

(a) 后端支承　　　　(b) 两端支承　　　　(c) 前端支承　　　　(d) 前内支承

图 5.3-4　主轴轴承安装示意图

后端支承的后支承使用双向推力轴承承受轴向载荷，主轴安装简单、调整方便，但由于前端无轴向定位，主轴受热将引起前端伸长，影响精度；同时，由于支承端离加工位置较远，切削时容易产生弯曲变形，因此，通常用于精度不高的数控机床。

两端支承的推力轴承安装在主轴前后支承外侧，前支承用来承受轴向载荷，后支承用来调整轴向间隙。两端支承的主轴刚度高、承载能力强，但主轴受热伸长会增加轴向间隙，安装时需要进行轴承预紧。

前端支承的前支承使用双向推力轴承承受轴向载荷，主轴刚度较高，主轴受热时向后侧伸长，不影响精度，但径向轴承离主轴前端较远，对主轴刚度有一定影响。前端支承的轴向载荷主要由前支承承担，因此，后支承的轴径可以略小于前支承，但为保证主轴刚度，一般不应小于前支承的 70%。

前内支承的两只推力轴承位于前支承内侧，可提高径向轴承刚度，但结构较复杂，故多用于高速高精度加工机床。

5.3.2　主轴轴承及选配

轴承是支承主轴旋转的基础部件，它需要根据机床的加工要求正确选配和安装，以保证主轴的刚度和精度，方便安装、调整和维护。

1. 轴承种类

主轴旋转需要采用滚动轴承作为支承。滚动轴承的结构形式主要有双列和单列 2 种，它们可根据实际需要单独或组合使用。

① 双列轴承。数控机床主轴常用的双列轴承主要有图 5.3-5 所示的 4 种。

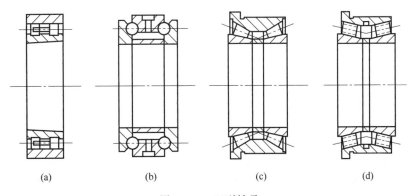

(a)　　　　　(b)　　　　　(c)　　　　　(d)

图 5.3-5　双列轴承

图 5.3-5（a）为锥孔双列圆柱滚子轴承，其内圈为 1∶12 锥孔；滚道间隙可通过内圈的轴向移动调整。双列圆柱滚子轴承的两列滚子交错排列，滚子数量多、刚性好、承载能力强，但允许转速较低，且只能承受径向载荷。双列圆柱滚子轴承的内外圈均较薄，对安装孔、轴颈的加工精度要求高，否则，容易引起滚道变形，影响主轴精度。

图 5.3-5（b）为双列推力向心球轴承，接触角通常为 60°、40°或 30°。这种轴承的球径小、数量多，允许转速高，轴向刚度好，且能承受双向轴向载荷，因此，经常用于主轴的前端支承。双列推力向心球轴承的外圈为负偏差，通常不能承受径向载荷，一般需要与双列圆柱滚子轴承配合使用。

图 5.3-5（c）为双列圆锥滚子轴承，轴承有一个公共外圈和 2 个独立内圈，可利用外圈的凸肩进行轴向定位。为了改善轴承的动态性能，2 列滚子的数量一般相差 1 个，使之具有不同的振动频率。双列圆锥滚子轴承可同时承受径向、轴向载荷，因此，经常用作主轴的前端支承。

图 5.3-5（d）为空心滚子双列圆锥滚子轴承，其结构、用途与图 5.3-5（c）相似。由于滚子空心，轴承的润滑和冷却效果更好、温升更低，此外，还可在承受冲击载荷时产生微小变形，增加接触面积，起到吸振和缓冲作用。

② 单列轴承与组合。数控机床主轴常用的单列轴承及基本组合方式如图 5.3-6 所示。

图 5.3-6（a）为单列角接触球轴承，主轴轴承的接触角一般为 25°或 15°；25°接触的轴向刚度高于 15°接触，但径向刚度和允许转速低于 15°接触。由于球轴承为点接触，为了提高刚度，一般需要成组使用。

图 5.3-6（b）~（d）为 2 只单列轴承的 3 种基本组合方式，分别称"背对背（DB）""面对面（DF）"和同向（DT）组合。背对背和面对面组合可承受双向轴向载荷，同向组合只能承受单向轴向载荷。以上基本组合方式也可用于多个轴承配组，例如，2 个同向轴承和 1 个反向轴承的背对背组合称 TBT 组合等。

背对背组合的支承点间距大于面对面组合，故能承受较高的弯曲力矩。此外，由于轴承外圈的散热条件通常优于内圈，高速运行时的内圈变形将大于外圈，采用背对背组合时，内圈的轴向膨胀可减小轴承的过盈，补偿部分径向变形膨胀；而面对面组合时的轴向膨胀将使得过盈量增加。因此，需要承受弯曲转矩和高速运行的主轴一般采用背对背组合。

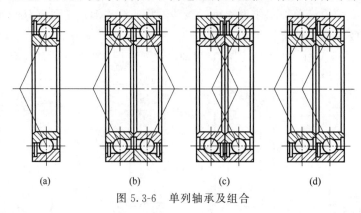

(a)　　　　(b)　　　　(c)　　　　(d)

图 5.3-6　单列轴承及组合

2. 轴承性能

主轴轴承的滚子形式有圆柱、圆锥和球 3 种，圆柱滚子轴承的径向刚度最高，圆锥滚子轴承的动态性能最好，向心球轴承的允许转速最高，三者的性能比较如表 5.3-1 所示。

表 5.3-1   常用主轴轴承的性能比较表

种类	允许转速	径向刚度	阻尼	温升
圆柱滚子轴承	较高	高	中	中、高
圆锥滚子轴承	中	中、高	较大	中、高
向心球轴承	高	较低	小	低

轴承的允许转速一般用转速特征值 $D \times n$ 表示，D 为轴承中径（内外圈直径的平均值，单位为 mm），n 为允许转速。转速特征值与轴承的润滑、安装使用条件有关，在不同的润滑条件下，无预紧轴承的空载转速特征值的参考修正系数如表 5.3-2 所示；组合使用、预紧后的转速特征值参考修正系数如表 5.3-3 所示。

表 5.3-2   转速特征值的润滑条件修正系数

润滑方式	圆柱滚子轴承	角接触向心球轴承			
		$60°$	$40°$	$25°$	$15°$
油脂润滑	0.65	0.5	0.58	1.05	0.95
油气润滑	0.75	0.6	0.7	1.7	1.5

表 5.3-3   组合使用、预紧后的转速特征值修正系数

预紧	双联同向	双联背对背	三联	四联	五联
轻预紧	0.9	0.8	0.7	0.65	0.6
中预紧	0.8	0.7	0.55	0.45	0.4
重预紧	0.65	0.55	0.35	0.25	0.2

轴承组合使用可提高额定动载荷，双联、三联、四联和五联组合的动载荷系数分别为 1.62、2.16、2.64 和 3.08。

滚动轴承的常用精度有 P2（旧标准为 B 级，超精级）、P4（旧标准为 C 级，特精级）、P5（旧标准为 D 级，精密级）、P6（旧标准为 E 级，高级）、P0（旧标准为 G 级，普通级）5 级，P2 级精度最高。主轴前轴承精度一般为 P2、P4 级，后轴承的精度等级通常可低于前轴承 1 个等级。

3. 轴承预紧

滚动体的直径不可能绝对一致，滚道不可能无误差，因此，未经预紧的轴承实际上只有部分滚动体和滚道接触，其刚度和精度均不是很高，为此，实际使用时一般需要通过预紧，使滚动体与滚道间产生一定的变形，来保证滚动体和滚道完全接触，以便消除间隙、均匀受力、减小误差，提高支承刚度、精度和抗振性，但也会增加摩擦阻力、产生发热，甚至影响使用寿命。

轴承预紧一般分为轻、中、重 3 个等级，预紧程度在不同公司、不同产品上有所不同，如 1：2：4：3：6 等。轴承组合使用时，其预紧力应相应提高，双联、三联和四联组合的预紧系数一般为 1、1.35、1.6～2。

主轴轴承的预紧方式有多种。例如，锥孔双列圆柱滚子轴承可利用图 5.3-7 所示的锁紧螺母、隔套调整内圈的轴向位置预紧轴承，或者，利用前端挡圈修磨的方式，控制轴向移动量和调整预紧力。圆锥滚子轴承、角接触球轴承可通过图 5.3-7 所示的内圈轴向移动，利用内外圈错位压紧滚动体预紧，或者，通过修磨内、外隔套，利用厚度差来调整预紧力。

轴承的锁紧螺母一般应使用细牙螺纹，以便于微量调节；螺母应有锁紧装置，防止轴向位置的变化。

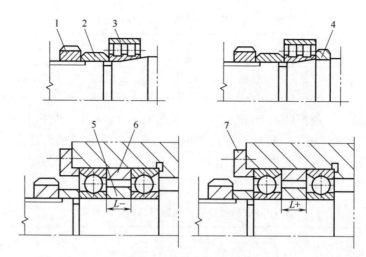

图 5.3-7　轴承预紧示例

1—锁紧螺母；2—隔套；3—轴承；4—挡圈；5—内隔套；6—外隔套；7—端盖

4. 润滑与密封

润滑是减少摩擦阻力、降低发热、延长轴承使用寿命的重要措施，主轴轴承的润滑方式主要有脂润滑、油气润滑、油雾润滑、喷注润滑 4 种。

① 脂润滑。脂润滑不需要供油管路和润滑系统，也不存在漏油问题；脂润滑的使用寿命很长，一次充填可使用数年，因此是最简单易行的润滑方式。通常而言，球轴承应采用锂基脂润滑，圆柱滚子轴承以钡基脂润滑为宜。为了防止灰尘、油、冷却液的进入，脂润滑的主轴通常需要采用迷宫式密封装置密封。

② 油气润滑。油气润滑是通过在压缩空气中定期注入微量润滑油（如 10min 提供 $0.03cm^3$）的方式实现，油气润滑具有冷却和润滑双重作用，不仅可提高轴承的转速特征值，而且由于润滑油不雾化，故可回收利用，不污染环境。

③ 油雾润滑。油雾润滑是将油液经压缩空气雾化后，连续喷至轴承的润滑方式，雾状油液的吸热性好，且无油液的搅拌作用，故可用于高速润滑，但油雾易泄漏，会污染环境。

④ 喷注润滑。喷注润滑是直接向轴承喷注大流量恒温润滑压力油的润滑方式。压力油从轴承外圈注入后，通过排油泵强制排出；油液在起到润滑作用的同时，还可带走轴承热量，帮助冷却。喷注润滑的油温变化可控制在 $\pm 0.5℃$ 以下，其润滑和冷却效果非常好，但需要配套大容量、恒温的油箱和排油泵，因此，通常只用于高速高精度加工机床。

主轴轴承需要通过密封装置防止外部冷却水、灰尘和其他油液的进入和润滑油的外泄。轴承的密封有非接触式和接触式两种。接触式密封是在接触面上安装耐油橡胶密封圈、油毡等，阻止介质泄漏和渗入的传统方法，由于密封件的安装会增加摩擦阻力、引起发热，且使用寿命有限，因此，高速高精度主轴一般需要使用非接触式密封。

非接触式密封是通过迷宫结构，将泄漏和渗入的介质有效排出的密封方式。以卧式加工中心主轴为例，参考结构如图 5.3-8 所示。

图 5.3-8 所示的主轴前支承采用了双层迷宫密封结构，主轴前端加工有两组锯齿形油槽，法兰盖上开有沟槽和泄油孔。轴承的油液流出后，将被法兰盖的内壁挡住，并经其下部的回油孔流回主轴箱。少量沿主轴流出的油液，可通过锯齿形油槽旋转时产生的离心力，甩至法兰盖的沟槽，然后经回油孔流回主轴箱。当外部的切削液、切屑、灰尘等沿主轴与法兰

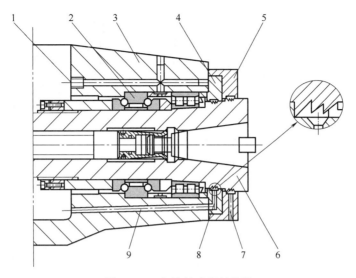

图 5.3-8　非接触式密封示例

1—进油口；2—轴承；3—箱体；4,5—法兰盘；6—主轴；7—泄油孔；8,9—回油孔

盖的间隙进入时，可通过法兰盖的锯齿形油槽甩至泄油孔排出。

为了使得密封机构能在一定的压力和温度范围内起到良好的密封作用，法兰盖和主轴及轴承端面的配合间隙必须合理选择。

5.3.3　车削加工主轴传动系统

1. 主传动基本结构

车削加工机床的主轴一般为大直径中空轴，主传动系统的基本结构如图 5.3-9 所示。主轴的内孔用于棒料输送，前端用来安装夹持棒料的弹簧夹头、夹持其他工件的卡盘。因此，主轴前端通常为安装弹簧夹头的莫氏锥孔或安装卡盘的标准 A2 短锥法兰，或同时具有两者。

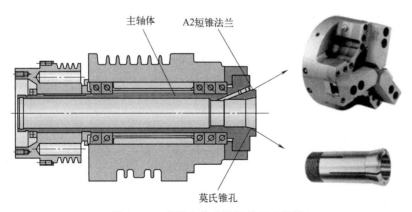

图 5.3-9　车削主传动系统的基本结构

主轴后端用来连接驱动电机，可根据需要安装同步带轮或三角带轮。同步带的啮合性能好、承载能力强，且可满足主轴位置控制时的无间隙传动要求，因此，是车削中心、车铣复合加工机床常用的连接部件。使用电主轴直接驱动的高速高精度机床，主轴直接安装在电机转子内部。

车削加工机床的主轴需要驱动工件旋转，负载的重量重、惯量大、结构对称性差，与此同时，主轴还需要承受很大的切削力。因此，车削主轴通常需要采用承载能力强的大直径、高刚度结构，可达到的最高转速相对较低。

车削主轴的轴承配置形式一般有图 5.3-10 所示的 3 种。车削主轴的后端通常需要安装连接主电机的带轮，为了提高径向刚度，同时避免主轴热变形伸长引起的轴向载荷增加，主轴后端一般采用双列圆柱滚子轴承支承。由于圆柱滚子轴承的允许转速低于同内径的球轴承，因此，主轴后端外径应略小于前端。

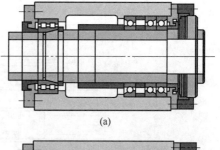

(a)

图 5.3-10（a）所示的主轴前端采用的是 2 只同向、1 只背对背的角接触球轴承作为定位支承，可承受较大的轴向推力，允许转速较高，刚度中等。因此，适合于中等负载、较高转速、较大轴向推力的通用型车削加工机床。

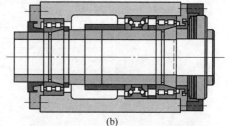

(b)

图 5.3-10（b）的主轴前端采用了双列圆柱滚子轴承和双列组合角接触球轴承作为定位支承，利用圆柱滚子轴承承受径向载荷、组合角接触球轴承承受轴向载荷，径向和轴向刚度均很高，但主轴允许转速较低，故多用于重载、强力切削机床。

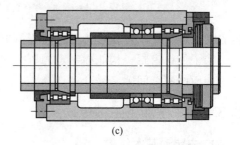

(c)

图 5.3-10　车削主轴的轴承配置

图 5.3-10（c）的主轴以 2 只背对背组合的角接触球轴承代替了双列组合角接触球轴承，可减小接触角、提高主轴转速，但轴向刚度有所下降。因此，多用于中等转速的重载、强力切削机床。

2. 主传动结构示例

车削主轴常用的传动系统主要有带连接和电主轴直接驱动 2 种，结构示例如下。

① 带连接。采用带连接的主传动系统具有主电机安装灵活、调整维修方便、动比可通过带轮改变等优点，它是数控车削机床最常用的主轴传动方式。带连接主传动系统的结构示例如图 5.3-11 所示，主轴和主电机可采用三角带或同步带连接，带轮位于主轴后端、利用连接盘和主轴连接，主电机可安装在床身的下部。

主轴轴承按通用型车削主轴的要求配置。前轴承间隙可通过修磨挡圈和调整调整套的轴向位置调整，后轴承间隙可通过调整带轮连接盘的轴向位置、修磨挡圈的方式调整。

为了保证主轴的高速性能，安装于主轴的所有轴承、挡圈等传动件均采用了完全对称的结构设计，并通过无键槽和螺纹的热套工艺安装，不但可增强主轴刚度，同时，还可有效保证主轴的动平衡，降低高速时的振动和噪声，但主轴的前轴承间隙调整较为困难。

② 电主轴直接驱动。当代高速高精度车削加工机床经常采用电主轴直接驱动，使用电主轴的主传动系统结构示例如图 5.3-12 所示。

电主轴主要由带冷却槽的外套、中空转子、定子、内套等部件组成，外套和定子通过轴承座与箱体连接，中空转子和内套与主轴连接后合为一体，轴承座、外套均设计有强制水冷的冷却系统。

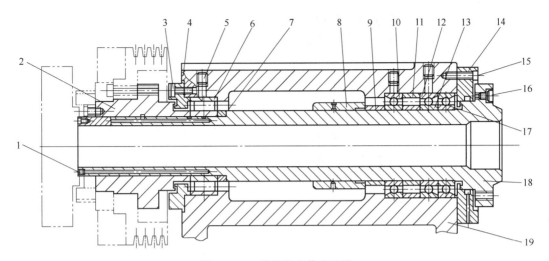

图 5.3-11 带连接主传动系统

1,5—螺钉；2—带轮连接盘；3,15,16—螺钉；4—端盖；6—圆柱滚子轴承；7,9,11,12—挡圈；
8—调整套；10,13,17—角接触球轴承；14—过渡盘；18—主轴；19—箱体

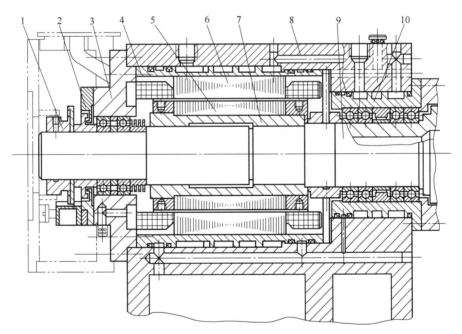

图 5.3-12 电主轴直接驱动的主传动系统

1—连接盘；2—密封盖；3—轴承座；4—电主轴外套；5—中空转子；6—定子；
7—内套；8—箱体；9—主轴；10—轴承座

为了保持主轴的高速性能，主轴前端采用 2 组背对背角接触球轴承支承定位，后端利用球轴承作为径向定位支承。主轴的结构简单，所有部件都经过了严格的动平衡调整，故满足高速高精度加工的需要。

3. 工件夹持机构

为了能够进行自动化加工，车削加工机床的工件夹紧/松开需要通过液压（或气动）卡盘、弹簧夹头等夹持机构自动装夹工件，其结构原理如下。

自定心卡盘的结构原理如图 5.3-13 所示，自定心卡盘安装在主轴前端，液压缸（或气缸）安装在主轴尾部，连接杆安装在主轴内孔中。

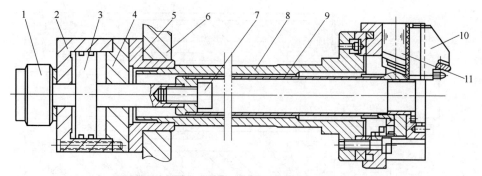

图 5.3-13　自定心卡盘的结构原理

1—调整块；2—液压缸体；3—活塞；4—液压缸盖；5—连接盘；6—箱体；
7—连接螺钉；8—主轴；9—拉杆；10—卡爪；11—驱动爪

通过液压缸（或气缸）活塞的前后移动，可带动驱动爪进行内外运动，驱动爪可通过齿牙带动卡爪内外运动，实现卡盘的自动松夹。自定心卡盘的结构简单、制造容易，但通用化程度低，更换弹簧夹头较困难。因此，目前前端卡盘大多采用图 5.3-14 所示的自动卡盘、弹簧夹头通用结构。

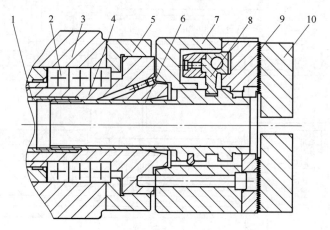

图 5.3-14　通用夹持机构

1—连接杆；2—轴承；3—箱体；4—主轴；5—端盖；6—拉杆；
7—卡盘体；8—杠杆；9—驱动爪；10—卡爪

卡盘、弹簧夹头通用车削主轴的前端内侧为锥孔、外侧为短锥法兰，内锥孔用来安装弹簧夹头，短锥法兰用来安装自动卡盘。连接杆前端内侧加工有连接卡盘拉杆或弹簧夹头的标准螺纹，可随时进行自动卡盘、弹簧夹头的更换。

自动卡盘、弹簧夹头可使用专业厂家生产的标准部件。自动卡盘的驱动爪内外运动一般利用杠杆驱动，并通过齿牙带动卡爪进行内外运动，实现卡盘自动松夹。弹簧夹头可根据需要选配，小直径棒料零件装夹可直接利用图 5.3-15（a）所示的主轴内锥孔定位；大直径棒料零件装夹可选配图 5.3-15（b）所示的夹头和过渡盘。由于弹簧夹头和自动卡盘拉杆的连接尺寸统一，夹具的更换非常方便。

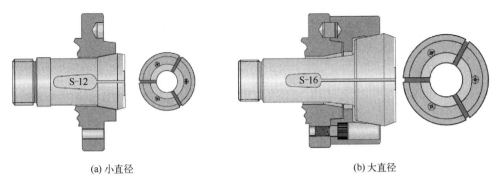

(a) 小直径　　　　　　　　　　　　　　　　(b) 大直径

图 5.3-15　弹簧夹头结构

5.3.4　镗铣加工主轴传动系统

1. 主传动基本结构

镗铣加工机床的主轴用来驱动刀具旋转，其负载轻、惯量小，但主轴最高转速高，因此，主传动系统需要采用高速结构。

镗铣主轴为一般小直径中空结构，内孔用来安装刀具松/夹拉杆。主轴的前端结构有图 5.3-16 所示的 2 种。传统的加工中心刀具与主轴一般采用图 5.3-16（a）所示的 7：24 锥孔啮合定位；现代高速高精度加工中心大多采用图 5.3-16（b）所示的 HSK 标准刀具，利用 1：10 短锥和端面啮合定位。

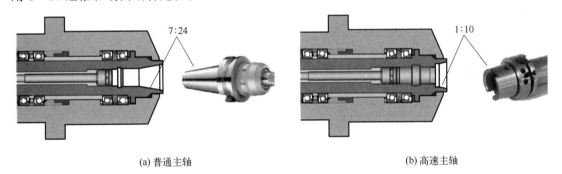

(a) 普通主轴　　　　　　　　　　　　　　　　(b) 高速主轴

图 5.3-16　镗铣主轴前端结构

镗铣加工机床的主轴后端用来连接驱动电机，可根据需要安装同步带轮、齿轮或与电机轴直接连接的联轴器；使用电主轴直接驱动的高速高精度机床，主轴直接安装在电机转子内部。

镗铣主轴的常见结构有图 5.3-17 所示的 3 种。

图 5.3-17（a）为主轴前端采用双列角接触球轴承背对背组合支承，后端采用单列圆柱滚子轴承的结构，后轴承的轴径略小于前轴承。这种主轴可承受较大轴向推力，并具有较高的转速，适合于中等负载、较高转速的镗铣加工机床。

图 5.3-17（b）为主轴前后端均采用角接触球轴承支承，前端为 3 只角接触球轴承背对背不对称组合，后端为 2 只角接触球轴承背对背对称组合，前后端均可承受径向、轴向载荷。主轴轴承采用脂润滑时的特征转速可达 80×10^4 r/min，如采用陶瓷滚珠轴承或油雾、喷注润滑，特征转速还可更高，故可以用于高速加工机床。

图 5.3-17（c）为前端采用双列角接触球轴承背对背组合支承，后端采用双列角接触球

轴承支承的结构，主轴前后端的轴承座分离，前端构成了可承受轴向和径向载荷的独立单元。主轴不但可达到很高的转速，而且还具有较高的刚度和精度，它是高速高精度加工卧式镗铣加工机床的常用结构。

2. 标准主轴单元

镗铣加工主轴的结构类似，但主轴加工、装配对设备和技术的要求较高，为了提高生产效率、降低制造成本，目前国产普通型镗铣加工机床大多直接选用专业厂家生产的高速主轴单元。

高速主轴单元的典型结构如图 5.3-18 所示，主轴最高转速一般为 6000～10000r/min。

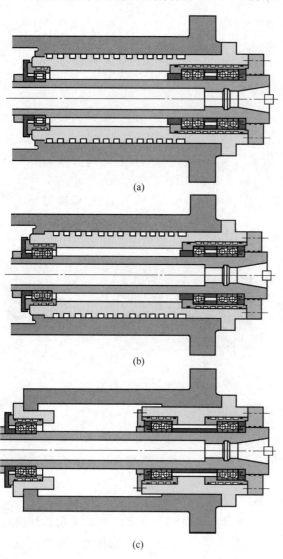

图 5.3-17　镗铣主轴的常见结构

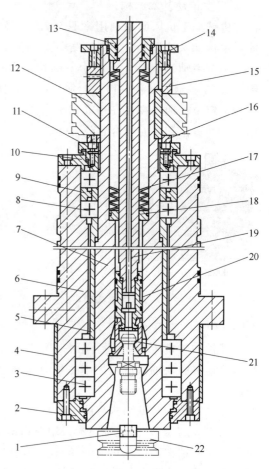

图 5.3-18　高速主轴单元结构

1—键；2,10,11—端盖；3,8—轴承；4—罩；
5,9—隔套；6—主轴体；7—主轴；12—带轮；
13—调整螺母；14—锁紧螺母；15,16—套；
17—碟形弹簧；18—垫；19—拉杆；
20—连接杆；21—卡爪；22—刀具

高速主轴单元的外侧加工有冷却槽和安装定位面，可直接安装在机床主轴箱上。

主轴单元内侧安装有主轴和刀具夹紧/松开装置，主轴的前后端分别采用了 3 只和 2 只角接触球轴承支承，主轴后端可选配或用户自行安装与主电机连接的同步带轮，尾端安装有带轮锁紧螺母。

主轴为中空结构，内部安装有刀具夹紧/松开装置。主轴前端为 7：24 锥孔及用于刀柄夹持的弹性卡爪，卡爪通过连接杆和刀具夹紧/松开拉杆连接。拉杆的后部安装有多个用于刀具夹紧的碟形弹簧片，拉杆和连接杆的中心加工有内冷刀具使用的冷却水通孔。拉杆后端的刀具松开气缸及内冷刀具的冷却水连接装置需要用户自行安装。

在正常情况下，刀具夹紧/松开处于夹紧状态，拉杆在碟形弹簧的作用下向上拉紧，使弹性卡爪进入收缩孔内，夹持刀柄上的拉钉，使刀柄和主轴锥孔紧密啮合。刀具需要松开时，可通过安装在拉杆后端的松刀气缸，推动拉杆向下运动，使弹性卡爪进入松开孔，松开刀柄上的拉钉，同时，将刀柄从主轴锥孔中顶出。

高速主轴单元的最高转速、主轴锥孔等结构参数可根据用户要求选择，由于单元安装简单、调整方便，可大幅度降低对机床生产厂家的加工设备要求，因此，受到了众多国内数控机床生产厂家的欢迎，并在普通镗铣加工机床上得到了较广泛的应用。

3. 带连接主传动系统

带连接主传动系统的结构简单、主轴转速高、噪声低、振动小、安装调试方便，但主轴的输出转速、转矩、恒功率调速范围等指标直接决定主电机的性能，因此，一般需要配套高性能交流主轴驱动系统。

带连接主传动系统通常用于主轴转速 6000～10000r/min 的镗铣加工机床，为了方便生产制造，通用型镗铣加工机床的主轴一般直接选配前述专业厂家生产的高速主轴单元。以立式机床为例，主传动系统典型结构如图 5.3-19 所示。

使用高速主轴单元、利用同步带连接的主传动系统的结构十分简单，内部只需要安装主电机和与主轴单元连接的同步带轮和同步带，并在主轴单元的后端安装松刀气缸；使用内冷刀具的机床需要增加连接冷却系统的旋转密封接头。

带连接主传动系统的结构简单、主轴转速高、安装调试方便，而且传动比固定不变，因此，可直接利用电机内置的脉冲编码器作为位置检测元件，实现刚性攻螺纹、主轴定向准停或定位等位置控制功能，而无需另行安装主轴位置检测编码器。但是，由于主轴单元由主轴电机直接驱动，主轴的低速输出转矩和恒功率调速范围均较小，故多用于轻载切削的通用型镗铣加工机床。

4. 齿轮变速主传动系统

用于重载切削的镗铣加工机床要求主轴具有较大的低速输出转矩和恒功率调速范围，因此，一般需要通过机械齿轮变速，提高低速输出转矩，扩大恒功率调速范围。齿轮变速的主传动系统存在传动间隙，高速运行时的振动、噪声较大，因此，一般用于主轴转速 6000r/min 以下、对低速输出转矩和恒功率调速范围有较高要求的重载切削机床。

机械齿轮变速的变速挡交换可使用滑移齿轮、电磁离合器等方式实现。为了保证齿轮、离合器啮合可靠、避免顶齿，交换机械变速挡时，主轴需要通过数控系统的主轴换挡功能，进行轻微的抖动运动，并根据实际传动比调整主轴电机转速。此外，由于机械齿轮变速主轴的传动比随着变速挡的不同而改变，因此，主轴位置检测需要安装与主轴 1：1 连接的编码

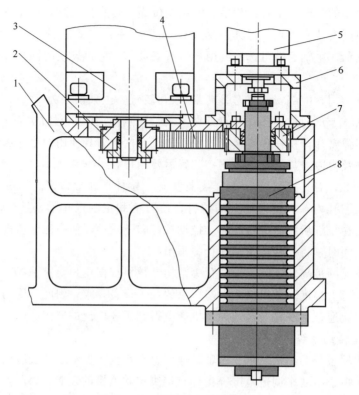

图 5.3-19　带连接主传动系统
1—箱体；2,7—带轮；3—主电机；4—同步带；5—松刀气缸；6—支架；8—主轴单元

器，才能实现刚性攻螺纹、主轴定向准停或定位等位置控制功能。

以立式机床为例，采用滑移齿轮 2 级变速的主传动系统典型结构如图 5.3-20 所示。

滑移齿轮变速主传动系统需要在主轴箱内安装变速齿轮和滑移机构。2 级齿轮变速的主轴上需要安装用于高低速传动的双联滑移齿轮，主电机输出轴需要安装驱动齿轮，驱动齿轮和主轴齿轮的啮合方式可利用双联滑移齿轮的上下移动改变。双联滑移齿轮的上下移动可通过气缸和拨叉推动。

在图 5.3-20 所示的主传动系统中，当拨叉处于下位时，滑移齿轮的大齿轮和电机驱动齿轮啮合、小齿轮和主轴大齿轮啮合，使电机到主轴具有 2 级减速传动链，主轴可工作在低速挡。当拨叉处于上位时，双联滑移齿轮的小齿轮将脱离主轴的大齿轮，滑移齿轮的大齿轮在保持和电机驱动齿轮啮合的同时，可与主轴小齿轮啮合，形成从电机到滑移齿轮减速、从滑移齿轮到主轴升速的传动链。

滑移齿轮变速主传动系统只要合理选择变速齿轮的齿数，便可改变主传动系统的减速比。例如，当电机驱动齿轮、滑移齿轮小齿轮、主轴小齿轮的齿数相同，滑移齿轮大齿轮、主轴大齿轮的齿数为小齿轮的 2 倍时，便可实现 1∶1 和 1∶4 两级变速等。

在机械齿轮变速的主传动系统上，由于传动比的改变，主轴和电机轴的位置关系将随之变化，因此，需要安装用于主轴定向准停、分度定位、刚性攻螺纹的主轴位置检测编码器。为了方便安装调整，主轴位置编码器通常安装在主轴箱上方，并利用同步带和主轴 1∶1 连接。主轴后端同样需要安装松刀气缸及内冷刀具使用的旋转密封接头等部件。

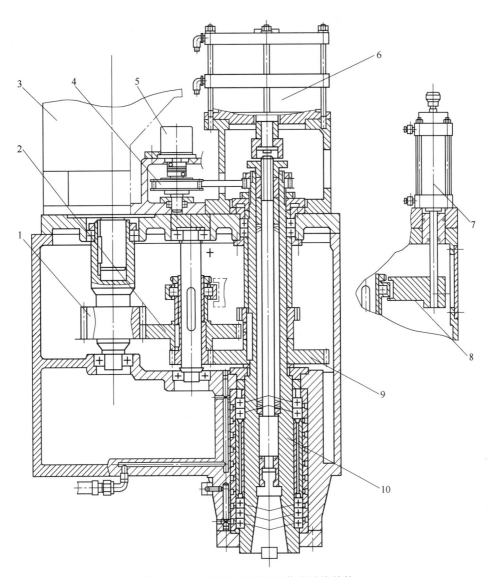

图 5.3-20　滑移齿轮变速主传动系统结构

1—齿轮；2—双联滑移齿轮；3—主电机；4—同步带轮；5—主轴编码器；6—松刀气缸；

7—换挡气缸；8—拨叉；9—双联齿轮；10—主轴

5.4　进给传动系统

5.4.1　进给传动的基本形式

1. 进给传动的基本要求

进给系统的精度、灵敏度、稳定性直接影响数控机床的定位和轮廓加工精度。从系统控制的角度看，决定进给系统性能的主要因素有系统的刚度、惯量、精度和动特性等。传动系统的刚度和惯量，直接影响到进给系统的切削能力、加减速性能、运动稳定性；传动部件的精度与动态特性，决定了机床的轮廓加工、定位精度和闭环控制系统的稳定性。高刚度、小惯量、无间隙、低摩擦是数控机床对进给传动系统的基本要求。

① 高刚度。数控机床的直线运动轴的定位精度和分辨率一般都要达到微米级，回转运动轴的定位精度和分辨率要达到角秒级，加上系统的加减速时间短、起制动转矩大，如果传动部件的刚度不足，必然会产生弹性变形，影响系统的运动精度和稳定性。

传动系统的刚度主要取决于机械结构设计，提高系统刚度的最简单办法是加大传动部件的尺寸，例如，增加滚珠丝杠等主要传动部件的直径等，但是，它将导致系统负载惯量的增加，影响系统快速性和运行稳定性。因此，一般需要通过优化传动系统结构、预紧滚珠丝杠螺母和支承轴承、预拉伸丝杠等措施，来提高传动系统刚度。

② 小惯量。伺服进给系统的惯量决定了系统的加减速性能和抗负载波动的能力。当驱动电机的最大输出转矩一定时，系统惯量越小，可以达到的加速度就越高；系统稳态运行时，负载惯量与电机转子惯量之比越小，系统稳定性就越好，抗负载波动的能力就越强。

系统数控机床是一种高效加工设备，它对进给系统的快速性要求较高，特别在高速加工机床上，为了在有限的行程内，使运动部件能达到每分钟数十米，甚至上百米的高速，进给系统加减速时的加速度一般需要达到 1g（$9.8m/s^2$）以上，因此，通常需要选择高速小惯量伺服电机驱动，并且，在保证系统刚度的前提下，传动部件应尽可能减小质量、缩小直径，以降低系统惯量，提高快速性和稳定性。

③ 无间隙。传动部件的间隙不但直接影响系统的定位精度，而且从控制理论上说，它是伺服进给系统的主要非线性环节，影响到系统的动态稳定性，因此，必须采取有效措施以消除传动系统的间隙。

滚珠丝杠螺母副和支承轴承的预紧，齿轮副、蜗轮/蜗杆副的消隙，采用同步带传动等都是消除传动系统间隙的常用措施。但是，大多数消隙措施都会导致系统摩擦阻力的增加，产生发热，甚至影响传动部件的使用寿命，因此，进给系统的消隙需要综合考虑各种因素，尽可能在不过多影响系统性能的前提下，使间隙降到最小值。

采用直线电机、直接驱动旋转电机等新一代传动部件，实现机械"零传动"是消除传动系统间隙的最佳途径。

④ 低摩擦。进给系统的摩擦阻力不但会降低传动效率，导致发热，直接影响到系统快速性，而且还会导致传动部件的弹性变形，产生非线性的摩擦死区，影响运动精度。如果传动部件的动、静摩擦系数变化过大，还可能出现低速爬行等不稳定运动，直接影响机床的加工。

采用滚珠丝杠螺母副、静压丝杠螺母副、直线滚动导轨、静压导轨等高效、低摩擦、高灵敏度传动部件，以及对滑动导轨进行贴塑处理等，可大大减少系统摩擦阻力，提高运动精度，避免低速爬行。

2. 进给传动的基本形式

数控机床的进给运动可分为直线运动和圆周运动两类。实现直线进给运动需要有丝杠螺母副（通常为滚珠丝杠或静压丝杠）、齿轮齿条副等，以便将伺服电机的旋转运动变成机床所需要的直线运动；在高速加工机床上，已经开始采用直线电机直接驱动。数控机床的圆周进给运动一般都通过传统的蜗轮/蜗杆副实现，但是，随着直接驱动旋转电机性能的不断提高，高速高精度复合加工机床已开始使用内置力矩电机、直接驱动电机等新一代回转进给直接驱动旋转电机。

① 滚珠丝杠螺母副。滚珠丝杠螺母副具有摩擦损耗低、传动效率高、动/静摩擦变化

小、不易低速爬行及使用寿命长、精度保持性好等一系列优点，并可通过丝杠螺母的预紧消除间隙，提高传动刚度，因此，在数控机床上得到了极为广泛的应用，它是目前中小型数控机床最常见的传动形式。

滚珠丝杠螺母副具有运动的可逆性，传动系统不能自锁，它能将旋转运动转换为直线运动，反过来也能将直线运动转换为旋转运动，因此，当用于受重力作用的垂直进给轴时，进给系统必须安装制动器和重力平衡装置。此外，为了防止安装、使用时螺母脱离丝杠滚道，机床还必须有超程保护。

② 静压丝杠螺母副。静压丝杠螺母副可通过油压，在丝杠和螺母的接触面上产生一层具有一定厚度，且有一定刚度的压力油膜，使丝杠和螺母由边界摩擦变为液体摩擦，通过油膜推动螺母移动。

静压丝杠螺母的摩擦系数仅为滚珠丝杠的十分之一，其灵敏度更高、间隙更小；同时，由于油膜层还具有吸振性，油液的流动增强了散热效果，因此，其运动更平稳、热变形更小；此外，介于螺母与丝杠间的油膜层对丝杠的加工误差有"均化"作用，可以部分补偿丝杠本身的制造误差，提高传动系统的精度。静压丝杠螺母副的成本高，而且还需要配套高清洁度、高可靠性的供油系统，因此，多用于高精度加工的磨削类数控机床。

③ 静压蜗杆蜗条副和齿轮齿条副。大型数控机床不宜采用丝杠传动，因长丝杠的制造困难，且容易弯曲下垂，影响传动精度；同时其轴向刚度、扭转刚度也难提高，惯量偏大，因此，需要采用静压蜗杆蜗条副、齿轮齿条副等方式传动。

静压蜗杆蜗条副的工作原理与静压丝杠螺母副基本相同，蜗条实质上是螺母的一部分，蜗杆相当于一根短丝杠，由于蜗条理论上可以无限接长，故可以用于落地式、龙门式等大型数控机床的进给驱动。

齿轮齿条传动一般用于工作行程很长、定位精度要求不高的大型机床进给传动，例如，龙门式火焰切割机床、龙门刨床、大型数控镗铣床的进给传动，平面磨床、导轨磨床的工作台往复运动等。齿轮齿条传动具有结构简单、传动比大、刚度好、效率高、进给形式不受限制、安装调试方便等一系列优点，齿条理论上也可无限接长；但它与滚珠丝杠等传动方式相比，其传动不够平稳，定位精度较低，传动结构也不能实现自锁。为了提高传动系统的定位精度，用于数控机床进给传动的齿轮齿条传动系统需要进行"消隙"，即消除齿轮侧隙。

④ 直线电机和直接驱动旋转电机。直线电机和直接驱动旋转电机是近年来发展起来的新一代高速高精度驱动电机，目前已在高速高精度复合加工机床上得到了较多的应用。使用直线电机驱动的直线进给系统，可完全取消丝杠、蜗杆蜗条、齿轮齿条等将旋转运动变为直线运动的传统机械部件，实现直线进给系统的机械"零传动"。使用内置力矩电机、直接驱动电机驱动的回转进给系统，可完全取消蜗轮/蜗杆副等传统机械部件，实现回转进给系统的机械"零传动"。

使用直线电机、直接驱动旋转电机直接驱动，不仅可大幅度简化机械传动系统结构，而且还可从根本上消除机械传动部件对系统运动精度、快速性、稳定性的影响，获得比传统进给驱动系统更高的运动精度、速度和加速度。随着技术的进步和制造成本的降低，其应用将越来越广。

5.4.2 直线运动进给系统

数控机床的直线进给系统有传统的滚珠丝杠传动和直线电机直接驱动 2 种。由于生产制造成本、安装调整、使用维修等方面的原因，直线电机直接驱动进给系统目前仅用于少数对运动速度要求很高的高速加工机床。

滚珠丝杠传动的进给系统结构经典、技术成熟、安装调试方便，它仍然是目前数控机床最常用的传动方式。为了简化结构、提高传动精度，伺服驱动电机和滚珠丝杠一般通过联轴器或同步带连接，以消除传动间隙、方便安装调试。根据滚珠丝杠的安装方式，进给系统主要有丝杠旋转和螺母旋转2种。

1. 丝杠旋转直线进给系统

丝杠旋转是数控机床直线进给系统最常用的传动形式，可广泛用于车削、镗铣及其他加工机床。以立式加工中心为例，联轴器连接的进给系统结构如图 5.4-1～图 5.4-3 所示。

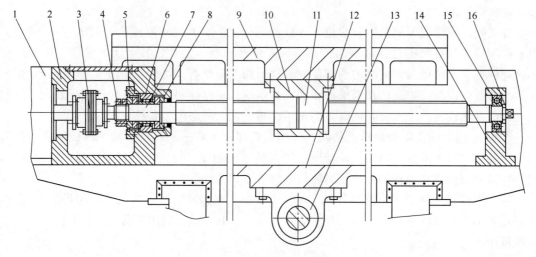

图 5.4-1　X轴进给系统结构图

1—X电机；2—电机座；3—联轴器；4—锁紧螺母；5—端盖；6—前轴承；7—丝杠；8—隔套；9—工作台；
10—X螺母座；11—螺母；12—拖板；13—Y螺母座；14—后支座；15—后轴承；16—螺母

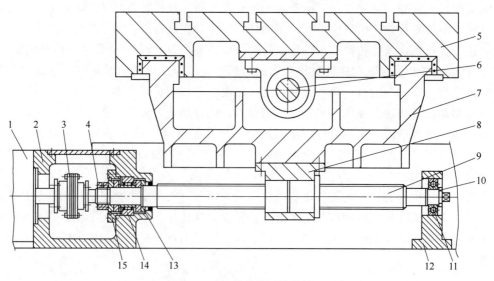

图 5.4-2　Y轴进给系统结构图

1—Y电机；2—电机座；3—联轴器；4—锁紧螺母；5—工作台；6—X丝杠；7—拖板；8—螺母座；9—Y丝杠；
10—螺母；11—后轴承；12—后支座；13—隔套；14—前轴承；15—端盖

中小行程直线进给系统的滚珠丝杠大多采用一端固定、一端游动（G-Y）的支承方式或一端固定、一端自由（G-Z）的支承方式，伺服电机和滚珠丝杠通过联轴器直接连接。在进给速度要求不高的进给系统上，为了提高进给系统的刚性，滚珠丝杠驱动端可采用滚针/圆柱组合轴承支承；在高速加工机床上，驱动端多采用双向推力组合角接触球轴承支承。滚珠丝杠游动端则多采用深沟球轴承支承。

联轴器连接的进给传动系统适用于驱动电机和丝杠同轴安装的场合，如果由于结构限制，驱动电机无法与丝杠同轴安装，电机轴和丝杠间可采用同步带传动连接方式，其进给传动系统结构可参见前述。

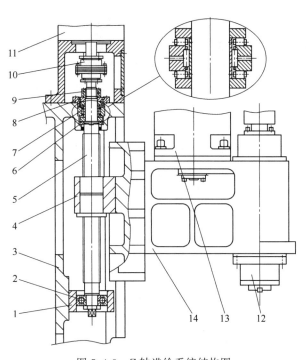

图 5.4-3　Z 轴进给系统结构图

1—后支座；2—后轴承；3—立柱；4—螺母座；5—Z 丝杠
6—隔套；7—前轴承；8—端盖；9—锁紧螺母；10—联轴器；
11—Z 电机；12—主轴；13—主电机；14—主轴箱

2. 螺母旋转直线进给系统

立柱移动、大型工作台移动等长行程、重载直线进给系统对传动刚性要求很高，为了保证传动系统刚度，需要使用长行程、大直径滚珠丝杠传动，丝杠的质量和惯量将导致系统负载转矩的大幅度增加，因此，通常需要采用丝杠固定、螺母旋转并移动的安装形式。

螺母旋转进给系统的丝杠完全固定，驱动电机和螺母均安装在运动部件上，由螺母旋转产生轴向力带动运动部件移动。螺母旋转进给系统不仅可大幅度降低电机负载，而且还能通过预拉伸提高丝杠刚度，减小丝杠直径，降低制造成本，它是长行程、重载进给系统的常用结构。

螺母旋转进给系统的典型结构如图 5.4-4 所示。采用螺母旋转安装时，丝杠完全固定，

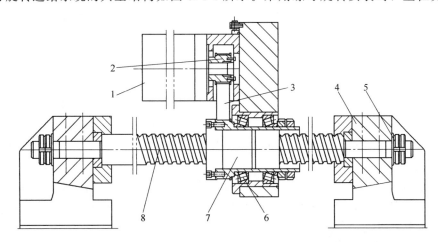

图 5.4-4　螺母旋转进给系统结构

1—电机；2—同步带轮；3—同步带；4—支承座；5—锁紧螺母；6—轴承；7—丝杠螺母；8—丝杠

螺母不仅需要旋转，而且还需要带动运动部件运动，因此，滚珠丝杠螺母与运动部件间需要使用双向推力轴承连接。

螺母旋转进给系统的驱动电机和丝杠螺母不可能同轴，故只能通过同步带或齿轮连接驱动电机和螺母，并且可以通过同步带、齿轮的减速或升速，增加传动系统的输出转矩或提高输出转速。

螺母旋转进给系统可以通过丝杠预拉伸提高刚度、减小直径、降低负载惯量。由于丝杠两端被固定，部件安装时，需要先将同步带套入丝杠，然后才能进行丝杠固定；同步带更换时，也必须先拆下丝杠。此外，由于电机安装在运动部件上，其维修更换也比较困难。因此，其通常只用于立柱移动式、龙门式等大中型机床的长行程进给系统。

5.4.3　回转进给系统

1. 数控转台的结构形式

数控机床的圆周回转进给运动一般通过数控回转工作台（简称数控转台）实现。利用数控转台，可增加机床的运动轴数、扩大机床的加工范围。由于数控转台的结构形式及作用、功能类似，因此，在绝大多数情况下，可以直接选配专业厂家生产的标准产品，以机床附件的形式供用户选配。数控转台作为数控机床的附加坐标轴，不但可用于360°任意位置的分度定位，而且还可参与插补、实现圆柱面曲线和轮廓的铣削加工，它是镗铣加工机床最常用的功能部件。

数控转台的基本结构形式有图5.4-5所示的卧式、立式和立卧复合3种。

卧式数控转台的回转轴线与水平面平行，它是立式镗铣加工机床的常用附件。立式镗铣加工机床的主轴垂直于工作台台面，在通常情况下只能进行工件上表面的加工。如果在台面上安装卧式数控转台，则可通过工件的回转，将加工面由上表面扩展到任意侧面，从而实现箱体或回转体零件的全部表面加工。

(a) 卧式

(b) 立式
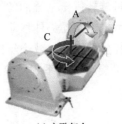
(c) 立卧复合

图5.4-5　数控转台的基本形式

立式数控转台的回转轴垂直于水平面，它是卧式镗铣加工机床的常用附件。卧式镗铣加工机床的主轴垂直于工作台前侧面，在通常情况下只能进行工件前侧面的加工。如果在台面上安装立式数控转台，则可通过工件的回转，将加工面由原来的前侧面扩展到任意侧面，从而实现箱体类零件的全部表面加工。

立卧复合数控转台同时具有水平回转和垂直摆动功能，它是5轴加工机床的常用部件。利用立卧复合数控转台，可方便地在3轴数控机床上实现5轴加工功能，因此，其在通用型5轴加工机床上应用较广。

2. 卧式数控转台

卧式数控转台的参考结构如图5.4-6所示。

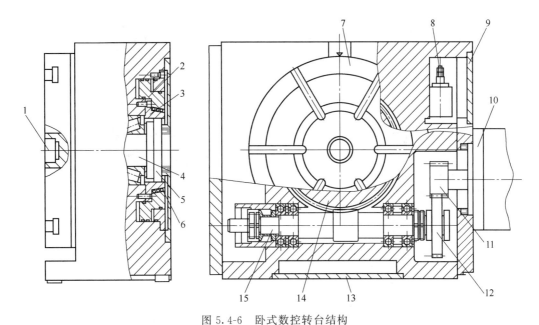

图 5.4-6　卧式数控转台结构

1—台面；2—活塞；3—夹紧座；4—轴；5—夹紧体；6—钢球；7—工作台；8—检测开关；
9,13—盖板；10—伺服电机；11,12—齿轮；14—蜗轮；15—蜗杆

卧式数控转台一般由工作台台面、蜗轮/蜗杆传动机构、夹紧机构等部分组成，由于转台需要用于位置控制和切削进给，故需要采用伺服电机驱动，利用伺服电机内置编码器检测位置和速度。

卧式数控转台的夹紧机构主要由夹紧座、夹紧体、钢球等部件组成。夹紧体安装在转台轴的后端，当活塞右侧的夹紧腔通入压力油后，活塞将向左移动压紧钢球，钢球再压紧夹紧座，夹紧座收缩后可夹持夹紧体、固定转台轴。转台回转时，需要在活塞左侧的松开腔通入压力油，使活塞向右移动，松开夹紧机构。这时，工作台、主轴、蜗轮、蜗杆都将处于可自由旋转的状态。

转台的旋转、分度定位由伺服电机驱动，传动系统由齿轮、蜗轮、蜗杆等部件组成。当转台松开后，伺服电机可通过蜗轮/蜗杆机构驱动工作台台面回转，进行切削进给或定位运动；当转台用于工件回转定位时，到达定位位置后可夹紧转台，保持工作台台面位置不变。

3. 立式数控转台

立式数控转台一般由工作台台面、蜗轮/蜗杆传动系统、间隙消除机构、夹紧机构等部分组成，其参考结构如图 5.4-7 所示。

在图 5.4-7 所示的转台上，伺服电机通过齿轮带动蜗杆旋转；齿轮轴与蜗杆间利用楔形拉紧销进行无间隙连接。

数控转台的蜗杆多采用双导程变齿厚蜗杆，它可通过蜗杆的轴向移动，消除蜗杆、蜗轮间隙。蜗杆、蜗轮间隙调整时，可先松开壳体螺母上的锁紧螺钉，再通过压块将调整套松开；然后，松开楔形拉紧销，转动调整套，蜗杆可以在壳体螺母中做轴向移动，从而消除间隙。调整完毕后，再拧紧锁紧螺钉，通过压块压紧调整套，锁紧楔形拉紧销。

蜗杆和蜗轮是实现转台回转和决定转台定位精度的关键部件。蜗轮直接与转台台面连接，蜗杆和伺服驱动电机连接，在伺服电机的驱动下，转台可实现连续回转和任意角度的定

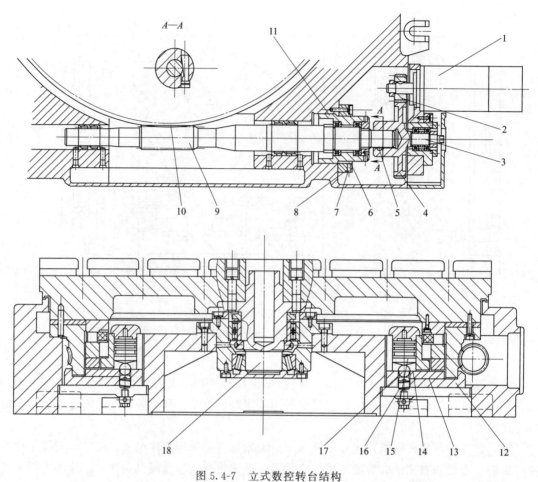

图 5.4-7　立式数控转台结构

1—驱动电机；2,4—齿轮；3—齿轮轴；5—楔形拉紧销；6—压块；7—螺母；8—锁紧螺钉；9—蜗杆；
10—蜗轮；11—调整套；12,13—夹紧瓦；14—夹紧液压缸；15—活塞；16—弹簧；17—钢球；18—轴

位。蜗杆两端采用双列滚针轴承作为径向支承，右端装有两只推力球轴承以承受轴向力，左端轴向可自由伸缩。为了提高定位精度，数控转台的蜗轮、蜗杆减速比一般较大，蜗杆的每转移动量为 2°左右。

回转工作台的夹紧、松开由液压控制。蜗轮下部的内、外两面均有夹紧瓦，蜗轮不转时，通过回转工作台底座上均布的八个夹紧液压缸，在液压缸的上腔进压力油，使活塞下移，然后通过钢球撑开夹紧瓦，夹紧蜗轮。

当工作台需要回转时，液压缸的上腔回油，弹簧把钢球抬起，夹紧瓦松开蜗轮，蜗轮便可进行回转运动。回转工作台的导轨面由大型圆柱滚子轴承支承，并由圆锥滚子轴承和双列圆柱滚子轴承进行回转中心定位。

5.5　自动换刀装置

5.5.1　自动换刀装置的基本形式

主轴和进给是数控机床实现金属切削加工的最基本部件，任何数控机床都必不可少。为

了扩大机床的使用范围,提高效率,大多数数控机床还需要选配一些用来扩展功能、提高效率的特殊部件。由于数控机床的切削原理相同,结构形式类似,为了方便加工制造、提高机床生产效率,普通型数控机床已越来越多地采用专业生产厂家生产的标准部件。这些用来实现特定功能的部件通常称为数控机床功能部件。

数控机床的常用功能部件除了前述的镗铣加工高速主轴单元、立式和卧式数控回转工作台外,还包括车削加工机床的刀架、镗铣加工机床的自动换刀装置等。自动换刀装置的形式众多,高速高精度及复合加工机床的自动换刀装置一般由机床生产厂家,根据机床的结构特点专门设计,普通数控机床可选用专业生产厂家生产的标准产品。

1. 车削刀架

刀架是通用型数控车床必备的刀具自动交换装置,电动刀架和液压刀架是数控车削机床最常用的两种刀架。

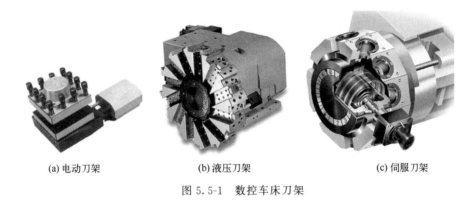

(a) 电动刀架　　　　　　(b) 液压刀架　　　　　　(c) 伺服刀架

图 5.5-1　数控车床刀架

图 5.5-1(a)所示的电动刀架可通过内部的机械机构,实现正向回转选刀和反转锁紧,其结构简单、价格低廉,并且可通过普通感应电机驱动,控制非常容易。电动刀架一般只能安装传统车刀,且可安装的刀具数量少、换刀时间长、定位精度低,因此,多用于国产普及型数控车床。

中小型普通数控车床可安装的刀具数量较多,要求的换刀速度较快、定位精度高,刀架需要具有双向回转、捷径选择功能,因此,通常选配图 5.5-1(b)所示由专业厂家生产的通用液压刀架。

高速高精度数控车床、车削中心对刀具数量、换刀速度、定位精度的要求更高,车削中心还需要安装动力刀具,刀架内部结构复杂、制造要求高,一般需要由机床生产厂家自行设计制造,并通过数控系统进行控制、利用伺服电机驱动回转定位,因此,需要采用图 5.5-1(c)所示的伺服刀架。

2. 自动换刀装置

加工中心的自动换刀需要通过自动换刀装置实现,普通中小型加工中心通常使用图 5.5-2 所示的由专业厂家生产的标准自动换刀装置。

图 5.5-2(a)所示的自动换刀装置的刀库形状类似斗笠,俗称斗笠刀库。斗笠刀库的刀具更换直接通过刀库和主轴的相对运动实现,无换刀机械手,换刀前后刀具在刀库中的安装位置不变。刀库回转选刀通常使用感应电机驱动的槽轮机构分度定位,刀库结构简单、控制容易、动作可靠。

斗笠刀库的回转中心线必须与主轴平行安装;刀具更换时,刀库需要整体移动,故刀库

(a) 斗笠刀库   (b) 机械手换刀装置

图 5.5-2　标准自动换刀装置

容量不能过大，刀具长度和重量受限；在全封闭的机床上，刀库的刀具装载也较麻烦。此外，斗笠刀库换刀时，需要先将主轴上的刀具取回刀库，然后，通过刀库回转选择新刀具，并将其装入主轴，即不能实现刀具的预选，加上槽轮机构分度定位的时间较长，自动换刀时间通常大于 5s。因此，通常只用于 20 把刀以下、对换刀速度要求不高的普通中小规格立式加工中心。

图 5.5-2（b）所示的自动换刀装置采用的是机械手换刀，刀库可布置于机床侧面，刀库的回转中心线和主轴垂直，刀具装载较容易，刀库的容量可以较大。机械手换刀装置可实现刀具预选功能，它可在换刀前，将需要更换的下一把刀具提前回转到刀库的换刀位；换刀时只需要进行换刀位刀套翻转、机械手回转和伸缩等运动，就可完成主轴和刀库侧的刀具交换，其换刀速度较快。大容量机械手换刀装置的刀库也可以采用链式布置，以增加刀具容量，因此，可用于大中型加工中心的自动换刀。

机械手换刀装置的机械手运动，可通过机械凸轮或液压、气动系统控制。机械凸轮驱动的换刀装置结构紧凑、换刀快捷、控制容易，但它对机械部件的安装位置、调整有较高的要求，故多用于中小规格加工中心。液压、气动系统控制的换刀装置的动作可靠、调试容易，且可满足不同结构形式的加工中心换刀要求，但需要配套相应的液压或气动系统，其结构部件较多、生产制造成本较高，故多用于大中型加工中心。

5.5.2　液压刀架结构与原理

1. 刀架结构

中小型数控车床使用的通用液压刀架的结构如图 5.5-3 所示。

液压刀架的刀塔可安装标准车刀，其松夹和分度均通过液压缸实现。刀塔松/夹液压缸位于箱体前侧，缸体直接加工在箱体上；刀塔内侧安装有上齿盘，箱体前盖上安装有下齿盘，刀塔夹紧时，上下齿盘啮合，可对刀塔进行准确定位。刀塔安装在可移动和回转的芯轴上，芯轴前侧（左侧），通过隔套、锁紧螺母和松/夹液压缸活塞连为一体，使得刀塔可在活塞的带动下，实现抬起（松开）和落下（夹紧）运动。刀塔回转时，活塞的右腔进油，推动活塞向左移动，使刀塔抬起、齿牙盘脱开，刀塔便可在芯轴的带动下进行回转选刀。选刀完成后，活塞的左腔进油，推动活塞向右移动，使刀塔落下、齿牙盘啮合，刀塔实现准确定位。

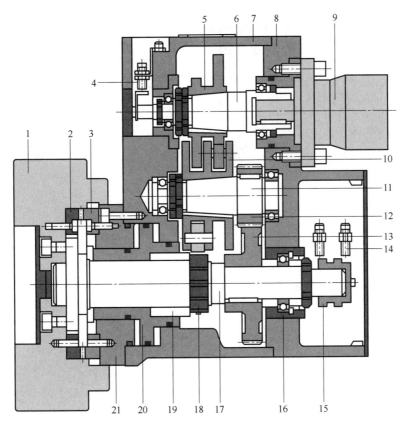

图 5.5-3　共轭凸轮分度液压刀架结构

1—刀塔；2—上齿盘；3—下齿盘；4—计数开关；5—共轭凸轮；6—凸轮轴；7—箱体；8—后盖；
9—回转液压缸；10—滚轮盘；11—滚轮轴；12,13—齿轮；14—松/夹开关；15—发信盘；
16—轴套；17—刀塔芯轴；18—螺母；19—隔套；20—活塞；21—缸盖

　　刀塔芯轴的后侧（右侧）安装有驱动刀塔分度的齿轮以及轴套、支承轴承、轴承隔套、锁紧螺母、松/夹开关、发信盘等部件。芯轴上的齿轮与安装在滚轮轴上的齿轮啮合，可在滚轮轴的带动下回转，实现刀塔分度运动。滚轮轴的前侧（左侧）安装有驱动轴回转分度的滚轮盘，轴前后支承轴承分别安装在箱体、后盖上。滚轮盘的回转由安装在凸轮轴上的共轭凸轮驱动。凸轮轴安装在回转液压缸上，当液压缸回转时，凸轮轴将带动共轭凸轮连续回转；共轭凸轮回转时，将驱动滚轮盘、滚轮轴间隙回转，并带动刀塔实现间隙回转分度运动。

　　2. 分度原理

　　共轭凸轮分度用于分度数为偶数的间隙机械运动机构，可产生分度回转、定位静止 2 个运动，实现分度和粗定位。以 8 位置分度为例，其滚轮盘、共轭凸轮的结构与分度原理如图 5.5-4 所示。

　　滚轮盘上均匀布置有与分度位置相同数目的滚柱，滚柱分上、下两层错位均布；上下层滚柱可分别与共轭凸轮的上下凸轮交替啮合，以驱动滚轮盘实现间隙分度运动。共轭凸轮每转动一周（360°），滚轮盘可转过一个分度角，因此，改变滚轮盘尺寸和滚柱安装数量，便可改变分度位置数。

　　驱动滚轮盘回转的共轭凸轮由上下两个形状完全一致、夹角为 90°的对称布置凸轮组

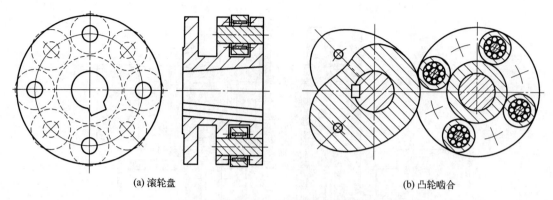

(a) 滚轮盘　　　　　　　　　　　(b) 凸轮啮合

图 5.5-4　滚轮盘、共轭凸轮分度原理图

成，当共轭凸轮回转时，上下凸轮可交替与滚轮盘的上下层啮合，实现平稳的加减速和间隙分度定位运动。

共轭凸轮分度原理如图 5.5-5 所示。

假设位置 1 为共轭凸轮的起始位置，当凸轮顺时针回转 90°，到达位置 2 时，由于上下凸轮均在圆弧曲线上运动，回转半径保持不变，不能推动滚轮盘回转，刀塔将处于静止的粗定位状态。

当凸轮从位置 2 继续顺时针回转 90°时，上凸轮将通过展开线拨动滚轮盘的上层滚柱移动，使滚轮盘逆时针旋转到位置 3。在位置 2 到位置 3 的区域内，下凸轮仍在圆弧曲线上运动，回转半径保持不变，不起驱动作用。

当凸轮从位置 3 继续顺时针回转

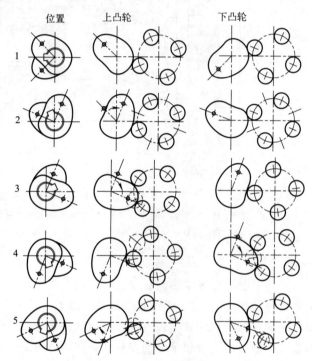

图 5.5-5　共轭凸轮分度原理

90°时，下凸轮将通过展开线拨动滚轮盘的下层滚柱，带动滚轮盘继续逆时针旋转到位置 4。在位置 3 到位置 4 的区域内，上凸轮将从滚柱上逐渐退出，不起驱动作用。

当凸轮从位置 4 继续顺时针回转 90°时，上凸轮将再次拨动滚轮盘的上层滚柱，带动滚轮盘继续逆时针旋转到位置 5。在位置 4 到位置 5 的区域内，下凸轮将从滚柱上逐渐退出，不起驱动作用。

凸轮到达位置 5 后，从位置 5 直到位置 2 的整个区域，上下凸轮均在圆弧曲线上运动，回转半径保持不变，滚轮盘不再回转，刀塔将处于静止的粗定位状态。

共轭凸轮驱动的分度运动机构的连续运动区间较大，多刀位连续分度时，无明显的停顿，通过合理设计凸轮曲线，还可实现刀塔的平稳加减速。

5.5.3　斗笠刀库结构与原理

1. 刀库结构

中小型立式加工中心使用的斗笠刀库参考结构如图 5.5-6 所示，刀库由前后移动机构、刀具安装盘和回转定位机构 3 部分组成。

刀库的前后移动机构包括导向杆和气缸等部件，刀库利用安装座悬挂在导向杆上，通过气缸控制前后移动。

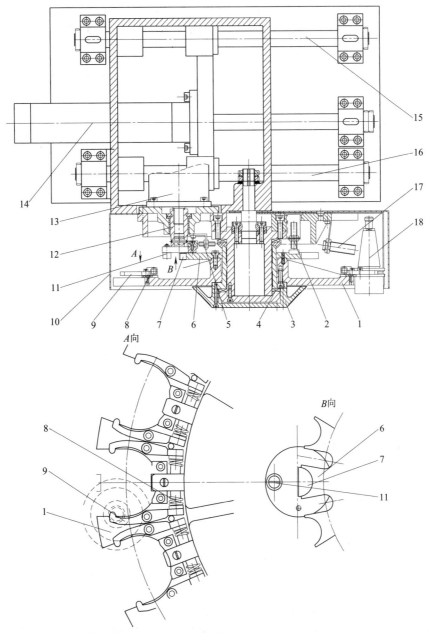

图 5.5-6　斗笠刀库结构图

1—刀盘；2,5,17—接近开关；3—端盖；4—平面轴承；6—定位盘；7—定位块；8—弹簧；9—卡爪；10—罩壳；11—滚珠；12—联轴器；13—回转电机；14—气缸；15,16—导向杆；18—刀具

　　刀具安装盘用来安装刀具，主要由刀盘、端盖、平面轴承、弹簧、卡爪等部件组成。平面轴承是刀盘的回转支承，它与刀库回转轴连接成一体；刀盘和定位盘连成一体，定位盘回转时，可带动刀盘与端盖绕刀库回转轴回转；弹簧、卡爪安装在刀盘上，用来安装和固定刀具。刀具垂直悬挂在刀盘上，并可利用刀柄上的 V 形槽和键槽进行上下和左右定位。刀盘的每一刀爪上都安装有一对卡爪和弹簧，卡爪可在弹簧的作用下张开和收缩，当刀具插入刀盘时，卡爪通过插入力和刀柄上的圆弧面强制张开；刀具安装到位后，卡爪自动收缩，以防止刀具在刀盘回转时因离心力产生位置偏移。

　　刀库的回转定位机构主要由回转电机、联轴器以及由定位盘、滚珠、定位块组成的槽轮定位机构组成。当刀库需要进行回转选刀时，刀库回转电机可带动槽轮回转，槽轮上的滚珠将插入定位盘上的直线槽中，拨动定位盘回转；槽轮每回转一周，定位盘将被拨过一个刀位。当滚珠从定位盘的直线槽中退出时，槽轮上的半圆形定位块将与定位盘上的半圆槽啮合，使得定位盘定位。由于定位块与定位盘上的半圆槽为圆弧配合，即便定位块的位置稍有偏移，定位盘也可保持定位位置不变。

　　槽轮定位机构的结构简单、定位可靠、制造容易，但定位盘的回转为间隙运动，回转开始和结束时存在冲击和振动，另外，其定位块和半圆槽的定位也存在间隙，因此，它只能用于转位速度慢、对定位精度要求不高的普通加工中心刀库。

　　2. 换刀过程

　　斗笠刀库自动换刀动作如图 5.5-7 所示，换刀过程如下。

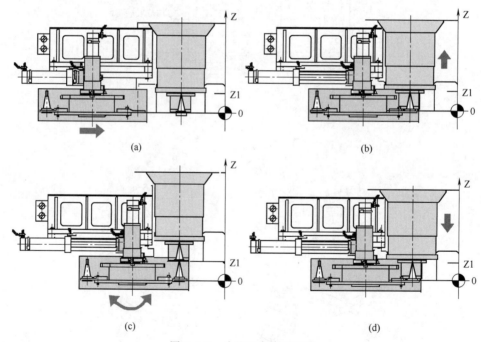

(a)　　　　　　　　　　(b)

(c)　　　　　　　　　　(d)

图 5.5-7　斗笠刀库换刀过程

　　① 换刀准备。机床正常加工时，刀库应处于后位；在机床执行自动换刀指令前，同样需要完成主轴的定向准停，使主轴刀具的键槽和刀库刀爪上的定位键一致；同时，主轴箱（Z 轴）需要快速运动到图 5.5-7 (a) 所示的起始点 0，使主轴和刀库的刀具处于水平等高位置，为刀库前移做好准备。

② 刀库前移抓刀。换刀开始后，刀库前移电磁阀接通，刀库向右移到图 5.5-7（b）所示主轴下方的换刀位置，使刀库上的刀爪插入到主轴刀具的 V 形槽中，完成抓刀动作。

③ 刀具松开、吹气。刀库完成抓刀后，用于刀柄清洁的主轴吹气电磁阀和刀具松开电磁阀接通，主轴刀具被松开。

④ Z 轴上移卸刀。主轴上的刀具松开后，Z 轴正向移到图 5.5-7（c）所示的卸刀点＋Z1，将主轴上的刀具从主轴锥孔中取出，完成卸刀动作。

⑤ 回转选刀。Z 轴上移到位后，刀库回转电机启动，并通过槽轮定位机构驱动刀库回转分度，将需要更换的新刀具回转到主轴下方的换刀位，并通过槽轮定位机构自动定位。

⑥ Z 轴下移装刀。回转选刀完成后，Z 轴向下返回到图 5.5-7（d）所示的起始点 0，将新刀具装入到主轴的锥孔中。

⑦ 刀具夹紧。Z 轴下移到位后，主轴吹气和刀具松开电磁阀同时断开，主轴上的刀具可通过碟形弹簧自动夹紧。

⑧ 刀库后移。刀具夹紧后，刀库后移电磁阀接通，刀库后移到图 5.5-7（a）所示的初始位置，换刀结束。随后，主轴箱（Z 轴）便可向下运动，进行下一工序的加工。

在部分机床上，以上换刀过程中的 Z 轴（主轴箱）上下移动利用刀库的气动升降实现，两者的其他动作完全相同。

5.5.4　机械手换刀结构与原理

1. 刀库结构

机械手换刀装置的换刀速度快、刀库容量大，是高速加工中心常用的自动换刀装置。机械手运动可采用机械凸轮或液压、气动系统控制。机械凸轮驱动的机械手结构紧凑、换刀快捷、控制容易，是中小规格加工中心常用的换刀装置，目前已有专业厂家生产，机床生产厂家通常直接选配标准产品。

机械凸轮驱动的机械手换刀装置的基本组成如图 5.5-8 所示，自动换刀装置由刀库分度定位机构、机械手驱动装置、机械手 3 大部分组成。

刀库分度定位机构由回转电机、减速器、蜗杆凸轮分度定位机构等部件组成，用于刀库的回转与定位。机械手驱动装置由机械手电机、弧面凸轮驱动的机械手回转机构、平面凸轮驱动的刀臂伸缩机构等部件组成，用来驱动机械手回转、刀臂伸缩等动作。机械手用来抓取刀具，完成刀库换刀位和主轴上的刀具交换。

机械手换刀装置的自动换刀动作通过机械手的运动实现，自动换刀时主轴、刀库不需要进行相对运动，因此，可用于工作台移动、立柱移动、主轴箱移动等各种形式的加工中心。机械手换刀的优点是可进行刀具预选，它可在换刀前将需要更换的下一刀具提前回转到刀库的换刀位上；自动换刀时只需要进行机械手回转、刀臂伸缩等运动，就可完成主轴和刀库侧的刀具交换，由于自动换刀过程中无需进行刀库回转选刀，其换刀速度比斗笠刀库快得多。

2. 蜗杆凸轮分度原理

凸轮驱动机械手换刀装置的刀库回转一般采用蜗杆凸轮分度定位机构，分度定位原理如图 5.5-9 所示。

图 5.5-9 中的蜗杆凸轮可在刀库回转电机、减速器的驱动下回转，凸轮的圆柱面上加工有驱动滚轮移位、带动滚轮盘回转的凸轮槽。滚轮盘与刀库回转盘连接成一体，上面均匀安装有数量与刀库刀位数相同的滚轮；其中的 2 个滚轮与蜗杆凸轮的槽啮合。当蜗杆凸轮回转

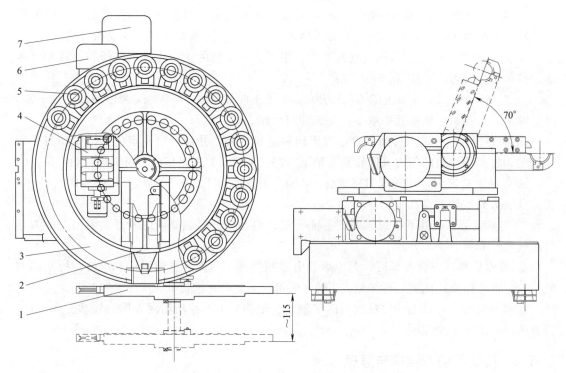

图 5.5-8 机械凸轮驱动的机械手换刀装置的组成

1—刀臂；2—刀套翻转机构；3—刀库；4—分度定位机构；5—刀套；6—回转电机；7—机械手电机

时，凸轮槽将驱动滚轮移位，以此带动滚轮盘及刀库回转。

蜗杆凸轮上的凸轮槽中间段为封闭的螺旋升降段，两端为敞开的定位保持段。当凸轮进行图示的顺时针旋转时，滚轮 A 将进入凸轮的螺旋升降段，并在凸轮槽的推动下移动到达滚轮 B 的位置，使滚轮盘顺时针转过一个刀位；与此同时，滚轮 C 将被移动到滚轮 A 的位置，为下一位置的回转做好准备。

当滚轮 A 到达滚轮 B 的位置后，滚轮 A 和 C

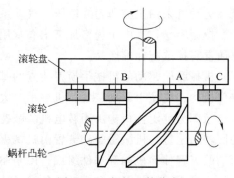

图 5.5-9 蜗杆凸轮分度

都将进入螺旋槽的保持段，此时，凸轮的回转将不会产生滚轮的移动，滚轮盘与刀库均进入定位保持状态。如果凸轮继续运动，则又可推动滚轮 C 到达滚轮 B 的位置，继续转一个分度位置，如此循环。

3. 机械手驱动原理

凸轮机械手驱动装置的结构原理如图 5.5-10 所示。机械手的运动通过两组凸轮机构实现，其中，平面凸轮和连杆组成的机构用来实现机械手的伸缩动作，弧面凸轮和分度盘组成的机构用来实现机械手的转位动作；电机通过减速器与凸轮换刀装置相连，为机械手的运动提供动力。当驱动电机回转时，利用平面凸轮机构和弧面凸轮机构的配合动作，可将电机回转运动转化为机械手伸缩、转位等有序运动。

控制机械手伸缩的平面凸轮通过圆锥齿轮轴和减速器连接，当电机转动时，可通过连杆

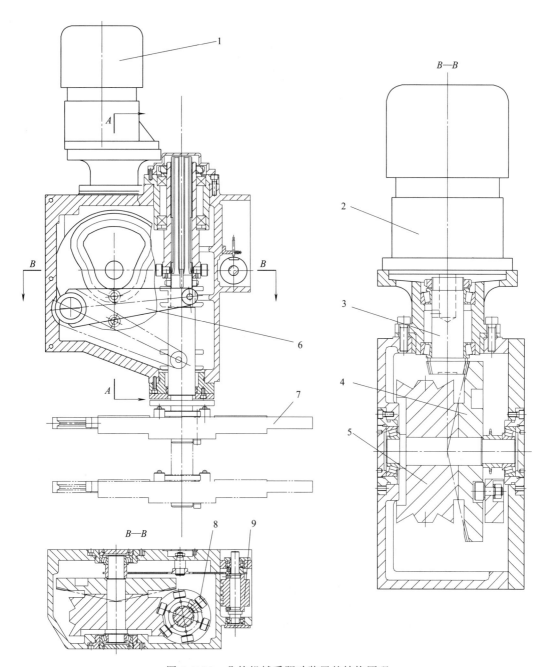

图 5.5-10 凸轮机械手驱动装置的结构原理

1—电机；2—减速器；3—齿轮轴；4—平面凸轮；5—弧面凸轮；6—连杆；7—机械手；8—分度盘；9—发信盘

机构带动机械手在垂直方向做上、下伸缩运动，实现卸刀、装刀动作。弧面凸轮和平面凸轮连为一体，当驱动电机回转时，通过分度盘上的 6 个滚柱带动花键轴转动；花键轴可带动机械手在水平方向做旋转运动，实现机械手的转位。发信盘中安装有若干接近开关，以检测机械手实际运动情况，进行动作控制与互锁。

机械手换刀装置的刀臂回转（弧面凸轮驱动）、刀臂伸缩（平面凸轮驱动）及驱动电机启动/停止、主轴上刀具松开/夹紧的动作配合曲线如图 5.5-11 所示，图中的角度均为参考值，在不同的产品上稍有区别。

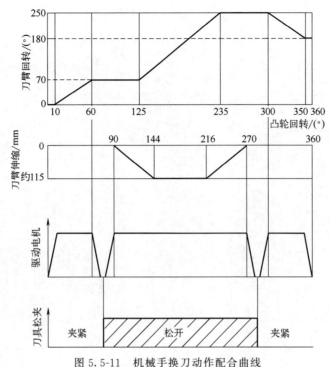

图 5.5-11　机械手换刀动作配合曲线

机械手自动换刀装置的动作如图 5.5-12 所示，换刀过程如下。

① 刀具预选。在刀具交换前，机械手应位于上位、0°的初始位置，在机床加工的同时，安装有下一把刀具的刀座（刀套）回转到刀库的刀具交换位上，做好换刀准备，完成刀具预选动作。机床完成加工后，执行主轴定向准停，Z 轴快速运动到换刀位置。

② 机械手回转抓刀。换刀开始后，首先通过气动或液压系统，将刀库换刀位的刀套连同刀具翻转 90°，使刀具轴线和主轴轴线平行。然后，启动机械手驱动电机，机械手可在弧面凸轮的驱动下进行 70°左右的回转，使两侧的手爪同时夹持刀库换刀位和主轴上的刀具刀柄，完成抓刀动作。如果刀库换刀位刀具翻转不影响机床的正常加工和防护，为了加快换刀速度，上述的刀具翻转动作，也可在刀具预选完成后直接执行。

③ 卸刀。机械手完成抓刀后，机械手驱动电机停止；然后，利用气动或液压系统松开主轴上的刀具，进行主轴吹气。刀具松开后，再次启动机械手驱动电机，机械手将转换到平面凸轮驱动模式，刀臂在平面凸轮的驱动下伸出（SK40 为 115mm 左右），刀库和主轴上的刀具被同时取出。

④ 刀具交换。卸刀完成后，机械手重新转换到弧面凸轮的驱动模式，进行 180°旋转，将刀库和主轴侧的刀具互换。

⑤ 装刀。刀具交换完成后，机械手又将转换到平面凸轮驱动模式，刀臂自动缩回，将刀具同时装入刀库和主轴。接着，停止机械手驱动电机，并利用气动（或液压）系统夹紧主轴上的刀具，关闭主轴吹气。

⑥ 机械手返回。主轴上的刀具夹紧完成后，第 3 次启动机械手驱动电机，机械手在弧面凸轮的驱动下返回到 180°位置，机械手换刀动作结束。此时，可利用气动（或液压）系统，将刀库刀具交换位的刀套连同刀具向上翻转 90°，回到水平位置。

由于机械手的结构完全对称，因此，其 180°位置和 0°位置并无区别，故可在 180°位置上继续进行下一刀具的交换。

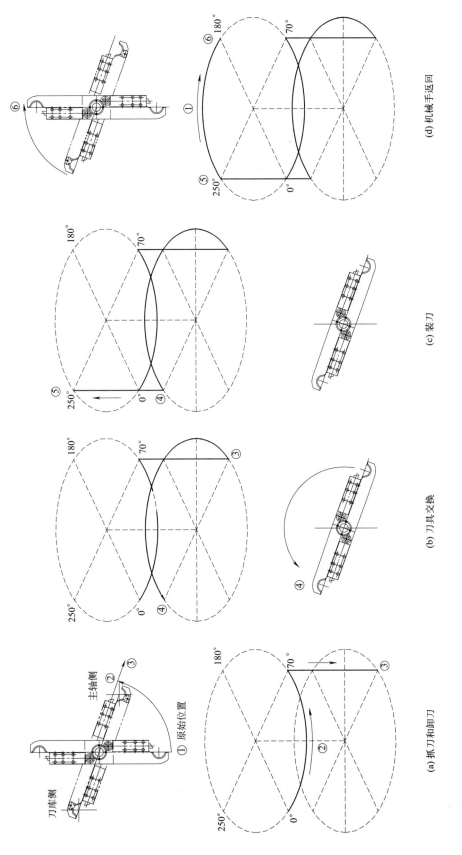

(d) 机械手返回

(c) 装刀

(b) 刀具交换

(a) 抓刀和卸刀

图 5.5-12 机械手换刀动作

第 **6** 章

数控系统与连接

6.1 数控原理与系统

6.1.1 数字化控制原理

1. 数字化控制的含义

所谓数字化控制，实际上是利用数字化信息对产品生产制造过程进行控制和管理的一种方法，也是所有先进生产方式必须采用的基础技术。通过数字化控制的机床、工业机器人等柔性自动化设备及相关技术，实现多品种、小批量零部件的灵活加工和产品生产，是柔性制造的核心。在此基础上，再通过信息技术（IT）和创新的管理，实现柔性生产技术和高水平管理人才、高技能劳动者、产品生产组织机构的无边界集成，增强企业快速响应市场的能力，提高产品研发和生产速度，是敏捷制造的基本内涵。进而，利用人工智能技术（AI），最大限度减少人类在产品生产和使用活动中的介入，进一步提高产品质量、效益和服务水平，减少资源消耗，推动制造业向绿色、协调、开放、共享方向发展是智能制造的最终目标。

数字化控制技术源自于机床，狭义意义上的数字化控制（Numerical Control，简称NC）是利用数字化信息对机械运动及加工过程进行控制的一种方法，由于现代数控都采用了计算机控制，因此，又称计算机数控（Computerized Numerical Control，简称CNC）。数字化信息控制必须有相应的硬件和软件，这些硬件和软件的整体称为数控系统（Numerical Control System）。用于金属切削机床控制的数控系统一般包括数控装置（Computerized Numerical Controller）、可编程序控制器（PLC 或 PMC）、伺服驱动器、主轴驱动器等部件，其中，数控装置（亦称 CNC）是数控系统的核心部件。

由于数控技术、数控系统、数控装置均可缩写为 CNC（或 NC），因此，在不同的使用场合，NC 或 CNC 一词具有三种不同含义，即：在广义上，代表一种控制方法和技术；在狭义上，代表一种控制系统的实体；有时，还可特指一种具体的控制器（数控装置）。

2. 数控技术的产生

数控技术源自于机床，其最初目的是解决金属切削机床的轮廓加工（刀具轨迹自动控制）问题。

在金属切削机床上，为了能够完成零件的加工，需要对机床的运动过程（动作顺序）、刀具切削速度、刀具运动轨迹 3 方面进行控制。

① 动作顺序控制。机床对零件的加工一般需要有序执行多个动作，这一动作顺序称为工序，复杂零件的加工可能需要执行数十道工序才能完成。因此，机床加工时，需要根据工序的要求，依次执行不同的动作。

动作顺序控制属于逻辑控制，最初的解决方法是使用继电器接点控制系统，后来，人们研发出了可编程序控制器（PLC）等计算机控制的逻辑控制器。

② 切削速度控制。金属切削机床使用刀具加工零件，为了提高加工效率和表面加工质量，需要根据刀具和零件的材料、直径及表面质量的要求，来调整刀具与工件的相对运动速度（切削速度），即改变刀具或零件的转速。

切削速度控制属于传动控制，最初的解决方法是使用齿轮、同步带等机械传动部件或电机的调速实现，现代数控机床大都采用交流变频调速技术。

③ 刀具轨迹控制。在金属切削机床上，为了使零件具有规定的形状（轮廓），就必须控制刀具与工件的相对运动轨迹，才能得到正确的轮廓。

刀具轨迹控制不仅需要控制位置和速度，而且还需要对多个方向的运动进行合成控制，这一问题直至 1952 年美国帕森斯（Parsons）公司和麻省理工学院（MIT）联合研发出第一台采用数字化控制技术的机床才予以解决，这就是数控技术的起源。

3. 轨迹控制原理

数控机床的刀具轨迹控制的实质是数学上的微分原理应用。例如，对于图 6.1-1 所示 XY 平面的任意曲线运动，其数字化控制原理如下。

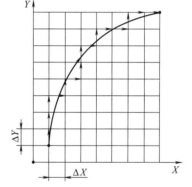

图 6.1-1　轨迹控制原理

① 微分处理。数控装置（CNC）根据运动轨迹的要求，首先将曲线微分为 X、Y 方向的等量微小运动 ΔX、ΔY；这一微小运动量称为 CNC 插补单位。

② 插补运算。数控装置通过运算，得到最接近理论曲线的 ΔX、ΔY 独立运动（或同时运动）轨迹，以此来拟合理论曲线，这一过程称为"插补运算"。

③ 脉冲分配。数控装置完成插补运算后，按拟合线的要求，向需要运动的坐标轴发出运动指令（脉冲）；这一指令脉冲经伺服驱动器放大后，转换为伺服电机的微小转角，然后，利用滚珠丝杠等传动部件，转换为 X、Y 轴的微量直线运动。

由此可得到以下结论：

① 能参与插补运算的坐标轴数量，决定了数控装置拟合轨迹的能力。理论上说，2 轴插补可拟合任意平面曲线，3 轴插补可拟合任意空间曲线；如能进行 5 轴插补，则可在拟合任意空间曲线的同时，控制刀具在任意点的中心线方向等。

② 只要数控装置的脉冲当量足够小，ΔX、ΔY 独立运动产生的折线就可以等效代替理论曲线，使刀具运动轨迹具有足够的精度。

③ 只要改变各坐标轴的指令脉冲分配方式（次序和数量），便可改变拟合线的形状，获得任意的刀具运动轨迹。

④ 只要改变指令脉冲的输出频率，即可改变刀具的运动速度。

因此，理论上说，只要机床结构和控制系统功能允许，数控机床便能加工任意形状的零件，并保证零件有足够的加工精度。

数控技术的诞生不仅解决了金属切削机床刀具运动轨迹控制的难题，而且可拓展到其他所有领域，例如，将图像微分为像素，便产生了数码相机、数字电视等数字影像设备。

6.1.2　数控系统的基本要求

为了满足现代数控机床高速高精度控制和柔性化、无人化加工的需要，数控系统通常应具有以下基本功能。

1. 多轴联动

在数控系统上，能参与插补运算的最大坐标轴数，称为同时控制轴数，简称联动轴数。联动轴数曾经是衡量 CNC 性能水平的重要技术指标之一，联动轴数越多，数控系统的轨迹控制能力就越强。例如，2 轴联动的机床可以完成平面曲线的加工，3 轴联动的机床可以完成空间曲线的加工；如果需要在加工空间曲线时同时控制刀具中心线方向，则需要有 5 轴联动功能。而对于工业机器人这样作业工具需要在三维空间移动并回转的设备，则至少需要有6 轴联动功能。

需要注意的是：计算机技术发展到今天，就数控装置而言，目前所使用的微处理器无论是运算速度还是运算精度，完成多轴插补运算早已不存在任何问题，因此，数控装置（CNC）进行多轴插补、多轴联动运算，这并不是什么技术难题。但是，作为数控机床需要保证的是所控制的运动部件能够按 CNC 所输出的指令脉冲准确地运动，确保刀具的实际运动轨迹与理论轨迹一致，这样才能真正加工出所需的轮廓。因此，真正意义上的数控系统需要进行伺服驱动和 CNC 的整体设计，利用 CNC 来实现坐标轴的闭环位置控制，确保坐标轴的实际运动和数控指令一致。如果 CNC 只是生成插补脉冲，各坐标轴的位置由脉冲输入的通用型伺服驱动器控制，这样的 CNC 实际上只是一个脉冲生成器，它并不能闭环控制坐标轴的位置，其运动轨迹的精确控制只存在理论上的可能。从这一意义上说，使用脉冲输入的通用型伺服驱动器的数控系统，只是以通用型伺服驱动代替了传统的步进驱动而已，对于 CNC，坐标轴的位置控制仍然属于开环控制，它并不能真正用于高精度轮廓加工。这也是目前国产数控系统和进口数控系统所存在的主要差距。

2. 高速高精度

数控机床是用于机械零部件加工的设备，必须具有较高的加工效率和加工精度，才能满足企业的生产需要，因此，数控系统必须具有高速高精度控制的能力。

① 高速。数控系统的伺服驱动以交流伺服电机驱动为主。交流伺服电机本质上是一种交流永磁同步电机，电机最高转速很难超过 6000r/min。因此，对于滚珠丝杠导程为10mm、伺服电机和滚珠丝杠直接连接的直线运动系统，可达到的最大进给速度为 60m/min；如果需要进一步提高进给速度，就必须采用大导程滚珠丝杠或通过同步带增速。但是，由于伺服电机启制动转矩、滚珠丝杠特征转速（dN 值）等方面的限制，滚珠丝杠传动直线运动系统的最大进给速度、加速度目前还很难超过 100m/min、10m/s^2（1g）。因此，对于快速进给速度、加速度超过 100m/min、1g 的直线进给系统，一般都需要采用直线电机驱动系统。

② 高精度。数控系统的控制精度取决于系统的脉冲当量。所谓脉冲当量就是数控装置

单位指令脉冲所对应的坐标轴实际位移，它就是机床的最小移动单位。脉冲当量越小，机床可达到的位置精度就越高，加工出的轮廓就越精确。脉冲当量是数控系统理论上能达到的最高位置控制精度。同样，以目前 CNC 的微处理器性能，通过插补运算输出微量脉冲已不存在任何问题，因此，数控机床的高精度位置控制实际上主要取决于伺服驱动系统的性能。

例如，对于使用步进电机驱动的控制系统，由于步距角很难做到 $0.36°$ 以下，因此，其实际位置控制精度在每转 1000 脉冲（1000P/r）以下，如果用于滚珠丝杠导程为 10mm、步进电机和滚珠丝杠直接连接的直线运动系统，其脉冲当量只能达到 0.01mm；如果使用脉冲输入的通用型伺服驱动，脉冲当量一般可达到 0.001mm 左右。

数控机床的实际位置精度还与位置检测装置的类型与性能有关。对于利用电机内置编码器作为位置检测元件的半闭环控制系统，可以保证伺服电机转角的准确输出，但不能保证最终运动部件的位置准确；采用光栅、编码器直接检测最终运动部件直线位置、转角的全闭环系统，则可保证运动部件最终位置准确。

目前，国产交流伺服驱动通常以电机内置的传统增量式光栅编码器作为位置检测器件，编码器的检测精度一般为 2500P/r 左右，通过 4 倍频电路，实际可达到的检测精度为 1000P/r 左右；如果用于滚珠丝杠导程为 10mm、伺服电机和滚珠丝杠直接连接的直线运动系统，其位置检测精度可达到 $1\mu m$ 左右。进口交流伺服驱动的电机内置编码器大多使用正余弦模拟量输出的磁性编码器，其位置检测分辨率可高达 2^{28}（268435456）P/r，如果用于滚珠丝杠导程 10mm、伺服电机和滚珠丝杠直接连接的直线运动系统，其位置检测精度可达 $0.04\mu m$ 左右。

由此可见，就数控系统而言，只要采用交流伺服驱动，其位置控制精度已足以满足绝大多数金属切削数控机床的控制要求，因此，如何提高机械传动系统的精度，是数控机床高精度控制的核心问题。

3. 多轨迹控制

多轨迹控制实际上是一种计算机群控功能，可用于机床多主轴加工、FMC 多设备同时运行控制。多轨迹控制最初用于多刀架数控车削机床控制，其表述方法在不同公司生产的数控系统上有所不同。例如，FANUC 称为"多路径控制（Multi Path Control）"，SIEMENS 称为"多通道控制（Multi Channel Control）"等。

多轨迹控制本质上是利用现代计算机的高速处理功能，同时运行多个加工程序、同时进行多种轨迹的插补运算，使得一台数控装置具备了同时控制多种轨迹的能力，从而真正实现了早期数控系统提出的计算机群控（DNC）功能。具有多轨迹控制的数控系统可以在同一时间同步运行多个加工程序，分别控制各自的进给轴和主轴，独立完成各自的数控加工或其他运动，使得数控系统具有控制多台数控机床的能力。多轨迹控制不仅可用于多刀架、多主轴同时加工控制，而且还可以用于柔性制造单元的工件自动装卸运动控制，使工件自动装卸的动作、运动速度、运动轨迹可直接以加工程序的形式编程，实现控制的一体化。

多轨迹控制原来大多属于高性能数控系统的选择功能。例如，FANUC 公司的 30iB 系统，最大可用于 15 路径（轨迹）、96 轴控制；SIEMENS 公司的 840Dsl 系统，最大可用于 30 加工通道（轨迹）、93 轴控制。但是，随着数控技术的发展，微处理器性能的提高，多轨迹控制目前已逐步拓展到了紧凑型数控系统。例如，FANUC 新一代 FS0iF 系统，同样具备了 2 路径加工、12 轴控制能力等。

6.1.3　数控系统的一般组成

数控系统是以运动轨迹作为主要控制对象的自动控制系统，其控制指令需要以程序的形式输入，因此，作为数控系统的最基本组成，需要有图 6.1-2 所示的数据输入/显示装置、计算机控制装置（数控装置）、脉冲放大装置（伺服驱动器及电机）等硬件和配套的软件。

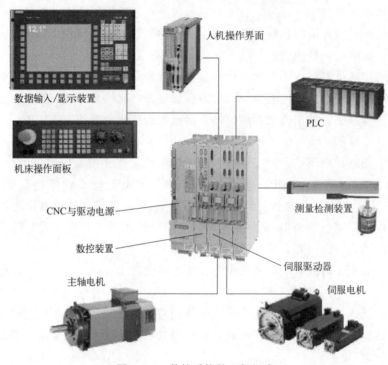

数据输入/显示装置

机床操作面板

人机操作界面

PLC

CNC与驱动电源

测量检测装置

数控装置

伺服驱动器

主轴电机

伺服电机

图 6.1-2　数控系统的一般组成

1. 数据输入/显示装置

数据输入/显示装置用于加工程序、控制参数等数据的输入及程序、位置、工作状态等数据的显示。键盘和显示器是任何数控系统都必备的基本数据输入/显示装置。

CNC 的键盘用于数据的手动输入，故又称手动数据输入单元（Manual Data Input Unit，简称 MDI 单元）；现代数控系统的显示器基本上都使用液晶显示器（Liquid Crystal Display，简称 LCD）。数控系统的键盘和显示器通常制成一体，这样的数据输入/显示装置简称 MDI/LCD 单元。作为数据输入/显示扩展设备，早期的数控系统曾经使用的光电阅读机、磁带机、软盘驱动器和 CRT（阴极射线管）显示器等设备目前已淘汰，存储卡、U 盘等是目前数控系统常用的数据输入/显示扩展设备。

为了进一步提高操作性能和数据管理、网络通信能力，适应企业信息化管理和智能数控机床的控制需要，先进的数控系统已更多地使用工业 PC 机、工业平板电脑（Industrial Panel PC）等智能人机操作界面替代传统的 MDI/LCD 单元。使用智能人机操作界面的系统不仅具有数据、文件、资料管理和用户个性化画面制作等功能，而且，还可集成 CAD/CAM、机床仿真、工艺优化、MAPPS 对话编程等功能，实现 CAD/CAM 与数控加工的一体化；利用 PC 机的网络通信功能，还可连接企业局域网和互联网，通过 MES、SCADAS 等信息管理系统，实时获取企业的设备和刀具数据库的信息，自动选择和配置机床和刀具，进行远程运行监控和维修服务，实现数控加工的智能化。

2. 数控装置

数控装置（Computerized Numerical Controller，简称 CNC）又称数控单元（Numerical Control Unit，简称 NCU），它一般由微处理器、存储器和输入/输出接口等部件组成。CNC 是数控系统用于数控加工程序编译、插补运算、数据存储的核心部件，全功能数控系统的 CNC 还具有坐标轴闭环位置控制、开关量逻辑程序处理等功能。

刀具运动轨迹控制是 CNC 最主要的功能，它可通过插补运算，将数控加工程序中的刀具移动指令转换为控制各坐标轴移动的指令脉冲；指令脉冲经伺服驱动装置放大后，便可驱动坐标轴运动。对于数控加工程序中的其他指令（如 M、S、T 等），CNC 可通过程序编译，将其转换为相应的控制信号，并通过外部控制装置或 CNC 集成 PLC 的开关量逻辑程序处理，控制数控机床的辅助部件运动。

计算机技术发展到今天，数控装置的控制轴数、运算精度、处理速度等已不再是制约数控系统性能的主要问题；利用多核处理器，还可并行处理多个插补运算程序、同时控制多把刀具的运动轨迹。因此，衡量数控系统的技术性能和水平，不能仅仅看 CNC 能进行多少轴的插补运算（联动轴数）和指令脉冲输出，还要看 CNC 是否真正具备坐标轴的实际位置控制能力。用于高精度轨迹控制的 CNC 不仅需要通过插补运算生成指令脉冲，而且，还必须具备坐标轴位置闭环自动调节功能，才能保证指令脉冲能得到正确的执行，确保实际刀具运动轨迹与理论轨迹一致。

3. 伺服驱动装置

伺服驱动装置由伺服驱动器（Servo Drive，亦称放大器）和伺服电机（Servo Motor）等部件组成，按日本 JIS 标准，伺服（Servo）是"以物体的位置、方向、状态等作为控制量，追踪目标值的任意变化的控制机构"。伺服驱动装置不仅可以和数控装置配套使用，而且还可以构成独立的位置随动系统，故又称伺服系统。

早期数控系统不具备闭环位置控制功能，伺服驱动装置采用的是步进电机或电液脉冲马达等开环驱动装置，通过指令脉冲的功率放大，驱动坐标轴运动。到了 20 世纪 70 年代中期，FANUC 公司率先研发了使用直流伺服电机驱动、具有闭环位置控制功能的数控系统。到了 20 世纪 80 年代中期，交流伺服电机驱动开始全面替代直流伺服电机驱动，成为数控系统的主流驱动装置。在现代高速加工机床上，已开始逐步使用直线电机（Linear Motor）、内置力矩电机（Built-in Torque Motor）及直接驱动电机（Direct Drive Motor）等无需机械传动部件的新颖进给直接驱动部件。

伺服驱动系统的结构与数控系统的结构、性能密切相关。如果 CNC 只能输出指令脉冲，不具备闭环位置控制功能，伺服驱动系统就需要采用脉冲输入控制的步进驱动系统或通用型伺服驱动系统；使用步进驱动的数控系统俗称经济型数控，使用脉冲输入通用型伺服驱动的数控系统称为普及型数控。如果 CNC 具有闭环位置控制功能，伺服驱动系统实际上只需要进行速度和转矩的控制，这样的数控系统称为全功能数控。

4. PLC

PLC 是可编程序控制器（Programmable Logic Controller）的简称，数控系统的 PLC 经常与数控装置集成一体，这种 PLC 专门针对机床控制要求所设计，故又称可编程机床控制器（Programmable Machine Controller，简称 PMC）。根据不同公司的习惯，CNC 集成 PLC 在 FANUC 数控系统上称为 PMC，而 SIEMENS 等数控系统仍称为 PLC。

数控系统的 PLC 用于数控设备中除坐标轴插补运算（运动轨迹）外的其他辅助功能控制。例如，系统操作方式选择，程序运行控制，进给速度调节，坐标轴手动操作，伺服、主轴的启制动，加工程序中的辅助功能指令（M、T 指令）处理，刀具、工件的松/夹与自动交换以及机床的冷却、润滑控制等。

早期的进口数控系统及大多数国产普及型数控系统无集成 PMC（PLC）功能。这种系统只能对加工程序中的辅助功能指令（M、T 指令）进行编译处理，然后，以开关量输出（Data Output，简称 DO）信号的形式提供给机床使用；同样，系统操作方式选择、程序运行控制、伺服与主轴的启制动等控制信号也需要以开关量输入（Data Input，简称 DI）的形式，直接输入 CNC。因此，系统的辅助功能控制需要通过外部 PLC 或强电控制电路实现。

后期的进口数控系统一般都具有集成 PMC（PLC）功能，CNC 和 PLC 共用处理器，用来连接机床输入/输出信号的 DI/DO 模块可作为系统的基础部件提供。这种系统的操作方式选择、程序运行控制、伺服与主轴的启制动以及加工程序中的辅助功能指令（M、T 指令），以 CNC 和 PMC 内部信号的形式连接；系统的所有辅助控制功能，均可利用 PLC 程序进行集中处理，实现了 CNC 和 PMC 的集成。

高档数控系统的 PLC 有时直接使用通用 PLC 作为 CNC 的配套部件，通用 PLC 具有独立的处理器和丰富的 DI/DO 模块与其他各类功能模块（如模拟量处理、位置控制等），可连接机床的各类输入/输出。使用通用 PLC 的系统，CNC 和 PLC 间需要通过专门的接口模块和通信总线连接，进行 CNC 和 PLC 的信息交换，PLC 的程序编辑、状态监控等功能可直接利用 CNC 的操作显示单元进行。

数控系统的操作方式选择、程序运行控制、进给速度调节、坐标轴手动操作等属于系统的基本操作，它需要通过外部的按钮、组合开关等控制器件实现。为了方便用户使用，系统生产厂家通常将用于系统基本操作的控制器件设计成标准的机床操作面板，作为 PMC 的标准 DI/DO 部件，供用户配套选用。

5. 其他

随着数控技术的发展和机床控制要求的提高，数控系统的功能在日益增强，系统可配套选用的机电一体化控制部件越来越多。

例如，在高速高精度加工机床以及使用直线电机、直接驱动旋转电机的机床上，用于直线位置/速度测量的光栅、实际回转角度/转速检测的编码器等也是数控系统的基础部件。在金属切削机床上，为了控制刀具的切削速度，主轴驱动需要使用数控生产厂家专门设计、制造的专用感应电机及配套的变频调速主轴驱动器。在车铣复合加工机床等现代加工设备上，主轴不仅需要控制速度，而且还需要切换为 Cs 轴控制的回转进给模式，参与坐标轴的插补运算。因此，在金属切削机床的全功能数控系统上，主轴驱动装置也是数控系统的基本组件之一，一般由数控系统生产厂家配套提供。

6.1.4　数控系统的发展与分类

1. 产品及发展

数控系统是决定数控机床性能的核心部件，需要由专业生产厂家生产并提供给机床生产厂家配套选用，全球著名的系统生产厂家有 FANUC（日）、SIEMENS（德）、三菱（日）、HEIDENHAIN（德）等。其中，FANUC 公司是目前全球最大的数控系统生产厂家，产品以先进、可靠、实用著称，整体技术水平居世界领先地位。FANUC 数控系统自 1974 年来，产品的市场占有率长期位于世界第一，目前已占全球 CNC 市场的 30% 以上。

数控系统是计算机在工业自动化领域的应用，其发展与计算机技术基本同步，以 FANUC 系统为例，产品发展大致经历了以下阶段。

第一代数控（1956—1974 年）。第一代数控最初采用电子管、晶体管等分立元件组成的电子电路控制，到了 20 世纪 60 年代中期开始采用集成电路。第一代数控采用的是步进电机、电液脉冲马达驱动，坐标轴的位置为开环控制，脉冲当量为 0.01mm 左右；数据显示为数码管。由于 CNC 不具备闭环位置控制功能，加上步进电机、电液脉冲马达固有的步距角大、输出转矩小、高频失步、运行噪声大等问题，系统的控制精度低、运动速度慢、运行噪声大。

第二代数控（1975—1984 年）。第二代数控使用了 8 位微处理器、集成电路、晶闸管等微电子及电力电子器件，采用了直流伺服、主轴电机驱动，CNC 已经具备闭环位置控制功能，脉冲当量可达 0.001mm。第二代数控不仅通过 CNC 闭环位置控制功能提高了轨迹控制精度，解决了步进电机和电液脉冲马达运动速度慢、失步、运行噪声大等一系列问题，而且还采用了 MDI/CRT 操作单元、集成 PMC（PLC）等控制部件，系统已可满足数控机床的基本控制需要。

FANUC 公司第二代数控的典型产品有 FANUC SYSTEM 6（简称 FS6，下同）、FS3（紧凑型）等，其中，FS6 已具备 5 轴控制、4 轴联动功能，成为了 20 世纪 80 年代数控系统的标志性产品，在各类数控机床上得到了广泛的应用。

第三代数控（1985—1994 年）。第三代数控普遍采用了 16、32、64 位微处理器，大规模集成电路、IGBT（绝缘栅双极型晶体管）、IPM（智能功率模块）等先进的控制器件，并开始采用现场总线控制技术；交流伺服、主轴驱动开始全面代替直流伺服、主轴驱动，解决了第二代数控的直流电机电刷更换、维护问题；系统可靠性更高、扩展性更好。第三代数控已具有多轴多轨迹控制、Cs 轴控制和 5 轴加工控制等功能，可用于高速高精度、5 轴和复合加工机床及柔性制造单元（FMC）、柔性制造系统（FMS）的控制。

第三代数控已经开始使用带 PC 机的人机操作界面（HMI），可利用 Windows 操作系统管理数据、文件和资料，利用 C 语言编程制作用户个性化画面，并通过 CAD/CAM、MAPPS 对话编程直接生成数控加工程序，系统的操作性能得到了大幅度提高。

FANUC 公司第三代数控的典型产品有 FS11、FS15/16、FS0（紧凑型）等，其中，FS15 采用了当时最先进的 64 位高速微处理器、精简指令集计算机（Reduced Instruction Set Computing，RISC）和超大规模集成电路等最新技术，最大控制/联动轴数可达 24/24 轴，位置检测分辨率可达 1nm（纳米），快进速度可达 240m/min，代表了第三代数控的最高水平。

第四代数控（1995—2004 年）。第四代数控以网络化、集成化、多轨迹（多路径）控制、高速高精度 5 轴加工、复合加工控制等技术为标志，系统以高速伺服总线、I/O 总线代替了传统的伺服驱动器控制、I/O 模块连接电缆，在简化系统连接的同时，大大提高了系统的扩展能力和网络化集成能力；同时，还可通过集成 PC 机的人机操作界面连接互联网，实现远程运行监控和维修服务等功能。

第四代数控不仅具有比第三代数控更高的运算速度和精度，而且，系统结构更紧凑、连接更简单、可靠性更高，可满足现代多主轴同时加工、复合加工、5 轴加工数控机床以及柔性制造单元（FMC）、柔性制造系统（FMS）的控制需要。FANUC 公司第四代数控的典型产品有 FS15i/16i、FS0i（紧凑型）等。

第五代数控（2005 年至今）。第五代数控实现了 OT 和 IT 的技术融合，可用于智能数控机床、智能制造单元（IMC）、智能制造系统（IMS）的控制。第五代数控不仅可通过工业 PC 机、工业平板电脑（Industrial Panel PC）等智能人机操作界面进行 CAD/CAM 加工、机床仿真和工艺优化，实现 CAD/CAM 与数控机床的无缝对接，而且还能通过工厂（车间）局域网连接 MES、SCADAS 等管理系统，实时获取企业的设备和刀具数据库的信息，自动选择和配置机床和刀具。第五代数控通常具有刀具自动测量与补偿、工件自动测量与补偿、热变形补偿、振动抑制以及刀具和模具自动识别、动态挠度补偿、角度自动测量与补偿等功能，能自动适应各种工作环境。

FANUC 公司第五代数控的典型产品有 FS30i/31i、FS0iFPlus（紧凑型）等。其中，FS30iB 可选配 FANUC Panel i 系列工业平板电脑和 iHMI 人机界面，最大可控制 5 机械组、15 路径加工，最大控制轴数为 96 轴（72 进给＋24 主轴），最大联动轴数可达 24 轴；集成 PMC 最大可控制 5 路径、5 程序同时运行，最大 I/O 点可达 5×2048/2048 点；代表了当代数控系统的最高水平。

2. 普及型与全功能型数控

根据坐标轴位置控制方式，数控系统分为普及型（包括经济型）和全功能型 2 类，国产数控系统目前基本上属于普及型数控系统的范畴。

① 普及型。普及型数控以国产系统及面向国内市场的中外合资产品（如 SIEMENS 808 等）为代表，系统一般由图 6.1-3 所示的 CNC/MDI/LCD 单元、通用型伺服驱动器（或步进电机驱动器）、机床操作面板（MCP）和 DI/DO 连接设备等部件组成。

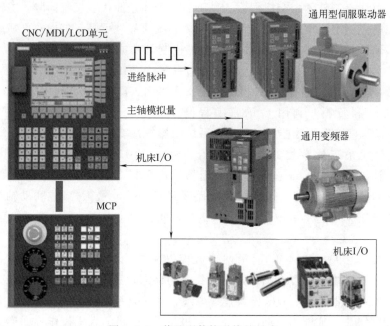

图 6.1-3　普及型数控系统的组成

从本质上说，普及型数控系统是对第一代数控系统的发展和改进，数控装置同样只是一个具有插补运算功能的指令脉冲发生器，只具备插补运算和指令脉冲输出功能，而不能对坐标轴的实际位置进行监控和闭环位置控制，因此，它只能与位置脉冲输入的步进电机驱动器

（称经济型）或通用型交流伺服驱动器配套使用。通用型交流伺服驱动的系统可解决步进电机驱动的步距角大、输出转矩小、高频失步、运行噪声大等问题，系统的脉冲控制精度高、输出转矩大、运动速度快，它是普及型数控广泛采用的驱动装置。

普及型数控的坐标轴运动全部由驱动器控制，位置、速度、转矩调节参数设定与状态监控、调试与优化等均需要在驱动器上进行，由于数控装置不能对坐标轴的实际位置、速度进行闭环控制，因此，它只能对刀具运动轨迹进行理论上的控制，并不具备真正的高精度轮廓加工能力。

② 全功能型。全功能型数控是进口数控系统的标准产品。全功能型数控的坐标轴位置必须由数控装置直接控制，数控装置不但能实时监控运动轴的位置、速度及误差等参数，而且，可对所有坐标轴的运动进行统一控制，确保轨迹准确无误；此外，还可通过数控系统的"插补前加减速""先行控制（Advanced Preview Control)"等智能控制功能，进一步提高轮廓加工精度。

全功能型数控的 CNC 与伺服驱动密不可分，驱动器的参数设定、状态监控、调试与优化等均需要在数控装置上进行，驱动器不能独立使用。全功能型数控的数控装置与驱动器间需要使用专门的高速串行伺服总线连接；PMC 与 I/O 单元之间一般采用通用现场总线连接，系统的扩展性好、可靠性高。

3. 紧凑型与标准型数控

全功能型数控需要面向各类数控机床控制，为了降低生产成本、提高产品性价比，系统生产厂家一般从结构上将产品分为紧凑型和标准型 2 类。

① 紧凑型。紧凑型数控亦称简约型数控，这是一种专门为面广量大的非 5 轴加工或复合加工数控机床研发的高性价比、实用型系统，其典型结构如图 6.1-4 所示。

当前的紧凑型数控系统大多采用数控装置（CNC）、手动数据输入面板（MDI）、显示器（LCD）一体型结构，可整体安装在操作台上。CNC/MDI/LCD 单元可通过 CNC 主板集成的伺服控制模块（FANUC 称为轴卡）和专用高速串行伺服总线系统（如 SIEMENS DRIVE CLiQ、FANUC FSSB 等），连接数控机床的伺服驱动器、主轴驱动器、串行编码器等位置控制部件，此外，还可连接少量用于辅助设备控制的附加伺服轴。

紧凑型数控的 PMC 一般与 CNC 共用处理器，CNC/MDI/LCD 单元可通过主板集成的 PMC 模块和标准 I/O 总线（如 SIEMENS PROFINET、FANUC I/O Link 等），连接机床开关量输入/输出（DI/DO），但 DI/DO 连接数量、PMC 性能受到一定的限制。

从系统功能上说，紧凑型数控属于标准系统的简约版，它可以选配同类标准型数控的基本功能，但系统扩展性能有一定的限制，如系统不能选配 5 轴加工、复合加工等复杂轨迹控制功能，也不能连接工件装卸工业机器人等 FMC 集成设备。

紧凑型数控系统结构紧凑、连接简单、安装方便、性价比高、可靠性好，可满足除 5 轴加工、复合加工以外的绝大多数机床的控制要求，因此，其应用极为广泛，它是目前销量最大的数控系统产品。

紧凑型数控的典型产品有 FANUC 公司早期的 FS3、FS0、FS0iA/B/C/D 及最新的 FS0iF/FPlus 等，SIEMENS 公司早期的 SINUMERIK 810、810D 及最新的 SINUMERIK 828D 等，其中，FS0iF/FPlus、SINUMERIK 828D 等紧凑型系统已具备 10 轴以上控制和 4 轴联动功能，可用于绝大多数数控机床的控制。

② 标准型。标准型数控亦称高档数控，这种系统可选配生产厂家所能提供的全部功能，

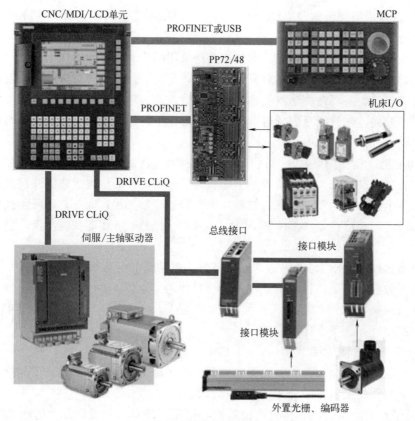

图 6.1-4　紧凑型数控系统结构

可用于多轨迹、5 轴加工与复合加工机床及工业机器人装卸 FMC 等复杂设备控制。

标准型数控系统的典型结构如图 6.1-5 所示，系统大多采用数控装置（CNC）和操作/显示单元分离式结构，操作/显示单元可安装在机床操作台上，CNC 一般安装在控制柜内。

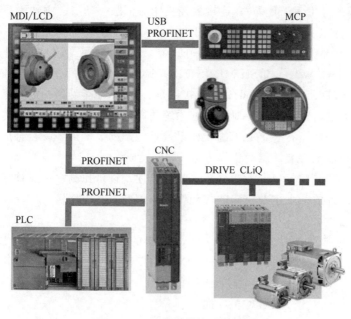

图 6.1-5　标准型数控系统结构

标准型数控的操作/显示单元既可使用传统的 MDI/LCD 单元和机床操作面板（MCP），也可直接选配或连接工业 PC 机、工业平板电脑等智能人机操作界面，此外，还可连接用于工业机器人集成控制的示教操作单元，实现数控机床和工业机器人操作一体化。

标准型数控的 CNC 单元不仅可通过专用高速串行伺服总线系统（如 SIEMENS DRIVE CLiQ、FANUC FSSB 等）连接数控加工的伺服/主轴驱动器和串行编码器，构成用于 5 轴加工、复合加工等复杂轨迹控制的高速高精度位置控制系统，而且，还可通过伺服扩展模块，连接工业机器人控制器和驱动器，构成集加工、装卸于一体的 FMC 集成控制系统。

标准型数控通常使用高性能 PLC 作为辅助控制装置，CNC 和 PMC 可通过标准 I/O 总线（如 SIEMENS PROFINET、FANUC I/O Link 等）连接，并利用 CNC 的操作/显示单元进行程序编辑、调试与状态监控，实现 CNC 和 PLC 的集成控制。高性能 PLC 通常具有独立的处理器，可选配开关量控制、模拟量控制、轴控制等多种 PLC 功能模块，其功能强大、指令丰富，可用于多种附加设备的控制。

标准型数控通常用于 5 轴加工、复合加工机床和 FMC 等大型复杂设备控制，典型产品有 FANUC 公司早期的 FS15/16 和最新的 FS30i/31i，SIEMENS 公司早期的 SINUMERIK 840C 及最新的 SINUMERIK 840D Solution Line 等。标准型数控系统可用于 6 轨迹、90 轴以上控制和 20 轴以上联动控制，代表了当代数控的最高水平。

6.2　FS0iF/FPlus 结构与功能

6.2.1　FS0iF/FPlus 系统结构

1. 产品系列

FS0iF/FPlus 是 FANUC SYSTEM 0iF/FPlus 的简称，它是 FANUC 公司 FS0i 系列紧凑型数控系统的最新产品。FS0i 是全球销量最大、可靠性最好、性价比最高的数控系统，自 20 世纪末进入市场以来，已推出了 FS0iA、FS0iB、FS0iC、FS0iD（包括简配型 FS0i Mate A、FS0i Mate B、FS0i Mate C、FS0i Mate D）及最新的 FS0iF/FPlus 等多种规格的产品，系统性能不断提高、结构不断改进。最新的 FS0iF/FPlus 系统已具备 3 机械组、2 路径 12 进给轴/4 主轴加工、2 路径 6 轴装卸等功能（见后述），可用于除 5 轴加工、复合加工外的绝大多数数控机床及加工单元控制。

FS0i 系列数控有镗铣加工机床控制用的 FS0iM、车削加工机床控制用的 FS0iT、冲压等金属成形加工机床控制用的 FS0iP 等规格，FS0iP 系统无主轴控制功能。系列产品的型号及主要结构区别如下：

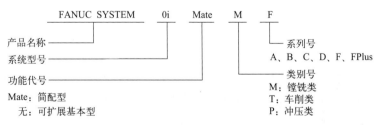

FS0i 是 FANUC 公司在 20 世纪末推出的第四代网络控制紧凑型系统，早期的 FS0iA/B（包括 FS0i Mate A/B，下同）采用 MDI/LCD 一体、CNC 分离型结构；后期的 FS0iC/D 及

FS0iF/FPlus（第五代紧凑型系统）大多采用 LCD/CNC 一体、MDI 一体或分离型结构。

在网络控制方面，第四代的 FS0iA 系统仅 PMC 的 I/O 连接使用了 I/O Link 现场总线技术，CNC 与伺服驱动器（α/β 系列）仍使用传统的电缆连接。自 FS0iB 起，所有产品的伺服驱动都使用了 FANUC 高速串行伺服总线（FSSB）通信技术，可通过 FSSB 总线（光缆）连接 CNC；主轴驱动器使用了 I/O Link 总线通信技术，可通过 I/O Link 总线连接 CNC；实现了驱动器的网络化控制。

第五代 FS0iF/FPlus 系统在第四代 FS0i Mate A/B/C/D 系统的基础上，进一步提高了网络化控制性能，将主轴驱动并入了 FSSB 总线控制网，取消了主轴控制 I/O Link 总线，同时，将 PMC 的 I/O 连接总线升级为 I/O Link i，使得 DI/DO 连接点数由 1024/1024 点增加到了 2048/2048 点。FS0iFPlus 系统还可通过 FANUC Panel i 工业平板电脑、iHMI 智能人机操作界面、FANUC MT-Link i 运行管理软件以及 FANUC OPS 服务器，连接 MES（制造执行系统）、SCADAS（数据采集与监控系统）等企业信息管理系统，实现 OT 和 IT 的技术融合，构成柔性化、智能化制造系统。

2. 产品性能

FS0i 系统有多种不同的规格，其硬件结构和软件功能有所不同。

前期的 FS0iA/B/C/D 系统总体可分为简配型和可扩展 2 大类，简配型系统的功能代号为"Mate"，可扩展系统不加功能代号。简配型系统只具备该系列产品的基本硬件和软件功能，CNC 无扩展模块安装接口，既不能增加硬件，也不能选择相关的附加软件功能；可扩展系统的 CNC 带有扩展模块安装接口，可选配附加硬件模块和软件选择功能，提升系统性能。

FS0iF/FPlus 的性能由低到高，分为 Type5（简配型）、Type3（标配型）、Type1（可扩展型）和 Type 0（智能型，仅 FPlus）4 种规格。

Type5、Type3 可用于 1 路径、最大 6 轴控制、4 轴联动，PMC 为 1 路径控制，最大 DI/DO 点为 1024/1024 点，程序容量为 24000 步，系统不能选配多路径控制、多轴控制、同步轴控制、倾斜轴控制、多路径 PMC 等功能。Type5、Type3 系统的硬件、软件为固定配置；CNC 无硬件扩展模块安装插槽，不能安装其他扩展模块，也不能选配其他软件功能。Type5 的软硬件按普通数控机床的一般控制要求配置，不能用于高速高精度加工控制；Type3 的软硬件按高速高精度加工要求配置，CNC 具有伺服/主轴高速高精度 HRV＋控制、平滑公差控制、AI 轮廓控制、智能间隙补偿、快速/进给重叠等高速高精度加工功能，可用于高速高精度加工机床的控制。

Type1、Type0 可用于 3 机械组、2 路径加工、2 路径装卸控制，最大控制轴数为 12 轴、4 轴联动，PMC 可用于 3 路径控制，最大 DI/DO 点为 2048/2048 点，最大程序容量为 100000 步。Type1、Type0 系统的硬件、软件可扩展，CNC 可选配 2 个扩展模块安装插槽，安装高速数据总线（HSSB）接口、开放式现场总线通信接口、数据服务卡、附加进给、主轴控制模块（轴卡）等硬件扩展模块。Type1 还可选配 15 英寸❶LCD 或触摸屏显示器，增强 CNC 图形显示功能；Type0 可选配 10.4 英寸或 15 英寸 FANUC Panel i 工业平板电脑、iHMI 智能人机操作界面，连接企业信息管理系统。FS0iF/FPlus 系列 CNC 的全部软件功能均可用于 Type1、Type0。

---

❶ 1 英寸＝2.54cm。

3. CNC 结构

FS0iF/FPlus 系统的 CNC 可根据需要选择不同的结构，不同规格系统可选择的结构如表 6.2-1 所示。

表 6.2-1　FS0iF/FPlus 系统结构一览表

CNC 结构	0iFPlus Type				0iF Type		
	0	1	3	5	1	3	5
8.4 英寸 LCD 或触摸屏/CNC/MDI 一体型	—	—	—	—	●	●	●
10.4 英寸 LCD 或触摸屏/CNC/MDI 一体型	—	●	●	●	●	●	●
10.4 英寸 LCD 或触摸屏/CNC 一体、MDI 分离型	—	●	●	●	●	●	●
15 英寸 LCD 或触摸屏/CNC 一体、MDI 分离型	—	●	—	—	●	—	—
10.4 或 15 英寸 Panel i、CNC、MDI 分离型	●	●	—	—	—	—	—
10.4 或 15 英寸 Panel i/CNC 一体、MDI 分离型	●	—	—	—	—	—	—

注："●"，可以选配；"—"，不能使用。

FS0iF 系统的显示器有图 6.2-1 所示的 8.4 英寸、10.4 英寸及 15 英寸 3 种规格，显示器可为彩色液晶（LCD）或触摸屏。

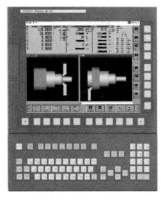

(a) 8.4″水平布置　　　　　(b) 10.4″垂直布置　　　　　(c) 15″分离型

图 6.2-1　FS0iF 系统结构

使用 8.4 英寸 LCD（或触摸屏，下同）的系统为 LCD/CNC/MDI 一体结构，MDI 与 LCD 可选择水平或垂直布置。使用 10.4 英寸 LCD 的系统可选择 LCD/CNC/MDI 一体或 LCD/CNC 一体、MDI 分离型结构，MDI 与 LCD 可选择水平或垂直布置。使用 15 英寸 LCD 的系统为 LCD/CNC 一体、MDI 分离型结构，MDI 与 LCD 一般为垂直布置。

FS0iFPlus 系统的显示器可选择图 6.2-2 所示的 10.4 英寸 LCD 或触摸屏，以及 10.4 英寸或 15 英寸 FANUC Panel i 工业平板电脑（可带触摸屏）。

使用 10.4 英寸 LCD 的系统可选择 LCD/CNC/MDI 一体或 LCD/CNC 一体、MDI 分离型结构；使用 FANUC Panel i 工业平板电脑的系统可选择 Panel i/CNC 一体、MDI 分离型或 Panel i、CNC、MDI 分离型结构，MDI 可水平或垂直布置。

6.2.2　FS0iF/FPlus 系统功能

1. 系统规格

FS0iF/FPlus 是 FANUC 公司当前的主导产品，与前期的 FS0iC/D 等紧凑型系统相比，它增强和完善了高速高精度加工、多路径控制、系统集成等功能，能较好地适应现代高速高

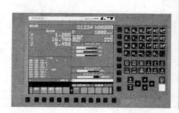

(a) 10.4″LCD—体型   (b) Panel i分离型

图 6.2-2　FS0iFPlus 系统结构

精度加工机床及智能制造技术的发展需求。

FS0iF/FPlus 的高速高精度加工性能主要体现在提高 CPU 处理速度和插补精度、缩短位置采样时间、增强前瞻控制和平滑公差控制功能、采用智能型轮廓控制及间隙补偿功能等方面，与 FS0iC/D 系统相比，其轨迹控制精度更高，可达到的运动速度更快。

FS0iF/FPlus 的多路径控制主要体现在 CNC 加工和 PMC 性能上，它将原 FS0iTT C/D 的双主轴、双刀架车削机床控制功能拓展到了其他规格上，系统最大可控制 2 路径、12 进给轴/4 主轴加工，2 路径、6 轴装卸及 3 机械组（见后述）；PMC 支持 3 程序同步运行（3 路径 PMC 控制），最大 DI/DO 点为 2048/2048 点，最大程序容量可达 100000 步，系统可较好地满足复杂数控机床和现代化高效、自动化加工设备集成控制的要求。

FS0iF/FPlus 的功能丰富，可选择的功能众多，为了方便用户使用，FANUC 公司已根据绝大多数机床的控制要求，对 FS0iF/FPlus 的功能进行了软件"打包"处理，将其分为了 Type0、Type1、Type3、Type5 四种规格，供不同用户选择。

Type0：使用 FANUC Panel i 工业平板电脑、iHMI 智能人机操作界面的智能系统，可连接企业信息管理系统，实现 OT 和 IT 集成。Type0 可选配 FS0iF/FPlus 的全部 CNC 功能，用于 3 机械组、2 路径 12 进给轴/4 主轴加工、2 路径 6 轴装卸控制；PMC 支持 3 程序同步运行（3 路径 PMC 控制），最大 DI/DO 点为 2048/2048 点，最大程序容量可达 100000 步。

Type1：可使用 15 英寸 LCD 的扩展型系统，系统可选配 FS0iF/FPlus 的全部 CNC、PMC 功能，但不能使用 Panel i 工业平板电脑、iHMI 智能人机操作界面。

Type3：高速高精度加工数控机床标准系统，CNC 配置有高速高精度加工功能和基本功能 2 个软件包；CNC 最大可控制 1 路径 7 进给轴/2 主轴加工，但不能用于多机械组、多路径装卸控制；PMC 只能进行单程序运行（1 路径 PMC 控制），最大 DI/DO 点为 1024/1024 点，最大程序容量为 24000 步。

Type5：普通数控机床标准系统，CNC 仅配置普通数控机床控制的基本功能软件包，CNC 最大可控制 1 路径、5 进给轴/2 主轴加工，不能用于多机械组、多路径装卸控制；PMC 只能进行单程序运行，最大 DI/DO 点为 1024/1024 点，最大程序容量为 24000 步。

Type0、Type1、Type3、Type5 配置系统的 CNC 和 PMC 性能分别如下，有关路径、装卸轴、机械组等基本概念的说明详见后述。

2. CNC 功能

根据数控机床的切削加工方式，FS0iF/FPlus 系统分为镗铣加工机床控制用的 FS0iM F/FPlus、车削加工机床用的 FS0iT F/FPlus、成形加工机床用的 FS0iP F/FPlus 三种基本类型，FS0iP F/FPlus 只能用于 1 路径、7 进给轴控制，无主轴控制功能。FS0iM F/FPlus、FS0iT F/FPlus 不同规格系统的 CNC 主要功能如表 6.2-2 所示。

表 6.2-2　FS0iM F/FPlus、FS0iT F/FPlus 系统 CNC 主要功能表

CNC 功能		Type0、Type1		Type3、Type5	
		M F/FPlus	T F/FPlus	M F/FPlus	T F/FPlus
最大控制路径数		2	2	1	1
2 路径	合计最大进给轴数	11	12	—	—
	1 路径最大进给轴数	9	9	—	—
	1 路径最大联动轴数	4	4	—	—
	合计最大主轴数	4	4	—	—
	1 路径最大主轴数	3	3	—	—
	Cs 轴控制	●	●	—	—
1 路径	最大控制轴数（进给＋主轴）	8	8	7	6
	最大进给轴数	7	7	5	4
	最大联动轴数	4	4	4	4
	最大主轴数	2	3	2	2
	Cs 轴控制	●	●	●	●
最大机械组数		3	3	1	1
最大装卸路径数		2	2	—	—
PMC 轴控制（无 Cs 轴控制）		●	●	●	●
CNC 基本功能软件包		●	●	●	●
高速高精度加工功能软件包		●	●	仅 Type3	仅 Type3
15 英寸 LCD 或触摸屏		●	●	—	—
Panel i 工业平板电脑		仅 Type0	仅 Type0	—	—
iHMI 智能人机操作界面		仅 Type0	仅 Type0	—	—
最小输入单位/mm		0.0001	0.0001	0.0001	0.0001
最大进给速度/(m/min)		1000	1000	1000	1000
M、B、T 代码二进制输出		8 位	8 位	8 位	8 位

注："●"，标配；"—"，不能使用。

3. PMC 性能

FS0iF/FPlus 的集成 PMC 有多路径控制 PMC 和双重检测安全型 PMC（Dual Check Safety PMC，简称 DCS PMC）两种不同的规格。Type0、Type1 系统的 PMC 可选择 3 程序同步运行（3 路径控制）功能，Type3、Type5 系统为 1 路径控制 DCS PMC。

FS0iF/FPlus 系统的 PMC 主要技术参数如表 6.2-3 所示。

表 6.2-3　FS0iF/FPlus PMC 主要技术参数表

技术参数	CNC 规格	
	Type0、Type1	Type3、Type5
编程语言	梯形图、程序功能图、功能块	梯形图、功能块
最大 PMC 控制路径数	3	1
梯形图程序容量	100000 步	24000 步
程序级数	3	3

续表

技术参数	CNC 规格	
	Type0、Type1	Type3、Type5
高速程序执行时间	4ms 或 8ms	4ms 或 8ms
基本指令执行时间	0.018μs/步	0.018μs/步
最大 I/O 点数(X/Y)	2048/2048	1024/1024
CNC 接口 I/O 信号(F/G)	768 字节×10	768 字节
基本指令数	24	14
功能指令数	218	93
内部继电器(R)	60000 字节	1500 字节
系统继电器(R)	500 字节	500 字节
用户保持型继电器(K)	300 字节	20 字节
系统保持型继电器(K)	100 字节	100 字节
扩展继电器(E)	10000 字节	10000 字节
信息显示请求位(A)	6000 点	2000 点
信息显示状态位(A)	6000 点	2000 点
数据寄存器(D)	60000 字节	3000 字节
可变定时器(TMR)	500 个	40 个
固定定时器(TMRB/TMRBF)	1500 个	100 个
可变计数器(CTR)	300 个	20 个
固定计数器(CTRB)	300 个	20 个
步进顺序号(S)	2000 字节	—
子程序(SP)	5000 个	512 个
跳转标记(L)	9999 个	9999 个

6.2.3　路径与机械组控制

1. 路径与机械组

多路径、多机械组控制是当代数控系统为多主轴、多刀架车削加工机床以及带上下料机械手、工业机器人等工件自动装卸装置的 FMC（IMC）等高效、自动化、无人化数控加工设备研发的功能。

多路径、多机械组控制本质上是一种应用了并行处理技术的计算机群控功能，它可充分发挥现代计算机的高速高精度运算性能，利用多核处理器并行处理多个不同的任务，使数控系统能同时运行多个不同的加工程序，实现多主轴多刀架车削加工机床、独立制造岛、机器人装卸 FMC（IMC）等高效加工设备的多轨迹控制，以及带 APC、AWC 工件自动装卸 FMC（IMC）的集成控制。

路径与机械组的基本概念如图 6.2-3 所示。

在数控系统上，可通过数控加工程序自动控制坐标轴、主轴运行的运动组称为路径（Path）或通道（Channel）。包含有伺服进给轴和主轴，能独立运行完整的 CNC 加工程序，具有多轴插补、坐标系设置、刀具补偿、主轴控制、自动换刀等全部功能的运动组称为"加工路径（Machining Path）"或"加工通道（Machining Channel）"。如果运动组只需要进行坐标轴定位和辅助功能控制，所运行的 CNC 程序只包含定位、辅助功能等指令，无需进行多轴插补和主轴控制，这样的运动组称为"装卸路径（Loading Path）"或"辅助通道（Assistant Channel）"。通过加工路径和装卸路径的组合，便可实现数控加工和工件自动装卸的

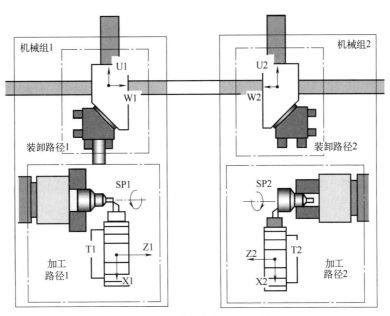

图 6.2-3　路径与机械组控制

控制，构成相对独立的运动单元，这样的运动单元称为机械组（Machine Group）。

金属切削加工机床的数控系统对路径和机械组的控制要求如下。

2. 多路径加工

多路径加工最初是专门用于双主轴、双刀架数控车床控制的功能，因此，FANUC 早期的数控系统将其称为"TT"型系统，如 FS0TT B、FS0iTT D 等。最新的 FS0iF/FPlus 系统已将这一功能拓展到镗铣加工机床控制用的"M"型系统上，以适应独立制造岛、机器人装卸 FMC（IMC）的控制需要。

金属切削加工机床的加工控制需要同时控制伺服进给轴和主轴的运动，因此，每一加工路径都需要配置若干由 CNC 闭环控制位置的进给轴（以下简称 CNC 轴），同时，还需要具有完整的主轴控制、自动换刀以及坐标系设置、刀具补偿等数控加工控制功能，并能够独立运行自身的 CNC 加工程序。在部分场合，还需要通过特殊的编程指令，协调不同加工程序的执行过程，对加工路径进行协同控制。

例如，对于图 6.2-3 所示双主轴、双刀架、自动上下料数控车床，主轴 SP1、刀架 T1 及进给轴 X1、Z1 以及主轴 SP2、刀架 T2 及进给轴 X2、Z2，是 2 个具有完整数控加工功能的独立运动组，因此，可组成加工路径 1、加工路径 2，通过各自的车削加工程序，进行独立的零件车削加工。

FS0iF/FPlus 系统目前最多可用于 2 路径加工控制，一个加工路径最多可配置 9 个进给轴和 3 个主轴，并实现 4 轴联动控制；但 2 个路径的控制轴总数不能超过 12 轴、主轴总数不能超过 4 轴。

3. 多路径装卸

装卸控制（Loader Control）是 FS0iF/FPlus 的新增功能，它可代替传统利用 CNC 辅助功能指令（如 B、E 指令）和 PMC 程序控制的伺服驱动辅助轴（称 PMC 轴），用于机床辅助部件的位置、速度控制。

数控机床的伺服驱动辅助轴（PMC 轴）多用于 FMC（IMC）的工件自动装卸等控制。

由于伺服驱动辅助轴可以进行任意速度、任意位置的定位，它与采用气动、液压控制的工件自动装卸装置相比，不仅使用灵活、调整容易、运动速度快、运行噪声小，而且，还可通过CNC指令改变运动速度、定位位置，其柔性更强、控制更方便。

伺服驱动辅助轴只需要控制位置和速度，不需要通过CNC的插补运算控制运动轨迹，因此，其控制可直接通过PMC实现，系统能够控制的辅助轴数量取决于PMC的功能，与CNC的控制轴数无关。

在早期的FANUC系统上，伺服驱动辅助轴的位置、速度需要利用CNC的辅助功能指令（如B、E指令）和PMC程序进行控制；最新的FS0iF/FPlus系统可通过CNC的装卸轴控制功能，以CNC加工程序的形式（称为装卸程序），利用数控系统的G代码指令进行编程与控制，其使用更简单、编程更方便、控制更容易。

FS0iF/FPlus的装卸程序可与数控加工程序同步运行，但程序只能使用快速定位（G00）、直线运动（G01）、坐标系设定（G52~59）等基本的点位控制编程指令；不能使用需要通过插补运算实现的圆弧、螺旋线插补编程指令，以及主轴控制、自动换刀、刀具补偿等加工控制编程指令。装卸程序与数控加工程序一般需要通过特殊的编程指令，控制程序的执行过程，协调数控加工和工件装卸的动作。

装卸控制的辅助轴同样可进行分组控制和管理，这一功能称为多路径装卸控制。例如，在图6.2-3所示的双主轴、双刀架车床上，主、副主轴具有独立的机械手上下料装置，机械手的上下和左右运动分别由伺服驱动辅助轴U1/W1、U2/W2进行控制，因此，可组成装卸路径1、装卸路径2，分别与加工路径1、加工路径2进行联合控制。

FS0iF/FPlus系统目前最多可用于2路径装卸控制，每一装卸路径最多可配置3个伺服驱动辅助轴（不能使用主轴，不占用CNC控制轴数）。

4. 多机械组控制

加工路径和装卸路径可构成一个用于FMC（IMC）等自动化加工设备控制、具有数控加工和工件自动装卸控制功能的机械运动控制组，这样的控制组称为机械组（Machine Group）或机械单元（Machine Unit）。

例如，在图6.2-3所示的双主轴、双刀架、自动上下料数控车床上，加工路径1和装卸路径1可构成用于主轴SP1工件加工与工件自动装卸控制的机械组1，加工路径2和装卸路径2可构成用于主轴SP2工件加工与工件自动装卸控制的机械组2等。

由于不同机械组需要执行不同的数控加工和装卸程序，因此，每一机械组都需要有独立的操作方式选择、程序运行控制、进给速度调节、坐标轴手动操作、主轴与伺服启制动等操作控制信号，需要对CNC程序的辅助功能指令（M、T、B、E指令）进行独立的处理。数控系统的操作控制信号和CNC辅助功能指令的处理需要通过PMC程序实现，多个机械组的信号处理需要同步进行，因此，多机械组控制系统需要具备多个PMC程序同步运行的能力，这一功能称为多路径PMC控制。

PMC的控制路径数量通常与机械组的数量相同，同一机械组的所有路径利用同一PMC程序处理操作控制信号和CNC辅助功能指令，使用共同的急停（E. Stop）、复位（Reset）等基本控制信号。程序自动运行时，机械组中的任一路径发生故障时，该组的其他路径程序都将停止运行。

FS0iF/FPlus系统目前最多可用于3机械组控制，因此，具有3路径PMC控制、同步运行3个PMC程序的能力。

6.3 FS0iF/FPlus 系统硬件

6.3.1 FS0iF/FPlus 系统组成

FS0iF/FPlus 总体属于 FANUC 紧凑型数控系统，因此，除使用 19 英寸 LCD 或 Panel i 工业平板电脑的 Type0 及使用 15 英寸 LCD 的 Type1 需要使用分离型 CNC 单元外，其他规格均为 CNC/LCD/MDI 一体或 CNC/LCD 一体、MDI 分离型结构。

FS0iF/FPlus 系统主要由图 6.3-1 所示的 CNC/LCD/MDI（集成或分离）基本单元、伺服/主轴驱动系统、机床 I/O 连接单元 3 大部分组成；此外，CNC 具有工业以太网（Ethernet）连接功能，可用于系统集成和智能控制。

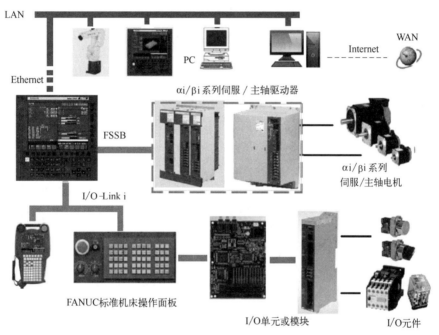

图 6.3-1 FS0iF/FPlus 系统组成

FS0iF/FPlus 采用了网络控制技术，系统主要部件均采用总线连接，CNC 网络总线的常用设备及功能如下。

1. 高速伺服总线

高速伺服总线是用于伺服驱动系统位置/速度控制和反馈信号传输的串行通信总线。FANUC CNC 与伺服驱动器、位置/速度检测器件的连接，采用的是 FANUC 专用串行伺服总线（FANUC Serial Servo Bus，简称 FSSB），可连接的设备主要有图 6.3-2 所示的 FANUC 公司配套提供的 αi/βi 系列伺服和主轴驱动器、分离型检测单元（Separate Detector Unit，简称 SDU）等。

FANUC αi/βi 系列伺服、主轴驱动器用于 CNC 控制的伺服电机、主轴电机驱动。分离型检测单元（SDU）用于直接位置检测的光栅尺、编码器的连接，它可将光栅尺、编码器的脉冲输出信号或正余弦模拟量输出信号，转换为串行通信数据信号传输至 CNC。

数控机床需要对刀具运动轨迹进行高速、高精度控制，伺服进给、主轴的位置/速度控

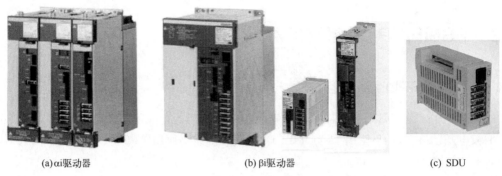

(a)αi驱动器   (b)βi驱动器   (c) SDU

图 6.3-2   FSSB 网络设备

制和反馈信号必须高速传输和更新，在智能制造 ISAM 模型中，属于伺服控制层（见第 1
章），其数据传输、更新速率在数控系统乃至整个智能制造系统中为最高（ISAM 要求刷新
周期小于 20ms）。因此，FSSB 总线采用了光缆连接技术，以提高数据传输速率（网络带
宽）和可靠性，满足现代数控机床高速高精度伺服控制的需要。

2. I/O 总线

I/O 总线是用于工业自动化控制装置与输入/输出设备连接的现场总线。FANUC CNC
和 I/O 设备连接，采用的是 FANUC 专用 I/O Link（或改进型 I/O Link i，下同）总线，可
连接的 I/O 设备主要有图 6.3-3 所示的 FANUC 配套提供的标准机床操作面板（主面板）、
手持式操作单元（示教器）、I/O 模块与单元、βi I/O Link 伺服驱动器等。

(a) FANUC主面板   (b) 示教器

(c)I/O模块与单元   (d)βi I/O Link伺服驱动器

图 6.3-3   I/O Link 网络设备

FANUC 机床操作面板（主面板）用于 CNC 操作方式选择、程序运行控制、进给速度/
主轴转速调节等操作，其操作器件实际上都是用于 PMC 控制的开关量输入/输出（DI/DO）

信号，但是，为了减少连接线、提高可靠性、方便用户使用，FANUC 机床操作面板（主面板）采用了操作器件和 I/O Link 总线串行数据通信接口电路集成一体结构，可直接将 DI/DO 信号转换为 I/O Link 总线连接的 PMC 输入/输出信号。

示教器是用于数控机床、工业机器人示教编程操作的移动式操作设备。FANUC i Pendant 示教器带有 LCD 显示器与键盘、手握开关、USB 存储器接口等基本操作件，并可选配触摸屏、手轮等附加操作件，具备 CNC、工业机器人控制器数据输入/输出、程序编辑、工作状态显示及手动操作、程序自动运行控制等多种功能（详见工业机器人章节）。示教器是一种具有操作和显示功能的特殊 I/O Link 设备，与 CNC 连接时，需要选配专门的接口模块。

FANUC I/O 模块与单元用来连接机床侧或远程设备的开关量输入/输出（DI/DO）信号，它可将来自机床或远程设备的 DI/DO 信号转换为 I/O Link 总线连接的 PMC 串行通信输入/输出信号。

FANUC βi I/O Link 伺服驱动器实际上是一种利用 I/O Link 通信控制的通用型伺服驱动器，驱动器具有闭环位置、速度、转矩控制功能，可直接利用通信输入数据控制伺服电机的位置、速度和转矩。βi I/O Link 伺服驱动器用于数控机床的刀库、机械手等辅助部件的运动控制，无需参与 CNC 的轨迹插补运算，不占用 CNC 控制轴数。

除以上 FANUC I/O Link 设备外，FS0iF/FPlus 也可通过选配通信扩展模块，连接 FANUC 高速 I/O 总线（HSSB）设备或具有 PROFINET、Device Net、FL Net、PROFIBUS DP、Ethernet/IP、CC-Link 等开放式现场总线通信功能的其他 I/O 设备。

在智能制造 ISAM 模型中，CNC 的 I/O 设备连接属于设备控制层，它对传输、更新速率的要求低于伺服控制层，其数据刷新周期只需要小于 200ms。因此，短距离连接的 I/O Link 总线一般直接采用双绞屏蔽电缆连接，用于远程控制的分布式 I/O 单元可通过 I/O Link 光缆适配器（Optical I/O Link Adapter），利用光缆连接提高网络带宽和可靠性。

3. 以太网

FS0iF/FPlus 系统的 CNC 集成有以太网（Ethernet）通信接口，不仅可与安装有 FANUC LADDER-III、SERVO GUIDE 等梯形图编程、伺服调试软件的 PC 机，进行 PMC 程序编辑、监控与伺服调试等操作，而且还可与通用 PC 机、远程服务器进行 TCP/IP、OPC 通信，实现 CNC 的远程运行管理、远程故障诊断、远程维修服务等智能控制功能。

以太网还可用于车间（工厂）局域网（Local Area Network，简称 LAN）连接，利用 FANUC MT-Link i 运行管理软件、FANUC OPS 服务器、以太网 I/O 转换器，实现 CNC 机床、OPC 通信控制设备、MT Connect 兼容机床的系统集成，并通过制造执行系统（MES）、数据采集与监控软件（SCADA Software）等企业信息管理系统，实现 OT 和 IT 的技术融合，构成图 6.3-4 所示的柔性化、智能化制造系统。

6.3.2 CNC 主板结构

CNC 主板是控制整个数控系统运行的核心部件，FS0iF/FPlus 系统的 CNC 主板主要由电源模块、中央处理器、轴卡（伺服控制电路）、PMC 控制组件以及接口组件等部件组成，部件功能如下。

① 电源模块。电源模块用来产生 CNC 内部控制电路所需的 DC24V、12V、5V 等控制电压，FS0iF/FPlus 系统的输入电源为 DC24V，控制电路所需的 DC12V、5V 电压通过电

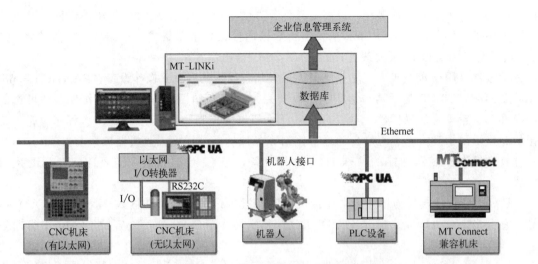

图 6.3-4　柔性化、智能化制造系统

源模块的 DC/DC 变换产生。

② 中央处理器。中央处理器是 CNC 主板的核心组件，它包含有 CPU、系统存储器（主存储器）、嵌入式通信处理器，以及 BOOT 系统（CNC 引导系统）、FOCAS 系统（FANUC OPEN CNC API SPECIFICATION，开放式 CNC 应用程序）等基本软硬件，具有数据输入/输出、数据存储、数据处理、程序编译、插补运算、数据通信等多种功能。

③ 轴卡。轴卡用于 CNC 伺服进给与主轴的闭环位置和速度控制。轴卡安装有伺服进给轴、主轴的位置/速度调节电路和 FSSB 总线通信处理器，可通过 FSSB 总线连接 FANUC αi/βi 系列伺服驱动器、外置光栅尺或编码器测量检测接口等设备。轴卡的结构与 CNC 的控制轴数有关，不同 CNC 的轴卡有所不同。

④ PMC 控制组件。PMC 控制组件集成有 PMC 梯形图编辑器（PMC Editer）和 I/O Link 总线通信处理器等部件。梯形图编辑器可用于 PMC 梯形图的 LCD/MDI 编辑、动态显示，I/O Link 总线通信处理器用于 FANUC 机床操作面板、I/O 模块与单元、βi-I/O Link 伺服驱动器等 I/O Link 网络设备的串行数据通信。

⑤ 接口组件。接口组件安装有 LCD、MDI、存储器扩展模块、RS232C 通信设备连接接口，可用来连接 MDI 操作面板、手持式操作单元，以及 PCMCIA 存储卡、USB 存储器、RS232C 串行通信设备等外部设备。

由于 CNC 结构和性能在不断改进与升级，不同时期产品所使用的 CNC 主板结构有所区别。FS0iF/FPlus 系统常见的 CNC 主板主要有 C、A、G 三种基本规格，其区别如下。

1. 主板 C

CNC 主板 C 为 FS0iF/FPlus 紧凑型集成主板，通常用于图 6.3-5 所示的 8.4 英寸 LCD/CNC/MDI 一体型、10.4 英寸 LCD/CNC/MDI 一体或 MDI 分离型的 Type3、Type5 系统。

CNC 主板 C 的结构原理如图 6.3-6 所示，CNC 的电源模块、中央处理器、轴卡、PMC 控制组件、接口组件及其他所有控制电路均集成在主板上，FROM/SRAM 存储器模块直接安装在主板上。由于主板 C 无后板，因此，除了 LCD 侧面的存储卡与 USB 接口可安装 CF 卡、U 盘等外部存储器外，不能再安装 CNC 的其他扩展模块。

主板 C 的连接器布置如图 6.3-7 所示，连接器功能如下。

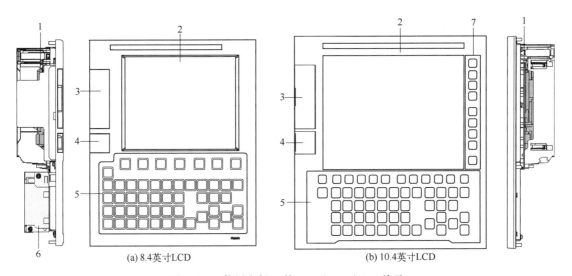

(a) 8.4英寸LCD　　　　　　　　　　　(b) 10.4英寸LCD

图 6.3-5　使用主板 C 的 LCD/CNC/MDI 单元

1—主板 C；2—LCD；3—存储卡接口；4—USB 接口；5—MDI；6—触摸屏连接器；7—垂直软功能键

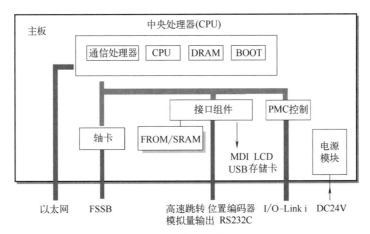

图 6.3-6　主板 C 结构原理

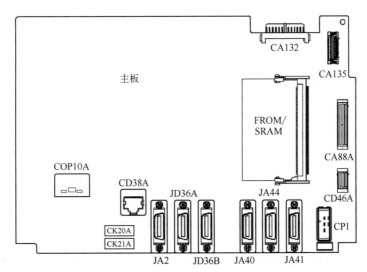

图 6.3-7　主板 C 的连接器布置

COP10A：FSSB 伺服/主轴总线接口（光缆）。

CD38A：主板集成以太网接口。

JA2：分离型 MDI 单元连接接口。

JD36A、JD36B：RS232 串行通信接口 1、2；使用触摸屏时，JD36B 用于触摸屏连接。

JA40：模拟量输出与 CNC 高速跳步信号输入接口。

JA44：I/O Link i 总线接口。

JA41：模拟量输出控制设备的位置编码器连接接口。

CP1：CNC 单元 DC24V 电源输入。

CK20A：LCD 水平布置软功能键接口（内部连接）。

CK21A：LCD 垂直布置软功能键接口（内部连接，仅 10.4 英寸 LCD）。

CA132：风扇控制板（内部连接）。

CA135：LCD 连接接口（内部连接）。

CA88A：存储卡接口。

CD46A：USB 接口。

2. 主板 A

CNC 主板 A 是 FS0iF/FPlus 可扩展型系统的标准主板，可用于图 6.3-8 所示的 8.4 英寸 LCD/CNC/MDI 一体型、10.4 英寸 LCD/CNC/MDI 一体或 MDI 分离型的 Type1 系统。

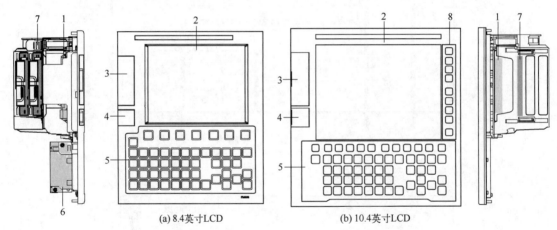

(a) 8.4英寸LCD　　　　　　　　(b) 10.4英寸LCD

图 6.3-8　使用主板 A 的 LCD/CNC/MDI 单元

1—主板 A；2—LCD；3—存储卡接口；4—USB 接口；5—MDI；
6—触摸屏连接器；7—后板；8—垂直软功能键

主板 A 由图 6.3-9 所示的基板和后板组合而成。其中，中央处理器、轴卡、PMC 控制组件、接口组件及插装式 FROM/SRAM 卡安装在基板上，电源模块、扩展模块接口安装在后板上，系统除了可安装 CF 卡、U 盘等外部存储器外，还可安装最多 2 个 CNC 扩展模块。

基板的连接器布置如图 6.3-10 所示。其中，连接器 JGM 用于后板连接，I/O Link i 总线连接器的代号为 JD51A，其他连接器名称与功能与主板 C 相同。

3. 主板 G

CNC 主板 G 用于使用 15 英寸高清 LCD 显示器的 FS0iF/FPlus 可扩展型 Type1 系统，CNC 由图 6.3-11 所示的 LCD/CNC 一体单元和分离型 MDI 组成。

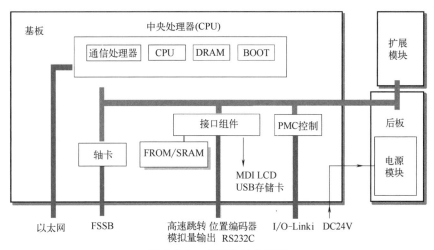

图 6.3-9 主板 A 结构原理

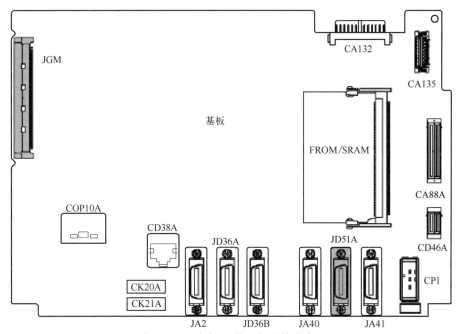

图 6.3-10 主板 A 的基板连接器布置

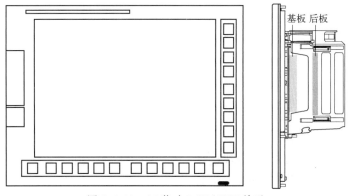

图 6.3-11 15 英寸 LCD/CNC 单元

主板 G 同样包括基板和后板 2 部分，其电路原理如图 6.3-12 所示。

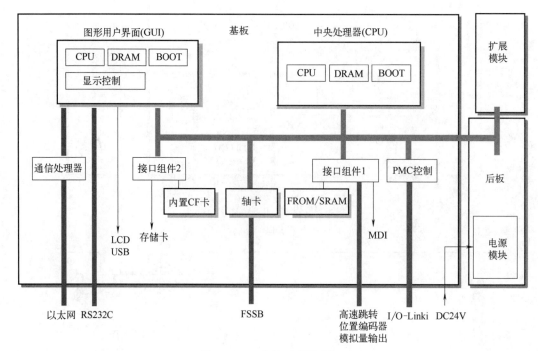

图 6.3-12　主板 G 结构原理

主板 G 的后板同样用来安装电源模块和 CNC 扩展模块，其结构与主板 A 相同。主板 G 的基板集成有通信处理器、PMC 控制组件、接口组件 1、接口组件 2 等控制电路，以及图 6.3-13 所示的 CPU 卡（中央处理器）、GUI 卡（Graphical User Interface，图形用户界面）、FROM/SRAM 卡、内置 CF 卡和轴卡 5 个拆装式模块。

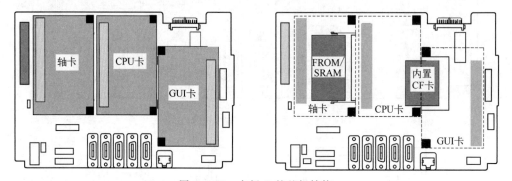

图 6.3-13　主板 G 的基板结构

主板 G 的基板连接器布置如图 6.3-14 所示。

JGM：后板连接接口。

CA139：触摸屏接口（内部连接器）。

CPD16A：CNC 单元 DC24V 电源输入。

COP10A-1：FSSB 伺服/主轴总线接口（在图 6.3-13 所示的轴卡上）。

CA55：分离型 MDI 单元连接接口。

CK20A：LCD 水平布置软功能键接口（内部连接）。

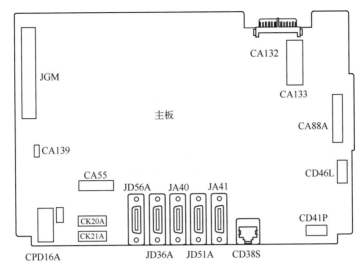

图 6.3-14　主板 G 的基板连接器布置

CK21A：LCD 垂直布置软功能键接口（内部连接，仅 10.4 英寸 LCD）。

JD56A、JD36A：RS232 串行通信接口 1、2；使用触摸屏时，JD36A 用于触摸屏连接。

JA40：模拟量输出与 CNC 高速跳步信号输入接口。

JD51A：I/O Link i 总线接口。

JA41：模拟量输出控制设备的位置编码器连接接口。

CD38S：主板集成以太网接口。

CA132：风扇控制板（内部连接）。

CA133：LCD 连接接口（内部连接）。

CA88A：存储卡接口。

CD46L、CD41P：USB 接口。

6.3.3　FSSB 总线设备

FS0iF/FPlus 系统的 FSSB 总线合并了前期系统的伺服 FSSB 总线和主轴 I/O Link 总线功能，可直接用于伺服/主轴驱动器连接。FSSB 总线设备主要有 FANUC αi、βi 系列驱动器以及外置光栅尺或编码器测量检测接口（SDU）等。

1. αi 系列驱动器

αi 系列驱动器是 FANUC 公司高性能标准驱动产品，驱动器采用的是"交-直-交"变流、PWM 逆变技术。αi 系列驱动器有 αi、αiS、αiB 等多个系列的产品，FS0iF/FPlus、FS 30iB 系统一般选配最新的 αiB 系列产品。

FANUC αi 系列驱动器为标准模块式结构，驱动器由 1 个电源模块和若干伺服、主轴模块组成，并可根据需要选择 3～（3 相）AC200V 标准电压输入和 3～AC400V 高电压输入（HV 型）2 种规格。电源模块用来产生伺服与主轴共用的"交-直-交"变流的直流母线电压，最大输出功率可达 220kW；伺服驱动模块用于伺服电机的 PWM 逆变控制，小功率伺服采用 2 或 3 轴集成结构；主轴驱动模块用于金属切削机床的主轴电机 PWM 逆变控制，一般为单轴结构。

αi 系列驱动器的功能如图 6.3-15 所示。驱动器不仅可用于 FANUC 高速小惯量 αiS 系列、中惯量 αiF 系列、最新的 αiB 系列伺服电机以及 αi 系列主轴电机的驱动，而且，还可用于 FANUC LiSB 系列直线电机、DiSB 系列内置力矩电机、BiIB 系列感应电主轴（感应电机）、BiSB 系列同步电主轴（同步电机）等最新的直接驱动电机驱动。

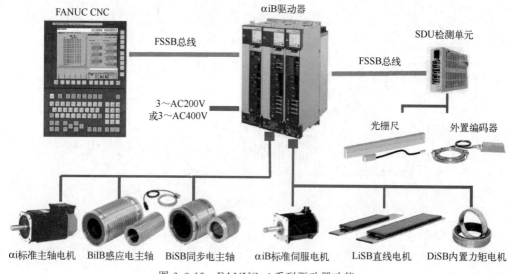

图 6.3-15　FANUC αi 系列驱动器功能

2. βi 系列驱动器

βi 系列驱动器是 FANUC 公司专门为普通数控机床开发的高性价比产品，其加减速能力、高低速性能与 αi 系列有一定的差距，也不能用于直线电机、内置力矩电机、电主轴等直接驱动电机的驱动。

βi 系列驱动器有 βi、βiS 及最新的 βiSB 系列等产品，并可根据要求选择 3～AC200V 标准电压输入和 3～AC400V 高电压输入（HV 型）2 种规格，驱动器结构有图 6.3-16 所示的 βiSV 伺服驱动、βiSVSP 伺服/主轴一体型驱动以及 βiSV I/O Link 伺服驱动 3 大类，驱动器功能如图 6.3-17 所示。

(a) βiSV　　　　　　(b) βiSVSP　　　　　　(c) βiSV I/O Link

图 6.3-16　FANUC βi 系列驱动器结构

βiSV 伺服驱动、βiSVSP 伺服/主轴一体型驱动可用于 CNC 控制的伺服、伺服/主轴驱动。其中，βiSV 伺服有单轴、双轴 2 种结构，驱动器电源和驱动模块集成一体，可独立安装。βiSVSP 伺服/主轴一体型驱动有 2 轴伺服/主轴和 3 轴伺服/主轴 2 种结构，驱动器的电源和伺服、主轴驱动集成一体，可整体安装。βiSV I/O Link 为 I/O Link 总线通信控制的通

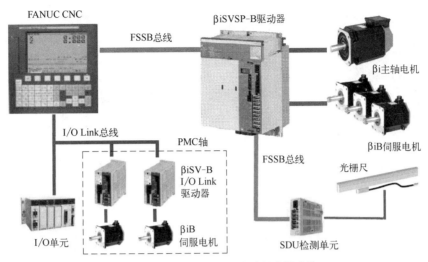

图 6.3-17　FANUC βi 系列驱动器功能

用型伺服驱动器，可用于 PMC 控制的机床辅助轴（PMC 轴）驱动。

βi 系列驱动器可用于 αi 系列、βi 系列、βiSc 系列伺服/主轴电机驱动，但考虑到系统性价比，在大多数情况下都选配 βi 系列低价位电机或 βiSc 系列经济型电机。

3. SDU 检测单元

FANUC 分离型检测单元（Separate Detector Unit，简称 SDU）用于全闭环控制系统的光栅尺及直接位置检测编码器的连接，它可将光栅尺、编码器的位置检测信号，转换为 FANUC 的 FSSB 总线通信的串行数据信号，利用 FSSB 高速伺服总线连接至 CNC。

SDU 的外形如图 6.3-18 所示。光栅尺、编码器的输出信号通常有 TTL 方波脉冲和 1Vpp 正余弦模拟量 2 类，2 类信号需要选配不同的 SDU。

TTL 方波脉冲输入的 SDU 有基本单元和扩展单元 2 种规格。基本单元最大可连接 4 轴测量信号，超过 4 轴时需要增加扩展单元；每一扩展单元最大可连接 4 轴测量信号。

1Vpp 正余弦模拟量输入的 SDU 无基本单元和扩展单元之分，每一检测单元最大可连接 4 轴测量信号，如果超过 4 轴，可直接增加一个检测单元。

图 6.3-18　分离型检测单元

6.3.4　I/O Link 总线设备

FANUC 系统的 I/O Link（或 I/O Link i，下同）总线用于 CNC 集成 PMC 与输入/输出设备的连接，由于 PMC 的中央处理器（CPU、存储器等）集成在 CNC 主板上，因此，用来连接 PMC 与输入/输出设备的接口设备（I/O Link 总线设备）需要分离安装，并通过 I/O Link 总线与 CNC 主板连接，构成完整的 PMC 控制系统。

FANUC 数控系统的 I/O Link 总线设备包括图 6.3-19 所示的 FANUC 标准机床操作面板、手持式操作单元、I/O 模块与单元（紧凑型和分布式）、βiSV I/O Link 伺服驱动器几类。手持式操作单元需要选配专用接口板，远程 I/O 模块与单元连接需要选配 I/O Link 光缆适配器。

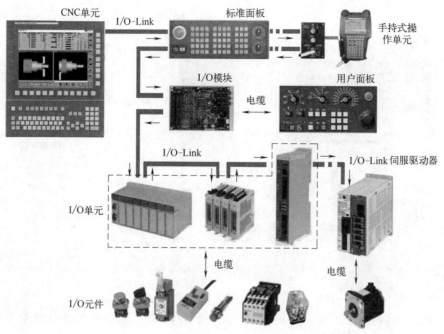

图 6.3-19   I/O Link 设备及连接

1. 机床操作面板

机床操作面板用于 CNC 操作方式选择、程序自动运行控制与机床手动操作，它是数控机床必不可少的基本操作部件。机床操作面板以按钮、开关、指示灯等开关量输入/输出（DI/DO）器件为主，需要通过 PMC 程序对其进行控制。数控机床的操作面板可由用户自行设计制造，也可选择 FANUC 配套提供的标准产品。

由机床生产厂家设计、制作的机床操作面板称为用户面板。用户面板可较好地满足机床的个性化要求，但是，它只能使用通用按钮、开关、指示灯等操作器件，需要利用电线、电缆与 PMC 的 I/O 单元（模块）连接。由于操作器件数量较多，用户面板需要消耗较多的线材，安装连接工作量大，故障检查与维修有所不便。

由 FANUC 公司根据数控机床操作的一般要求统一设计的机床面板称为标准面板。标准面板不仅外形美观、结构紧凑，而且，还集成 I/O Link 总线通信接口，能直接作为 PMC 的输入/输出接口设备连接 CNC 的 I/O Link 总线，其安装连接简单、检查维修容易、工作可靠性高。

FANUC 标准面板主要有图 6.3-20 所示的机床主操作面板（简称主面板）、附加操作面板（简称子面板）、手轮盒、手持式操作单元等。

FANUC 主面板是一种集成有机床操作器件的 PMC 输入/输出设备，面板安装有 CNC 操作方式选择、程序运行控制、坐标轴及主轴手动操作等基本操作器件和 I/O Link 总线通信接口，部分产品还安装有急停按钮、进给倍率与主轴倍率调节开关等扩展操作器件。主面板不仅可将面板本身的按键/指示灯转换为 PMC 的输入/输出信号，而且还带有用于连接 FANUC 子面板、手轮盒或用户附加操作器件的通用开关量输入/输出（DI/DO）接口，因此，它实际上是一种带操作器件的 PMC 输入/输出模块。

子面板、手轮盒是主面板的扩展操作设备，它们无 I/O Link 总线通信接口，但可通过

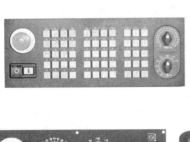
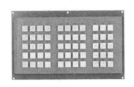
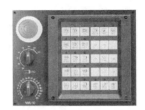

(a) 主面板

(b) 子面板与手轮盒　　　　　　　　　　　　　(c) 手持式操作单元

图 6.3-20　FANUC 标准面板

主面板的扩展连接器与主面板连接，作为主面板附加的 DI/DO 信号与 CNC 连接。FANUC 子面板一般安装有急停按钮、存储器保护开关、进给倍率和主轴倍率调节开关等操作器件，可与主面板组合使用。手轮盒是用于工件、刀具安装调整的可移动操作设备，通常安装有手轮、手轮轴选择开关、手轮倍率调节开关等操作器件。

　　FANUC 手持式操作单元有手持面板和 i Pendant 示教器 2 种。手持式操作单元是用于大型、复杂机床和工业机器人安装调整、示教编程的移动式操作设备，它们不仅需要连接 DI/DO 信号，而且还需要作为 CNC 的移动式操作单元进行数据输入、状态显示、加工程序编辑等操作，因此，需要通过专门的接口模块与 CNC 连接。FANUC 手持面板安装有 2 行 16 字液晶显示器和 20 个数据输入键以及手轮、进给倍率调节开关、急停按钮等操作器件，可用于简单的机床安装调整操作。FANUC i Pendant 示教器带有微处理器、小型 LCD 显示器、键盘等操作器件，可用于数控机床、工业机器人的示教编程和安装调整操作，有关内容可参见后述的工业机器人说明。

2. I/O 模块与单元

　　I/O 模块与单元是 CNC 集成 PMC 用于输入/输出连接的通用接口设备，其作用与通用 PLC 的输入/输出模块相同。I/O 模块与单元主要用于 PMC 的开关量输入/输出（DI/DO）连接，它可将安装在机床和其他控制装置上的开关、按钮等器件的状态转换为 PMC 输入信号，将 PMC 逻辑控制程序的执行结果转换为指示灯、电磁线圈等器件的控制信号。

　　FANUC 数控系统常用的 I/O 模块与单元如图 6.3-21 所示。

　　① I/O 模块。I/O 模块通常是指无保护外壳、电路板和元器件裸露的 I/O 连接装置。I/O 模块一般只能在操作台、控制箱、电气柜等具有良好密封条件的封闭空间内安装。FANUC 数控系统的 I/O 模块有操作面板 I/O 模块、电气柜 I/O 模块 2 类。操作面板 I/O 模块带有 DI/DO 和手轮连接接口，可用于机床生产厂家或其他公司设计制作的机床操作面

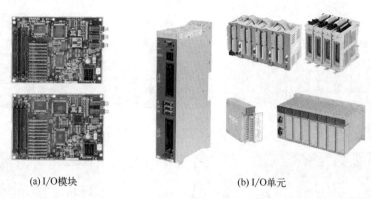

(a) I/O模块   (b) I/O单元

图 6.3-21   I/O 模块与单元

板（用户面板）、手轮连接；电气柜 I/O 模块无手轮连接接口，只能用于 DI/DO 信号连接。

② I/O 单元。I/O 单元通常是指带保护外壳、可独立安装的 I/O 连接装置。FANUC I/O 单元主要有 0i-I/O 单元、分布式 I/O 及 I/O 单元 A（I/O Unit-Model A）3 类。

0i-I/O 单元是 FANUC 专门为 FS0i 系列紧凑型系统研发的通用型 I/O 单元，单元带有 96/64 点 DI/DO 和手轮连接接口，可用于机床操作面板、电气柜、机床 I/O 连接。

分布式 I/O（Distributed I/O）在 FANUC 说明书中有时译作"分线盘 I/O""分散 I/O"等。分布式 I/O 类似于通用 PLC 的扩展单元，它由 1 个带 I/O Link 接口的基本模块和若干扩展模块组成。基本模块集成有 I/O 总线接口，它是单元必需、可独立使用的 I/O 模块。扩展模块用于输入/输出扩展，其 I/O 点、信号规格可选择，且还可选配具有 A/D、D/A 转换功能的模拟量输入/输出模块。FANUC 分布式 I/O 的结构形式有插接型、紧凑型、端子型 3 种，最大可连接 96/64 点 DI/DO。

I/O 单元 A 是 FANUC 为 FS15i、FS30i 系列高性能系统研发的 I/O 连接装置，其结构、功能类似通用 PLC。单元由带通信接口模块（I/F 模块）的机架及各类 I/O 模块组成，基本机架还可连接一个扩展机架，最大可连接 256/256 点 DI/DO。I/O 单元 A 有 DC24V 输入/输出、AC100V 输入、AC100～230V 输出、AC250V/DC30V 输出、模拟量输入/输出、高速计数输入、温度测量输入等多种模块可供选择。

I/O Link 总线的数据传输速率低于 FSSB 总线，在通常情况下可使用双绞屏蔽电缆连接。但是，当连接距离超过 15m、I/O 设备对数据传输可靠性要求较高时，原则上应选配图 6.3-22 所示的光缆适配器（Optical I/O Link Adapter），将 I/O Link 总线转换为光缆连接接口，利用光缆进行远距离连接。使用光缆连接后，I/O Link 的连接距离最大可达 200m。

3. I/O Link 伺服驱动器

图 6.3-22   光缆适配器

FANUC βiSV I/O Link 伺服驱动器是具有闭环位置控制功能、可独立使用的通用型伺服驱动器，但它采用的是 I/O Link 总线通信控制，驱动器的位置、速度控制信号需要通过 I/O Link 总线传输，因此，驱动器使用时需要以 I/O Link 设备的形式连接到 I/O Link 总线，利用 PMC 程序控制驱动器的运行。

在数控机床上，βiSV I/O Link 伺服驱动器可用于刀架、刀库、工件自动装卸装置、分度工作台等辅助部件运动控制，伺服电机位置、速度均可直接通过 PMC 程序指定，无需占用 CNC 的控制轴数，故称为 PMC 轴。每个 βiSV I/O Link 伺服驱动器需要占用 PMC 的 128/128 点 DI/DO，FS0iF/FPlus 最大可连接 8 个驱动器。

βiSV I/O Link 伺服驱动器的外观与连接要求如图 6.3-23 所示。驱动器的 JD1B、JD1A 分别为 I/O Link 总线输入、输出接口，连接器 JF1 为伺服电机内置编码器连接接口，驱动器的其他连接器可用于 DC24V 控制电源及急停信号的输入/输出（CXA19A/B）、手轮（JA34）及超程、参考点减速（JA72）等辅助控制信号连接。编码器信号仅用于驱动器本身的闭环位置、速度控制，不能参与 CNC 的插补运算；手轮仅仅用于驱动器本身的手动操作，不能作为 CNC 的手轮使用。

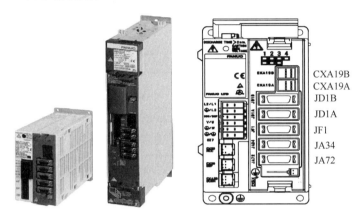

图 6.3-23　βiSV I/O Link 伺服驱动器

6.4　CNC 及驱动器连接

6.4.1　CNC 连接

FS0iF/FPlus 系统的 CNC 主板结构主要有 C、A、G 三种，三者的连接器布置、名称稍有区别（见前述），但连接要求相同。

CNC 主板的连接总图如图 6.4-1 所示。FS0iF/FPlus 的网络化程度较高，CNC 与驱动器、I/O 单元或模块都采用了网络总线连接；CNC 与 LCD 的连接已在出厂时完成，因此，系统的连接比较简单。

FS0iF/FPlus 与前期 FS0iC/D 系统的连接区别主要在 αi/βi 串行主轴驱动器连接上。FS0iC/D 系统使用 αi/βi 串行主轴驱动器时，需要通过 CNC 的 JA41 连接主轴 I/O Link 总线；FS0iF/FPlus 系统的 αi/βi 串行主轴驱动器可直接通过 FSSB 伺服总线（光缆）连接，无需使用 JA41 连接 I/O Link 总线。因此，FS0iF/FPlus 的 JA41 只用于使用 JA40 模拟量输出控制的主轴、刀架、刀库等调速装置（如变频器等）的位置编码器连接。

FS0iF/FPlus 系统的 CNC 主板连接要求如下。

1. 电源输入

FS0iF/FPlus 系统采用 DC24V 电源输入，主板 A、C 的输入连接器代号为 CP1，主板 G 的输入连接器代号为 CPD16A，其连接方法如图 6.4-2 所示。CNC 对 DC24V 电源输入的要求如下。

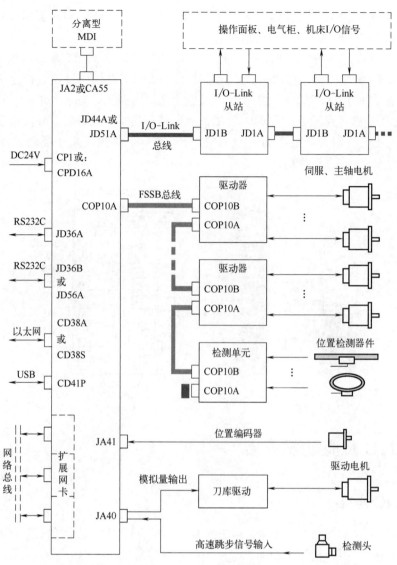

图 6.4-1　CNC 连接总图

输入电压：DC24V±2.4V（21.6～26.4V）。纹波、噪声引起的电压波动不能超过输入允许范围。

输入容量：8.4/10.4 英寸 LCD 的输入容量 1.4A；15 英寸 LCD 的输入容量 2A。

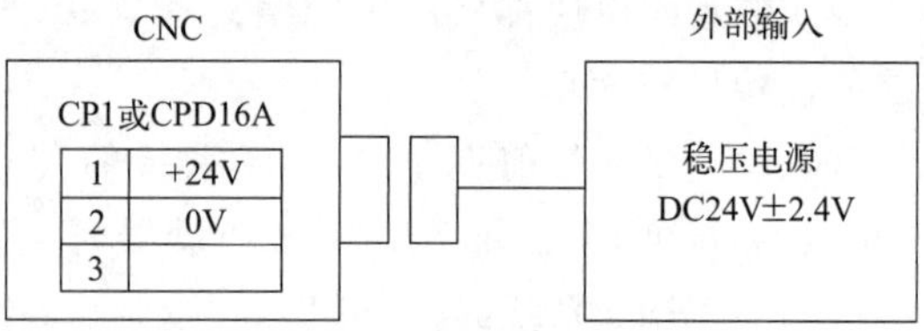

图 6.4-2　CNC 电源连接

2. FSSB 和 I/O Link 总线

FS0iF/FPlus 系统的 FSSB 网络和 I/O Link 网络都采用的是总线型拓扑结构，网络所有的从站（总线设备）依次串联，各段总线的连接方式相同。

FSSB 总线需要进行伺服数据的高速通信，FS0iF/FPlus 系统最大可连接 12 个伺服轴。FSSB 总线需要使用 FANUC 配套提供的光缆进行逐段连接，CNC 的 COP10A（或 COP10A-1）为主站 FSSB 总线输出端，需要与第一个驱动器（从站）的输入端 COP10B 连接；第一个驱动器的输出端 COP10A，再与第二个驱动器的输入端 COP10B 连接；依次类推，最后一个驱动器的 FSSB 总线输出端 COP10A，需要加 FSSB 终端连接器。

I/O Link 总线用于 CNC 集成 PMC 的输入/输出设备连接，其基本连接（单通道电缆连接）方法如图 6.4-3 所示，系统最大可连接 24 个 I/O 模块或单元、2048/2048 点 DI/DO。

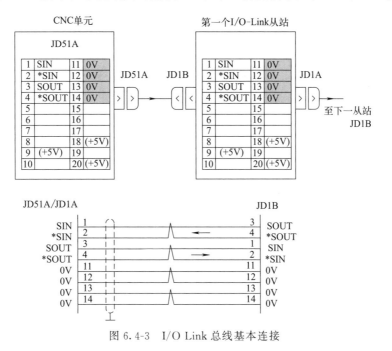

图 6.4-3　I/O Link 总线基本连接

I/O Link 总线采用电缆连接时，CNC 连接器 JD51A（或 JD44A，下同）为主站 I/O Link 总线输出端，应与第一个 I/O 模块或单元（从站）的输入端 JD1B 连接；第一个驱动器的输出端 JD1A，再与第二个 I/O 模块或单元的输入端 JD1B 连接；依次类推，最后一个 I/O 模块或单元的输出端 JD1A 不需要终端连接器。

FS0iF/FPlus 系统的 I/O Link 总线连接器 JD51A 具有双通道 I/O Link 总线及光缆适配器连接功能。连接光缆适配器时，需要连接 JD51A 的＋5V（连接端 9/18/20）；连接双通道 I/O Link 总线时，第 2 通道 I/O Link 总线 SIN2/＊SIN2、SOUT2/＊SOUT2 的连接端分别为 5/6、7/8。有关双通道 I/O Link 总线及光缆适配器的连接方法详见本章后述。

3. 跳步信号与模拟量输出

FS0iF/FPlus 系统的高速跳步信号与模拟量输出共用连接器 JA40，连接方法如图 6.4-4 所示。JA40 的引脚 1～4、11～14 用于高速跳步信号连接；5、7 用于模拟量输出连接；8、9 用于速度控制使能触点输出连接。

高速跳步信号 HDI0～3 通常需要与跳步指令 G31 配合使用；信号有效时，当前程序段的坐标轴运动将直接结束并执行下一程序段。以 HDI0 为例，信号的连接方法如图 6.4-4（b）所示。HDI0～3 为低电平有效信号，状态 "0" 的输入电压/电流为 3.6～11.6V/2～11mA，状态 "1" 的输入电压/电流为 0～1V/－8mA；信号的最小脉冲宽度为 20μs。

CNC 的模拟量输出 SVC 可作为速度模拟量输入控制的主轴（FANUC 称模拟主轴）、刀架、刀库等调速装置（如变频器等）的速度给定信号；速度控制使能触点 ENB1/2 可用于调速装置的启动、停止控制（一般不使用）。SVC、ENB1/2 的连接要求如图 6.4-4（c）所示，SVC 输出电压/电流为 －10V～10V/2mA，输出阻抗为 100Ω，ENB1/2 的驱动能力为

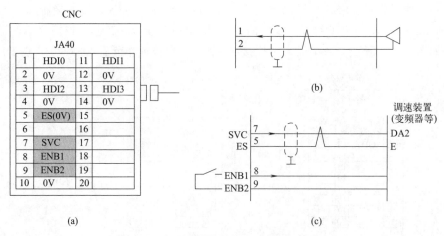

图 6.4-4　高速跳步信号与模拟量输出的连接

DC30V/200mA。

4. 位置编码器连接

FS0iF/FPlus 系统的位置编码器连接器 JA40 的连接方法如图 6.4-5 所示。

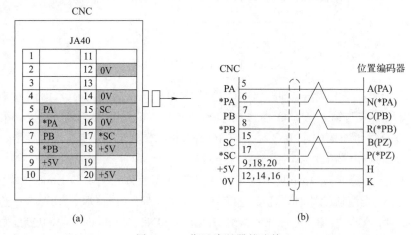

图 6.4-5　位置编码器的连接

位置编码器可与速度模拟量输出（SVC）配合使用，作为驱动电机（主轴、刀架、刀库等）的位置检测信号，用来实现主轴、刀架、刀库的分度定位或主轴的定向准停、螺纹切削、攻螺纹等简单位置控制功能。

5. USB 存储器与以太网连接

FS0iF/FPlus 系统的 USB 接口为存储器专用接口，不能用来连接其他 USB 设备。USB 接口的连接端功能如图 6.4-6 所示，使用延长电缆时，最大连接距离为 5m；+5V 电源的最大容量为 500mA。

FS0iF/FPlus 系统的主板集成有以太网连接接口

USB 接口	
1	USB_5V
2	USB-
3	USB+
4	USB_0V

图 6.4-6　USB 接口

CD38A（或 CD38S），可与 PC 机、FANUC Panel i 工业平板电脑或集线器（HUB）连接。

接口 CD38A（或 CD38S）为 RJ-45 标准连接器，网络连接线一般应使用 100BASE-TX 五类双绞屏蔽电缆（STP），最大连接距离为 100m，接口连接方法如图 6.4-7 所示。

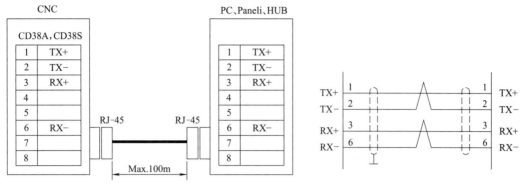

图 6.4-7 以太网连接

6. RS232C 连接

RS232C（Recommended Standard 232 C）是传统的 EIA 标准串行接口，可用于传输速率 19200 bit/s 以下、传输距离不超过 30m 的显示器、触摸屏、条码阅读器、打印机等低速数据通信设备连接。

FS0iF/FPlus 系统的 JD36A、JD36B（或 JD56A）为 RS232C 串行通信接口，其连接方法和连接端功能如图 6.4-8、表 6.4-1 所示，接口功能可通过 CNC 参数选择。由于 JD36A、JD36B（或 JD56A）使用的是 20 芯微型连接器（PCR-E20FS），而 RS232C 标准通信电缆使用的是 9 芯或 25 芯连接器，为统一标准，一般应按表 6.4-1 的要求将 20 芯接口转换为 9 芯或 25 芯 RS232C 标准接口。

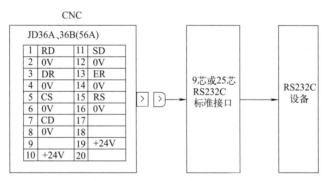

图 6.4-8 RS232C 接口连接

表 6.4-1 RS232C 接口的信号名称与功能

CNC 侧引脚	标准连接器引脚 9 芯	标准连接器引脚 25 芯	信号代号	信号名称	信号功能
7	1	8	CD	载波检测	接收到 MODEM 载波信号时 ON
1	2	3	RD	数据接收	接收来自 RS232C 设备的数据
11	3	2	SD	数据发送	发送传输数据到 RS232C 设备
13	4	20	ER	终端准备好	数据发送端准备好,可以作为请求发送信号
2/4/6/8/12/14/16	5	7	SG	信号地	
3	6	6	DR	接收准备好	数据接收端准备好,可作数据发送请求回答
15	7	4	RS	发送请求	请求数据发送信号
5	8	5	CS	发送请求回答	发送请求回答信号
—	9	22	RI	呼叫指示	只表示状态
10	—	25	+24V	DC24V 电源	仅用于 FANUC 设备

　　RS232C 接口的通信有"全双工"与"半双工"两种基本方式。全双工通信需要使用 RS232C 的全部信号，故称"完全连接"，9 芯、25 芯标准连接器的连接方法如图 6.4-9（a）所示，CD 端和 ER 端一般直接短接，并与通信对方的 DR 端连接。半双工通信可使用"不需要应答信号的通信"和"需要应答信号的通信"两种方式：前者只需要交叉连接数据发送（SD）端和接收（RD）端，其连接方法如图 6.4-9（b）所示；后者需要交叉连接数据发送（SD）端和接收（RD）端，并短接 CD/ER/DR、RS/CS 端，其连接方法如图 6.4-9（c）所示。

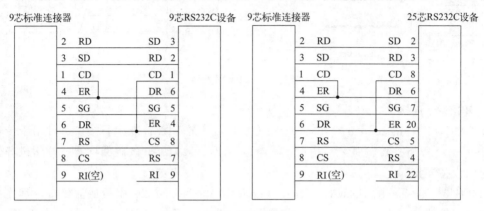

(a) 全双工通信的连接

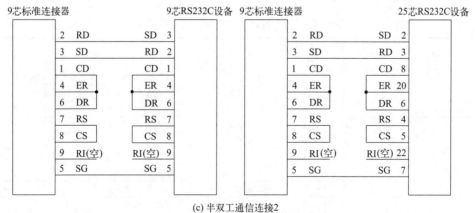

(b) 半双工通信连接1

(c) 半双工通信连接2

图 6.4-9　RS232C 通信连接

6.4.2 αiB 驱动器基本连接

FANUC αiB 驱动器为模块式结构，其外观与模块安装要求如图 6.4-10 所示。

(a) 外观	(b) 模块安装要求		

图 6.4-10 αiB 驱动器模块安装

αiB 驱动器由电源模块（αiPS-B）、主轴模块（αiSP-B）、伺服模块（αiSV-B）组成，并从左到右依次排列。每个驱动器通常由 1 个电源模块、1 或 2 个主轴模块（单轴，也可以无）及若干个伺服模块（可以为单轴、2 轴、3 轴）组成；用于多主轴、多加工路径控制的复杂系统，有时需要配置多个驱动器。

FANUC αiB 驱动器的基本连接如图 6.4-11 所示。

αiB 驱动器主轴、伺服模块的逆变主电源（直流母线）、DC24V 控制电源由电源模块统一提供。来自外部的 3 相主电源及 DC24V 控制电源输入连接到电源模块上，所有驱动模块的逆变主电源连接端 TB1，应通过直流母线连接片依次并联；DC24V 控制电源及急停输入等控制信号，利用控制总线（CXA2A/B）互连。来自 CNC 的 FSSB 伺服总线连接到紧挨电源模块的第 1 个驱动模块的 FSSB 输入端 COP10B；后续驱动模块的 FSSB 输入端 COP10B 依次连接到前一模块的 FSSB 输出端 COP10A；最后一个模块的 FSSB 输出端 COP10A 需要安装 FSSB 终端连接器。

驱动器各模块的其他连接要求分别如下。

1. 电源模块

αiB 驱动器的电源模块（αiPS-B）电源模块主要用于整流和直流母线电压控制，为主轴、伺服模块的逆变主回路提供公共的直流母线电压，并可在紧急情况下切断驱动器主电源，控制驱动器急停。αiPS-B 电源模块的直流母线电压大致为 DC300V（AC200V 输入标准

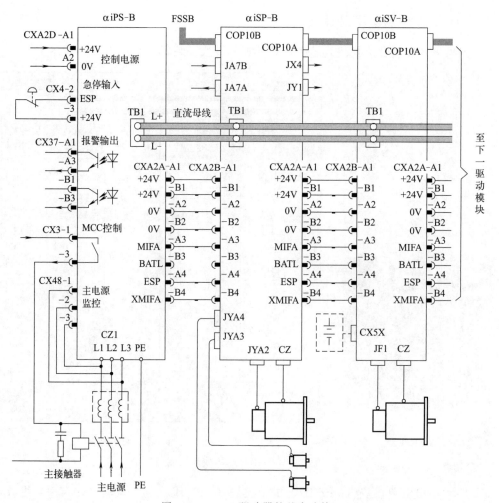

图 6.4-11　αiB 驱动器的基本连接

型）或 DC600V（AC400V 输入 HV 型）。

αiB 驱动器电源模块的连接器功能如表 6.4-2 所示，连接器的连接方法可参见图 6.4-11 驱动器基本连接。

表 6.4-2　电源模块连接器功能表

连接器代号	功能	连接说明
CZ1	驱动器主电源输入	连接 3～AC200V 或 3～AC400V 主电源
CX48	主电源及监控输入	连接 3～AC200V 或 3～AC400V 主电源
CXA2D	驱动器控制电源输入	连接外部 DC24V 控制电源
CX3	主接触器控制触点	控制主接触器通断
CX4	急停输入	连接急停输入触点
CXA2A	控制总线	连接主轴、伺服模块
CX37	驱动器报警输出	可用于制动器控制或作为 PMC 输入
JX9	电源模块检测接口	FANUC 测试用，需要专用连接电缆及检测板

αiPS-B 电源模块的主电源连接端为 L1/L2/L3/PE，小容量模块采用插接式连接器 CZ1，大容量模块采用接线端 TB2。模块的连接方法可参见图 6.4-11，输入连接要求如下。

① 主电源及监控输入。主电源输入 L1 连接 CZ1-B1、L2 连接 CZ1-A1、L3 连接 CZ1-

B2，主电源及监控输入 L1 连接 CX48-3、L2 连接 CX48-2、L3 连接 CX48-1，PE 连接驱动器保护接地端 PE。电源输入要求如下。

输入电压：额定电压 3～AC200～240V（标准型）或 3～AC400～480V（HV 型），允许变化范围－15%～＋10%。

输入频率：50/60Hz，允许变化范围为±1Hz。

输出阻抗：在最大负载时，电压波动应小于±7%。

平衡要求：三相不平衡性小于额定电压的±5%。

主电源的输入容量与电源模块规格有关，需要根据电源模块型号选择。

② 控制电源。αiB 驱动器使用 DC24V 控制电源。DC24V 控制电源从电源模块输入，可同时用于电源模块及主轴、伺服模块供电。电源总容量小于等于 9A 时，外部＋24V、0V 输入可直接连接 CXA2D 的 A1、A2 端；总容量大于 9A、小于等于 13.5A 时，需要将 CXA2D 的 A1 与 B1 端、A2 与 B2 端并联后，分别连接外部＋24V、0V 输入。

DC24V 的输入要求与 CNC 单元相同，电压波动（包括纹波、噪声）不能超过 DC24V±2.4V（21.6～26.4V）。

③ MCC 控制触点。用于驱动器的主接触器（MCC）通/断控制，触点驱动能力为 AC250V/2A，连接器 CX3 的连接端及信号连接方法可参见图 6.4-11。

④ 急停输入。驱动器的急停输入（常闭触点）断开时所有电机以最大转矩紧急制动。连接器 CX4 的连接端及信号连接方法可参见图 6.4-11。

⑤ 控制总线。控制总线是驱动器 DC24V 控制电源及急停输入等控制信号的连接总线，信号连接可参见图 6.4-11。电源模块的 CXA2A 输出连接到紧挨电源模块的第一个驱动模块输入端 CXA2B；后续驱动模块的输入端 CXA2B 依次连接到前一模块的输出端 CXA2A；最后一个模块的输出端 CXA2A 可悬空或连接公共绝对编码器电池盒（见后述）。

⑥ 报警输出。报警输出（Power Failure Detection Output）在 FANUC 中文说明书上称为断电检测输出。连接器 CX37 的连接端及信号连接方法可参见图 6.4-11。驱动器正常工作时，CX37 的引脚 A1/A3、B1/B3 接通；驱动器故障时，A1/A3、B1/B3 断开。

CX37 的报警输出信号可用于驱动器故障时的外部急停控制。例如，可作为 CNC 的急停输入，串联至 PMC 的 DI 输入 *ESP 上；或者，与 PMC 的电机制动器控制信号串联，直接控制电机制动。报警输出信号为两只达林顿光耦输出，驱动能力为 DC24V/50mA。

⑦ 检测接口。检测接口 JX9 用于电源模块测试，需要使用 FANUC 专用连接电缆和检测板，用户一般不使用。

2. 伺服模块连接

伺服模块用于伺服电机的逆变主回路控制，αiSV-B 伺服模块有单轴、2 轴和 3 轴等规格。图 6.4-11 为单轴伺服模块的连接，2 轴、3 轴伺服模块需要增加第 2 轴（M）、第 3 轴（N）的电枢连接器 CZ2（M）、CZ2（N）及编码器连接器 JF2（M）、JF3（N），其他连接与单轴伺服模块相同。

伺服模块的直流母线连接端 TB1、控制总线输入端 CXA2B 分别与上一驱动模块（主轴或伺服）或电源模块的直流母线连接端 TB1、控制总线输出端 CXA2A 连接；FSSB 总线输入端 COP10B 与上一驱动模块（主轴或伺服）或 CNC 的 FSSB 总线输出端 COP10A 连接。模块的直流母线连接端 TB1、控制总线输出端 CXA2A、FSSB 总线输出端 COP10A 可连接后续伺服模块。

使用绝对编码器的伺服模块需要安装位置数据断电保持的后备电池盒。当所有伺服模块共用公共电池盒时，电池盒连接在最后一个伺服模块的 CXA2A-A2/B2 引脚上，其他模块的后备电源由控制总线 CXA2A/CXA2B 的连接端 BATL 提供；当各伺服模块使用独立电池盒时，电池盒连接在模块的各自连接器 CX5X 上，此时，必须断开控制总线 CXA2A/CXA2B 上的后备电源公用连接线 BATL（B3 引脚），以免引起电池间的短路。

JX8 为伺服模块检测接口，需要使用 FANUC 专用连接电缆和检测板，用户一般不使用。大功率模块还有独立的控制电源输入、动态制动模块等连接器，需要根据模块要求连接。

伺服模块与伺服电机的连接方法如下。

① 电枢连接。小功率伺服电机利用插接式连接器 CZ2 连接，多轴伺服模块以 L、M、N 区分第 1/2/3 轴。连接器 CZ2 的 B1 端连接伺服电机的输入端 U、A1 连接 V、B2 连接 W、A2 连接 PE，连接必须正确。

② 编码器连接。伺服电机的内置编码器连接器为 JF1/JF2/JF3，常用的电机连接要求如图 6.4-12。

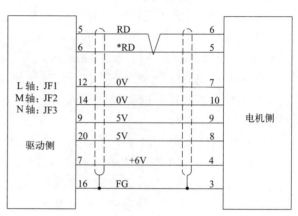

图 6.4-12　伺服电机内置编码器连接

6.4.3　αiSP-B 主轴模块连接

αiSP-B 主轴模块应紧接电源模块安装，主轴模块均为单轴，模块外形与规格有关，但连接要求相同，连接器功能及连接要求如表 6.4-3 所示。

表 6.4-3　主轴模块连接器功能及连接要求表

连接器代号	功能	连接要求
CZ2 或 TB2	主轴电机电枢连接	连接主轴电机电枢
JA7B	主轴串行总线输入	串行主轴总线（用于 FS0iC/D）
JA7A	主轴串行总线输出	连接下一主轴模块（用于 FS0iC/D）
CXA2A	控制总线输出	连接下一模块（主轴或伺服）
CXA2B	控制总线输入	连接上一模块（电源或主轴）
COP10B	FSSB 总线输入	连接 CNC 或上一主轴模块
COP10A	FSSB 总线输出	连接下一模块（主轴或伺服）
JX4	主轴编码器输出（主轴位置输出信号）	连接 CNC 主轴编码器输入
JY1	主轴操作显示信号	连接主轴倍率调节及转速、负载显示信号
JYA2	主轴电机内置编码器输入接口	连接标准主轴电机内置编码器
JYA3	主轴位置检测输入接口 1	连接外置方波脉冲编码器、接近开关
JYA4	主轴位置检测输入接口 2	连接外置正余弦模拟量输出编码器

αiSP-B 主轴模块的直流母线（TB1）、控制总线 CXA2A/ CXA2B 的连接要求和伺服模块相同。主轴模块的 FSSB 总线输入端 COP10B 与 CNC 连接，输出端 COP10A 连接伺服模块。主轴电机电枢利用连接器 CZ2（中小功率模块）或接线端 TB2（大功率模块）连接。连接器 CZ2 的 B1 端连接主轴电机的输入端 U、A1 连接 V、B2 连接 W、A2 连接 PE，接线端 TB2 的 U/V/W 应与主轴电机的输入端 U/V/W 一一对应。

αiSP-B 主轴模块的连接器 JX4 为主轴位置输出信号，可提供给其他控制装置使用，例如，作为 CNC 的主轴编码器输入信号，用于 CNC 主轴定向准停、分度定位、螺纹切削、刚性攻螺纹等简单位置控制。主轴位置输出信号为 1024P/r 的 A、B 两相差分脉冲（PA/＊PA、PB/＊PB）和零位脉冲（PZ/＊PZ）输出，信号的连接方法如图 6.4-13 所示。

αiSP-B 主轴模块的 JY1 连接器用于外部操作、显示信号连接，可连接主轴倍率调节电位器、主轴转速表（SM）、主轴负载表（LM）等，信号连接方法见图 6.4-14。主轴倍率调节电位器用于主轴转速倍率的连续调节，电位器阻值允许范围为 2～10kΩ。主轴倍率也可通过机床操作面板上的主轴倍率调节开关调节，但是，主轴倍率调节开关改变的是 CNC 的 S 指令输出值（主轴模块的速度给定输入值），而 JY1 主轴倍率调节电位器改变的是当前给定速度下的电机输出转速，如果两者同时使用，主轴实际转速相对于编程转速 S 的调节倍率将为两者的乘积。

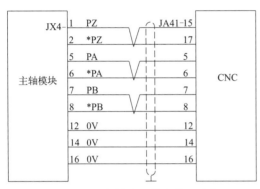

图 6.4-13　主轴位置输出信号连接

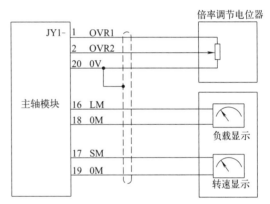

图 6.4-14　主轴操作显示信号连接

主轴转速、负载显示信号均为 DC 0～10V 模拟电压输出。转速显示信号的输出精度为 ±3％，负载显示信号的输出精度为 ±15％。

αiSP-B 主轴模块的连接器 JYA2、JYA3、JYA4 用于主轴速度、位置检测器件连接，其连接要求与主轴电机和编码器类型、主传动系统结构以及主轴的位置控制要求等因素有关，说明如下。

1. 主轴电机和编码器类型

αiSP-B 主轴模块可以用于所有 FANUC 主轴电机的控制。从结构上说，FANUC 主轴电机有图 6.4-15 所示的标准结构和电主轴两大类。

(a) 标准结构

(b) 电主轴

图 6.4-15　FANUC 主轴电机结构

FANUC αI/αIP、βI/βIP 系列主轴电机采用的是传统整体式标准结构，电机内部安装有速度、位置及温度检测器件（内置编码器），电机可直接连接 αiSP-B 主轴模块。FANUC

BiI、BiS 系列电主轴为定子、转子分离型结构，速度、位置及温度检测器件都需要外部安装并与主轴模块分别连接。

主轴驱动系统的最终目的是控制数控机床的主轴和位置，如果主轴电机和机床主轴间具有齿轮、同步带等机械传动装置，就必须在主轴上安装用于主轴实际速度、位置检测的外置式主轴编码器。

FANUC 外置式主轴编码器主要有图 6.4-16 所示的 α、αS、BZi、CZi 四类。

 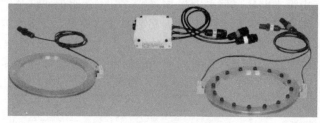

(a) α、αS   (b) BZi、CZi

图 6.4-16   FANUC 外置式主轴编码器结构与外形

FANUC α、αS 系列编码器为整体式结构的光栅检测器件，最高转速为 10000r/min，通常用于标准电机驱动的主传动系统，通过编码器与主轴的 1∶1 同步带或齿轮连接，检测主轴实际位置。α 系列编码器的输出为 TTL 方波脉冲，A、B 相为 1024P/r 的 90°相位差信号，Z 相为零位脉冲信号；A、B 相信号通过 4 倍频处理，其位置检测分辨率大致为 0.088°（360°/4096），故只能用于主轴定向准停、360°定位及螺纹切削、刚性攻螺纹等传统的主轴位置控制，一般不能用于位置检测分辨率小于 0.001°的高精度主轴回转进给（Cs 轴）控制。αS 系列编码器的 A、B 相为 1024λ/r（周期/转）正余弦模拟量输出，Z 相为方波脉冲，A、B 相经细分处理后的位置检测分辨率可达到 0.001°以下，故可用于高精度主轴回转进给（Cs 轴）控制。

FANUC BZi、CZi 系列编码器为发信环和检测头可分离的磁栅检测器件，可在主轴上直接安装，因此，既可作为标准主轴电机驱动的主传动系统，也可用于电主轴驱动的主传动系统。BZi 型编码器为正余弦模拟量直接输出磁栅编码器，最高转速可达 80000r/min（96λ/r），A、B 相输出有 96/128/192/256/384/512/640/768/1024λ/r 等多种规格，Z 相为方波脉冲；A、B 相经细分处理后的位置检测分辨率可达到 0.001°，故可用于高精度主轴回转进给（Cs 轴）控制。CZi 型编码器为带前置放大的正余弦模拟量输出高精度磁栅编码器，最高转速为 15000r/min（512λ/r），A、B 相输出有 512/768/1024λ/r 三种规格，Z 相为方波脉冲；A、B 相经细分处理后的位置检测分辨率可达到 0.0001°，故可用于高速高精度主轴回转进给控制。

2. 主轴位置检测器件配置

主轴位置检测器件的配置与主传动系统结构和位置控制要求有关。数控机床主传动系统的结构主要有标准电机与主轴直连或 1∶1 连接、标准电机与主轴非 1∶1 连接、电主轴直接驱动 3 类。标准电机与主轴直连或 1∶1 连接时，可直接使用电机内置编码器作为主轴位置检测器件；标准电机与主轴非 1∶1 连接时，必须在主轴上安装位置检测器件；电主轴为分体式结构，必须在主轴上安装外置式 BZi 或 CZi 系列正余弦模拟量输出的磁栅编码器，作为速度、位置、温度检测器件。

采用标准电机驱动的主轴，其位置检测器件的一般配置及与 αiSP-B 主轴模块的连接方法，主要有图 6.4-17 所示的 4 种。

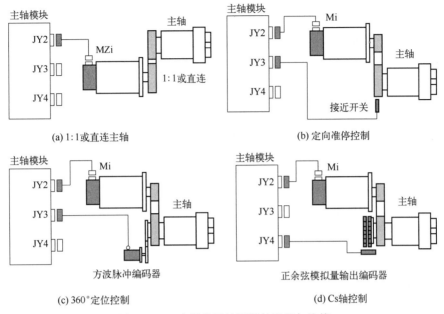

(a) 1：1 或直连主轴　　　　　　　　(b) 定向准停控制

(c) 360°定位控制　　　　　　　　(d) Cs 轴控制

图 6.4-17　主轴位置检测器件配置与连接

① 标准电机直连或 1：1 连接主轴。图 6.4-17（a）所示的电机与主轴直连或 1：1 连接的主传动系统，可直接选择带 MZi 型内置编码器的 αiI/αiIP、βiI/βiIP 系列标准主轴电机，无需另行安装外置式主轴编码器。

MZi 型内置编码器可输出 A、B 相正余弦模拟量和零位脉冲信号，A、B 相信号可通过细分达到很高的位置检测分辨率，故可用于定向准停、360°定位及主轴回转进给（Cs 轴）控制。MZi 型内置编码器与主轴模块通过连接器 JYA2 连接。

② 非 1：1 连接的定向准停控制主轴。图 6.4-17（b）所示的电机与主轴传动比不为 1：1，但只需要控制主轴定向准停（定点定位）的主传动系统，可选择带 Mi 型内置编码器的标准主轴电机，利用外置式接近开关作为主轴定位点检测器件。

Mi 型内置编码器可输出 A、B 相正余弦模拟信号，但无电机零位脉冲信号输出，故只能用于电机速度检测；主轴定位点检测需要安装接近开关。接近开关与主轴模块需要通过连接器 JYA3 连接。

③ 非 1：1 连接的 360°定位控制主轴。图 6.4-17（c）所示的电机与主轴传动比不为 1：1，需要具有主轴定向准停和 360°定位（包括螺纹切削、刚性攻螺纹）等传统位置控制功能的主传动系统，可选择带 Mi 型内置编码器的主轴电机，并配套 α 系列 1024P/r 方波脉冲编码器，作为主轴 360°位置检测器件。方波脉冲编码器与主轴模块需要通过连接器 JYA3 连接。

④ 非 1：1 连接的 Cs 轴控制。图 6.4-17（d）所示的电机与主轴传动比不为 1：1，需要具备高精度主轴回转进给（Cs 轴）控制功能的主传动系统，可选择带 Mi 型内置编码器的主轴电机，并配套 αS、BZi、CZi 系列正余弦模拟量输出编码器，作为高精度主轴位置检测器件。正余弦模拟量输出编码器与主轴模块需要通过连接器 JYA4 连接。

3. 电机内置编码器连接

FANUC αI/αIP、βiI/βIP 标准主轴电机的内置编码器有 Mi、MZi 两种。Mi 型内置编码器只有 A 和 B 相正余弦模拟量输出、无电机零位脉冲（Z 相）信号输出，因此，只能用于主轴速度检测；MZi 型内置编码器有 A、B 相正余弦模拟量输出和零位脉冲信号输出，可用于电机速度/位置检测。Mi、MZi 型内置编码器集成有温度检测传感器，可同时用于电机过热检测。

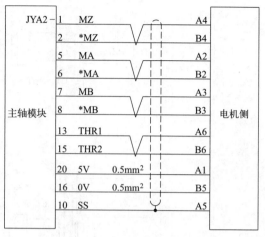

图 6.4-18　MZi 型内置编码器连接

αiSP-B 主轴模块的连接器 JYA2 用于内置编码器连接，MZi 型内置编码器的信号连接要求如图 6.4-18 所示；Mi 型内置编码器无零位脉冲 MZ/＊MZ 输出，不需要连接 JYA2-1/2 引脚。

4. 接近开关连接

接近开关可用于传动比不为 1 : 1、需要进行定向准停控制的主轴定位点检测。接近开关可通过 αiSP-B 主轴模块的连接器 JYA3 连接（和方波脉冲编码器共用），信号连接要求如图 6.4-19 所示，主轴模块对接近开关输出信号的要求如下。

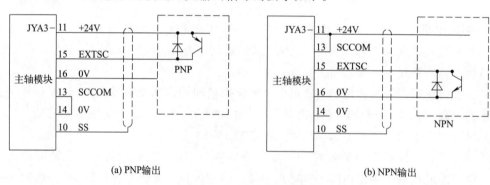

(a) PNP输出　　　　　　　　　　(b) NPN输出

图 6.4-19　接近开关的连接

信号输出方式：NPN 或 PNP 晶体管集电极开路输出。

信号输出电压：DC24V±1.5V。

输出 ON 驱动电流：≥16mA。

输出 OFF 漏电流：≤1.5mA。

开关频率：≥400Hz。

5. 方波脉冲编码器连接

方波脉冲编码器可用于传动比不为 1 : 1、需要进行 360°定位（包括螺纹切削、刚性攻螺纹）的主轴位置检测。方波脉冲编码器可利用主轴模块的连接器 JYA3 连接（和接近开关共用），信号连接要求如图 6.4-20 所示，主轴模块对编码器输出信号的要求如下。

编码器输出：1024P/r。

输出信号：A、B 相差分信号和 Z 相零位脉冲信号。

信号电压：DC5V，高电平输出应大于 2.4V，低电平输出应小于 0.8V。

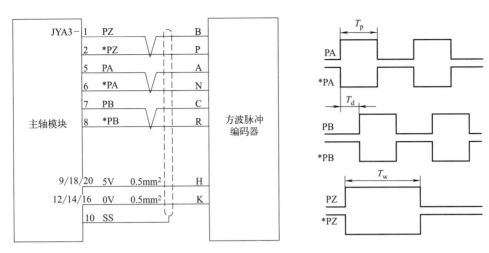

图 6.4-20   方波脉冲编码器连接

脉冲要求：T_p 不小于 $4\mu s$、T_w 不小于 $8\mu s$、T_d 不小于 $0.65\mu s$。

6. 正余弦模拟量输出编码器连接

正余弦模拟量输出编码器用于标准电机驱动、传动比不为 1∶1 的主轴回转进给（Cs 轴）位置检测，或者，作为电主轴的基本检测部件。正余弦模拟量输出编码器与主轴模块需要通过连接器 JYA4 连接，主轴模块对编码器输出信号的要求如下（参见图 6.4-21）。

基准电平 V_0：$2.5V \pm 0.1V$。

信号幅值 $V_{p\text{-}p}$：$0.8 \sim 1.2V$。

相位差 T_d：$90° \pm 5°$。

FANUC 主轴配套的正余弦模拟量输出编码器主要有 αS、BZi、CZi 三类，其连接方法分别如下。

① αS 编码器。αS 编码器是整体式结构的光栅编码器，主要用于标准电机驱动、传动比不为 1∶1 的主轴回转进给（Cs 轴）位置检测，编码器与主轴模块的连接方法如图 6.4-22 所示。标准主轴电机的内置编码器 Mi、MZi 均带有温度检测器件，因此，连接器 JYA4 无需连接温度检测信号。

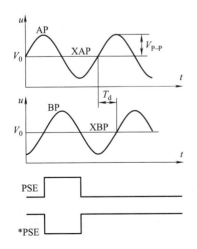

图 6.4-21   正余弦波信号要求

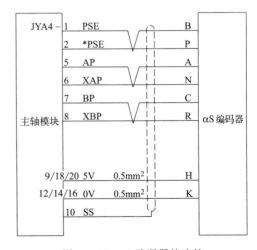

图 6.4-22   αS 编码器的连接

② BZi、CZi 编码器。BZi、CZi 编码器为分离型磁栅编码器，主要用于电主轴驱动系统，作为电主轴基本速度、位置检测器件使用，编码器与主轴模块的连接方法如图 6.4-23 所示。电主轴无温度检测器件，因此，连接器 JYA4 需要连接温度检测信号。

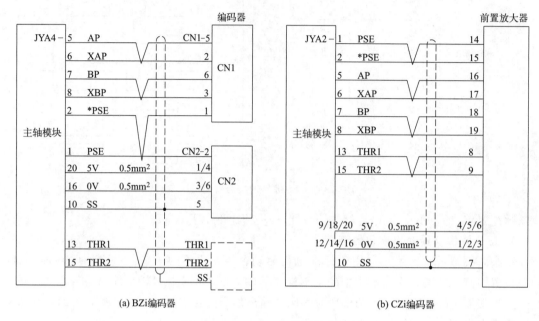

图 6.4-23　BZi、CZi 编码器的连接

BZi 编码器无前置放大器，编码器的正余弦模拟量输出、零位脉冲输出、温度检测器件需要分别连接至 JYA4 上。CZi 编码器带有前置放大器，编码器只需要与前置放大器连接，前置放大器的输出连接到主轴模块的 JYA4 上。

6.4.4　βiB 驱动器连接

FANUC βiB 驱动器为电源、驱动集成一体型结构，驱动器可独立安装。βiB 驱动器有电源/伺服/主轴一体型（βiSVSP-B）以及单轴、2 轴、3 轴伺服驱动器（βiSV-B）等结构，不同驱动器的连接方法如下。

1. βiSVSP-B 驱动器连接

βiSVSP-B 为电源/伺服/主轴一体型驱动器，驱动器有"2 轴伺服＋主轴""3 轴伺服＋主轴"两类产品，驱动器外形及连接器布置如图 6.4-24 所示。

βiSVSP-B 驱动器常用的连接器功能及连接要求如表 6.4-4 所示，其他连接器用于特殊部件（如 FANUC 断电支持模块等）连接，用户一般不使用。

表 6.4-4　βiSVSP-B 驱动器连接器功能与连接要求表

连接器代号	功　能	连接要求	说明
TB1	驱动器主电源输入	连接 3～AC200V 或 3～AC400V 主电源	同 αiPS-B
CX48	主电源及监控输入	连接 3～AC200V 或 3～AC400V 主电源	同 αiPS-B
CXA2C	控制电源输入	连接外部 DC24V 控制电源	同 αiPS-B_CXA2D
COP10B	FSSB 总线输入	连接 CNC 的 FSSB 总线输出	同 αiB
COP10A	FSSB 总线输出	连接扩展模块 FSSB 总线输入（如需要）	同 αiB
CX3	主接触器控制触点	控制主接触器通断	同 αiPS-B

续表

连接器代号	功　　能	连接要求	说明
CX4	急停输入	连接急停输入触点	同 αiPS-B
CXA2A	控制总线输出	连接扩展驱动模块(如需要)	同 αiPS-B
CX36	驱动器报警输出	可用于制动器控制或作为 PMC 输入	同 αiPS-B_CX37
JX15	主轴电机励磁监控输出	连接 PMC 输入	可作为 PMC 输入
TB2	主轴电机电枢	连接主轴电机电枢	同 αiSP-B
JY1	主轴操作显示信号	连接倍率调节及转速、负载显示信号	同 αiSP-B
JYA2	主轴电机内置编码器接口	连接主轴电机内置编码器	同 αiSP-B
JYA3	主轴位置检测输入接口 1	连接外置方波脉冲编码器、接近开关	同 αiSP-B
JYA4	主轴位置检测输入接口 2	连接外置正余弦模拟量输出编码器	同 αiSP-B
CZ2L/M/N	L/M/N 轴伺服电机电枢	连接 L/M/N 轴伺服电机电枢	同 αiSV-B
JF1/2/3	L/M/N 轴伺服电机内置编码器	连接 L/M/N 轴伺服电机内置编码器	同 αiSV-B
CX5X	绝对编码器电池	连接绝对编码器后备电池盒	同 αiSV-B

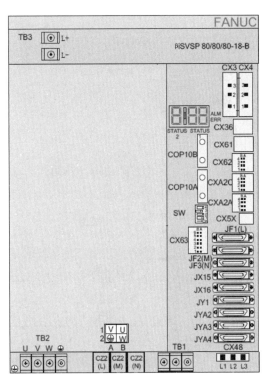

图 6.4-24　βiSVSP-B 驱动器外形及连接器布置

βiSVSP-B 驱动器连接总图如图 6.4-25 所示,驱动器电源输入要求、控制信号的连接方法和输入要求等均与 αiB 驱动器相同,可参见前述 αiB 驱动器说明。

2. βiSV-B 驱动器连接

βiSV-B 驱动器为电源/伺服一体型驱动器,驱动器有单轴、2 轴两类产品,驱动器外形及连接器布置如图 6.4-26 所示,连接器功能及连接要求如表 6.4-5 所示。

表 6.4-5　βiSV-B 驱动器连接器功能与连接要求表

连接器代号	功　　能	连接要求	说明
CZ4 或 CZ7-1/2	驱动器主电源输入	连接 3～AC200V 或 3～AC400V 主电源	同 αiPS-B
CZ5L/M 或 CZ7-4/5	伺服电机电枢	连接伺服电机电枢	同 αiSV-B
CZ6 或 CZ7-3	制动电阻	连接外置制动电阻	见下述

续表

连接器代号	功　能	连接要求	说明
CXA19B	控制电源输入	连接外部 DC24V 控制电源	同 αiPS-B_CXA2D
CXA19A	控制总线输出	连接下一模块(如需要)	同 αiPS-B_CXA2A
CXA20	制动电阻温度检测	连接外置制动电阻温度检测	见下述
COP10B	FSSB 总线输入	连接 CNC 或上一模块 FSSB 输出	同 αiB
COP10A	FSSB 总线输出	连接下一模块 FSSB 输入(如需要)	同 αiB
CX29	主接触器控制触点	控制主接触器通断	同 αiPS-B_CX3
CX30	急停输入	连接急停输入触点	同 αiPS-B_CX4
CX5X	绝对编码器电池	连接绝对编码器后备电池盒	同 αiSV-B
JX5	模块检测接口	FANUC 测试用	同 αiPS-B_JX9
CX36	驱动器报警输出	可用于制动器控制或作为 PMC 输入	同 αiPS-B_CX37

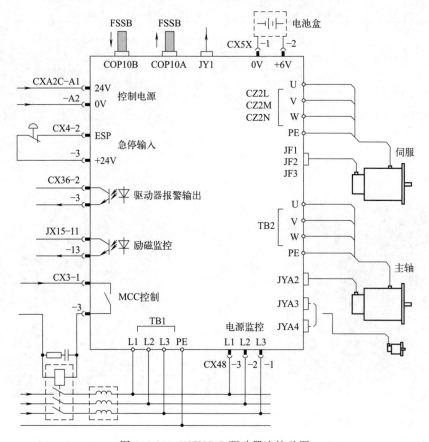

图 6.4-25　βiSVSP-B 驱动器连接总图

　　βiSV-B 驱动器连接总图如图 6.4-27 所示,不同规格驱动器的连接器代号、连接方法,以及驱动器独立使用、多驱动器同时使用时的连接方法稍有区别。不同规格驱动器的连接区别主要在主电源输入、伺服电机电枢、外置制动电阻上;驱动器独立使用与多驱动器同时使用时的连接区别主要在 DC24V 控制电源、急停输入、MCC 控制信号输出和绝对编码器电池连接上。

　　虽然,每个 βiSV-B 驱动器都有控制电源、急停输入和 MCC 控制信号输出连接器,但是,为了对所有驱动器进行统一控制,当多个驱动器同时使用时,外部控制电源、急停输入一般只连接到第 1 个驱动器的 CXA19B、CX30 上,其他驱动器通过控制总线 CXA19A/CXA19B

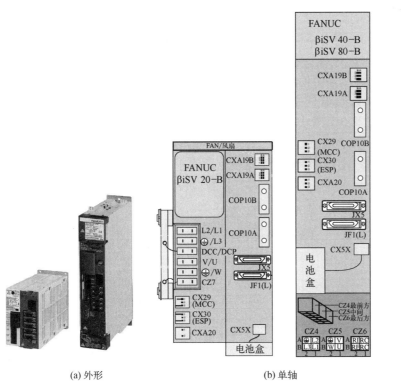
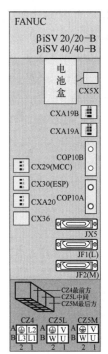

(a) 外形　　　　　　　　　　　(b) 单轴　　　　　　　　　　　(c) 2轴

图 6.4-26　βiSV-B 驱动器外形及连接器布置

图 6.4-27　βiSV-B 驱动器连接总图

互连。各驱动器的 MCC 控制信号需要串联后控制主接触器,即第 1 个驱动器的 CX29-1 连接外部电路,CX29-3 连接到第 2 个驱动器的 CX29-1;第 2 个驱动器的 CX29-3 连接到第 3 个驱动器的 CX29-1;依次类推,最后一个驱动器的 CX29-3 和主接触器线圈或外部电路连接。当驱动器使用绝对编码器时,电池连接可采用两种方式:一是利用 CXA19 连接器的公用连接端 BAT,连接一个公共电池盒,公共电池盒一般连接在最后一个驱动模块的 CXA19A-B2/B3 引脚上;二是各驱动器使用独立的内置电池盒,电池盒连接器为 CX5X,这时必须断开 CXA19 的公用连接端 BAT(B3 引脚),防止电池短路。

不同规格驱动器的连接器代号、连接方法以及驱动器独立使用、多驱动器同时使用时的连接方法的区别如表 6.4-6 所示。驱动器对电源、控制信号的输入要求等均与 αiB 驱动器相同,可参见前述 αiB 驱动器说明。

表 6.4-6 βiSV-B 驱动器连接与互连要求表

连接内容	驱动器规格	连接要求
主电源输入	βiSV4、20 单轴	L1、L2、L3、PE 分别连接 CZ7-B1、A1、B2、A2
	βiSV40、80 单轴与所有 2 轴	L1、L2、L3、PE 分别连接 CZ4-B1、A1、B2、A2
DC24V 控制电源输入	所有规格	第一模块(或单独使用),DC24/0V 连接 CXA19B-A1/A2;后续模块利用控制总线连接上一模块的 CXA19A
急停输入	所有规格	第一模块(或单独使用),急停触点连接 CX30-1/3;后续模块利用控制总线连接上一模块的 CXA19A
MCC 控制	所有规格	模块单独使用时,CX29-1/3 输出触点直接串联到主接触器控制电路;多个模块同时使用时,所有输出触点串联后,再串联到主接触器控制电路
伺服电机	βiSV4、20 单轴	电枢 U、V、W、PE 分别连接 CZ7-B4、A4、B5、A5;编码器连接 JF1
	βiSV40、80 单轴	电枢 U、V、W、PE 分别连接 CZ5-B1、A1、B2、A2;编码器连接 JF1
	2 轴模块	第一轴:电枢 U、V、W、PE 分别连接 CZ5L-B1、A1、B2、A2,编码器连接 JF1(L); 第二轴:电枢 U、V、W、PE 分别连接 CZ5M-B1、A1、B2、A2,编码器连接 JF2(M)
外置制动电阻	βiSV4、20 单轴	电阻连接到 CZ7-B3/A3(DCP/DCC);不使用外置制动电阻时断开
	βiSV40、80 单轴	电阻连接到 CZ6-B1/B2(RC/RE);不使用外置制动电阻时,断开 CZ6-B1/B2(RC/RE)、短接 CZ6-A1/A2(RC/RI)
	2 轴模块	回馈制动,无需制动电阻
温度检测信号	所有规格	连接至 CXA20 的 1/2 端;不使用外置制动电阻时短接

6.5 I/O Link 总线及操作面板连接

6.5.1 I/O Link 网络与总线连接

1. I/O Link 网络结构

I/O Link 是 FANUC 数控系统 CNC 集成 PMC 与输入/输出设备连接的串行通信总线,具有 I/O Link 总线通信功能的输入/输出设备或控制装置统称 I/O Link 设备。

FS0iF/FPlus 系统的 PMC 中央处理器(CPU、存储器等)集成在 CNC 主板上,PMC 的输入/输出器件安装在操作台、电气柜、机床或其他控制部件上。为了简化连接、提高可靠性,需要通过 I/O Link 设备,将安装在 CNC 外部的按钮、开关、温度及压力等测量检测信号转换为数字化的 PMC 输入信号(Data Input,简称 DI);将 PMC 逻辑程序的处理结果

（Data Output，简称 DO）转换为用于指示灯和电磁线圈 ON/OFF 控制、温度与压力调节的控制信号；并利用 I/O Link 总线的串行数据通信实现 PMC 中央处理器与 I/O Link 设备的数据交换，构成以 CNC 集成 PMC 为主站（Master Station）、I/O Link 设备为从站（Slave Station）的 PMC 网络控制系统。

FANUC I/O Link 网络采用的是图 6.5-1 所示的总线型拓扑结构。在系统说明书上，I/O Link 设备（从站）又称"组（Group）"，CNC（主站）的 I/O Link 总线与第 1 个 I/O Link 设备（组 0）连接，后续组的 I/O Link 总线依次串联，即：组 0 的输出（JD1A）连接组 1 的输入（JD1B），组 1 的输出（JD1A）连接组 2 的输入（JD1B），依次类推，最后一个 I/O Link 设备的输出（JD1A）无需安装终端连接器。

FS0iF/FPlus 系统使用的是 I/O Link 改进型总线 I/O Link i。使用普通通信模式时，其数据刷新速率为 2ms，每一通道最大可连接 24 个从站（I/O Link 设备）、2048/2048 点 DI/DO。使用高速通信模式时，数据刷新速率可达 0.5ms，每一通道最大可连接 5 个从站、512/512 点 DI/DO。与早期的 I/O Link 总线相比，I/O Link i 的网络带宽（数据传输速率）更高、可连接的从站与 DI/DO 点更多。

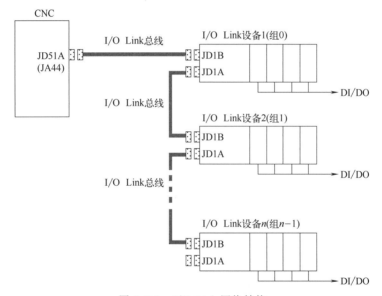

图 6.5-1　I/O Link 网络结构

在智能制造 ISAM 模型中，I/O Link 网络属于设备控制层（见第 1 章），对数据传输、更新速率的要求低于伺服控制层，因此，在一般情况下，I/O Link 总线可直接使用双绞屏蔽电缆进行连接。但是，如果连接距离大于 15m，或周围存在较强干扰、连接距离大于 10m 时，需要采用光缆连接。采用光缆连接时，普通通信模式的 I/O Link 总线最大连接距离可达 200m，高速通信模式可达 100m。

2. I/O Link 总线连接

FS0iF/FPlus 系统 CNC 主板的 I/O Link 总线输出接口为 JD51A（或 JA44）；所有 I/O Link 设备的总线连接接口代号、功能与连接要求统一，输入接口 JD1B 用来连接 CNC（主站）或上一设备（从站）的输出，输出接口 JD1A 用来连接下一设备（从站）的输入。

I/O Link 总线接口 JD51A（JA44）、JD1A、JD1B 的连接端代号、名称及功能如表 6.5-1 所示。

表 6.5-1　JD51A（JA44）、JD1A、JD1B 连接端功能表

连接端	代号	名称	功　　能
1	SIN1	通道 1 数据输入（＋）	连接上一（输入）、下一（输出）站的数据输出 SOUT
2	＊SIN1	通道 1 数据输入（－）	连接上一（输入）、下一（输出）站的数据输出 ＊SOUT
3	SOUT1	通道 1 数据输出（＋）	连接上一（输入）、下一（输出）站的数据输入 SIN
4	＊SOUT1	通道 1 数据输出（－）	连接上一（输入）、下一（输出）站的数据输入 ＊SIN
5	SIN2	通道 2 数据输入（＋）	连接上一（输入）、下一（输出）站的数据输出 SOUT
6	＊SIN2	通道 2 数据输入（－）	连接上一（输入）、下一（输出）站的数据输出 ＊SOUT
7	SOUT2	通道 2 数据输出（＋）	连接上一（输入）、下一（输出）站的数据输入 SIN
8	＊SOUT2	通道 2 数据输出（－）	连接上一（输入）、下一（输出）站的数据输入 ＊SIN
9/18/20	＋5V	光缆适配器电源	连接光缆适配器,无光缆适配器时悬空
10/16/17/19	—	不使用	悬空
11～15	0V	0V	电缆通信、光缆适配器共用 0V

I/O Link 总线接口的＋5V 电源和数据线 SIN2/＊SIN2、SOUT2/＊SOUT2 分别用于光缆和双通道 I/O Link 通信连接,其连接要求如下 [如所有 I/O Link 设备均为电缆连接、单通道通信,则这些连接端均不需要进行连接（悬空）]。

① 光缆连接。长度超过 15m 的 I/O Link 总线需要采用图 6.5-2 所示的光缆连接,使用光缆时,普通通信的最大传输距离可达 200m,高速通信可达 100m。

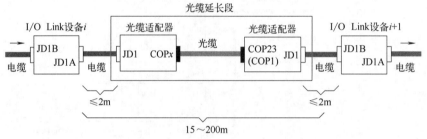

图 6.5-2　I/O Link 总线光缆连接

光缆连接需要在光缆两端安装电缆/光缆通信转换的 FANUC I/O Link 光缆适配器（Optical I/O Link Adapter）。适配器的电缆连接接口 JD1 用来连接 CNC、I/O Link 设备的 I/O Link 电缆接口,连接电缆的最大长度为 2m；光缆接口 COP23（或 COP1）用于光缆连接。含有光缆延长段时,CNC 输出 JD51A（JA44）、适配器输入 JD1 以及所有 I/O Link 设备的输入/输出接口 JD1A/JD1B 都需要连接＋5V 光缆适配器电源。

I/O Link 总线可使用多段光缆,延长段数量与通信模式、连接距离有关。采用高速通信模式时,最大连接距离为 100m,最多可使用 10 段光缆。采用普通通信模式时：连接距离小于 100m 时,最大允许使用 16 段光缆；连接距离超过 100m（最大允许 200m）时,每增加 9m,延长段数量需要减少 1 段。

② 双通道通信。FS0iF/FPlus 系统的 I/O Link 总线可用于双通道通信。使用第 2 通道通信功能时,需要在 CNC 的 I/O Link 输出接口 JD51A（或 JA44）上安装图 6.5-3 所示的双通道 I/O Link 适配器,将 CNC 输出转换为连接第 1、第 2 通道的 I/O Link 总线输出接口。

双通道适配器的输入接口 JD44B 用来连接 CNC 的 I/O Link 总线输出 JD51A（或 JA44）,输出接口 JD1A-1、JD1A-2 分别用于第 1 通道、第 2 通道的 I/O Link 设备连接。采用双通道通信功能时,CNC 输出 JD51A（JA44）、适配器输入 JD44B 以及所有 I/O Link 设

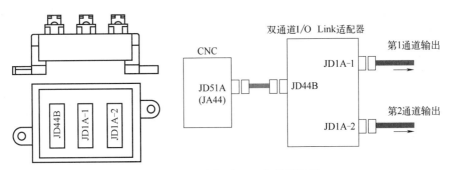

图 6.5-3　双通道 I/O Link 总线连接

备的输入/输出接口 JD1A/JD1B 均需要连接通道 1、通道 2 的全部数据线。

　　双通道适配器的输出接口 JD1A-1、JD1A-2 通信同样可采用电缆、光缆 2 种连接方式。全部采用电缆连接的通道，适配器输出及所有 I/O Link 设备的输入/输出接口 JD1A/JD1B 均不需要连接＋5V 光缆适配器电源（连接端悬空）；含有光缆延长段的通道，适配器输出及通道中所有 I/O Link 设备的 JD1A/JD1B 均需要连接＋5V 光缆适配器电源；对于 CNC 输出 JD51A（JA44）和适配器输入 JD44B，只要有 1 个通道含有光缆延长段，就必须连接＋5V 光缆适配器电源。

3. 系统互连

　　FS0iF/FPlus 的 I/O Link 总线具有系统互连功能，可将系统 A 的 PMC 输出（DO）作为系统 B 的 PMC 输入（DI），将系统 B 的 PMC 输出（DO）作为系统 A 的 PMC 输入（DI），实现系统 A 与系统 B 间的 DI/DO 信号互连互通。

　　FS0iF/FPlus 系统的 I/O Link 总线互连需要安装 0iF I/O Link 连接单元（I/O Link Connection Unit），单元的外观及连接方法如图 6.5-4 所示。

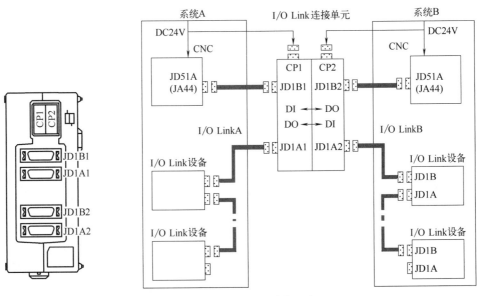

图 6.5-4　I/O Link 总线互连

　　0iF I/O Link 连接单元有 2 个独立的 I/O Link 总线通道 A 和 B，分别用来连接系统 A 和 B 的 I/O Link 总线。当 2 个系统同时运行时，系统 A 指定区域的 PMC 输出（DO）将作为系统 B 的 PMC 输入（DI）同步传送至系统 B；系统 B 指定区域的 PMC 输出（DO）将作为系统 A 的 PMC 输入（DI）同步传送至系统 A。如果其中一个系统停止运行（如电源关闭、I/O Link 通信停止等），该系统的所有输出（DO）将成为"0"，另一系统所对应的全部输入（DI）也将变为"0"。

0iF I/O Link 连接单元最大可用于 256/256 点 DI/DO 的互连，互连 DI/DO 的起始地址与点数，可通过系统 A 和 B 的 PMC 参数进行分别设置，但系统 A 的 DO、DI 点数与系统 B 的 DI、DO 点数必须一一对应。

0iF I/O Link 连接单元的硬件结构与早期 FS0iD 等系统所使用的 I/O Link 连接单元有所不同，0iF I/O Link 连接单元通道 A 和通道 B 的输入/输出接口 JD1B1/JD1A1、JD1B2/JD1A2 均为带+5V 光缆适配器电源输出的标准 I/O Link 电缆接口，接口的连接端代号、功能及连接要求与其他 I/O Link 设备相同（见表 6.5-1），因此，可直接连接光缆适配器，利用光缆延长连接距离。

0iF I/O Link 连接单元的 CP1（IN）、CP2（IN）为通道 A 和通道 B 的 DC24V 控制电源输入接口，连接端 1、2 用于+24V、0V 输入连接。CP1（IN）、CP2（IN）应分别与系统 A、系统 B 的 DC24V 控制电源连接，以保证 I/O Link 总线运行和系统同步。

6.5.2 I/O Link 设备与基本连接

1. I/O Link 设备与功能

FS0iF/FPlus 系统可选配的 I/O Link 设备众多，根据设备的结构与功能，总体可分为总线连接设备、功能集成设备和通用输入/输出设备 3 类。常用设备的名称与功能如表 6.5-2 所示，表中带阴影的 I/O Link 设备实际使用较少，本书不再对其进行详细说明。

表 6.5-2　FS0iF/FPlus I/O 设备名称及功能表

类别	名称	功能
总线连接设备	光缆适配器	电缆/光缆通信转换接口
	0iF I/O Link 连接单元	控制系统互连接口，最大可进行 256/256 点 DI/DO 互连
功能集成设备	FANUC 主面板 A/B/安全型 B	集成有 55 个带指示灯按键、倍率开关、手轮盒连接接口，可连接 32/8 点通用 DI/DO 和 3 个手轮
	FANUC 标准主面板	安全型主面板 B 和急停按钮、CNC ON/OFF 按钮、进给与主轴倍率开关的集成体，可连接 3 个手轮
	FANUC 小型主面板	集成有 21 个带指示灯按键、9 个无指示灯按键、进给和主轴倍率开关、急停按钮，可连接 3 个手轮，不能连接通用 DI/DO
	FANUC 小型主面板 B	集成有 21 个带指示灯按键、9 个无指示灯按键、进给和主轴倍率开关、急停按钮，可连接 3 个手轮和 24/16 点通用 DI/DO
	手持面板	集成有 20 个带指示灯按键、2 行 16 字液晶显示器、倍率开关、急停按钮(需要选配专用接口模块)
	示教器	集成有 61 个按键、5 英寸 LCD 显示器、急停按钮(参见工业机器人章节，需要选配专用通信模块)
	I/O Link 伺服驱动器	I/O Link 总线通信控制的 βiSV 系列伺服驱动器
通用输入/输出设备	I/O-A1 模块	可连接 72/56 点 DI/DO、3 个手轮；其中，56 点 DI 为矩阵扫描输入，16/56 点 DI/DO 为通用输入/输出
	I/O-B1 模块	可连接 48/32 点通用 DI/DO 和 3 个手轮
	I/O-B2 模块	可连接 48/32 点通用 DI/DO，但不能连接手轮
	0i-I/O 单元	可连接 96/64 点通用 DI/DO 和 3 个手轮
	源输出操作面板连接单元 A	可连接 64/32 点通用 DI/DO
	源输出操作面板连接单元 B	可连接 96/64 点通用 DI/DO

续表

类别	名称		功　能
通用输入/输出设备	安全 I/O 单元		可连接 63/19 点安全 DI/DO
	安全操作面板 I/O 模块 A		可连接 4 点安全 DI、24/16 点通用 DI/DO 和 3 个手轮
	安全操作面板 I/O 模块 B		可连接 3 点安全 DI、21/16 点通用 DI/DO 和 1 个手轮
	插接型分布式 I/O 单元	基本功能	最大可连接 96/64 点通用 DI/DO 和 3 个手轮
		基本模块	可连接 24/16 点通用 DI/DO 和 3 个扩展模块
		扩展模块 A	可连接 24/16 点通用 DI/DO 和 3 个手轮
		扩展模块 B	可连接 24/16 点通用 DI/DO
		扩展模块 C	可连接 16 点 DC24V/2A 通用 DO 输出
		扩展模块 D	可连接 4 通道、DC−10～10V 电压或 DC−20～20mA 电流输入
	紧凑型分布式 I/O 单元	基本功能	最大可连接 96/64 点 DI/DO 和 3 个手轮
		基本模块 B1	可连接 48/32 点通用 DI/DO、3 个手轮和 1 个扩展模块
		基本模块 B2	可连接 48/32 点通用 DI/DO 和 1 个扩展模块,不能连接手轮
		扩展模块 E1	可连接 48/32 点通用 DI/DO
	端子型分布式 I/O 单元	基本功能	最大可连接 96/64 点 DI/DO 和 3 个手轮
		基本模块	可连接 24/16 点通用 DI/DO 和 3 个扩展模块
		扩展模块 A	可连接 24/16 点通用 DI/DO 和 3 个手轮
		扩展模块 B	可连接 24/16 点通用 DI/DO
		扩展模块 C	可连接 16 点 DC24V/2A 通用 DO 输出
		扩展模块 D	可连接 4 通道、DC−10～10V 电压或 DC−20～20mA 电流输入
		扩展模块 E	可输出 4 通道、DC−10～10V 电压或 DC−20～20mA 电流
	I/O 单元 A	机架 5A/10A	水平单排,带 1 个 I/F 模块和 5/10 个模块安装插槽
		机架 5B/10B	垂直双排,带 1 个 I/F 模块和 5/10 个模块安装插槽
		基本 I/F 模块	基本机架用 I/O Link 总线通信模块
		扩展 I/F 模块	扩展机架用单元控制总线通信模块
		I/O 模块	有多种输入/输出模块可供选择,详见后述

2. DI/DO 连接要求

CNC 集成 PMC 主要用于机床辅助运动控制。输入信号主要有按钮、行程开关、继电器/接触器触点及来自其他控制器的开关量输入;输出信号主要有指示灯、电磁器件线圈以及用于其他控制器的开关量输出。手轮及电压、电流、温度等模拟量输入信号,同样可通过接口电路,转换为 PMC 的开关量输入,PMC 的开关量输出也可通过接口电路的 D/A 转换,变换为电压、电流等模拟量输出。

FS0iF/FPlus 系统 I/O 设备的绝大多数 DI/DO 均用于 DC24V 标准输入/输出连接,对外部信号输入和负载的要求统一,DC24V 标准输入的基本工作参数及对输入触点的要求如下。

额定输入:DC24V/7.3mA。

"1"信号输入:≥DC18V/6mA。

"0"信号输入:≤DC6V/1.5mA。

接收延时:≤2ms。

输入触点通断能力:≥DC30V/16mA。

输入触点接通时的最大压降:≤2V。

输入触点断开时的最大漏电流:≤1mA(26.4V)。

DC24V 标准输出的负载连接要求如下。

输出 ON 驱动能力:DC24V/200mA。

输出 ON 饱和压降:≤1V。

输出 OFF 漏电流：≤0.1mA。

I/O 设备的特殊 DI/DO 及模拟量输入/输出的连接要求，将在对应的 I/O 设备中进行说明（见后述）。

3. 手轮连接要求

FANUC 系统的手轮输入信号可通过带手轮接口的 I/O 模块，转换成 PMC 的 DI 信号，每一手轮需要使用 PMC 的 8 点 DI。

FANUC 系统的手轮接口按 3 个手轮的连接要求统一设计，连接器代号均为 JA3，其连接要求及接口电路原理、信号输入形式如图 6.5-5 所示。

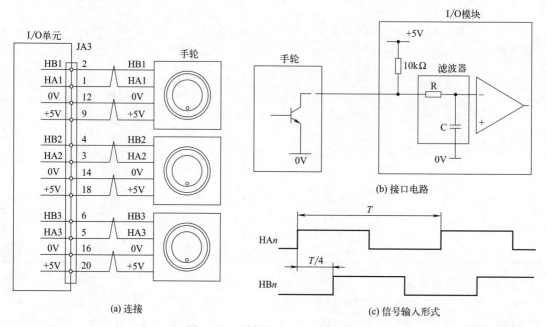

图 6.5-5　手轮接口 JA3 连接要求

手轮接口可用于 2 相 90°相位差的 NPN 晶体管集电极开路输出脉冲，接口对脉冲输入 HAn、HBn 的要求如下。

脉冲周期 T：≥200μs。

1 信号输入电平：>3.7V。

0 信号输入电平：<1.5V。

手轮接口 JA3 可用于 3 个手轮的连接，最大需要使用 PMC 的连续 3 字节（24 点）DI；未连接的手轮不需要占用 DI 点。如系统使用了多个带手轮接口 JA3 的 I/O 模块或单元，系统将默认最靠近 CNC 的 I/O 模块或单元的 JA3 有效；但也可通过 PMC 参数的设定，改变用于手轮连接的 I/O 模块或单元。

6.5.3　机床操作面板与功能

机床操作面板是用于 CNC 操作方式选择、进给轴和主轴手动操作、程序自动运行控制以及机床辅助部件操作的控制面板，其操作器件以按钮、指示灯、波段开关为主。机床操作面板是 PMC DI/DO 集中的场所，如果采用传统的连接方式，其线缆众多，不仅连接、调试、维修工作量较大，而且还容易发生故障，因此，FANUC 公司专门研发了操作器件和 I/

O Link 总线接口集成一体、可直接作为 I/O Link 设备使用的多种不同结构形式的机床操作面板,可供用户选配。FANUC 机床操作面板,不仅外形美观、风格统一,而且可大大简化电气连接,提高系统可靠性。

FANUC 机床操作面板有主面板、安全型主面板、子面板、标准主面板、小型主面板等多种,其名称、代号在不同时期、不同手册上并不统一。从功能上说,FANUC 机床操作面板可分为主面板和子面板 2 类。主面板是操作按键/指示灯和 I/O Link 总线接口的集成体,可直接作为 I/O Link 设备使用,部分主面板还安装有倍率开关与用于强电线路控制的按钮。子面板通常安装有倍率开关、强电控制按钮,部分子面板还带有 RS232C 接口和手轮。子面板可作为主面板的补充,以主面板附加部件的形式与主面板连接,并利用主面板的 I/O Link 总线与 CNC 连接。

FANUC 机床操作面板的基本使用方法如图 6.5-6 所示,面板结构与功能如下。

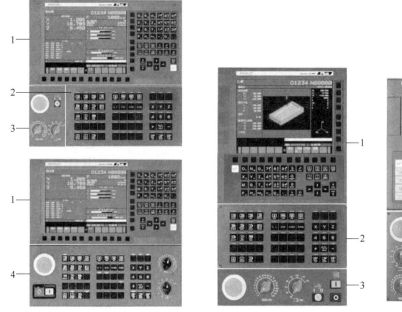
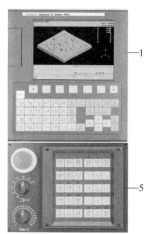

图 6.5-6　机床操作面板及使用

1—LCD/MDI 单元;2—按键式主面板;3—子面板;4—标准主面板;5—小型主面板

1. 机床操作主面板

FANUC 机床操作主面板(简称主面板)是集成有 I/O Link 总线连接接口、可直接以 I/O 单元的形式与 I/O Link 总线连接的操作面板,它不仅可将面板本身的按键、开关、指示灯转换为 PMC 的 DI/DO 信号,而且还具有若干通用 DI/DO 连接端,可用于 FANUC 子面板连接或供用户自由使用。

FS0iF/FPlus 系统可选配的主面板主要有图 6.5-7 所示的主面板 A、主面板 B、安全型主面板 B、小型主面板、小型主面板 B、标准主面板 6 种,面板名称、代号在不同时期、不同手册上并不统一。例如,主面板 B 有时称为标准机械操作主面板,安全型主面板 B 有时称为安全机械操作面板,标准主面板有时称为安全机械操作面板 Type B 等。

在图 6.5-7 所示的机床操作主面板中,主面板 B 是 FANUC 最早研发和最基本的机床操作面板,其他主面板都是它的派生产品。例如,主面板 A 实际上是分离 MDI 单元和主面板

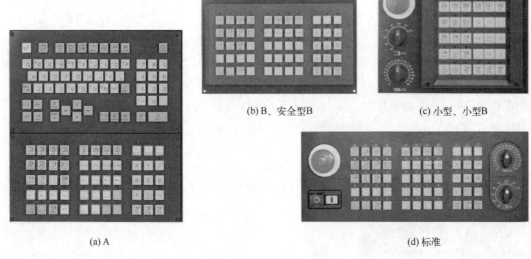

(a) A (b) B、安全型B (c) 小型、小型B (d) 标准

图 6.5-7 FANUC 主面板

B 的组合体，MDI 可通过独立的连接器与 CNC 连接，因此，机床操作面板的连接功能与要求实际上和主面板 B 完全相同。安全型主面板 B 是主面板 B 的安全型产品，面板外观和操作与主面板 B 相同，但按键使用了双触点输入，可通过 I/O Link 总线输出 2 组 DI 信号，此外，增加了 8 点用于双触点安全控制的通用 DI 输入，以满足 ISO 23125 安全标准的要求；如不使用安全控制功能，面板的功能与连接要求与主面板 B 相同。标准主面板实际上是主面板和子面板的集成体，它在安全型主面板 B 的基础上，增加了急停按钮、CNC ON/OFF 按钮、进给速度和主轴转速倍率调节开关，面板的连接要求与主面板 B 相同。

FANUC 主面板 B 的操作器件为 55 个带指示灯按键，其中，34 个按键/指示灯用于操作方式选择、手动操作轴选择、程序运行控制、主轴控制等基本 CNC 操作，其他 21 个按键/指示灯功能可由用户定义。主面板 B 的 I/O Link 接口模块还具有手轮连接、通用 DI/DO 连接和操作台/电气柜互连等功能，但无急停按钮、CNC ON/OFF 按钮以及进给速度和主轴转速倍率调节开关等操作器件，因此，一般需要与 FANUC 子面板或用户面板配套使用，才能构成具有完整功能的机床操作面板。

FANUC 小型主面板是标准主面板的简化版，常用的有小型主面板和小型主面板 B 两种。小型主面板保留了标准主面板的基本 CNC 操作按键和急停按钮、进给速度和主轴转速倍率调节开关、手轮接口，但无用户自定义操作按键、CNC ON/OFF 按钮，也不能连接通用 DI/DO，因此，通常需要结合用户面板、I/O 模块使用。小型主面板 B 的操作器件、外观与小型主面板相同，但 I/O Link 接口模块增加了 24/16 点通用 DI/DO 连接器，故可用于用户面板的按钮、指示灯连接。

2. 机床操作子面板

FANUC 机床操作子面板（简称子面板）是主面板的附加部件，子面板安装有急停按钮、CNC ON/OFF 按钮、进给速度和主轴转速倍率调节开关、手轮或 RS232C 接口等常用操作器件，子面板与主面板组合使用，可构成具有完整功能的机床操作面板。

FANUC 子面板的外形尺寸按 LCD/CNC 单元、主面板的不同组合设计，功能可根据实际要求选配，其形式多样、外形美观、风格与 CNC 统一。FS0iF/FPlus 系统常用的子面板主要有图 6.5-8 所示的 A、B、B1、C、C1、D 几种，子面板的名称、代号在不同手册上同样不统一，例如，A 型子面板有时称为辅助面板 A，D 型子面板有时称为辅助面板 D 等。

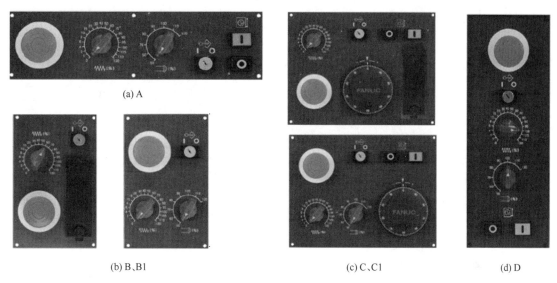

(a) A

(b) B、B1　　　　　　　　　　　(c) C、C1　　　　　　(d) D

图 6.5-8　FANUC 子面板

子面板本身无 I/O Link 总线接口模块，不可直接以 I/O 单元的形式与 I/O Link 总线连接，但是，可通过标准连接电缆与主面板 B 的通用 DI/DO 连接，将存储器保护、倍率开关及手轮输入转换为主面板 B 的通用 DI/DO 及手轮信号，并利用主面板 B 的操作台/电气柜互连接口，将急停、CNC ON/OFF 按钮信号引入电气柜；但 RS232C 接口需要用专门的通信电缆与 CNC 的 RS232C 接口直接连接。

6.5.4　主面板连接

1. 主面板结构

主面板 B 是 FANUC 最基本的机床操作面板，其基本结构与外形如图 6.5-9 所示，面板正面为 55 个带指示灯按键，背面为 I/O Link 接口模块，可用于 I/O Link 总线及手轮、手轮盒、子面板、用户面板等附加操作部件连接。

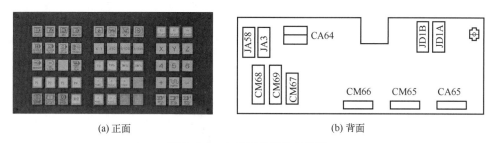

(a) 正面　　　　　　　　　　　　(b) 背面

图 6.5-9　主面板 B 结构与外形

主面板 B 可作为 128/64 点（16/8 字节）I/O Link 设备使用，DI/DO 起始地址 m/n 可通过 PMC 参数设定。主面板 B 的手轮接口 JA3 需要占用 24 点（3 字节）DI 地址，实际可连接的 DI/DO 点数为 96/64（12/8 字节），其中，55 个带指示灯按键需占用 64/56 点（8/7

字节）DI/DO，剩余的 32/8 点（4/1 字节）DI/DO 可用于子面板或标准主面板的主轴/进给倍率开关、手轮盒的轴选择和增量倍率开关、用户面板的按钮/指示灯连接。

主面板 B 的连接器功能如下。

JD1B/JD1A：I/O Link 总线输入/输出接口。JD1B 连接 CNC 或上一 I/O Link 模块，JD1A 可连接下一 I/O Link 模块；接口的连接方法可参见前述。

CA64（IN）/（OUT）：DC24V 电源输入/输出。CA64（IN）-1/2 连接外部 DC24V/0V 电源输入；CA64（OUT）-1/2 为 DC24V/0V、1A 输出，可作为 DI/DO 驱动电源使用。

CA65：操作台/电气柜互连 14 芯电缆接口。CA65 可将 CM67/68/69 中的电气柜互连端汇总，利用统一的连接电缆连接到电气柜。

JA3：手轮连接器，最大可连接 3 个手轮（占 3 字节 DI 地址）。

JA58：手轮盒连接器，可将 JA3 的第 1 手轮输入和 CM68 的 9/1 点 DI/DO 组合成 FANUC 悬挂式手轮盒的电缆连接接口。

CM65：通用 DI/DO 连接器，可连接 6 点 DI。在标准主面板上或选配子面板时，CM65 用于进给速度倍率调节开关连接。

CM66：通用 DI/DO 连接器，可连接 6 点 DI。在标准主面板上或选配子面板时，CM66 用于主轴转速倍率调节开关连接。

CM67：通用 DI/DO 连接器，用于操作台/电气柜互连，带 1 点 DI 和 8 个电气柜互连端。在标准主面板上或选配子面板时，6 个电气柜互连端被用于急停、CNC ON/OFF 按钮的连接，2 个互连端可自由使用，1 点 DI 用于子面板存储器保护开关连接。

CM68：通用 DI/DO 连接器，带 9/4 点 DI/DO 和 4 个电气柜互连端。使用 FANUC 手轮盒时，9/1 点 DI/DO 用于手轮盒的轴选择、手轮倍率开关和手轮操作指示灯连接。

CM69：通用 DI/DO 连接器，带 10/4 点 DI/DO 和 2 个电气柜互连端，可用于其他操作器件连接。

2. 按键/指示灯连接

主面板 B 安装有 55 个带指示灯的按键，按键分 5 行、11 列安装，其中，34 个按键/指示灯用于操作方式选择、轴选择、程序运行控制、主轴控制等基本 CNC 操作，其他 21 个按键/指示灯的功能可由用户定义。CNC 基本操作按键/指示灯布置、DI/DO 地址如图 6.5-10、表 6.5-3 所示。

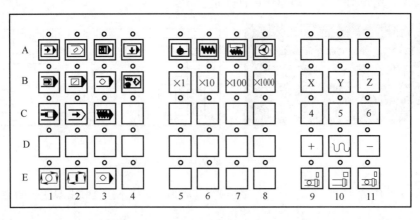

图 6.5-10　主面板 B 按键/指示灯布置

表 6.5-3　主面板 B 按键/指示灯地址表

DI/DO 字节号	bit7	bit6	bit5	bit4	bit3	bit2	bit1	bit0
Xm+4/Yn+0	B4	B3	B2	B1	A4	A3	A2	A1
Xm+5/Yn+1	D4	D3	D2	D1	C4	C3	C2	C1
Xm+6/Yn+2	A8	A7	A6	A5	E4	E3	E2	E1
Xm+7/Yn+3	C8	C7	C6	C5	B8	B7	B6	B5
Xm+8/Yn+4	E8	E7	E6	E5	D8	D7	D6	D5
Xm+9/Yn+5	注 1	B11	B10	B9	注 1	A11	A10	A9
Xm+10/Yn+6	注 1	D11	D10	D9	注 1	C11	C10	C9
Xm+11/Yn+7	注 2	注 1	注 1	注 1	注 1	E11	E10	E9

注：1. DO 地址用于 CM68/69，DI 地址不使用。
2. DI/DO 地址均不使用。

表 6.5-3 中的 A～E、1～11 分别为图 6.5-10 中的行号、列号。例如，面板上的 X 轴手动键 $\boxed{\text{X}}$ 位于 B 行、第 9 列，从表 6.5-3 可查得 B9 的 DI 地址（按键输入）为 Xm+9.4，DO 地址（指示灯输出）为 Yn+5.4。

主面板 B 的按键/指示灯和 I/O Link 接口模块的连接已在内部完成，DI/DO 地址不能改变。55 个按键/指示灯需占用 64/56 点 DI/DO 地址（Xm+4.0～11.7/Yn+0.0～7.7），其中，8 点 DO 用于连接器 CM68（Yn+5.3/5.7、6.3/6.7）、CM69（Yn+7.3～7.6）连接，9/1 点 DI/DO（Xm+9.3/9.7、10.3/10.7、11.3～11.7 和 Yn+7.7）无对应的按键/指示灯和连接端，不能用于其他连接。

3. 通用连接器功能

主面板 B 的连接器 CM65～CM69 用于通用 DI/DO 连接，连接端分 A、B 双列，功能如表 6.5-4 所示，表中带阴影的连接端在面板内部与 CA65 或 JA58 并联。

表 6.5-4　通用连接器 CM65～CM69 功能

连接器代号	信号连接要求					
CM65	A 列连接端	A01	A02	A03	A04	A05
	连接信号	—	—	Xm+0.1	+24V	Xm+0.2
	B 列连接端	B01	B02	B03	B04	B05
	连接信号	—	Xm+0.5	Xm+0.3	Xm+0.4	Xm+0.0
CM66	A 列连接端	A01	A02	A03	A04	A05
	连接信号	—	—	Xm+0.7	+24V	Xm+1.0
	B 列连接端	B01	B02	B03	B04	B05
	连接信号	—	Xm+1.3	Xm+1.1	Xm+1.2	Xm+0.6
CM67	A 列连接端	A01	A02	A03	A04	A05
	连接信号	EON	COM1	Xm+1.4	*ESP	TR1
	B 列连接端	B01	B02	B03	B04	B05
	连接信号	EOFF	COM2	KEYCOM	ESPC	TR2
CM68	A 列连接端	A01	A02	A03	A04	A05
	连接信号	+24V	Xm+1.6	Xm+2.0	Xm+2.2	Xm+2.4
	B 列连接端	B01	B02	B03	B04	B05
	连接信号	Xm+1.5	Xm+1.7	Xm+2.1	Xm+2.3	Xm+2.5
	A 列连接端	A06	A07	A08	A09	A10
	连接信号	TR3	TR5	Yn+5.3	Yn+6.3	DOCOM
	B 列连接端	B06	B07	B08	B09	B10
	连接信号	TR4	TR6	Yn+5.7	Yn+6.7	0V

续表

连接器代号	信号连接要求				
CM69	A列连接端	A01	A02	A03	A04	A05
	连接信号	+24V	Xm+2.7	Xm+3.1	Xm+3.3	Xm+3.5
	B列连接端	B01	B02	B03	B04	B05
	连接信号	Xm+2.6	Xm+3.0	Xm+3.2	Xm+3.4	Xm+3.6
	A列连接端	A06	A07	A08	A09	A10
	连接信号	Xm+3.7	TR7	Yn+7.3	Yn+7.5	DOCOM
	B列连接端	B06	B07	B08	B09	B10
	连接信号	DICOM	TR8	Yn+7.4	Yn+7.6	0V

　　CM67/68/69 中的操作台/电气柜互连端 EON/EOFF/COM1/COM2、$*$ESP/ESPC、TR1～8 可通过 CA65 连接电缆，统一连接到电气柜；CM68 的 9/1 点通用 DI/DO 可通过 JA58 的手轮盒连接电缆连接 FANUC 手轮盒。CM68/69 连接端 A01 和 CM65/66 连接端 A04 的 DC24V 电源只能用于 DI 输入驱动，不能与其他 DC24V 电源连接。

　　CM65～CM69 的通用 DI/DO 原则上可由用户自由使用，但在标准主面板上或选配子面板时，CM65/66/67 已被用于进给速度、主轴转速的倍率调节开关，以及急停按钮、CNC ON/OFF 按钮、存储器保护开关的连接，用户不能再连接其他 DI/DO 信号。如果使用了 FANUC 手轮盒，CM68 上的 9/1 点 DI/DO 将被用于手轮盒连接，其余 DI/DO 可由用户自由使用。

4. 电气柜互连

　　主面板 B 的操作台/电气柜互连可通过连接器 CA65 和 14 芯电缆实现。利用 CA65 和 14 芯连接电缆，可将操作台上用于电气柜强电控制电路的按钮、指示灯连接到电气柜，或者，将电气柜中的按钮、开关及继电器、接触器触点和线圈引入到操作台，使之成为主面板 B 的通用 DI/DO 信号。

　　在 I/O Link 接口模块内部，CA65 的连接线可通过连接器 CM67～CM69 引出。在带急停按钮、CNC ON/OFF 按钮、进给速度和主轴转速倍率调节开关的 FANUC 标准主面板上，或者，与安装有急停按钮、CNC ON/OFF 按钮、进给速度和主轴转速倍率调节开关的子面板配套使用时，由 CM67 引出的 6 条 CA65 互连线（EON/EOFF/COM1/COM2、$*$ESP/ESPC）规定用于 CNC ON/OFF 按钮、急停（E-STOP）按钮的连接；其余 8 条互连线（TR1～TR8）可由用户根据实际需要连接电气柜的按钮、开关及继电器、接触器触点和线圈，并将其转接到 CM67～CM69 的通用 DI/DO 连接端上。

　　CA65 与 CM67～CM69 的连接线路如图 6.5-11 所示。

5. 手轮及倍率开关连接

　　① 手轮连接。手轮可用于坐标轴的手动微量进给操作，手轮的输入要求可参见前述。

　　主面板 B 与手轮、FANUC 悬挂式手轮盒的连接方法如图 6.5-12 所示。

　　子面板 C/C1 或用户面板上安装的手轮，可直接通过主面板 B 连接器 JA3 连接；手轮操作的轴选择、倍率调节，可通过 PMC 程序的设计，利用面板上的手动操作（JOG、INC）轴选择、增量进给倍率调节按键进行选择和调节。

　　FANUC 悬挂式手轮盒安装有手轮、手轮轴选择开关、手轮倍率开关和手轮生效指示灯，需要使用主面板 B 的 9/1 点通用 DI/DO。为方便用户使用，主面板 B 设计有专门的 FANUC 手轮盒连接接口 JA58，可直接与悬挂式手轮盒连接。使用手轮盒时，JA3 的第 1 手轮接口、CM68 上的 9 点通用 DI（Xm+1.5～2.5）和 1 点通用 DO（Yn+5.3），不能再

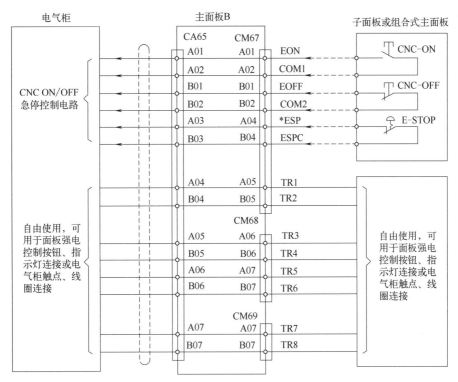

图 6.5-11　操作台与电气柜互连

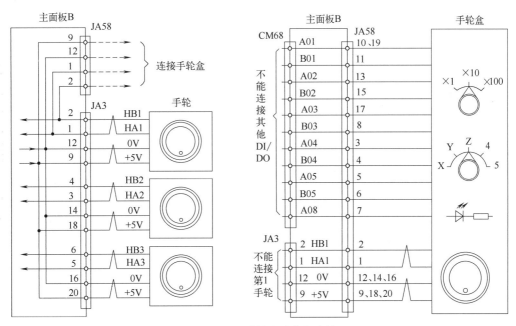

图 6.5-12　手轮及手轮盒连接

作其他用途。

② 倍率开关连接。主面板 B 的连接器 CM65、CM66 可用于标准主面板、子面板的进给速度和主轴转速倍率调节开关连接，DI/DO 的连接方法如图 6.5-13 所示，使用带存储器保护开关的子面板时，存储器保护开关需要连接到 CM67 上。

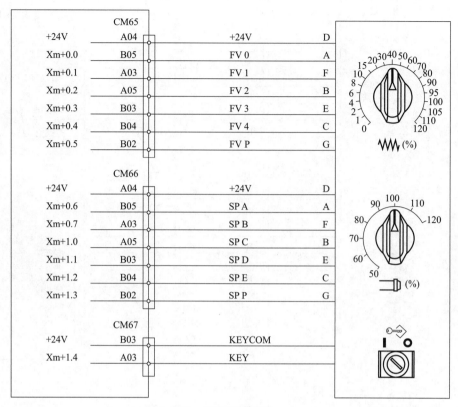

图 6.5-13　倍率开关连接

6. 通用 DI/DO 连接

如果不使用 FANUC 子面板和手轮盒，主面板 B 的 CM65～69 可用于操作台/电气柜互连和用户面板的 32/8 点 DI/DO 连接，其使用方法如下。

CM65/66：CM65、CM66 可连接 12 点 DI 信号（每一连接器 6 点），DI 信号应使用 DC24V 源输入连接方式，输入驱动电源由 CM65、CM66 连接端 A04 提供（参见图 6.5-13）。

CM67：CM67 有 8 个操作台/电气柜互连端和 1 点 DI 连接端，互连端可通过 CA65 的连接电缆连接到电气柜，DI 信号应连接到 B03、A03 上（参见图 6.5-11、图 6.5-13）。

CM68：CM68 有 4 个操作台/电气柜互连端和 9/4 点 DI/DO 连接端。操作台/电气柜互连端可通过 CA65 的连接电缆与电气柜的按钮、开关及继电器、接触器触点和线圈连接。9 点 DI 应使用 DC24V 源输入连接方式，输入驱动电源由连接端 A01 提供。4 点 DO 信号为 DC24V 标准输出，负载驱动能力为 DC24V/200mA；DO 的负载连接方法如图 6.5-14 所示，DC24V 负载驱动电源应由外部提供，并连接到 CM68 的连接端 A10（＋24V）和 B10（0V）上。

CM69：CM69 可连接 10/4 点通用 DI/DO 信号。其中，4 点 DO 的输出地址为 Xm＋7.3～7.6，连接端序号及负载的连接方法与 CM68 相同（参见图 6.5-14）；10 点 DI 的输入地址及连接方法如图 6.5-15 所示。

CM69 的 DI 连接端 B01、A02 可连接 2 点 DI（Xm＋2.6、2.7），但只能使用 DC24V 源输入连接方式，输入驱动电源由连接端 A01 提供。

DI 连接端 B02～A06 可连接 8 点 DI（Xm＋3.0～3.7），并可根据需要选择 DC24V 源输

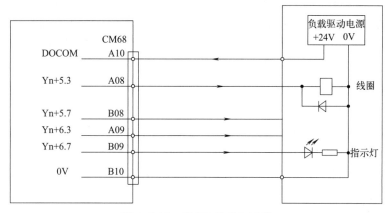

图 6.5-14　CM68 的 DO 连接

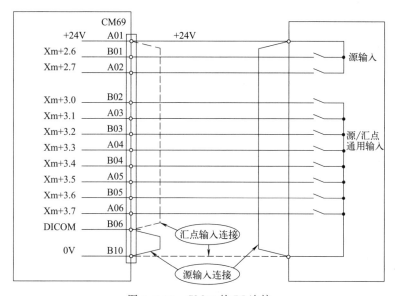

图 6.5-15　CM69 的 DI 连接

入或汇点输入 2 种连接方式，输入连接方式转换可通过输入公共端 DICOM（B06）和输入触点公共线的不同连接实现。当 Xm＋3.0～3.7 选择 DC24V 源输入连接方式时，输入触点的公共线应与 CM69 的＋24V 端（A01）连接，使得 DI 成为源输入；DICOM（B06）应与 CM69 的 0V 端（B10）连接，构成 DI 驱动电流回路。当 Xm＋3.0～3.7 选择汇点输入连接方式时，输入触点的公共线应与 CM69 的 0V 端（B10）连接，将 DI 驱动电流汇入接口电路；DICOM（B06）应与 CM69 的＋24V 端（A01）连接，使之构成 DI 驱动电流回路。

6.5.5　小型主面板连接

FANUC 小型主面板是标准主面板的简化版，有小型主面板和小型主面板 B 两种规格，两者的外观及操作器件相同，但 DI/DO 连接功能有所区别，说明如下。

1. 小型主面板

小型主面板属于早期产品，面板由 21 个带指示灯按键、9 个无指示灯按键、进给倍率开关、主轴倍率开关、急停按钮组成，I/O Link 接口模块带有 3 个手轮的连接接口。小型主面板实际连接的 DI/DO 点数为 42/21，但需要占用 PMC 的 16/8 字节（128/64 点）DI/DO 地址，DI/DO 起始地址 m/n 可通过 PMC 参数设定，空余的 DI/DO 不能用于其他操作器件的连接。

小型主面板的 I/O Link 接口模块安装在按键面板的背面，倍率开关、急停按钮安装在按键面板的侧面。面板的外观与连接器位置如图 6.5-16 所示，连接器功能如下。

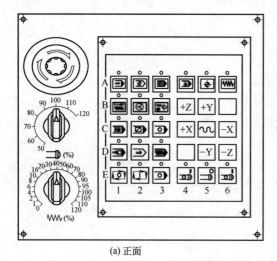
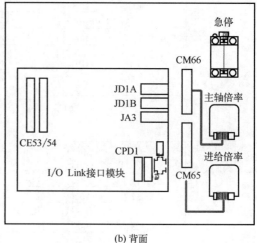

(a) 正面　　　　　　　　　　　(b) 背面

图 6.5-16　小型主面板外观与连接器位置

JD1B/JD1A：I/O Link 接口模块连接器。JD1B 连接 CNC 或上一 I/O Link 模块，JD1A 可连接下一 I/O Link 模块。JD1B/JD1A 的连接方法可参见前述。

CPD1（IN)/(OUT）：I/O Link 接口模块连接器。CPD1（IN)-1/2 连接外部 DC24V/0V 电源输入，CPD1（OUT)-1/2 为 DC24V/0V 输出，连接按键面板。

JA3：I/O Link 接口模块连接器，最大可连接 3 个手轮（占 3 字节 DI 地址）。JA3 的连接端功能及连接参见前述。

CE53/54：I/O Link 接口模块连接器，用于按键面板连接。

CM65：按键面板连接器，连接进给倍率开关。CM65 的 DI 地址为 Xm+0.0～0.5，连接端功能及连接方法与主面板 B 相同（参见前述）。

CM66：按键面板连接器，连接主轴倍率开关。CM66 的 DI 地址为 Xm+1.0～1.5，连接端功能及连接方法与主面板 B 相同（参见前述）。

小型主面板共有 30 个按键，其中的 21 个按键带有指示灯，实际连接的 DI/DO 点数为 30/21 点。按键/指示灯分 5 行（A～E）、6 列（1～6）布置，不同位置的按键/指示灯的 DI/DO 地址如表 6.5-5 所示（带阴影的按键不带指示灯）。

表 6.5-5　小型主面板按键/指示灯地址表

字节	bit7	bit6	bit5	bit4	bit3	bit2	bit1	bit0
Xm+4/Yn+0	注 1	注 1	A6	A5	A4	A3	A2	A1
Xm+5/Yn+1	注 1	注 1	B6	B5	B4	B3	B2	B1
Xm+6/Yn+2	注 1	注 1	C6	C5	C4	C3	C2	C1
Xm+7/Yn+3	注 1	注 1	D6	D5	D4	D3	D2	D1
Xm+8/Yn+4	注 1	注 1	E6	E5	E4	E3	E2	E1

注 1：DI/DO 地址均不使用。

例如，面板上的＋X 手动键 ＋X 位于 C 行、第 4 列，从表 6.5-5 可查得 C4 的 DI 地址（按键输入）为 Xm＋6.3，DO 地址为 Yn＋2.3，但是，由于 ＋X 键无指示灯，因此，Yn＋2.3 实际不能使用。

2. 小型主面板 B

小型主面板 B 的外观、操作键与小型主面板完全相同，但 I/O Link 接口模块的功能与结构与小型主面板不同，接口模块外形及连接器如图 6.5-17 所示。

小型主面板 B 的接口模块连接器 JD1B/JD1A、CPD1（IN）/CPD1（OUT）、JA3、CM65/66 的功能和连接方法与小型主面板相同，其他连接器功能如下。

CE72：面板连接器，用于按键/指示灯连接。

CE74：急停按钮连接器。CE74-1 引脚已连接＋24V；CE74-2 与 CE73-A08 并联，直接作为 Xi＋4.4 输入。

急停按钮有 2 对常闭触点，其中的 1 对触点可通过 CE74 作 PMC 的 DI 信号输

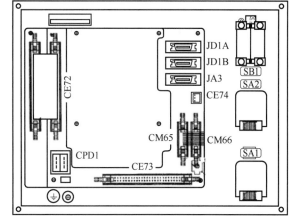

图 6.5-17　小型主面板 B 接口模块

入 Xi＋4.4，另一对触点可用于强电线路控制（需要使用操作台/电气柜连接电缆连接）。

CE73：通用 DI/DO 连接器，可连接 24/16 点 DI/DO 信号（见下述）。

小型主面板 B 的 I/O Link 接口模块需要占用 PMC 的 2 组（group♯0、group♯1）、32/16 字节（256/128 点）DI/DO 地址，DI/DO 起始地址 m、n（group♯0）及 i、j（group♯1）可通过 PMC 参数设定。DI/DO 的地址分配如表 6.5-6 所示，表中的 DO 电路报警信号 Xi＋15 为模块自动生成的输出组 Yj＋0、Yj＋1 过电流报警信号。

表 6.5-6　小型主面板 B 的 DI/DO 地址分配表

DI/DO 地址			用途	实际 DI/DO 点数
group♯0	DI 地址（字节）	Xm＋0	进给倍率开关	6
		Xm＋1	主轴倍率开关	6
		Xm＋2、Xm＋3	系统预留（不能使用）	—
		Xm＋4～Xm＋8	面板按键输入	40
		Xm＋9～Xm＋11	系统预留（不能使用）	—
		Xm＋12～Xm＋14	用于手轮连接	
		Xm＋15	系统预留（不能使用）	—
	DO 地址（字节）	Yn＋0～Yn＋4	按键指示灯	21
		Yn＋5～Yn＋7	系统预留（不能使用）	—
group♯1	DI 地址（字节）	Xi＋0	通用 DI	8
		Xi＋1～Xi＋3	系统预留（不能使用）	—
		Xi＋4、Xi＋5	通用 DI	16
		Xi＋6～Xi＋14	系统预留（不能使用）	—
		Xi＋15	DO 电路报警	模块内部信号
	DO 地址（字节）	Yj＋0～Yj＋1	通用 DO	16
		Yj＋2～Yj＋7	一般不使用	—

小型主面板 B 的按键/指示灯、倍率开关使用第 1 组（group ♯0）DI/DO 信号，DI/DO 地址与小型主面板完全相同；通用 DI/DO 使用第 2 组（group ♯1）DI/DO 信号，可通过 CE73 连接 24/16 点 DI/DO 信号。

CE73 的 DI/DO 连接要求如表 6.5-7 所示，表中带阴影的 2 组、16 点 DI（Xi＋0、Xi＋5）可采用 DC24V 源输入或汇点输入 2 种方式连接，剩余的 8 点 DI（Xi＋4）只能使用 DC24V 源输入连接方式。

表 6.5-7　小型主面板 B 的通用 DI/DO 连接要求

序号	A 列	B 列	序号	A 列	B 列
01	0V	＋24V	14	DICOM0	DICOM5
02	Xi＋0.0	Xi＋0.1	15	—	—
03	Xi＋0.2	Xi＋0.3	16	Yj＋0.0	Yj＋0.1
04	Xi＋0.4	Xi＋0.5	17	Yj＋0.2	Yj＋0.3
05	Xi＋0.6	Xi＋0.7	18	Yj＋0.4	Yj＋0.5
06	Xi＋4.0	Xi＋4.1	19	Yj＋0.6	Yj＋0.7
07	Xi＋4.2	Xi＋4.3	20	Yj＋1.0	Yj＋1.1
08	Xi＋4.4	Xi＋4.5	21	Yj＋1.2	Yj＋1.3
09	Xi＋4.6	Xi＋4.7	22	Yj＋1.4	Yj＋1.5
10	Xi＋5.0	Xi＋5.1	23	Yj＋1.6	Yj＋1.7
11	Xi＋5.2	Xi＋5.3	24	DOCOM	DOCOM
12	Xi＋5.4	Xi＋5.5	25	DOCOM	DOCOM
13	Xi＋5.6	Xi＋5.7			

CE73 的 8 点 DI（Xi＋4.0～4.7）只能使用 DC24V 源输入连接方式，输入触点的公共线必须与 CE73 的＋24V 端（B01）连接；其他 16 点 DI 分 2 组（Xi＋0.0～0.7 和 Xi＋5.0～5.7），可根据要求选择 DC24V 源输入或汇点输入连接方式。

CE73 的 16 点 DC24V 源输入/汇点输入 DI 的连接方法如图 6.5-18 所示。

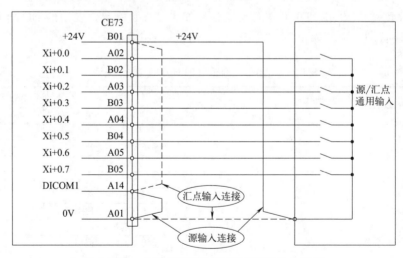

图 6.5-18　小型主面板 B 源/汇点通用输入连接

第 1 组 8 点 DI（Xi＋0.0～0.7）的输入公共端为 DICOM1（A14）。当 Xi＋0.0～0.7 采用源输入连接方式时，DICOM1 应与 CE73 的 0V 端（A01）连接，输入触点的公共线应与 CE73 的＋24V 端（B01）连接；当 Xi＋0.0～0.7 采用汇点输入连接方式时，DICOM1 应与 CE73 的＋24V 端（B01）连接，输入触点的公共线应与 CE73 的 0V 端（A01）连接。

第 2 组 8 点 DI（Xi＋5.0～5.7）的输入公共端为 DICOM5（B14）。当 Xi＋5.0～5.7 采用源输入连接方式时，DICOM5 应与 CE73 的 0V 端（A01）连接，输入触点的公共线应与 CE73 的＋24V 端（B01）连接；当 Xi＋5.0～5.7 采用汇点输入连接方式时，DICOM5 应与 CE73 的＋24V 端（B01）连接，输入触点的公共线应与 CE73 的 0V 端（A01）连接。

6.6　I/O 模块与单元连接

6.6.1　I/O 模块及连接

FANUC 常用的 I/O 模块规格主要有图 6.6-1 所示的 I/O-A1、I/O-B1、I/O-B2 三类，三者的功能分别如下。

① I/O-A1 模块。I/O-A1 模块是用于操作面板 DI/DO 信号连接的模块，有时称操作面板 I/O-A1。I/O-A1 模块可连接 72/56 点 DI/DO 和 3 个手轮（占 3 字节 DI 地址），其中的 56 点 DI 为矩阵扫描输入，其余 16/56 点为独立连接的 DC24V 标准输入/输出。56 点 DI 矩阵扫描输入实际使用的 DI/DO 为 7/8 点，8 点 DO 用于列驱动、7 点 DI 用于行输入（见下述）。

② I/O-B1 模块。I/O-B1 同样是用于操作面板 DI/DO 信号连接的模块，有时称操作面板 I/O-B1。I/O-B1 模块可连接 48/32 点 DI/DO 信号和 3 个手轮（占 3 字节 DI 地址），模块所有的 DI/DO 均为 DC24V 标准输入/输出，每一 DI/DO 都有独立的连接端。

③ I/O-B2 模块。I/O-B2 是用于电气柜 DI/DO 信号连接的 I/O 模块，有时称电气柜 I/O。I/O-B2 模块除了无手轮接口、不能用于手轮连接外，其他都与 I/O-B1 模块相同，模块可连接 48/32 点 DC24V 标准输入/输出，每一 DI/DO 都有独立的连接端。

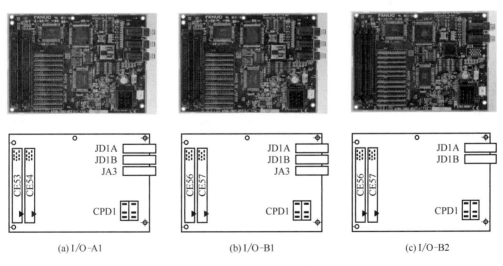

图 6.6-1　FANUC I/O 模块

FANUC I/O 模块的 DI/DO 地址范围、起始地址 m/n 可通过 PMC 参数设定，地址范围应大于模块最大 DI/DO 和手轮（3 字节 DI）连接要求。I/O-A1、I/O-B1、I/O-B2 模块的外形、基本连接器功能相同，连接要求如下。

JD1B/JD1A：I/O Link 总线接口。JD1B 连接 CNC 或上一 I/O Link 模块，JD1A 可连

接下一 I/O Link 模块。JD1B/JD1A 的连接方法可参见前述。

CPD1（IN）/（OUT）：DC24V 电源输入/输出。CPD1（IN）-1/2 连接外部 DC24V/0V 电源输入，CPD1（OUT）-1/2 为 DC24V/0V、1A 输出，可向其他装置供电。

JA3：手轮接口（I/O-B2 无），最大可连接 3 个手轮。JA3 的连接端功能及连接方法参见前述。

CE53/54 或 CE56/57：DI/DO 连接器。CE53/54 为 I/O-A1 的 DI/DO 连接器，可连接 56 点矩阵扫描输入和 16/56 点 DC24V 标准输入/输出；CE56/57 为 I/O-B1、I/O-B2 的 DI/DO 连接器，可连接 48/32 点 DC24V 标准输入/输出。CE53/54 与 CE56/57 的外形、安装位置相同，但 DI/DO 连接端功能、连接要求不同，说明如下。

1. CE53/54 连接

连接器 CE53/54 用于 I/O-A1 模块的 56 点矩阵扫描输入和 16/56 点 DC24V 标准输入/输出连接，连接端功能如表 6.6-1 所示，表中带阴影的连接端有特殊连接要求，说明如下。

表 6.6-1　CE53/54 连接端功能

	CE53			CE54	
	A	B		A	B
01	0V	0V	01	0V	0V
02	—	+24V	02	COM1	+24V
03	Xm+0.0	Xm+0.1	03	Xm+1.0	Xm+1.1
04	Xm+0.2	Xm+0.3	04	Xm+1.2	Xm+1.3
05	Xm+0.4	Xm+0.5	05	Xm+1.4	Xm+1.5
06	Xm+0.6	Xm+0.7	06	Xm+1.6	Xm+1.7
07	Yn+0.0	Yn+0.1	07	Yn+3.0	Yn+3.1
08	Yn+0.2	Yn+0.3	08	Yn+3.2	Yn+3.3
09	Yn+0.4	Yn+0.5	09	Yn+3.4	Yn+3.5
10	Yn+0.6	Yn+0.7	10	Yn+3.6	Yn+3.7
11	Yn+1.0	Yn+1.1	11	Yn+4.0	Yn+4.1
12	Yn+1.2	Yn+1.3	12	Yn+4.2	Yn+4.3
13	Yn+1.4	Yn+1.5	13	Yn+4.4	Yn+4.5
14	Yn+1.6	Yn+1.7	14	Yn+4.6	Yn+4.7
15	Yn+2.0	Yn+2.1	15	Yn+5.0	Yn+5.1
16	Yn+2.2	Yn+2.3	16	Yn+5.2	Yn+5.3
17	Yn+2.4	Yn+2.5	17	Yn+5.4	Yn+5.5
18	Yn+2.6	Yn+2.7	18	Yn+5.6	Yn+5.7
19	KYD0	KYD1	19	Yn+6.0	Yn+6.1
20	KYD2	KYD3	20	Yn+6.2	Yn+6.3
21	KYD4	KYD5	21	Yn+6.4	Yn+6.5
22	KYD6	KYD7	22	Yn+6.6	Yn+6.7
23	KCM1	KCM2	23	KCM5	KCM6
24	KCM3	KCM4	24	KCM7	DOCOM
25	DOCOM	DOCOM	25	DOCOM	DOCOM

DC24V 标准输入：利用 CE53 连接的 8 点 DI（Xm+0.0～0.7）规定为源输入连接方式，输入触点的公共线需要与 CE53 的 +24V 端（B02）连接。

连接器 CE54 其他 8 点 DI（Xm+1.0～1.7）可采用源输入或汇点输入 2 种连接方式，CE54 的 COM1（A02）为输入公共端。Xm+1.0～1.7 采用 DC24V 源输入连接时，COM1

应与 CE54 的 0V 端（A01/B01）连接，输入触点的公共线需要与 CE54 的＋24V 端（B02）连接；Xm＋1.0～1.7 采用汇点输入连接时，COM1 应与 CE54 的＋24V 端（B02）连接，输入触点的公共线需要与 CE54 的 0V 端（A01/B01）连接。

DC24V 标准输出：CE53/54 的 56 点 DO（Y0.0～6.7）为 DC24V 标准输出，驱动能力为 DC24V/200mA，负载驱动电源需要从 DOCOM 端（A25/B25）引入。

矩阵扫描输入：56 点矩阵扫描输入实际由 7 点 DI（行输入）和 8 点 DO（列驱动）组成，信号的连接要求如图 6.6-2 所示。

利用矩阵扫描输入连接的 56 个输入触点需要串联"防环流"二极管，并桥接到由 7 行输入 KCM1～7 和 8 列驱动 KYD 0～7 组成的矩阵节点上，构成 7×8 输入矩阵。矩阵扫描输入需要同时使用 DI 和 DO 信号，56 点 DI 的起始地址需要利用 PMC 的 DO 地址设定参数 n 指定，DI 地址区为 Xn＋4～Xn＋10。

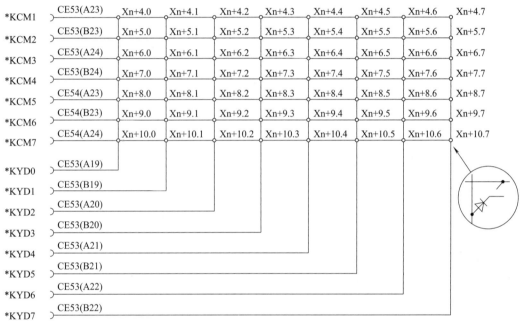

图 6.6-2　矩阵扫描输入连接要求

矩阵扫描输入的列驱动信号 KYD 0～7 用于 DI 的"位（bit 0～7）"状态检测（采样）。PMC 工作时，列驱动信号 KYD0～KYD7 需要以较短的周期，依次对 8 列驱动进行循环扫描，这样，便可不断从行输入 KCM1～7 中获得被扫描列对应触点的状态；结合列驱动、行输入的状态，便可得到 56 点 DI 的状态。

例如，检测 bit0 状态时，第 1 列驱动信号 KYD0 为"1"、KYD1～7 为"0"；这时，如行输入 KCM1（DI 字节 Xn＋4）的状态为"1"，表明第 1 列、第 1 行的触点接通，DI 信号 Xn＋4.0 的状态将为"1"；如行输入 KCM2（DI 字节 Xn＋5）的状态为"1"，表明第 1 列、第 2 行的触点接通，DI 信号 Xn＋5.0 将为"1"。同样，检测 DI 信号位 bit1 时，第 2 列驱动信号 KYD1 为"1"、KYD0 和 KYD2～7 为"0"；这时，如行输入 KCM1（DI 字节 Xn＋4）的状态为"1"，表明第 2 列、第 1 行的触点接通，DI 信号 Xn＋4.1 将为"1"；如行输入 KCM2（DI 字节 Xn＋5）的状态为"1"，表明第 2 列、第 2 行的触点接通，DI 信号 Xn＋5.1 将为"1"。

由于循环扫描得到的信号状态，需要保持到下次扫描才能更新，因此，矩阵扫描输入方式不能用于高频 DI 信号的状态检测。

I/O-A1 模块对输入触点的要求如下。

触点 ON 的驱动能力：大于 DC6V/2mA。

触点 ON 的压降（包括"防环流"二极管）：≤0.9V。

触点 OFF 的漏电流：≤0.2mA。

2. CE56/57 连接

I/O-B1/B2 模块的连接器 CE56/57 用于 48/32 点 DC24V 标准输入/输出连接，其连接端功能如表 6.6-2 所示，部分连接端（表中带阴影）有特殊的连接要求，说明如下。

表 6.6-2　CE56/57 连接端功能表

	CE56			CE57	
	A	B		A	B
01	0V	+24V	01	0V	+24V
02	Xm+0.0	Xm+0.1	02	Xm+3.0	Xm+3.1
03	Xm+0.2	Xm+0.3	03	Xm+3.2	Xm+3.3
04	Xm+0.4	Xm+0.5	04	Xm+3.4	Xm+3.5
05	Xm+0.6	Xm+0.7	05	Xm+3.6	Xm+3.7
06	Xm+1.0	Xm+1.1	06	Xm+4.0	Xm+4.1
07	Xm+1.2	Xm+1.3	07	Xm+4.2	Xm+4.3
08	Xm+1.4	Xm+1.5	08	Xm+4.4	Xm+4.5
09	Xm+1.6	Xm+1.7	09	Xm+4.6	Xm+4.7
10	Xm+2.0	Xm+2.1	10	Xm+5.0	Xm+5.1
11	Xm+2.2	Xm+2.3	11	Xm+5.2	Xm+5.3
12	Xm+2.4	Xm+2.5	12	Xm+5.4	Xm+5.5
13	Xm+2.6	Xm+2.7	13	Xm+5.6	Xm+5.7
14	DICOM0		14		DICOM5
15			15		
16	Yn+0.0	Yn+0.1	16	Yn+2.0	Yn+2.1
17	Yn+0.2	Yn+0.3	17	Yn+2.2	Yn+2.3
18	Yn+0.4	Yn+0.5	18	Yn+2.4	Yn+2.5
19	Yn+0.6	Yn+0.7	19	Yn+2.6	Yn+2.7
20	Yn+1.0	Yn+1.1	20	Yn+3.0	Yn+3.1
21	Yn+1.2	Yn+1.3	21	Yn+3.2	Yn+3.3
22	Yn+1.4	Yn+1.5	22	Yn+3.4	Yn+3.5
23	Yn+1.6	Yn+1.7	23	Yn+3.6	Yn+3.7
24	DOCOM	DOCOM	24	DOCOM	DOCOM
25	DOCOM	DOCOM	25	DOCOM	DOCOM

CE56 的 DI 连接端 Xm+0.0～0.7 和 CE57 的 DI 连接端 Xm+5.0～5.7 可使用 DC24V 源输入或汇点输入 2 种连接方式。Xm+0.0～0.7 的输入连接方式可通过 CE56 的 DICOM0 端（A14）改变；Xm+5.0～5.7 的输入连接方式可通过 CE57 的 DICOM5 端（B14）改变。当 DICOM0 或 DICOM5 与 0V 端（CE56-A01 或 CE57-A01）连接、输入触点的公共线与 +24V 端（CE56-B01 或 CE57-B01）连接时，Xm+0.0～0.7 或 Xm+5.0～5.7 为源输入连接方式；当 DICOM0 或 DICOM5 与 +24V 端（CE56-B01 或 CE57-B01）连接、输入触点的公共线与 0V 端（CE56-A01 或 CE57-A01）连接时，Xm+0.0～0.7 或 Xm+5.0～5.7 为汇点输入连接方式。

CE56/57 的全部 DO 均为 DC24V 标准输出，驱动能力为 DC24V/200mA。CE56 输出端 Yn＋0.0～1.7 的 DC24V 负载驱动电源需要从 CE56 的 DOCOM 端（A24/B24、A25/B25）引入；CE57 输出端 Yn＋2.0～3.7 的 DC24V 负载驱动电源需要从 CE57 的 DOCOM 端（A24/B24、A25/B25）引入。

6.6.2　0i-I/O 单元及连接

1. 结构与功能

0i-I/O 单元是 FANUC 公司专门为 FS0i 系列紧凑型系统研发的高性价比 I/O Link 连接设备，单元既可用于电气柜 DI/DO 连接，也可用于操作台 DI/DO 和手轮连接，最大可连接 96/64 点 DI/DO 和 3 个手轮（占 3 字节 DI 地址）。

0i-I/O 单元需要占用 PMC 的 16/8 字节（128/64 点）DI/DO，其中，12/8 字节（96/64 点）DI/DO 可连接实际输入/输出，3 个手轮需要占用连续 3 字节 DI 地址。单元名称及 DI/DO 起始地址 m、n 利用 PMC 参数设定后，系统可自动进行如下 DI/DO 分配。

$Xm＋0～Xm＋11$：12 字节、96 点实际输入信号。

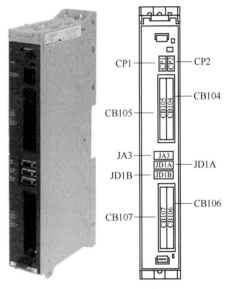

图 6.6-3　0i-I/O 单元

$Xm＋12～Xm＋14$：3 字节，用于手轮连接。

$Xm＋15$：1 字节模块内部 DO 电路报警信号。

$Yn＋0～Yn＋7$：8 字节、64 点实际输出信号。

0i-I/O 单元的外形与连接器位置如图 6.6-3 所示，连接器功能及基本连接要求如下。

JD1B/JD1A：I/O Link 总线接口。JD1B 连接 CNC 或上一 I/O Link 模块，JD1A 可连接下一 I/O Link 模块；JD1B/JD1A 的连接方法可参见前述。

CP1（IN）/CP2（OUT）：DC24V 电源输入/输出。CP1（IN）-1/2 连接外部 DC24V/0V 电源输入；CP2（OUT）-1/2 为 DC24V/0V、1A 输出，可用于其他装置供电。

JA3：手轮接口，最大可连接 3 个手轮（占 3 字节 DI 地址）。JA3 的连接端功能及连接方法参见前述。

CB104～107：96/64 点 DC24V 标准输入连接器。

2. DI/DO 连接

0i-I/O 单元的 DI/DO 利用连接器 CB104～107 连接。DI/DOCB104～107 为双列 50 芯连接器，每一连接器可连接 24/16 点 DI/DO，但 DI/DO 地址并非按序分配，不同连接器的输入连接方法也有所区别。

CB104～107 的连接端功能如表 6.6-3 所示，连接要求如下。

① DI 连接。CB104/105、CB107 的所有 DI 及 CB106 的 $Xm＋5.0～5.7$、$Xm＋6.0～6.7$ 只能使用源输入连接方式，输入触点的公共线应与 CB104～107 的＋24V 输出端（B01）连接。

表 6.6-3　CB104～107 连接端功能表

序号	CB104 A列	CB104 B列	序号	CB105 A列	CB105 B列	序号	CB106 A列	CB106 B列	序号	CB107 A列	CB107 B列
01	0V	+24V	01	0V	+24V	01	0V	+24V	01	0V	+24V
02	Xm+0.0	Xm+0.1	02	Xm+3.0	Xm+3.1	02	Xm+4.0	Xm+4.1	02	Xm+7.0	Xm+7.1
03	Xm+0.2	Xm+0.3	03	Xm+3.2	Xm+3.3	03	Xm+4.2	Xm+4.3	03	Xm+7.2	Xm+7.3
04	Xm+0.4	Xm+0.5	04	Xm+3.4	Xm+3.5	04	Xm+4.4	Xm+4.5	04	Xm+7.4	Xm+7.5
05	Xm+0.6	Xm+0.7	05	Xm+3.6	Xm+3.7	05	Xm+4.6	Xm+4.7	05	Xm+7.6	Xm+7.7
06	Xm+1.0	Xm+1.1	06	Xm+8.0	Xm+8.1	06	Xm+5.0	Xm+5.1	06	Xm+10.0	Xm+10.1
07	Xm+1.2	Xm+1.3	07	Xm+8.2	Xm+8.3	07	Xm+5.2	Xm+5.3	07	Xm+10.2	Xm+10.3
08	Xm+1.4	Xm+1.5	08	Xm+8.4	Xm+8.5	08	Xm+5.4	Xm+5.5	08	Xm+10.4	Xm+10.5
09	Xm+1.6	Xm+1.7	09	Xm+8.6	Xm+8.7	09	Xm+5.6	Xm+5.7	09	Xm+10.6	Xm+10.7
10	Xm+2.0	Xm+2.1	10	Xm+9.0	Xm+9.1	10	Xm+6.0	Xm+6.1	10	Xm+11.0	Xm+11.1
11	Xm+2.2	Xm+2.3	11	Xm+9.2	Xm+9.3	11	Xm+6.2	Xm+6.3	11	Xm+11.2	Xm+11.3
12	Xm+2.4	Xm+2.5	12	Xm+9.4	Xm+9.5	12	Xm+6.4	Xm+6.5	12	Xm+11.4	Xm+11.5
13	Xm+2.6	Xm+2.7	13	Xm+9.6	Xm+9.7	13	Xm+6.6	Xm+6.7	13	Xm+11.6	Xm+11.7
14	—	—	14	—	—	14	DICOM4	—	14	—	—
15	—	—	15	—	—	15	—	—	15	—	—
16	Yn+0.0	Yn+0.1	16	Yn+2.0	Yn+2.1	16	Yn+4.0	Yn+4.1	16	Yn+6.0	Yn+6.1
17	Yn+0.2	Yn+0.3	17	Yn+2.2	Yn+2.3	17	Yn+4.2	Yn+4.3	17	Yn+6.2	Yn+6.3
18	Yn+0.4	Yn+0.5	18	Yn+2.4	Yn+2.5	18	Yn+4.4	Yn+4.5	18	Yn+6.4	Yn+6.5
19	Yn+0.6	Yn+0.7	19	Yn+2.6	Yn+2.7	19	Yn+4.6	Yn+4.7	19	Yn+6.6	Yn+6.7
20	Yn+1.0	Yn+1.1	20	Yn+3.0	Yn+3.1	20	Yn+5.0	Yn+5.1	20	Yn+7.0	Yn+7.1
21	Yn+1.2	Yn+1.3	21	Yn+3.2	Yn+3.3	21	Yn+5.2	Yn+5.3	21	Yn+7.2	Yn+7.3
22	Yn+1.4	Yn+1.5	22	Yn+3.4	Yn+3.5	22	Yn+5.4	Yn+5.5	22	Yn+7.4	Yn+7.5
23	Yn+1.6	Yn+1.7	23	Yn+3.6	Yn+3.7	23	Yn+5.6	Yn+5.7	23	Yn+7.6	Yn+7.7
24	DOCOM	DOCOM	24	DOCOM	DOCOM	24	DOCOM	DOCOM	24	DOCOM	DOCOM
25	DOCOM	DOCOM	25	DOCOM	DOCOM	25	DOCOM	DOCOM	25	DOCOM	DOCOM

CB106 的 $Xm+4.0\sim4.7$（表中带阴影）可通过 CB106 的 DICOM4（A14）选择 DC24V 源输入或汇点输入 2 种连接方式。当 $Xm+4.0\sim4.7$ 采用 DC24V 源输入连接时，DICOM4（A14）应与 CB106 的 0V 端（A01）连接，输入触点的公共线应与 CB106 的 +24V 端（B01）连接；当 $Xm+4.0\sim4.7$ 采用汇点输入连接时，DICOM4（A14）应与 CB106 的 +24V 端（B01）连接，输入触点的公共线应与 CB106 的 0V 端（A01）连接。

② DO 连接。CB104～107 的全部 DO 均为 DC24V 标准输出，驱动能力为 DC24V/200mA，DC24V 负载驱动电源需要从 DOCOM 端（A24/B24、A25/B25）引入。单元的 64 点 DO 按字节分为 8 组，每组输出都有过电流、过热检测与保护回路，任一 DO 出现过电流时，同组的所有 DO 都将被关闭（OFF），因过电流关闭的 DO 可在过电流消失后重新开启（ON）。

CB104～107 需要利用 50 芯扁平电缆插头连接，为了便于检查与维修，通常需要利用 50 芯端子转换器转换为接线端子。

6.6.3　插接型 I/O 单元及连接

插接型（Connector Panel Type）分布式 I/O 单元由基本模块和最多 3 个扩展模块组成，基本模块是用于 I/O Link 总线连接的必需模块，扩展模块可根据实际需要选配。

插接型分布式 I/O 单元的基本模块最多可连接 3 个扩展模块，每一单元最多可连接 96/64 点 DI/DO 和 3 个手轮。单元需要占用 PMC 的 16/8 字节（128/64 点）DI/DO 地址，DI/

DO 起始地址 m、n 可通过 PMC 参数设定，基本模块、扩展模块、手轮的 DI/DO 地址按以下方式自动分配。

Xm+0～Xm+2：基本模块输入，24 点 DI。

Xm+3～Xm+11：扩展模块输入，每一模块最大 24 点，共 72 点 DI。

Xm+12～Xm+14：用于手轮连接。

Xm+15：模块内部 DO 电路报警信号。

Yn+0、Yn+1：基本模块输出，16 点 DO。

Yn+2～Yn+7：扩展模块输出，每一模块最大 16 点，共 48 点 DO。

插接型分布式 I/O 单元的扩展模块主要有以下 4 类。

扩展模块 A：可连接 24/16 点 DI/DO 和 3 个手轮。

扩展模块 B：可连接 24/16 点 DI/DO。

扩展模块 C：16 点 DC24V/2A 大功率输出模块。

扩展模块 D：模拟量输入模块，具有 4 通道 12 位 A/D 转换功能，需要占用 24/16 点 DI/DO。模拟量输入可以为 DC −10～10V 电压或 DC −20～20mA 电流。模拟电压输入分辨率为 5mV，A/D 转换精度为 ±0.5%；模拟电流输入分辨率为 20μA，A/D 转换精度为 ±1%。

插接型分布式 I/O 单元的模块可采用 DIN 标准导轨或固定螺钉安装，基本模块位于最左侧，单元外形与连接器位置如图 6.6-4 所示，单元的连接方法如下。

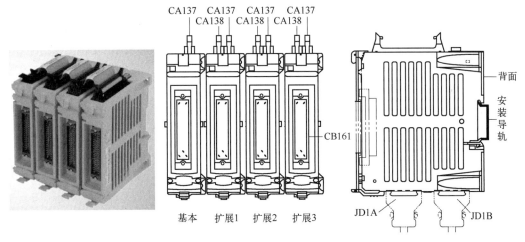

图 6.6-4　插接型分布式 I/O 单元

1. 基本模块连接

插接型分布式 I/O 单元的基本模块集成有 I/O Link 总线输入/输出接口 JD1B/JD1A、扩展总线接口 CA137 和 24/16 点 DI/DO 连接接口 CB150（或 CB161）。模块的 DC24V 控制电源需要外部提供，并从 DI/DO 连接接口 CB150 输入。接口的连接要求如下。

JD1B/JD1A：I/O Link 总线接口。JD1B 连接 CNC 或上一 I/O Link 模块，JD1A 可连接下一 I/O Link 模块；JD1B/JD1A 的连接方法可参见前述。

CA137：扩展总线输出接口。插接型分布式 I/O 单元的扩展总线位于模块的顶部，基本模块的扩展总线输出接口 CA137 用来连接第 1 个扩展模块的扩展总线输入 CA138，连接电缆由 FANUC 配套提供，用户只需要进行电缆安装，无需进行其他连接。

CB150：DI/DO 连接器。用于 24/16 点 DI/DO 及 DC24V 控制电源连接。CB150 使用的是 50 芯 HONDA MR-50 连接器，连接端功能如表 6.6-4 所示，连接要求如下。

表 6.6-4　基本模块 CB150 连接端功能表

第 1 列		第 2 列		第 3 列	
连接端	连接信号	连接端	连接信号	连接端	连接信号
01	DOCOM			33	DOCOM
02	Yn+1.0			34	Yn+0.0
03	Yn+1.1	19	0V	35	Yn+0.1
04	Yn+1.2	20	0V	36	Yn+0.2
05	Yn+1.3	21	0V	37	Yn+0.3
06	Yn+1.4	22	0V	38	Yn+0.4
07	Yn+1.5	23	0V	39	Yn+0.5
08	Yn+1.6	24	DICOM0	40	Yn+0.6
09	Yn+1.7	25	Xm+1.0	41	Yn+0.7
10	Xm+2.0	26	Xm+1.1	42	Xm+0.0
11	Xm+2.1	27	Xm+1.2	43	Xm+0.1
12	Xm+2.2	28	Xm+1.3	44	Xm+0.2
13	Xm+2.3	29	Xm+1.4	45	Xm+0.3
14	Xm+2.4	30	Xm+1.5	46	Xm+0.4
15	Xm+2.5	31	Xm+1.6	47	Xm+0.5
16	Xm+2.6	32	Xm+1.7	48	Xm+0.6
17	Xm+2.7			49	Xm+0.7
18	+24V			50	+24V

基本模块 CB150 的 +24V 端（18/50）、0V 端（19～23）为 DC24V 控制电源输入端，应连接外部 DC24V 电源；+24V 端（18/50）、0V 端（19～23）可用于 DI 输入驱动。

CB150 的 24 点 DI 包含 16 点 DC24V 源输入（Xm+1.0～2.7）和 8 点源/汇点通用输入（Xm+0.0～0.7，表中带阴影）。采用 DC24V 源输入的输入触点公共线应与 +24V 端（CB150-18/50）连接；源/汇点通用输入可通过公共端 DICOM0（CB150-24）和输入触点公共线的不同连接，选择 DC24V 源输入或汇点输入 2 种连接方式。当 Xm+0.0～0.7 采用 DC24V 源输入连接时，DICOM0 应与 0V 端（CB150-19～23）连接，输入触点的公共线应与 +24V 端（CB150-18/50）连接；当 Xm+0.0～0.7 采用汇点输入连接时，DICOM0 应与 +24V 端（CB150-18/50）连接，输入触点的公共线应与 0V 端（CB150-19～23）连接。

基本模块的 16 点 DO 均为晶体管 PNP 集电极开路输出，驱动能力为 DC24V/200mA。16 点 DO 的负载驱动电源输入连接端为 DOCOM（CB150-01/33），应连接负载驱动电源的 +24V 端。

2. 扩展模块连接

插接型分布式 I/O 单元的扩展模块带有扩展总线输入/输出接口 CA138/CA137。输入接口 CA138 用来连接基本模块或上一扩展模块，输出接口 CA137 用来连接下一扩展模块，连接电缆由 FANUC 配套提供，用户无需进行其他连接。扩展模块的其他连接要求如下。

扩展模块 A：可连接 24/16 点 DI/DO 和 3 个手轮。其中，24/16 点 DI/DO 连接器 CB150 的连接方法与基本模块相同；手轮连接器 JA3 的连接方法参见前述。

扩展模块 B：可连接 24/16 点 DI/DO。DI/DO 连接器 CB150 的连接方法与基本模块相同。

扩展模块 C：16 点 DC24V/2A 大功率输出模块。DO 连接器 CB154 的连接端功能如表 6.6-5 所示，6 个公共端 DOCOMA（CB154-1/17/18、33/49/50）用于 DC24V 负载驱动电源连接。

表 6.6-5　扩展模块 C 的 CB154 连接端功能表

第 1 列		第 2 列		第 3 列	
连接端	连接信号	连接端	连接信号	连接端	连接信号
01	DOCOMA			33	DOCOMA
02	Yn+1.0			34	Yn+0.0
03	Yn+1.1	19	0V	35	Yn+0.1
04	Yn+1.2	20	0V	36	Yn+0.2
05	Yn+1.3	21	0V	37	Yn+0.3
06	Yn+1.4	22	0V	38	Yn+0.4
07	Yn+1.5	23	0V	39	Yn+0.5
08	Yn+1.6	24	—	40	Yn+0.6
09	Yn+1.7	25～31	—	41	Yn+0.7
10～16	—	32	—	42～48	—
17	DOCOMA			49	DOCOMA
18	DOCOMA			50	DOCOMA

扩展模块 D：模拟量输入模块。具有 4 通道（CH1～4）12 位 A/D 转换功能，可用于 DC －10～10V 电压或 DC －20～20mA 电流的 A/D 转换。扩展模块 D 的 CB157 连接端功能如表 6.6-6 所示。

表 6.6-6　扩展模块 D 的 CB157 连接端功能表

第 1 列		第 2 列		第 3 列	
连接端	连接信号	连接端	连接信号	连接端	连接信号
01	INM1			33	INM3
02	COM1			34	COM3
03	FGND1	19	FGND	35	FGND3
04	INP1	20	FGND	36	INP3
05	JMP1	21	FGND	37	JMP3
06	INM2	22	FGND	38	INM4
07	COM2	23	FGND	39	COM4
08	FGND2	24～31	—	40	FGND4
09	INP2	32	—	41	INP4
10	JMP2			42	JMP4
11～18	—			43～50	—

扩展模块 D 的输入电路原理和连接方法如图 6.6-5 所示。

CB157 的连接端 INPn、INMn（n 为输入通道号）为 A/D 转换器的电压输入、0V 连接端，可直接连接 DC －10～10V 模拟电压输入。CB157 的连接端 JMPn 为模拟电流输入端，在模块内部，JMPn 通过 250Ω 电阻与 A/D 转换器的 0V 端连接，可将 DC －20～20mA 输入电流转换为 A/D 转换器的 DC －5～5V 输入电压。因此，连接 DC －10～10V 模拟电压输入时，JMPn 应悬空；连接 DC －20～20mA 模拟电流输入时，JMPn 应与 INPn 短接。CB157 的连接端 COMn 为接地端，连接有接地端的模拟量输入时，COMn 用来连接接地端；连接无接地端的模拟量输入时，COMn 应与 INMn 短接。CB157 的连接端 FGNDn 用于输入电缆屏蔽网连接。

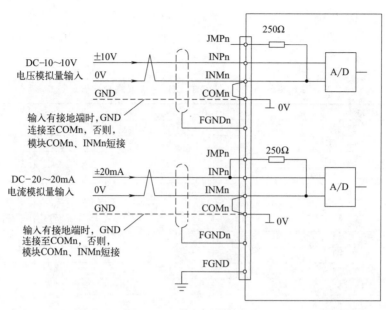

图 6.6-5　模拟量输入连接

6.6.4　紧凑型 I/O 单元及连接

紧凑型（Connector Panel Type2）分布式 I/O 单元是 FANUC 专门为多点 DI/DO 连接研发的小型分布式 I/O 单元，其外形与连接器位置如图 6.6-6 所示。

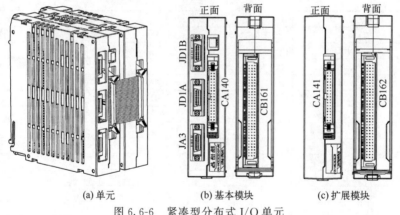

(a) 单元　　　　(b) 基本模块　　　　(c) 扩展模块

图 6.6-6　紧凑型分布式 I/O 单元

紧凑型分布式 I/O 单元由 1 个基本模块和 1 个扩展模块组成，最大可连接 96/64 点 DI/DO 和 3 个手轮。其中，基本模块可连接 48/32 点 DI/DO，并有带手轮接口和无手轮接口 2 种规格可供选择；扩展模块目前只有 48/32 点 DI/DO 一种规格。由于结构紧凑，模块的 DI/DO 连接器需要从背面（底板）引出。

紧凑型分布式 I/O 单元同样需要占用 PMC 的 16/8 字节（128/64 点）DI/DO 地址，DI/DO 起始地址 m、n 可通过 PMC 参数设定，基本模块、扩展模块、手轮的 DI/DO 地址按以下方式自动分配。

Xm+0～Xm+5：基本模块输入，48 点 DI。

Xm+6～Xm+11：扩展模块输入，48 点 DI。

Xm+12～Xm+14：用于手轮连接。

Xm+15：模块内部 DO 电路报警信号。

Yn+0～Yn+3：基本模块输出，32 点 DO。

Yn+4～Yn+7：扩展模块输出，32 点 DO。

1. 基本模块连接

紧凑型分布式 I/O 单元基本模块的正面安装有 I/O Link 总线的输入/输出接口 JD1B/JD1A、扩展总线接口 CA140 和可选择的手轮接口 JA3，背面安装有 DI/DO 连接器 CB161。JD1B/JD1A 的连接方法可参见 CNC 连接，JA3 的连接方法参见前述；CA140 为扩展总线输出接口，用来连接扩展模块的扩展总线输入（CA141），扩展总线连接电缆由 FANUC 配套提供，用户无需进行其他连接。模块背面的 DI/DO 连接器 CB161 用于 48/32 点 DI/DO 与 DC24V 控制电源连接，连接端功能如表 6.6-7 所示。

表 6.6-7　基本模块 CB161 连接端功能表

连接端	A 列	B 列	C 列	连接端	A 列	B 列	C 列
01	DOCOM0	DOCOM1	Yn+0.0	17	Xm+4.2	Xm+4.3	Xm+4.4
02	Yn+0.1	Yn+0.2	Yn+0.3	18	Xm+3.7	Xm+4.0	Xm+4.1
03	Yn+0.4	Yn+0.5	Yn+0.6	19	Xm+3.4	Xm+3.5	Xm+3.6
04	Yn+0.7	Yn+1.0	Yn+1.1	20	Xm+3.1	Xm+3.2	Xm+3.3
05	Yn+1.2	Yn+1.3	Yn+1.4	21	Xm+2.6	Xm+2.7	Xm+3.0
06	Yn+1.5	Yn+1.6	Yn+1.7	22	Xm+2.3	Xm+2.4	Xm+2.5
07	DOCOM2	DOCOM3	Yn+2.0	23	Xm+2.0	Xm+2.1	Xm+2.2
08	Yn+2.1	Yn+2.2	Yn+2.3	24	Xm+1.5	Xm+1.6	Xm+1.7
09	Yn+2.4	Yn+2.5	Yn+2.6	25	Xm+1.2	Xm+1.3	Xm+1.4
10	Yn+2.7	Yn+3.0	Yn+3.1	26	Xm+0.7	Xm+1.0	Xm+1.1
11	Yn+3.2	Yn+3.3	Yn+3.4	27	Xm+0.4	Xm+0.5	Xm+0.6
12	Yn+3.5	Yn+3.6	Yn+3.7	28	Xm+0.1	Xm+0.2	Xm+0.3
13	Xm+5.6	Xm+5.7	DICOM3	29	—	DICOM0	Xm+0.0
14	Xm+5.3	Xm+5.4	Xm+5.5	30	0V	0V	0V
15	Xm+5.0	Xm+5.1	Xm+5.2	31	0V	0V	0V
16	Xm+4.5	Xm+4.6	Xm+4.7	32	+24V	+24V	+24V

表中带阴影的第 1 字节输入（Xm+0.0～0.7）和第 4 字节输入（Xm+3.0～3.7），可分别通过输入公共端 DICOM0（CB161-B29，第 1 字节）、DICOM3（CB161-C13，第 3 字节）和输入触点公共线的不同连接，选择 DC24V 源输入或汇点输入 2 种连接方式。当 Xm+0.0～0.7、Xm+3.0～3.7 采用 DC24V 源输入连接时，DICOM0、DICOM3 应与 DI 驱动电源的 0V 端（或 CB161 的 A30/31、B30/31、C30/31 端）连接，输入触点的公共线应与 DI 驱动电源的 +24V 端（或 CB161 的 A32、B32、C32 端）连接；当 Xm+0.0～0.7、Xm+3.0～3.7 采用汇点输入连接时，DICOM0、DICOM3 应与 DI 驱动电源的 +24V 端（或 CB161 的 A32、B32、C32 端）连接，输入触点的公共线应与 DI 驱动电源的 0V 端（或 CB161 的 A30/31、B30/31、C30/31 端）连接。

CB161 的 32 点 DO 均为 DC24V 标准输出，驱动能力为 DC24V/200mA。32 点 DO 分为 2 组，第 1 组（Yn+0.0～0.7、Yn+1.0～1.7）、第 2 组（Yn+2.0～2.7、Yn+3.0～3.7）的负载驱动电源输入连接端为 DOCOM 0/1（CB161-A01/B01）、DOCOM 2/3（CB161-A07/B07）；DOCOM 0/1、DOCOM 2/3 应连接负载驱动电源的 +24V 端，负载驱动电源的 0V 端与模块的 0V 端（CB161-A30/31、B30/31、C30/31）连接。

2. 扩展模块连接

紧凑型分布式 I/O 单元扩展模块的 CA141 为扩展总线输入接口，可通过 FANUC 配套电缆连接基本模块，用户无需进行其他连接。CB162 用于 48/32 点 DI/DO 与 DC24V 控制电源连接，CB162 与基本模块的 DI/DO 连接器 CB161 只是 DI/DO 地址不同，两者的连接端功能、DI/DO 连接方法完全一致。CB162 输出连接端的 DO 地址的字节序号需要在 CB161 的基础上增加 4；输入连接端的 DI 地址的字节序号需要在 CB161 的基础上增加 6。

例如，CB161 连接端 A02、A12 的 DO 地址为 Yn+0.1、Yn+3.5，A13、A28 的 DI 地址为 Xm+5.6、Xm+0.1；在 CB162 上，连接端 A02、A12 的 DO 地址为 Yn+4.1、Yn+7.5，A13、A28 的 DI 地址为 Xm+11.6、Xm+6.1。

6.6.5　端子型 I/O 单元及连接

端子型（Terminal Type）分布式 I/O 单元是一种带可拆卸接线端的 I/O 单元，其外形与连接器位置如图 6.6-7 所示。

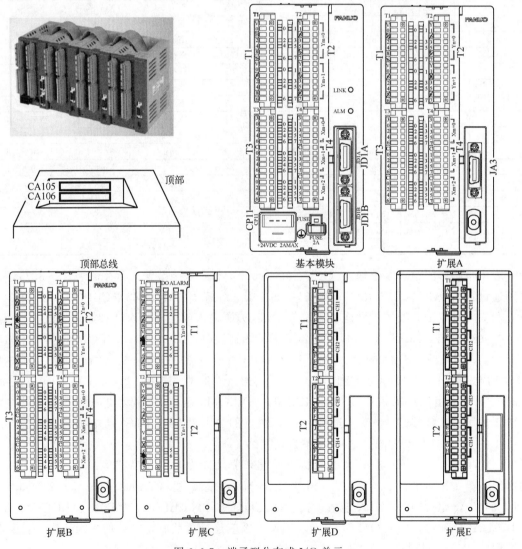

图 6.6-7　端子型分布式 I/O 单元

　　端子型分布式 I/O 单元的组成和性能与插接型分布式 I/O 单元类似，单元由基本模块和最多 3 个扩展模块组成。基本模块是用于 I/O Link 总线连接的必需模块，扩展模块可根据实际需要选配；基本模块最多可连接 3 个扩展模块，每一单元最多可连接 96/64 点 DI/DO 和 3 个手轮。

　　端子型分布式 I/O 单元的扩展总线接口位于模块顶部，连接电缆由 FANUC 配套提供，用户只需要进行电缆安装，无需进行其他连接。端子型分布式 I/O 单元的模块结构与通用PLC 类似，模块可采用 DIN 标准导轨或固定螺钉并排安装，基本模块位于最左侧；每一模块的正面安装有 4 或 2 个可拆卸端子排，每一 DI/DO 点都具有独立的接线端和 LED 状态指示灯，可以直接连接输入/输出器件。

　　端子型分布式 I/O 单元同样需要占用 PMC 的 16/8 字节（128/64 点）DI/DO 地址，DI/DO 起始地址 m、n 可通过 PMC 参数设定，基本模块、扩展模块、手轮的 DI/DO 地址自动分配方法与插接型分布式 I/O 单元相同（参见前述）。

　　端子型分布式 I/O 单元的扩展模块有 A、B、C、D、E 五种。其中，扩展模块 A、B、C、D 与插接型分布式 I/O 单元扩展模块 A、B、C、D 只是连接方式有区别，技术性能完全相同。扩展模块 E 为 4 通道模拟量输出模块，主要技术参数如下。

　　模块功能：12 位 D/A 转换，转换时间不超过 1ms。

　　输出范围与精度：DC $-10 \sim 10$V 模拟电压，分辨率 5mV，转换精度 $\pm 0.5\%$；或DC $0 \sim 20$mA 模拟电流，分辨率 20μA，转换精度为 $\pm 1\%$。

1. 基本模块连接

　　端子型分布式 I/O 单元的基本模块集成有 I/O Link 总线输入/输出接口（JD1B/JD1A）、扩展总线接口（CA105）、单元 DC24V 控制电源输入接口 CP11 和 24/16 点 DI/DO连接端（T1～T4），模块连接方法如下。

　　JD1B/JD1A：I/O Link 总线接口。JD1B 连接 CNC 或上一 I/O Link 模块，JD1A 可连接下一 I/O Link 模块；JD1B/JD1A 的连接方法可参见前述。

　　CA105：扩展总线输出接口。端子型分布式 I/O 单元的扩展总线位于模块顶部，基本模块的扩展总线接口 CA105 用来连接第 1 个扩展模块的扩展总线输入 CA106，连接电缆由FANUC 配套提供，用户只需要进行电缆安装，无需进行其他连接。

　　CP11：单元 DC24V 控制电源输入。端子型分布式 I/O 单元所有模块的 DC24V 控制电源均由基本模块统一提供，外部 DC 控制电源的 +24V/0V 输入连接端为 CP11-A3/A2。

　　T1～T4：DI/DO 连接端子排，用于 24/16 点 DI/DO 连接。其中，上方的 T1、T2 用于 16 点 DO 连接，下方的 T3、T4 用于 24 点 DI 连接，连接端功能如表 6.6-8 所示。

表 6.6-8　基本模块 DI/DO 连接端功能表

端序号	T1		T2		T3		T4	
	代号	功能	代号	功能	代号	功能	代号	功能
1	V	DOCOM0	V	DOCOM0	S	DICOM0	S	DICOM0
2	0	$Yn+0.0$	1	$Yn+0.1$	0	$Xm+0.0$	1	$Xm+0.1$
3	G	0V	G	0V	2	$Xm+0.2$	3	$Xm+0.3$
4	2	$Yn+0.2$	3	$Yn+0.3$	4	$Xm+0.4$	5	$Xm+0.5$
5	4	$Yn+0.4$	5	$Yn+0.5$	6	$Xm+0.6$	7	$Xm+0.7$
6	G	0V	G	0V	C	DICOM1	C	DICOM1
7	6	$Yn+0.6$	7	$Yn+0.7$	0	$Xm+1.0$	1	$Xm+1.1$

续表

端序号	T1		T2		T3		T4	
	代号	功能	代号	功能	代号	功能	代号	功能
8	V	DOCOM1	V	DOCOM1	2	$Xm+1.2$	3	$Xm+1.3$
9	0	$Yn+1.0$	1	$Yn+1.1$	4	$Xm+1.4$	5	$Xm+1.5$
10	G	0V	G	0V	6	$Xm+1.6$	7	$Xm+1.7$
11	2	$Yn+1.2$	3	$Yn+1.3$	C	DICOM2	C	DICOM2
12	4	$Yn+1.4$	5	$Yn+1.5$	0	$Xm+2.0$	1	$Xm+2.1$
13	G	0V	G	0V	2	$Xm+2.2$	3	$Xm+2.3$
14	6	$Yn+1.6$	7	$Yn+1.7$	4	$Xm+2.4$	5	$Xm+2.5$
15					6	$Xm+2.6$	7	$Xm+2.7$

基本模块的 24 点 DI 按字节分为 3 组，输入公共端分别为 DICOM0、DICOM1、DICOM2，所有 DI 均可选择 DC24V 源输入和汇点输入 2 种连接方式。但是，由于第 2、3 组的输入公共端 DICOM1、2 在模块内部已连接，因此，$Xm+1.0\sim1.7$、$Xm+2.0\sim2.7$ 的输入连接方式必须相同。例如，$Xm+1.0\sim1.7$、$Xm+2.0\sim2.7$ 选择 DC24V 源输入连接时，T3 和 T4 上的连接端 DICOM1、2（代号 C）都应与 DI 驱动电源的 0V 端连接，输入触点的公共线与 DI 驱动电源的 +24V 端连接；如选择汇点输入连接，则 DICOM1、2 都应与 DI 驱动电源的 +24V 端连接，输入触点的公共线与 0V 端连接。

基本模块的 DO 均为 DC24V 标准输出，驱动能力为 DC24V/200mA。16 点 DO 按字节分为 2 组，负载驱动 +24V 电源的连接端分别为 DOCOM 0、1（代号 V），负载的 0V 公共线应与端子排 T1、T2 的 0V 连接端（代号 G）连接。

2. 扩展模块连接

端子型分布式 I/O 单元的控制模块安装有扩展总线输入/输出接口 CA106/CA105 和输入/输出信号连接端子排。扩展总线输入接口 CA106 用来连接基本模块或上一扩展模块，输出接口 CA105 用来连接下一扩展模块；端子排用于模块输入/输出连接，其数量、连接端代号与功能在不同的模块上有所不同，连接要求如下。

扩展模块 A：扩展模块 A 安装有 24/16 点 DI/DO 的端子排 T1~T4 和手轮接口 JA3。端子排 T1~T4 的连接端功能、输入/输出连接方法与基本模块完全相同，手轮接口 JA3 的连接方法参见前述。

扩展模块 B：扩展模块 B 除了不能连接手轮外，其他功能与扩展模块 A 完全相同，端子排 T1~T4 的连接端功能、输入/输出连接方法同样与基本模块一致。

扩展模块 C、D、E：端子型分布式 I/O 单元 C、D、E 的正面安装有 2 个端子排 T1、T2，端子排外形相同，但连接端代号、功能各不相同，模块的连接要求如表 6.6-9 所示。

表 6.6-9 扩展模块 C、D、E 连接要求表

端子排		扩展模块 C		扩展模块 D		扩展模块 E	
排	端	代号	功能	代号	功能	代号	功能
T1	1	V	DOCOM0	J	JMP0	A	VP1
	2	0	$Yn+0.0$	+	INP0	B	VN1
	3	G	0V-0	—	INM0	—	—
	4	1	$Yn+0.1$	C	COM0	C	IP1
	5	2	$Yn+0.2$	E	FG0 I	D	IN1
	6	G	0V-0	F	FG0 O	—	—
	7	3	$Yn+0.3$	—	—	—	—
	8	V	DOCOM1	J	JMP1	E	VP2

续表

端子排		扩展模块 C		扩展模块 D		扩展模块 E	
排	端	代号	功能	代号	功能	代号	功能
T1	9	4	Yn+0.4	+	INP1	F	VN2
	10	G	0V-1	—	INM1	—	—
	11	5	Yn+0.5	C	COM1	G	IP2
	12	6	Yn+0.6	E	FG1 I	H	IN2
	13	G	0V-1	F	FG1 O	—	—
	14	7	Yn+0.7	—	—	—	—
T2	1	V	DOCOM0	J	JMP2	A	VP3
	2	0	Yn+1.0	+	INP2	B	VN3
	3	G	0V-2	—	INM2	—	—
	4	1	Yn+1.1	C	COM2	C	IP3
	5	2	Yn+1.2	E	FG2 I	D	IN3
	6	G	0V-2	F	FG2 O	—	—
	7	3	Yn+1.3	—	—	—	—
	8	—	—	J	JMP3	E	VP4
	9	V	DOCOM3	+	INP3	F	VN4
	10	4	Yn+1.4	—	INM3	—	—
	11	G	0V-3	C	COM3	G	IP4
	12	5	Yn+1.5	E	FG3 I	H	IN4
	13	6	Yn+1.6	F	FG3 O	—	—
	14	G	0V-3	—	—	—	—
	15	7	Yn+1.7	—	—	—	—

　　扩展模块 C 为 16 点 DC24V/2A 大功率输出模块，DO 分为 4 组，同组 4 点输出共用 +24V 负载驱动电源连接端 DOCOM（DOCOM0～3）和 0V 连接端（0V-0～3）。

　　扩展模块 D 为 4 通道模拟量输入模块，可用于 DC −10～10V 电压或 DC −20～20mA 电流的 A/D 转换。连接模拟电压输入时，输入端 JMPn 应悬空；连接模拟电流输入时，输入端 JMPn 应与 INPn 短接（参见图 6.6-5）。

　　扩展模块 E 为 4 通道模拟量输出模块，具有 12 位 D/A 转换功能，模拟量输出可为 DC −10～10V 模拟电压或 DC0～20mA 模拟电流。以通道 1（CH1）为例，模块的连接方法如图 6.6-8 所示。

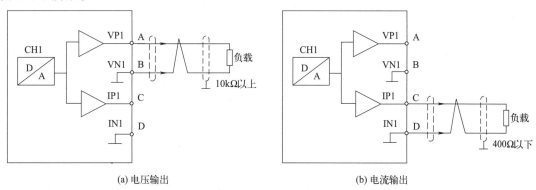

(a) 电压输出　　　　　　　　　　　　(b) 电流输出

图 6.6-8　扩展模块 E 的连接

　　扩展模块 E 使用 DC −10～10V 模拟电压输出时，负载（输入电阻大于 10kΩ）应连接到模块的 VPn/VNn（A/B、E/F）端；使用 DC0～20mA 模拟电流输出时，负载（输入电阻小于 400Ω）应连接到模块的 IPn/INn（C/D、G/H）端。

6.6.6 I/O 单元 A 及连接

1. 结构与性能

I/O 单元 A（I/O Unit-Model A）是 FANUC FS15i/30i 系列高性能数控系统的标准 I/O 连接设备，最大可连接 256/256 点 DI/DO。I/O 单元 A 不仅可用于 DC24V 标准 DI/DO 信号连接，而且还可根据需要选择 AC100V 输入、AC100～230V 输出、AC250V/DC30V 输出，以及模拟量输入/输出（AI/AO）、高速计数输入、温度测量输入等多种功能模块，其结构与性能和大中型通用 PLC 类似。

I/O 单元 A 采用的是标准模块式结构，单元外形与结构如图 6.6-9 所示。

(a) 外形

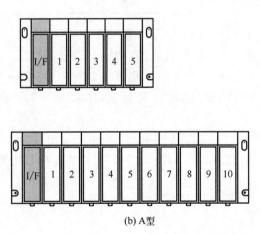

(b) A 型

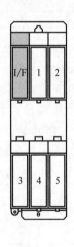

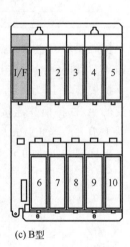

(c) B 型

图 6.6-9 I/O 单元 A 外形与结构

I/O 单元 A 由机架与模块构成，机架集成有模块插槽与单元控制总线，其结构形式有 5A/10A、5B/10B 四种。A 型机架的模块为水平单排安装，B 型机架的模块为垂直双排安装；5A、5B 可安装 1 个通信接口模块（I/F 模块）和 5 个其他模块，10A、10B 可安装 1 个通信接口模块（I/F 模块）和 10 个其他模块。

I/O 单元 A 最多可使用 1 个基本机架和 1 个扩展机架。基本机架用于 I/O Link 总线连接，左侧（或上排左侧）第 1 槽必须安装 I/O Link 总线通信 I/F 模块；扩展机架用于 I/O 扩展，左侧（或上排左侧）第 1 槽必须安装控制总线通信 I/F 模块；其他插槽可任意安装各种 I/O 模块。

I/O 单元 A 的 DI/DO 点数及起始地址 m、n 均可通过 PMC 参数设定。单元的 DI/DO 点数可根据实际安装的模块及点数（见下述）进行计算，但是，设定 PMC 的 DI/DO 地址时，需要按以下方式分配。

单元 DI、DO 点总数≤32 点：分配 4 字节、32 点 DI/DO 地址。

32 点＜单元 DI、DO 点总数≤64 点：应分配 8 字节、64 点 DI/DO 地址。

72 点＜单元 DI、DO 点总数≤128 点：应分配 16 字节、128 点 DI/DO 地址。

136 点＜单元 DI、DO 点总数≤256 点：应分配 32 字节、256 点 DI/DO 地址。

例如，对于 96/48 点 DI/DO 的 I/O 单元 A，应设定 16 字节、128 点 DI 地址和 8 字节、64 点 DO 地址。

2. 模块及参数

I/O 单元 A 的常用模块及主要技术参数如表 6.6-10 所示。

表 6.6-10　I/O 单元 A 的模块 DI/DO 点数

名称	主要参数	DI 点数	DO 点数
机架 5A/10A	水平单排，带 1 个 I/F 模块和 5/10 个模块安装插槽	—	—
机架 5B/10B	垂直双排，带 1 个 I/F 模块和 5/10 个模块安装插槽	—	—
基本 I/F 模块	基本机架 I/O Link 总线通信模块	—	—
扩展 I/F 模块	扩展机架单元控制总线通信模块	—	—
DI 模块 A1/B1/H1	32 点 DC24V 直接输入	32	0
DI 模块 C/D/K/L	16 点 DC24V 光耦输入	16	0
DI 模块 E/F	32 点 DC24V 光耦输入	32	0
DI 模块 G	16 点 AC110V 交流输入	16	0
DO 模块 A1	32 点 DC5～24V 直接输出	0	32
DO 模块 8C/8D	8 点 DC12～24V 光耦输出	0	8
DO 模块 16C/16D	16 点 DC12～24V 光耦输出	0	16
DO 模块 32C/32D	32 点 DC12～24V 光耦输出	0	32
DO 模块 16H	16 点 DC30V 输出	0	16
DO 模块 5E	5 点 AC100～230V 交流输出	0	8
DO 模块 8E	8 点 AC100～230V 交流输出	0	8
DO 模块 12F	12 点 AC100～230V 交流输出	0	16
DO 模块 8G	8 点 AC250V/DC30V 交/直流通用输出	0	8
DI/DO 模块 40A	24/16 点 DI/DO 直接输入/输出模块	24	16
12 位 AI 模块 4A	4 通道模拟量输入、12 位 A/D 转换	64	0
16 位 AI 模块 4A	4 通道模拟量输入、16 位 A/D 转换	64	0
12 位 AO 模块 2A	2 通道模拟量输出、12 位 D/A 转换	0	32
14 位 AO 模块 2B	2 通道模拟量输出、14 位 D/A 转换	0	32
高速计数模块 01A	1 通道脉冲输入	32	0
温度测量模块 1A	1 通道 Pt、JPt 热电阻输入	8	0
温度测量模块 4A	4 通道 Pt、JPt 热电阻输入	32	0
温度测量模块 1B	1 通道 J、K 热电偶输入	8	0
温度测量模块 4B	4 通道 J、K 热电偶输入	32	0

单元的 DI/DO 点数一般可按模块实际可连接的 DI/DO 点数计算，但是，对于不足 8 点的模块（如 5 点 100～230V 交流输出模块 AOA05E），需要占用 1 字节（8 点）地址；点数超过 8 点但不足 16 点的模块（如 12 点 100～230V 交流输出模块 AOA12F），需要占用 2 字节（16 点）地址。

3. 模块连接

I/O 单元 A 的基本连接要求如图 6.6-10 所示。每一 I/O 模块的最大 I/O 点数为 32 点，单元最大可连接 256/256 点 DI/DO，扩展机架的数量不能超过 1 个。

I/O 单元 A 基本机架的 I/F 模块安装有 I/O Link 总线接口 JD1A/JD1B、DC24V 控制

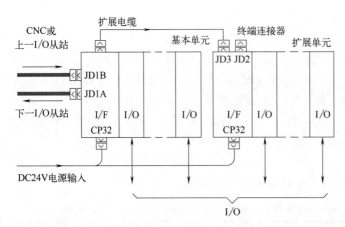

图 6.6-10　I/O 单元 A 基本连接要求

电源输入接口 CP32、扩展总线输出接口 JD2，连接方法如下。

JD1B/JD1A：I/O Link 总线输入/输出，连接方法可参见前述。

CP32：DC24V 控制电源输入，用于基本单元（机架及模块）控制电路的供电，输入电源的＋24V、0V 端应分别连接到连接器 CP32 的 1、2 端。

JD2：扩展总线输出接口，用于扩展机架连接。使用扩展机架时，利用 FANUC 配套提供的扩展电缆（最大长度不能超过 2m），连接扩展机架的扩展总线输入接口 JD3；不使用扩展机架时，JD2 需要安装 FANUC 配套提供的终端连接器。

I/O 单元 A 扩展机架的 I/F 模块安装有扩展总线输入/输出接口 JD3/JD2 和 DC24V 控制电源输入接口 CP32。扩展总线输入接口 JD3 用来连接基本机架的扩展总线输出 JD2，输出接口 JD2 需要安装终端连接器。DC24V 控制电源用于扩展单元（机架及模块）的供电，输入电源的＋24V、0V 应分别连接到 CP32 的 1、2 端。

由于配套 I/O 单元 A 的 FS0iF/FPlus 系统较少，加上单元的 I/O 模块规格较多，为了便于使用，FANUC 公司已在模块的盖板上标有图 6.6-11 所示的 I/O 连接示意图，连接时可以参照示意图的要求进行接线。限于篇幅本书不再对其一一说明，有关内容可参见 FANUC 技术资料。

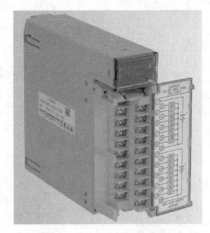

图 6.6-11　I/O 连接示意图

6.6.7　βi I/O Link 驱动器及连接

βiSV I/O Link 伺服驱动器是一种采用 I/O Link 总线通信控制的通用型伺服驱动器，驱动器具有闭环位置、速度及转矩控制功能，可作为 PMC 控制轴，用于数控机床分度工作台、刀架、刀库的回转控制以及工件或刀具输送装置等系统集成设备的运动控制。

βi I/O Link 驱动器一般为单轴结构，驱动器的基本控制信号（位置、转向、转速、伺服启动/停止等）由 PMC 程序生成，利用 I/O Link 总线传输，因此，可作为特殊的 I/O Link 单元使用。每一 βi I/O Link 驱动器需占用 PMC 的 128/128 点 DI/DO 地址。

βi I/O Link 驱动器的外形及连接器布置如图 6.6-12 所示。

βi I/O Link 驱动器 I/O Link 总线输入/输出 JD1B/JD1A 的连接方法可参见前述的 CNC 连接。驱动器的主电源输入、制动电阻、伺服电枢连接器 CZ7（CZ4）、MCC 控制（CX29）、急停输入（CX30）、制动电阻温度检测（CXA20）、驱动器互连总线（CXA19A/CXA19B）、伺服电机编码器（JF1）、绝对编码器后备电池盒（CX5X）的连接方法均与 βiSV-B 驱动器相同，可参见前述的 βiSV-B 驱动器连接。

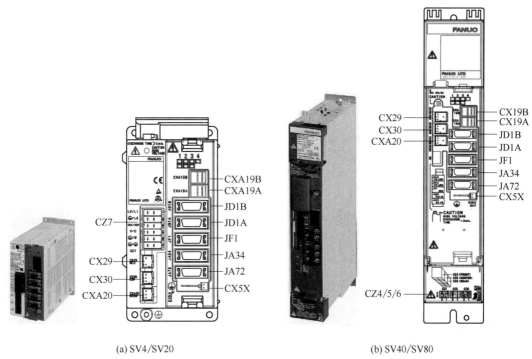

(a) SV4/SV20　　　　　　　　　　　(b) SV40/SV80

图 6.6-12　βi I/O Link 驱动器

βi I/O Link 驱动器不仅可通过 PMC 程序与 I/O Link 总线通信，选择回参考点、手轮进给、手动连续进给（JOG）、快速定位、切削进给等操作方式，而且还可通过外部信号对驱动器进行超程、运动互锁、高速跳步等控制。驱动器的连接器 JA72、JA34 用于驱动器外部控制信号和手轮连接，其连接要求如下。

1. 外部控制信号

βi I/O Link 驱动器是一种具有闭环位置、速度、转矩控制功能的通用型驱动器，除了可利用 I/O Link 总线通信的方式传输驱动器位置、转向、转速、伺服启动/停止等基本控制信号外，还可像其他通用驱动器一样，通过连接器 JA72 连接部分外部控制信号。

JA72 的外部控制信号连接方法如图 6.6-13 所示，信号作用如下。

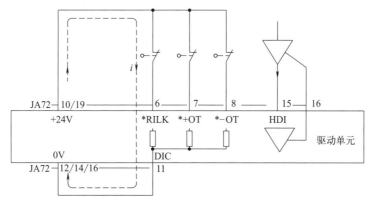

图 6.6-13　外部控制信号连接

* ＋OT：正向超程（常闭输入）。触点断开时，禁止电机正转（可反转）。

* －OT：负向超程（常闭输入）。触点断开时，禁止电机反转（可正转）。

＊DEC／＊RILK：参考点减速/运动互锁，常闭型输入。＊RILK 信号功能与驱动器控制方式有关，驱动器选择回参考点方式时，信号用于参考点减速；在其他情况下，信号用于运动互锁。

HDI：高速跳步信号（常开输入）。输入 ON 时，清除驱动器的位置给定脉冲，结束本次运动。

＊+OT、＊−OT、＊RILK／＊DEC 输入信号的驱动能力应大于 DC30V/16mA；触点在 8mA 工作电流时的闭合压降应小于 2V，在 26.4V 电压下断开时的漏电流应小于 1mA。HDI 信号 ON 时的输入应为 DC −3.6～13.6V/2～11mA，OFF 时的输入应为 DC0～0.55V/−8mA。

2．手轮连接

βi I/O Link 驱动器除了可利用 I/O Link 总线通信控制功能外，还可以使用位置脉冲输入控制伺服电机运动，驱动器的位置脉冲输入规定为 90°相位差的 A、B 两相差分脉冲（PA/＊PA、PB/＊PB）输入。

位置脉冲输入控制方式多用于驱动器的手动操作，在多数情况下，位置脉冲直接通过手摇脉冲发生器（手轮）生成，因此，FANUC 说明书将其称为手轮进给功能。

βi I/O Link 驱动器的位置脉冲输入信号（手轮信号）可通过接口 JA34 连接，其连接要求如图 6.7-3 所示。如使用单极性 90°相位差 A、B 两相脉冲（HA、HB）输出的普通手轮，需要选配 FANUC 系统配套的手轮适配器，将手轮输出信号 HA、HB 转换为 90°相位差的 A、B 两相差分脉冲（PA/＊PA、PB/＊PB）信号。

接口 JA34 与手轮的连接方法如图 6.6-14 所示。

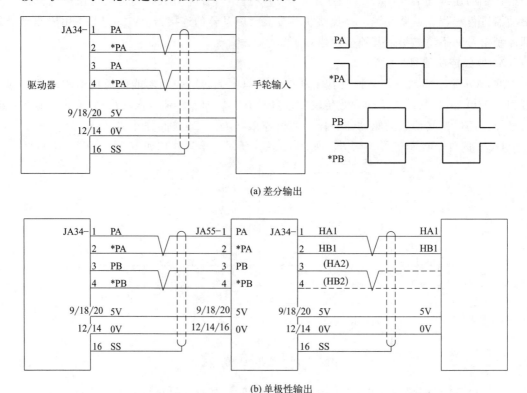

(a) 差分输出

(b) 单极性输出

图 6.6-14　位置脉冲输入（手轮）连接

工业机器人篇

第 **7** 章

工业机器人组成与性能

7.1 机器人分类及应用

7.1.1 机器人产生与发展

1. 机器人的产生

机器人（Robot）的概念来自于科幻小说，它最早出现于 1921 年捷克剧作家 Karel Čapek（卡雷尔·恰佩克）创作的剧本 *Rossumovi Univerzální Roboti*（简称 R. U. R）。由于剧中的人造机器名为 Robota（捷克语，即奴隶、苦力），因此，英文 Robot 一词开始代表机器人。1942 年，美国科幻小说家 Isaac Asimov（艾萨克·阿西莫夫）在 *I, Robot* 的第 4 个短篇 *Runaround* 中，首次提出了"机器人学三原则"，这也是"机器人学（Robotics）"这个名词在人类历史上的首度亮相。

"机器人学三原则"的主要内容如下。

原则 1：机器人不能伤害人类，或因其不作为而使人类受到伤害。

原则 2：机器人必须执行人类的命令，除非这些命令与原则 1 相抵触。

原则 3：在不违背原则 1、原则 2 的前提下，机器人应保护自身不受伤害。

到了 1985 年，Isaac Asimov 在其机器人系列最后作品 *Robots and Empire* 中，又补充了凌驾于"机器人学三原则"之上的"0 原则"，即：

原则 0：机器人必须保护人类的整体利益不受损害，其他 3 条原则都必须在这一前提下才能成立。

现代机器人的研究起源于 20 世纪中叶的美国，它从工业机器人的研究开始。

第二次世界大战期间（1939—1945 年），由于军事、核工业的发展需要，在原子能实验室的恶劣环境下，需要有操作机械来代替人类进行放射性物质的处理。为此，美国的 Argonne National Laboratory（阿贡国家实验室）开发了一种遥控机械手（Teleoperator）。接着，1947 年，该实验室又开发出了一种伺服控制的主-从机械手（Master-Slave Manipulator），这些都是工业机器人的雏形。

工业机器人的概念由美国发明家 George Devol（乔治·德沃尔）最早提出，并在 1954

年申请了专利，1961 年获得授权。1958 年，美国
著名机器人专家 Joseph F. Engelberger（约瑟夫·恩
盖尔柏格）成立了 Unimation 公司，并利用 George
Devol 的专利，在 1959 年研制出了图 7.1-1 所示的世
界上第一台真正意义上的工业机器人——Uni-
mate，从而开创了机器人发展的新纪元。

　　从 1968 年起，Unimation 公司先后将机器人
的制造技术转让给了日本 KAWASAKI（川崎）
和英国 GKN 公司，机器人开始在日本和欧洲得到
快速发展。

　　机器人（Robot）自问世以来，由于它能够协
助、代替人类完成那些重复、频繁、单调、长时
间的工作，或进行危险、恶劣环境下的作业，因

图 7.1-1　Unimate 工业机器人

此发展较迅速。随着人们对机器人研究的不断深入，Robotics（机器人学）这一新兴的综合
性学科已逐步形成，曾有人将机器人技术与数控技术、PLC 技术并称为工业自动化的三大
支撑技术。

2. 机器人的发展

　　根据机器人现有的技术水平，一般将机器人
分为如下三代（定义可参见第 3 章）。

　　① 第一代机器人。

　　第一代机器人的全部行为完全由人控制，它
没有分析和推理能力，不能改变程序动作，无智
能性，其控制以示教、再现为主，故又称为示教
再现机器人。第一代机器人现已普及，图 7.1-2
所示的大多数工业机器人都属于第一代机器人。

　　② 第二代机器人。

图 7.1-2　第一代机器人

　　例如，在图 7.1-3（a）所示的探测机器人上，可通过所安装的摄像头及视觉传感系统，
识别图像、判断和规划探测车的运动轨迹，它对外部环境具有了一定的适应能力。在图
7.1-3（b）所示的协作机器人上，安装有触觉传感系统，以防止人体碰撞，它可取消第一代

(a) 探测机器人

(b) 协作机器人

图 7.1-3　第二代机器人

机器人作业区间的安全栅栏,实现安全的人机协同作业。

第二代机器人已具备一定的感知和推理等能力,有一定程度的智能,故又称感知机器人或低级智能机器人,当前大多数服务机器人或多或少都已经具备第二代机器人的特征。

③ 第三代机器人。

第三代机器人目前主要用于家庭、个人服务及军事、航天等行业。图 7.1-4(a)为日本HONDA(本田)公司研发的 Asimo 机器人,其不仅能实现跑步、爬楼梯、跳舞等动作,还能进行踢球、倒饮料、打手语等简单的智能动作;图 7.1-4(b)为日本 Riken Institute(理化学研究所)研发的 Robear 护理机器人,其关节等部位安装有测力感应系统,可模拟人的怀抱感,它能够像人一样,柔和地将卧床者从床上扶起,或将坐着的人抱起。

 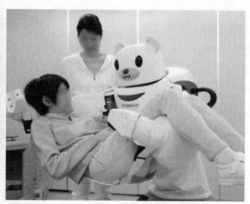

(a) Asimo机器人　　　　　　(b) Robear机器人

图 7.1-4　第三代机器人

7.1.2　机器人分类与应用

1. 机器人分类

机器人的分类方法很多,由于人们观察问题的角度有所不同,直到今天,还没有一种分类方法能够对机器人进行世所公认的分类。

应用分类是根据机器人的应用环境(用途)进行分类的大众分类方法,其定义通俗,易为公众所接受,本书参照国际机器人联合会(IFR)的相关定义,将其分为工业机器人和服务机器人两大类,见第 3 章。

2. 工业机器人应用

工业机器人(IR)是用于工业生产环境的机器人总称,主要用于图 7.1-5 所示的工业产品加工、装配、搬运、包装作业。

① 加工机器人。加工机器人是直接用于工业产品加工作业的工业机器人,常用的金属材料加工工艺有焊接、切割、折弯、冲压、研磨、抛光等;此外,也有部分用于建筑、木材、石材、玻璃等行业的非金属材料切割、研磨、雕刻、抛光等加工作业。

焊接、切割、研磨、雕刻、抛光加工的环境通常较恶劣,加工时所产生的强弧光、高温、烟尘、飞溅、电磁干扰等都对人体健康有害。这些行业采用机器人自动作业,不仅可改善工人工作环境,避免人体伤害;而且还可自动连续工作,提高工作效率,改善加工质量。

焊接机器人(Welding Robot)是目前工业机器人中产量最大、应用最广的产品,被广

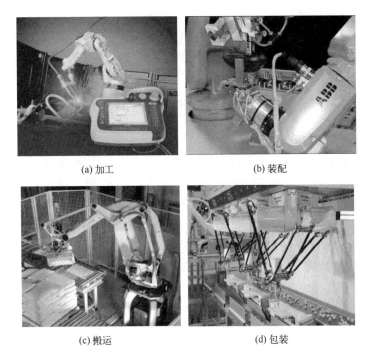

(a) 加工　　　　　　　　　　(b) 装配

(c) 搬运　　　　　　　　　　(d) 包装

图 7.1-5　工业机器人的分类

泛用于汽车、铁路、航空航天、军工、冶金、电器等行业。自 1969 年美国 GM（通用汽车）公司在美国 Lordstown 汽车组装生产线上装备首台汽车点焊机器人以来，机器人焊接技术已日臻成熟，通过机器人的自动化焊接作业，可提高生产率、确保焊接质量、改善劳动环境，是当前工业机器人应用的重要方向之一。

材料切割是工业生产不可缺少的加工方式，从传统的金属材料火焰切割、等离子切割，到可用于多种材料的激光切割加工都可通过机器人来完成。目前，薄板类材料的切割大多采用数控火焰切割机、数控等离子切割机和数控激光切割机等数控机床加工；但异形、大型材料或船舶、车辆等大型废旧设备的切割已开始逐步使用工业机器人。

研磨、雕刻、抛光机器人主要用于汽车、摩托车、工程机械、家具建材、电子、陶瓷卫浴等行业的表面处理。使用研磨、雕刻、抛光机器人不仅能使操作者远离高温、粉尘以及有毒、易燃、易爆的工作环境，而且能够提高加工质量和生产效率。

② 装配机器人。装配机器人（Assembly Robot）是将不同的零件或材料组合成组件或成品的工业机器人，常用的有组装和涂装两大类。

计算机（Computer）、通信（Communication）和消费性电子（Consumer Electronic）行业（简称 3C 行业）是目前组装机器人最大的应用市场。3C 行业是典型的劳动密集型产业，采用人工装配，不仅需要大量的员工，而且操作工人的工作高度重复、频繁，劳动强度极大，常常致使人工难以承受；此外，随着电子产品不断向轻薄化、精细化方向发展，产品零部件装配的精细程度日益提高，部分作业人工已无法完成。

涂装机器人用于部件或成品的油漆、喷涂等表面处理，这类处理通常含有影响人体健康的有害、有毒气体，采用机器人自动作业后，不仅可改善工人工作环境，避免有害、有毒气体的危害；而且还可自动连续工作，提高工作效率，改善加工质量。

③ 搬运机器人（Transfer Robot）是从事物体移动作业的工业机器人的总称，常用的主

要有输送机器人和装卸机器人两类。

工业生产中的输送机器人以无人搬运车（AGV）为主。AGV 具有自身的计算机控制系统和路径识别传感器，能够自动行走和定位停止，可广泛应用于机械、电子、纺织、卷烟、医疗、食品、造纸等行业的物品搬运和输送。在机械加工行业，AGV 大多用于无人化工厂、柔性制造系统（FMS）的工件、刀具的搬运和输送，它通常需要与自动化仓库、刀具中心及数控加工设备、柔性制造单元（FMC）的控制系统互连，以构成无人化工厂、柔性制造系统的自动化物流系统。

装卸机器人多用于机械加工设备的工件装卸（上下料），它通常和数控机床等自动化加工设备组合，构成柔性制造单元（FMC），成为无人化工厂、柔性制造系统（FMS）的一部分。装卸机器人还经常用于冲剪、锻压、铸造等设备的上下料，以替代人工完成高风险、高温等恶劣环境下的危险作业或繁重作业。

④ 包装机器人。包装机器人（Packaging Robot）是用于物品分类、成品包装、码垛的工业机器人，常用的主要有分拣、包装和码垛 3 类。

计算机、通信和消费性电子行业（3C 行业）以及化工、食品、饮料、药品工业是包装机器人的主要应用领域。3C 行业的产品产量大、周转速度快，成品包装任务繁重；化工、食品、饮料、药品包装由于行业的特殊性，人工作业涉及安全、卫生、清洁、防水、防菌等方面的问题；因此都需要利用包装机器人来完成物品的分拣、包装和码垛作业。

工业机器人的主要生产企业有日本的 FANUC（发那科）、YASKAWA（安川）、KAWASAKI（川崎），瑞士的 ABB，德国的 KUKA（库卡，现已被美的集团收购）等。日本的工业机器人产量约占全球的 50%，为世界第一；中国的工业机器人年销量约占全球总产量的 1/3，年使用量位居世界第一。

工业机器人的应用行业分布情况大致如图 7.1-6 所示。

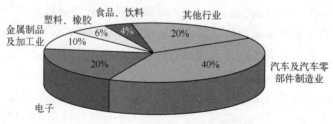

图 7.1-6　工业机器人的应用

3. 服务机器人应用

服务机器人是服务于人类非生产性活动的机器人总称，它与工业机器人的本质区别在于：工业机器人所处的工作环境在大多数情况下是已知的，因此，利用第一代机器人技术已可满足其要求；然而，服务机器人的工作环境在绝大多数场合中是未知的，故都需要使用第二代、第三代机器人技术。

从行为方式上看，服务机器人一般没有固定的活动范围和规定的动作行为，它需要有良好的自主感知、自主规划、自主行动和自主协同等方面的能力，因此，服务机器人较多地采用仿人或生物、车辆等结构形态。

服务机器人的出现虽然晚于工业机器人，但由于它与人类进步、社会发展、公共安全等诸多重大问题息息相关，应用领域众多，市场广阔，因此发展非常迅速，潜力巨大。有人预测，在不久的将来，服务机器人产业可能成为继汽车、计算机后的另一新兴产业。

服务机器人的涵盖面极广。人们一般根据用途将其分为个人/家用服务机器人（Personal/Domestic Service Robots）和专业服务机器人（Professional Service Robots）两大类。个人/家用服务机器人为大众化、低价位产品，其市场最大；专业服务机器人则以涉及公共安全的军事机器人（Military Robot）、场地机器人（Field Robot）、医疗机器人产品为多。

（1）个人/家用服务机器人

个人/家用服务机器人（Personal/Domestic Service Robots）泛指为人们日常生活服务的机器人，包括家庭作业、娱乐休闲、残障辅助、住宅安全等，它是被人们普遍看好的未来最具发展潜力的新兴产业之一。

在个人/家用服务机器人中，以家庭作业和娱乐休闲机器人的产量为最大，两者占个人/家用服务机器人总量的 90% 以上；残障辅助、住宅安全机器人的普及率目前还较低，但市场前景被人们普遍看好。

家用清洁机器人是家庭作业机器人中最早被实用化和最成熟的产品之一。早在 20 世纪 80 年代，美国已经开始进行吸尘机器人的研究。iRobot 等公司是目前家用清洁机器人行业公认的领先企业。德国的 Karcher 公司也是著名的家庭作业机器人生产商，它在 2006 年研发的 Rc3000 家用清洁机器人是世界上第一台能够自行完成所有家庭地面清洁工作的家用清洁机器人。

（2）专业服务机器人

专业服务机器人（Professional Service Robots）的应用非常广，简言之，除工业生产用的工业机器人和为人们日常生活服务的个人/家用服务机器人外，其他所有机器人均属于专业服务机器人的范畴，其中，军事、场地和医疗机器人是目前应用最广的专业服务机器人。

① 军事机器人。军事机器人（Military Robot）是为了军事目的而研制的自主、半自主式或遥控的智能化装备，它可用来帮助或替代军人完成特定的战术或战略任务。军事机器人具备全方位、全天候的作战能力和极强的战场生存能力，可在超过人类承受能力的恶劣环境中，或在遭到毒气、冲击波、热辐射等袭击时，继续进行工作；加上军事机器人不存在人类的恐惧心理，可严格地服从命令、听从指挥，有利于指挥者对战局的掌控。在未来战争中，机器人战士完全可能成为军事行动中的主力军。

军事机器人的研发早在 20 世纪 60 年代就已经开始，产品已从第一代的遥控操作器发展到了现在的第三代机器人。目前，世界各国的军事机器人已有上百个品种，其应用涵盖侦察、排雷、防化、进攻、防御及后勤保障等各个方面。用于监视、勘查、获取危险领域信息的无人驾驶飞行器（UAV）和地面车（UGV），具有强大运输功能和精密侦察设备的机器人武装战车（ARV），在战斗中负责补充作战物资的多功能后勤保障机器人（MULE）是当前军事机器人的主要产品。

美国的军事机器人无论是在基础技术研究、系统开发、生产配套方面，还是在技术转化、实战应用方面等都领先于其他国家，其产品已涵盖陆、海、空等诸多兵种，产品包括无人驾驶飞行器、无人地面车、机器人武装战车及多功能后勤保障机器人、机器人战士等多种。美国也是目前全世界唯一具有综合开发、试验和实战应用能力的国家，Boston Dynamics（波士顿动力）、Lockheed Martin（洛克希德·马丁）等公司均为世界闻名的军事机器人研发制造企业。

② 场地机器人。场地机器人（Field Robot）是除军事机器人外，其他可进行大范围作业的服务机器人的总称。场地机器人多用于科学研究和公共事业服务，如太空探测、水下作

业、危险作业、消防救援、园林作业等。

美国的场地机器人研究始于 20 世纪 60 年代，其产品已遍及太空、陆地和水下，从 1967 年的海盗号火星探测器，到 2003 年的 Spirit MER-A（"勇气"号）和 Opportunity（"机遇"号）火星探测器、2011 年的 Curiosity（"好奇"号）核动力驱动的火星探测器，都代表了空间机器人研究的最高水平。我国在探月、水下机器人方面的研究也取得了较大的进展。

③ 医疗机器人。医疗机器人是今后专业服务机器人的重点发展领域之一。医疗机器人主要用于伤病员的手术、救援、转运和康复，包括诊断机器人、外科手术或手术辅助机器人、康复机器人等。例如，医生可利用外科手术机器人的精准性和微创性，大面积减小手术伤口，帮助病人迅速恢复正常生活等。据统计，目前全世界已有数十个国家、上千家医院成功开展了数十万例机器人手术。

医疗机器人的研发与应用大部分集中于美国、日本以及欧洲的发达国家，发展中国家的普及率还很低。美国的 Intuitive Surgical（直觉外科）公司是全球领先的医疗机器人研发、制造企业，该公司研发的达·芬奇机器人是目前世界上最先进的手术机器人系统，可模仿外科医生的手部动作进行微创手术，目前已经成功用于各类手术。

7.2 工业机器人的组成与结构

7.2.1 工业机器人的基本组成

1. 工业机器人系统组成

工业机器人是一种功能完整、可独立运行的典型机电一体化设备，它有自身的控制器、驱动系统和操作界面，可对其进行手动、自动操作及编程，它能依靠自身的控制能力来实现所需要的功能。广义上的工业机器人可分为机械部件和控制系统两大部分。

工业机器人（以下简称机器人）系统的机械部件包括机器人本体、末端执行器、变位器等，控制系统主要包括控制器、驱动器、操作单元、上级控制器等。其中，机器人本体、末端执行器以及控制器、驱动器、操作单元是机器人必需的基本组成部件，在所有机器人中都必须配备。末端执行器又称工具，它是机器人的作业机构，与作业对象和要求有关，其种类繁多，它一般需要由机器人制造厂和用户共同设计、制造与集成。变位器是用于机器人或工件的整体移动或进行系统协同作业的附加装置，它可根据需要选配。

在控制系统中，上级控制器是用于机器人系统协同控制、管理的附加设备，既可用于机器人与机器人、机器人与变位器的协同作业控制，也可用于机器人和数控机床、机器人和自动生产线等其他机电一体化设备的集中控制，此外，还可用于机器人的操作、编程与调试。上级控制器同样可根据实际系统的需要选配，在柔性制造单元（FMC）、自动生产线等自动化设备上，上级控制器的功能也可直接由数控机床所配套的数控系统（CNC）、生产线控制用的 PLC 等承担。

2. 机器人本体和末端执行器

机器人本体又称操作机，它是用来完成各种作业的执行机构，包括机械部件及安装在机械部件上的驱动电机、传感器等。

机器人本体的形态各异，但绝大多数都是由若干关节（Joint）和连杆（Link）连接而成。以常用的 6 轴垂直串联型（Vertical Articulated）工业机器人为例，其运动主要包括整体回转（腰关节）、下臂摆动（肩关节）、上臂摆动（肘关节）、腕回转和弯曲（腕关节）等。本体的典型结构如图 7.2-1 所示，其主要组成部件包括手部、腕部、上臂、下臂、腰部、基座等。

机器人的手部用来安装末端执行器，它既可以安装类似人类的手爪，也可以安装吸盘或其他各种作业工具；腕部用来连接手部和手臂，起到支承手部的作用；上臂用来连接腕部和下臂，上臂可回绕下臂摆动，实现手腕大范围的上下（俯仰）运动；下臂用来连接上臂和腰部，并可回绕腰部摆动，以实现手腕大范围的前后运动；腰部用来连接下臂和基座，它可以在基座上回转，以改变整个机器人的作业方向；基座是整个机器人的支持部分。机器人的基座、腰部、下臂、上臂通称机身；机器人的腕部和手部通称手腕。

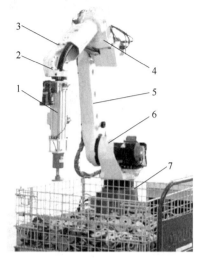

图 7.2-1　工业机器人本体
1—末端执行器；2—手部；3—腕部；
4—上臂；5—下臂；6—腰部；7—基座

机器人的末端执行器又称工具，它是安装在机器人手腕上的作业机构。末端执行器与机器人的作业要求、作业对象密切相关，一般需要由机器人制造厂和用户共同设计与制造。例如，用于装配、搬运、包装的机器人需要配置吸盘、手爪等用来抓取零件、物品的夹持器；而加工机器人需要配置用于焊接、切割、打磨等加工的焊枪、割枪、铣头、磨头等各种工具或刀具等。

3. 变位器

变位器是工业机器人的主要配套附件，其作用和功能如图 7.2-2 所示。

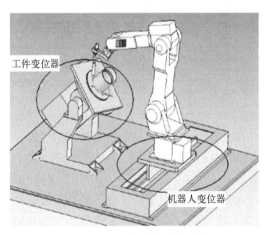

图 7.2-2　变位器作用与功能

变位器可增加机器人的自由度、扩大作业空间、提高作业效率，实现作业对象或多机器人的协同运动，提升工业机器人系统的整体性能和自动化程度。工业机器人变位器主要有工件变位器、机器人变位器两大类。

工件变位器如图 7.2-3 所示，它主要用于工件的作业面调整与工件的交换，以减少工件装夹次数，缩短工件装卸等辅助时间，提高机器人的作业效率。工件变位器以回转变位器居多，利用工件回转，不但可改变工件的作业面，进行多面作业，避免多次装夹，而且可通过工装的 180°整体回转，实现工件自动交换，使工件装卸和作业可同时进行，从而缩短工件装卸时间。

机器人变位器主要有图 7.2-4 所示的轨道式、摇臂式、横梁式、龙门式等。轨道式变位器一般采用可接长的齿轮/齿条驱动，其行程不受限制；摇臂式、横梁式、龙门式变位器主要用于倒置式机器人的平面（摇臂式）、直线（横梁式）、空间（龙门式）变位。

图 7.2-3　工件变位器

(a) 轨道式　　　　　　　　　　　(b) 摇臂式

(c) 横梁式　　　　　　　　　　　(d) 龙门式

图 7.2-4　机器人变位器

机器人变位器可通过机器人的整体大范围运动，扩大作业范围，实现大型工件、多工件的作业，或通过机器人运动改变作业区，实现工件自动交换，以缩短工件装卸时间，提高机器人作业效率。

工件变位器、机器人变位器既可选配机器人生产厂家的标准部件，也可由用户根据需要设计、制作。简单机器人系统的变位器一般由机器人控制器直接控制，多机器人复杂系统的变位器需要由上级控制器进行集中控制。

4. 控制系统

工业机器人目前还没有专业化生产的通用控制系统，它需要由机器人生产厂家配套提供，系统的结构有图 7.2-5 所示的控制箱型（又称紧凑型）和控制柜型（又称标准型）2种，系统组成部件主要包括机器人控制器、示教器、驱动器、辅助控制电路等，部件主要功能如下。

① 机器人控制器。工业机器人控制器简称 IR 控制器，它主要用于机器人作业工具的位置和运动轨迹控制和网络通信，能够利用上级控制器进行系统集成、调试编程和运行管理，其功能与机床数控装置（CNC）相同。

IR 控制器的结构主要有工业 PC 机型和 CNC 型（亦称 PLC 型）2 类。

工业 PC 机型控制器由通用计算机主机和电源管理、网络通信、

（a）控制箱型　　　　　　　　（b）控制柜型

图 7.2-5　控制系统结构

输入/输出等模块组成，控制器的开放性好、兼容性强、功能扩展和网络通信容易，但需要安装和运行专门的用户操作系统，其开机时间较长、软件故障率相对较高。

CNC 型控制器实际上是一种用于机器人控制的数控装置，使用的是专用控制器和固化的系统软件，系统启动速度快、可靠性高，不易出现软件错误，但系统开放性、兼容性相对较差。

② 示教器。工业机器人的现场编程一般以示教的方式实现，对操作单元的移动性能和手动性能的要求较高，因此，操作单元以手持式为主（称为示教器）。传统的示教器由显示器和按键组成，采用菜单式操作；先进的示教器使用触摸屏和图标界面，有的还具有 WiFi 连接功能，其使用更灵活、方便。手持式操作设备受到体积、重量的限制，只能使用小尺寸显示器，因此，其操作、显示性能不及固定安装的数控系统操作单元。

③ 驱动器。工业机器人的驱动器用于控制器的插补脉冲功率放大，控制驱动电机的位置、速度和转矩。工业机器人以交流伺服驱动为主，驱动器有集成式、模块式 2 种结构形式。集成式驱动器的全部伺服模块集成一体，电源模块可以集成一体或独立安装，驱动器结构紧凑、生产成本低，是中小规格机器人常用的结构形式；模块式驱动器由电源模块、伺服模块组成，电源模块为所有轴公用，伺服模块有单轴、2 轴、3 轴等结构，模块式驱动器的输出功率大、安装使用灵活、通用性好、调试维修方便，故多用于大型、重型机器人驱动。

④ 辅助控制电路。辅助控制电路主要用于控制器、驱动器电源的通断控制和输入/输出连接，由于控制系统由机器人生产厂家设计和提供，其控制简单、要求类似，为了缩小体积、降低成本、方便安装，辅助控制电路常被制成标准模块。

7.2.2　工业机器人的形态

从运动学原理上来说，大多数机器人的本体都是由若干关节（Joint）和连杆（Link）组成的运动链。根据关节间的连接形式，工业机器人的形态主要有垂直串联、水平串联（或 SCARA）和并联三大类。

1. 垂直串联机器人

垂直串联（Vertical Articulated）是工业机器人最常见的结构形式，机器人的本体部分一般由图 7.2-6 所示的 5～7 个关节在垂直方向上依次串联而成，它可模拟人类从腰部到手腕的运动，被广泛用于加工、搬运、装配、包装等各种场合。

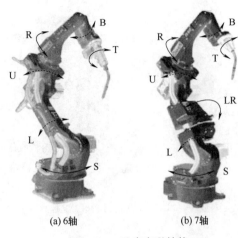

(a) 6轴　　　　　　(b) 7轴

图 7.2-6　垂直串联结构

图 7.2-6（a）所示的 6 轴串联是垂直串联机器人的典型结构。6 个运动轴分别为腰部回转轴 S（Swing）、下臂摆动轴 L（Lower Arm Wiggle）、上臂摆动轴 U（Upper Arm Wiggle）、腕回转轴 R（Wrist Rotation）、腕弯曲轴 B（Wrist Bending）、手回转轴 T（Turning）。其中，S、R、T 轴通常可进行 4 象限回转，称为回转轴（Roll）；L、U、B 轴一般只能进行 3 象限回转，称为摆动轴（Bend）。

6 轴垂直串联机器人末端执行器的作业点运动由手臂、手腕、手的运动合成。其中，腰、下臂、上臂 3 个关节可用来改变手腕基准点位置，称为定位机构；手腕回转、弯曲和手回转 3 个关节可用来改变末端执行器的姿态，称为定向机构。

6 轴垂直串联机器人较好地实现了三维空间内的任意位置和姿态控制，对于各种作业都有良好的适应性。但是，由于结构所限，机器人存在运动干涉区域，当上部或正面运动受限时，下部、反向作业非常困难，在先进的工业机器人中有时需要采用图 7.2-6（b）所示的 7 轴垂直串联结构，实现图 7.2-7 所示的下部、反向作业。

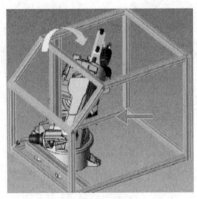
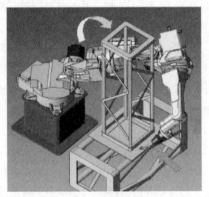

(a) 上部避让　　　　　　　　　　　　　　　　(b) 反向作业

图 7.2-7　7 轴机器人的应用

7 轴机器人在 6 轴机器人的基础上增加了下臂回转轴 LR（Lower Arm Rotation），使定位机构扩大到腰部回转、下臂摆动、下臂回转、上臂摆动 4 个关节，手腕基准点定位更加灵活。例如，当机器人运动受到限制时，它可通过下臂回转，避让干涉区，完成图 7.2-7 所示的上部避让与反向作业。

机器人末端执行器的姿态与作业要求有关，在部分作业场合，有时可省略 1～2 个运动轴，简化为 4～5 轴垂直串联机器人。例如，仅用于平面作业的机器人，可省略腕回转轴 R，以简化结构、增加刚性等。

为了减轻 6 轴垂直串联典型结构的机器人的上部重量，降低机器人重心，提高运动稳定性和承载能力，大型、重型机器人有时需要利用平行四边形连杆机构，来控制上臂、手腕的摆动。平行四边形连杆机构驱动不仅可加长力臂、放大驱动力矩，而且还可改变驱动电机的位置，降低机器人重心，增加运动稳定性，其结构刚性高、负载能力强，是大型、重型搬运机器人的常用结构形式。

2. 水平串联机器人

水平串联（Horizontal Articulated）结构是日本山梨大学在 1978 年发明的一种建立在圆柱坐标系上的特殊机器人结构形式，又称为 SCARA（Selective Compliance Assembly Robot Arm，选择顺应性装配机器人手臂）结构。SCARA 机器人的基本结构有图 7.2-8 所示的 3 种。

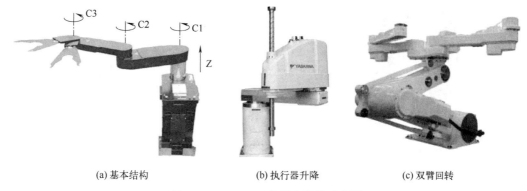

(a) 基本结构　　　　　　　　(b) 执行器升降　　　　　　　(c) 双臂回转

图 7.2-8　SCARA 机器人结构示意图

图 7.2-8（a）为手臂整体升降的 SCARA 基本结构，这种结构的机器人由 2～3 个轴线相互平行的水平旋转关节 C1、C2、C3 串联成用于平面定位的手臂，整个手臂可通过垂直方向的直线移动轴 Z 实现升降运动。SCARA 基本结构机器人的结构紧凑、动作灵巧，但水平旋转关节 C1、C2、C3 的驱动电机均需要安装在基座侧，其传动链长，传动系统结构较为复杂。此外，直线移动轴 Z 需要控制 3 个手臂的整体升降，运动部件质量较大，升降行程通常较小，承载能力较低。因此，SCARA 机器人大多采用执行器升降、双臂回转等变形结构。

执行器升降的 SCARA 机器人如图 7.2-8（b）所示。这种机器人不但 Z 轴升降行程大、升降部件的重量轻、手臂刚性好、负载能力强，而且还可将 C2、C3 轴的驱动电机安装位置前移，以缩短传动链、简化传动系统结构。但是，机器人回转臂的体积较大，结构较松散，因此，多用于垂直方向运动不受限制的平面搬运、分拣和装配作业。

双臂回转 SCARA 机器人如图 7.2-8（c）所示。这种机器人有 1 个升降轴 U、1 个整体回转轴 S、2 个对称手臂回转轴（L、R）。升降轴 U 用来控制上下臂的同步运动，S 轴用来控制 2 个手臂的整体回转，回转轴 L、R 用于对称手臂的水平方向伸缩。双臂回转 SCARA 机器人的结构刚性好、承载能力强、作业范围大，故可用于太阳能电池板安装、清洗房物品升降等大型平面搬运和部件装配作业。

SCARA 机器人结构简单、外形轻巧、定位精度高、运动速度快，特别适合于平面定位、垂直方向装卸的搬运和装配作业，故首先被用于 3C 行业的印刷电路板装配和搬运作业；随后在光伏行业的 LED、太阳能电池安装，以及塑料、汽车、药品、食品等行业的平面装配和搬运领域得到了较为广泛的应用。SCARA 机器人的工作半径通常为 100～1000mm，承载能力一般为 1～200kg。

3. 并联机器人

并联机器人（Parallel Robot）的结构设计源自于 1965 年英国科学家 Stewart 在 *A Platform with Six Degrees of Freedom* 文中提出的 6 自由度飞行模拟器，即 Stewart 平台机构。

　　Stewart 平台的标准结构如图 7.2-9 所示。运动平台通过空间均布的 6 根并联连杆支承，通过 6 根连杆的伸缩，便可实现平台在三维空间的前后、左右、升降及倾斜、回转、偏摆等运动。Stewart 平台具有 6 个自由度，可满足机器人的基本控制要求，因此，1978 年被澳大利亚学者 Hunt 引入到机器人的运动控制中。

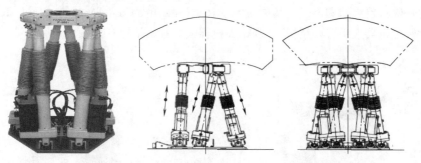

图 7.2-9　Stewart 平台

　　Stewart 平台的运动需要通过 6 根连杆的同步控制实现，其结构较为复杂，控制难度很大，目前只有 FANUC 公司将其以机器人、工件变位器的形式提供。

　　为了方便控制，1985 年，瑞士洛桑联邦理工学院的 Clavel 博士发明了一种图 7.2-10 所示的简化结构，它采用悬挂式布置，可通过 3 根并联连杆的摆动，实现三维空间的平移运动，故称之为 Delta 结构。

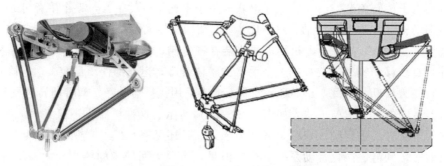

图 7.2-10　Delta 结构

Delta 结构可通过在运动平台上安装图 7.2-11 所示的回转轴，增加回转自由度，方便地

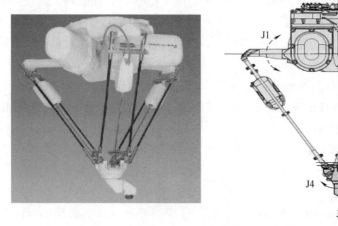

图 7.2-11　6 自由度 Delta 机器人

实现 4、5、6 自由度的控制，满足不同机器人的控制要求。采用 Delta 结构的机器人称为 Delta 机器人或 Delta 机械手。

　　Delta 机器人具有结构简单、控制容易、运动快捷、安装方便等优点，因而成为了目前并联机器人的基本结构，被广泛用于食品、药品、电子、电工等行业的物品分拣、装配、搬运，它是高速、轻载并联机器人最为常用的结构形式。

7.3　工业机器人产品与性能

7.3.1　工业机器人常用产品

　　工业机器人的产量较小，生产厂家主要有 FANUC（发那科）、YASKAWA（安川）、ABB、KUKA（库卡，现已被美的收购）4 家，产品情况如下。

1. FANUC（发那科）

　　FANUC（发那科）从 1956 年起开始从事数控和伺服的研究，是目前全球最大、最著名的数控系统（CNC）和工业机器人生产厂家。FANUC 的工业机器人研发、生产始于 1974 年，产销量自 2008 年至今一直位居世界第一。

　　FANUC 工业机器人产品主要有图 7.3-1 所示的垂直串联、Delta 结构机器人及多轴运动平台和变位器等。

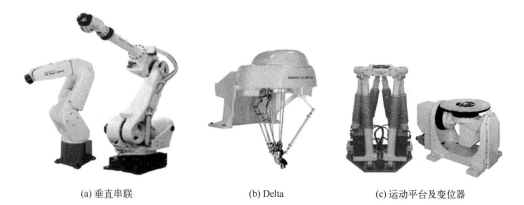

(a) 垂直串联　　　　　　　(b) Delta　　　　　　　(c) 运动平台及变位器

图 7.3-1　FANUC 工业机器人产品

　　图 7.3-2 所示的 CR（Collaborative Robot）系列协作型机器人是 FANUC 的最新产品，属于第二代机器人。

　　CR 系列协作型机器人为 6 轴垂直串联标准结构，并带有触觉传感器等智能检测器件，可感知人体接触并安全停止，因此，可取消防护栅栏等安全保护措施，实现人机协同作业。

　　协作型机器人的智能性主要体现在碰撞检测上，但不能预防焊接、切割、喷涂等作业本身存在的风险，因此，目前只能用于需要人机协同的装配、搬运、包装类作业。

图 7.3-2　CR 系列协作型机器人

2. YASKAWA（安川）

YASKAWA（安川）公司成立于 1915 年，是全球著名的伺服电机及驱动器、变频器和工业机器人生产厂家，2003—2008 年的工业机器人产销量为全球第一，目前仅次于 FANUC，位居第二，安川机器人是首家进入中国的工业机器人企业。

YASKAWA 工业机器人产品主要有图 7.3-3 所示的垂直串联、Delta、SCARA 结构机器人和变位器等。

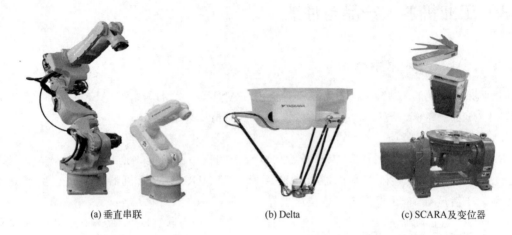

(a) 垂直串联　　　　　　　(b) Delta　　　　　　(c) SCARA及变位器

图 7.3-3　YASKAWA 工业机器人产品

图 7.3-4　安川手臂型机器人

图 7.3-4 所示的手臂型机器人（Arm Robot）是 YASKAWA 近年研发的第二代机器人产品。手臂型机器人同样带有触觉传感器等智能检测器件，可感知人体接触并安全停止，实现人机协同安全作业。

安川手臂型机器人采用的是 7 轴垂直串联、类人手臂结构，其运动灵活，几乎不存在作业死区。手臂型机器人目前有 SIA 系列 7 轴单臂（Single-arm）、SDA 系列 15 轴（2×7 单臂＋基座回转）双臂（Dual-arm）2 类，机器人可用于 3C、食品、药品等行业的人机协同作业。

3. ABB

ABB（ASEA Brown Boveri）集团公司是由 ASEA（阿西亚，总部位于瑞典）和 Brown,Boveri & Cie（简称 BBC，总部位于瑞士）两个具有百年历史的著名电气公司于 1988 年合并而成；集团总部现在位于瑞士苏黎世。

ABB 工业机器人产品主要有图 7.3-5 所示的垂直串联、Delta、SCARA 结构机器人和变位器等。

ABB 公司第二代机器人的代表性产品为图 7.3-6 所示的 YuMi 协作型机器人。YuMi 协作型机器人的结构和安川手臂型机器人基本相同，机器人同样有 7 轴单臂和 15 轴双臂 2 种。机器人带有触觉传感器等智能检测器件，可感知人体接触并安全停止，实现人机协同安全作业。

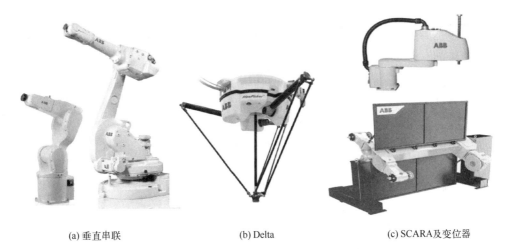

(a) 垂直串联　　　　　　　　(b) Delta　　　　　　　(c) SCARA及变位器

图 7.3-5　ABB 工业机器人产品

4. KUKA

KUKA 公司于 1898 年在德国巴伐利亚州的奥格斯堡（Augsburg）正式成立，1973 年开始从事工业机器人研发与制造，2014 年 KUKA 并购了德国另一家机器人制造商 REIS（徕斯）公司；2016 年，其被美的集团收购。

KUKA 公司工业机器人产品主要有图 7.3-7 所示的垂直串联、Delta、SCARA 结构机器人和变位器等。

图 7.3-8 所示的 LBR 协作型机器人是 KUKA 第二代机器人代表性产品。LBR 协作型机器人带有触觉传感器，可感知人体接触并安全停止，实现人机协同作业。LBR 机器人目前有 LBR iiwa、LBR Med 两类。LBR

图 7.3-6　YuMi 协作型机器人

iiwa 称为智能制造助手（intelligent industrial work assistants，简称 iiwa），用于一般工业生产场合；LBR Med 为医用（Medical）机器人，产品符合 IEC 60601-1 医疗设备安全标准。LBR 机器人采用单臂、7 轴垂直串联结构，机器人运动灵活、结构紧凑、作业死区小、安全性好，可用于 3C、食品、药品等行业的人机协同作业。

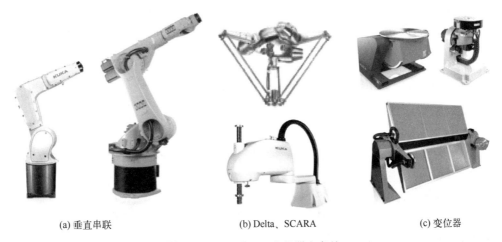

(a) 垂直串联　　　　　　　(b) Delta、SCARA　　　　　　　(c) 变位器

图 7.3-7　KUKA 工业机器人产品

7.3.2　工业机器人性能

工业机器人的主要技术参数有控制轴数（自由度）、承载能力、工作范围（作业空间）、运动速度、位置精度等，不同用途机器人的常见结构及主要技术指标见表 7.3-1。

1. 工作范围

工作范围（Working Range）又称为作业空间，它是指机器人在未安装末端执行器时，手腕中心点

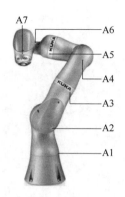

图 7.3-8　LBR 协作型机器人

（Wrist Center Point，简称 WCP）能到达的空间；工作范围需要剔除机器人运动过程中可能产生碰撞、干涉的区域和奇点。

表 7.3-1　各类机器人的常见结构及主要技术指标要求

类别		常见结构	控制轴数	承载能力/kg	重复定位精度/mm
加工类	弧焊、切割	垂直串联	6～7	3～20	0.05～0.1
	点焊	垂直串联	6～7	50～350	0.2～0.3
装配类	通用装配	垂直串联	4～6	2～20	0.05～0.1
	电子装配	SCARA	4～5	1～5	0.05～0.1
	涂装	垂直串联	6～7	5～30	0.2～0.5
搬运类	装卸	垂直串联	4～6	5～200	0.1～0.3
	输送	AGV	—	5～6500	0.2～0.5
包装类	分拣、包装	垂直串联、并联	4～6	2～20	0.05～0.1
	码垛	垂直串联	4～6	50～1500	0.5～1

工业机器人的工作范围与机器人结构形态有关，典型结构机器人的作业空间如图 7.3-9 所示。

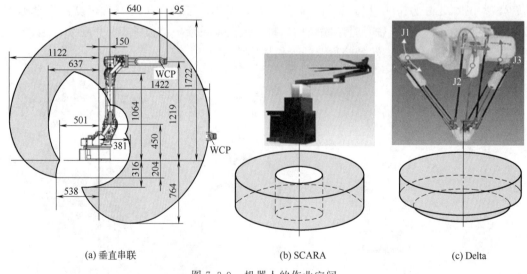

(a) 垂直串联　　　　　　　(b) SCARA　　　　　　　(c) Delta

图 7.3-9　机器人的作业空间

垂直串联机器人的作业空间是中空不规则球体，为此，产品样本一般需要提供图 7.3-9

（a）所示的手腕中心点（WCP）运动范围图；SCARA 机器人的作业空间为图 7.3-9（b）所示的中空圆柱体；Delta 机器人的作业空间为图 7.3-9（c）所示的锥底圆柱体。

　　为了便于说明，在日常使用时，一般将机器人手臂水平伸展至极限位置时的 WCP 到安装底面中心线的距离，称为机器人作业半径；将 WCP 在垂直方向可到达的最低点与最高点间的距离，称为机器人作业高度。例如，对于图 7.3-9（a）所示的垂直串联机器人，其作业半径为 1422mm、作业高度为 2486（1722＋764）mm，考虑到零件加工及装配误差，样本中提供的作业半径和高度通常忽略 mm 位，即作业半径 1.42m、作业高度 2.48m。

2. 承载能力

　　承载能力（Payload）是指机器人在作业空间内所能承受的最大负载，它一般用质量、力、转矩等技术参数来表示。

　　搬运、装配、包装类机器人的承载能力是指机器人能抓取的物品质量，样本所提供的承载能力是在不考虑末端执行器质量并假设负载重心位于工具参考点（Tool Reference Point，简称 TRP）时，机器人高速运动可承载的物品质量。焊接、切割等加工机器人的负载就是作业工具，因此，承载能力就是机器人可安装的末端执行器最大质量。切削加工类机器人需要承担切削力，承载能力通常以最大切削进给力衡量。

　　为了能够准确反映承载能力与负载重心的关系，机器人承载能力一般需要通过手腕负载图表示。例如，图 7.3-10 为承载能力 6kg 的安川公司 MH6 机器人和 ABB 公司 IRB 140T 机器人所提供的手腕负载图。

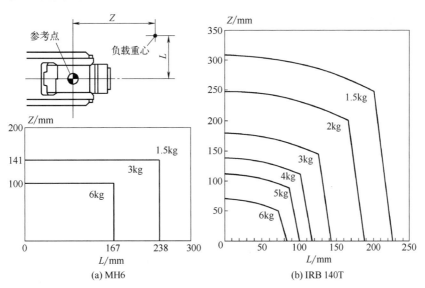

图 7.3-10　手腕负载图

3. 自由度

　　自由度（Degree of Freedom）是衡量机器人动作灵活性的重要指标。所谓自由度，就是整个机器人运动链所能够产生的独立运动数，包括直线、回转、摆动运动，但不包括执行器本身的运动（如刀具旋转等）。工业机器人的每一个自由度原则上都需要由一个伺服轴进行驱动，因此，在产品样本和说明书中，通常以控制轴数（Number of Axes）来表示。

　　由伺服轴驱动的执行器主动运动称为主动自由度。主动自由度一般有平移、回转、绕水平轴线的垂直摆动、绕垂直轴线的水平摆动 4 种，在结构示意图中，它们分别用图 7.3-11

所示的符号表示。例如，6 轴垂直串联和 3 轴水平串联机器人的自由度的表示方法如图 7.3-12 所示，其他结构形态机器人的自由度表示方法类似。

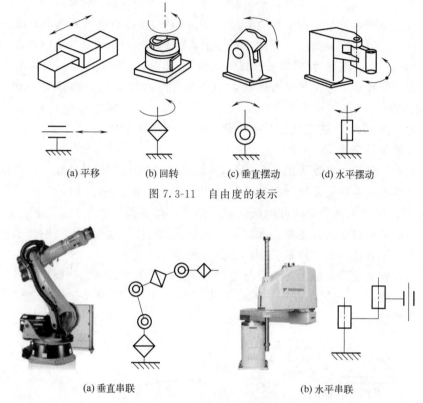

(a) 平移   (b) 回转   (c) 垂直摆动   (d) 水平摆动

图 7.3-11   自由度的表示

(a) 垂直串联   (b) 水平串联

图 7.3-12   多关节串联的自由度表示

机器人的自由度与作业要求有关。自由度越多，执行器的动作就越灵活；如机器人具有 X、Y、Z 方向直线运动和回绕 X、Y、Z 轴回转运动的 6 个自由度，执行器就可在三维空间上任意改变位置和工具姿态，实现完全控制。超过 6 个的多余自由度称为冗余自由度（Redundant Degree of Freedom），冗余自由度一般用来回避障碍物。

4. 运动速度

运动速度决定了机器人的工作效率。机器人样本和说明书中所提供的运动速度，一般是指机器人在空载、稳态运动时所能够达到的最大运动速度（Maximum Speed）。

机器人的运动速度用参考点在单位时间内能够移动的距离（mm/s）、转过的角度［(°)/s］或弧度（rad/s）表示，按运动轴分别标注。当机器人进行多轴同时运动时，参考点的空间运动速度将是所有参与运动轴所合成的速度。

机器人的运动速度与结构刚性、运动部件质量和惯量、驱动电机功率等因素有关。对于多关节串联的机器人，越靠近末端执行器，运动部件质量、惯量就越小，因此，其运动速度和加速度也越大。

5. 定位精度

工业机器人的定位精度是指机器人定位时，执行器实际到达的位置和目标位置间的误差值。由于绝大多数机器人的定位需要通过关节回转、摆动实现，其空间位置的控制和检测远比以直线运动为主的数控机床困难得多，因此，两者的位置测量方法和精度计算标准有较大的不同。

　　目前，工业机器人的位置精度检测和计算标准有 ISO 9283:1998（*Manipulating Industrial Robots-Performance Criteria and Related Test Methods*《操纵型工业机器人 性能标准和测试方法》）和日本 JIS B8432 标准等。ISO 9283:1998 标准规定的工业机器人定位精度指标的含义如图 7.3-13 所示，参数的含义如下。

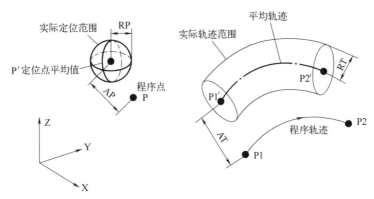

图 7.3-13　工业机器人定位精度

　　P：程序点（Programmed position），即定位目标位置。

　　P′：程序点重复定位的实际位置平均值（Mean position at program execution）。

　　AP：实际位置平均值与程序点的偏差（Mean distance from programmed position）。

　　RP：程序点重复定位的姿态偏差范围（Tolerance of position P' at repeated positioning）。

　　P1→P2：编程轨迹（Programmed path）。

　　P1′→P2′：机器人沿原轨迹重复移动时的实际轨迹平均值（Average path at program execution）。

　　AT：实际轨迹平均值与编程轨迹的最大偏离（Max deviation from programmed path to average path）。

　　RT：重复移动的轨迹偏差范围（Tolerance of path at repeated program execution）。

　　一般情况下，机器人样本、说明书中所提供的重复定位精度（Pose Repeatability）就是 ISO 9283:1998 标准的程序点重复定位姿态偏差范围 RP；轨迹重复精度（Path Repeatability）就是 ISO 9283:1998 标准中的重复移动轨迹偏差范围 RT。由于 RP、RT 不包括实际位置平均值与程序点的偏差 AP，实际轨迹平均值与编程轨迹的最大偏离 AT，因此，机器人样本、说明书中所提供的重复定位精度 RP、轨迹重复精度 RT，实际上并不是机器人实际定位点与程序点、实际轨迹与编程轨迹的误差值；这一点与数控机床普遍使用 ISO 230-2 等精度测量标准有很大的不同。

　　例如，ABB 公司的 IR1600-6/1.45 机器人，样本中提供的机器人重复定位精度 RP 为 0.02mm、轨迹重复精度 RT 为 0.19mm；但是，在额定负载下，机器人以 1.6m/s 速度 6 轴同时运动定位、插补时，按 ISO 9283:1998 标准测量得到的 AP 值为 0.04mm，直线插补轨迹的 AT 值为 1.03mm，因此，机器人实际定位点与程序点的误差可能达到 0.06mm，实际轨迹与编程轨迹的误差可能达到 1.22mm。

　　由此可见，工业机器人的定位精度与数控机床、三坐标测量机等精密加工、检测设备相比存在较大的差距，故只能用作生产辅助设备或对位置精度要求不高的粗加工设备。

第**8**章

工业机器人机械结构

8.1 机器人基本结构

8.1.1 垂直串联基本结构

垂直串联是工业机器人最常见的形态，被广泛用于加工、搬运、装配、包装等场合。垂直串联机器人的结构与承载能力有关，机器人本体常见结构形式有以下几种。

1. 电机内置前驱结构

小规格、轻量级 6 轴垂直串联机器人经常采用图 8.1-1 所示的电机内置前驱结构。这种机器人的外形简洁，防护性能好，传动系统结构简单、传动链短、传动精度高，它是小型机器人常用的结构。

6 轴垂直串联机器人的运动主要包括腰回转轴 S（j1）、下臂摆动轴 L（j2）、上臂摆动轴

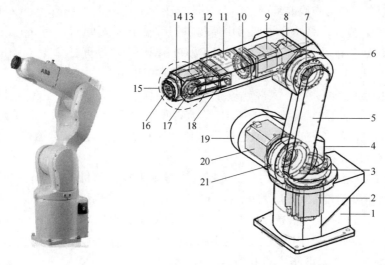

图 8.1-1 电机内置前驱结构

1—基座；4—腰；5—下臂；6—肘；11—上臂；15—腕；16—工具安装法兰；18—同步带；19—肩；
2,8,9,12,13,20—伺服电机；3,7,10,14,17,21—减速器

U（j3）、手腕回转轴 R（j4）、腕摆动轴 B（j5）、手回转轴 T（j6）；每一运动轴都需要由相应的电机驱动。由于机器人关节回转和摆动的负载惯量大、回转速度低（通常 25～100r/min），加减速时的最大转矩需要达到数百甚至数万 N·m，而交流伺服电机的额定输出转矩通常在 30N·m 以下，最高转速一般为 3000～6000r/min，为此，机器人的所有回转轴，原则上都需要配套结构紧凑、承载能力强、传动精度高的大比例减速器，以降低转速、提高输出转矩。谐波减速器、RV 减速器是目前工业机器人最常用的两种减速器，它是工业机器人最为关键的机械核心部件，其结构原理详见后述。图 8.1-1 所示的机器人的所有驱动电机均布置在机身内部，称为电机内置；手腕驱动电机均位于手臂前端，称为前驱。

2. 电机外置前驱结构

电机内置前驱结构机器人的结构紧凑、传动直接、外观整洁、运动灵活，但手腕的体积和质量较大，驱动电机的安装空间较小、散热差、维修困难，因此，通常只用于 6kg 以下小规格、轻量级机器人。

机器人腰回转、上下臂摆动和手腕回转轴的惯量大、负载重，对驱动电机输出转矩的要求高。为了保证电机有足够的安装和散热空间，方便维修维护，承载能力大于 6kg 的中小型机器人，通常采用图 8.1-2 所示的电机外置前驱结构，将腰回转、上下臂摆动和手腕回转的驱动电机安装在机身外部，以提高机器人承载能力，方便维修维护。

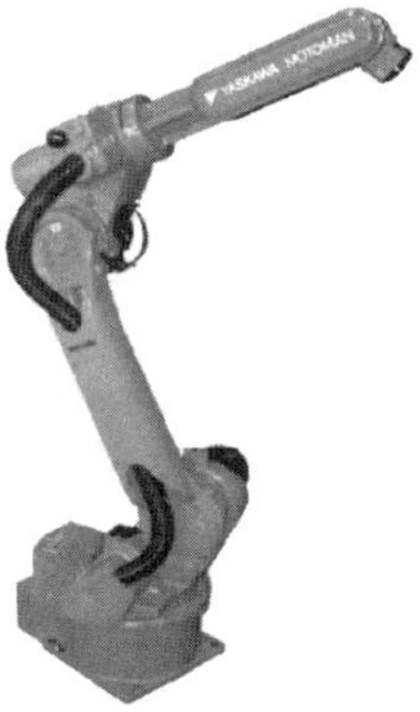

电机外置前驱结构的腕摆动、手回转驱动电机同样安装在手腕前端，但手回转驱动电机安装在上臂内腔，电机需要通过同步带、锥齿轮等传动部件与手回转减速器连接，传动系统结构较为复杂。电机外置前驱结构是小型垂直串联机器人广泛使用的结构形式。

3. 手腕后驱结构

大中型工业机器人的作业范围大、承载能力强，上臂的体积和质量较大，如采用前驱结构，不仅驱动电机的安装、散热空间受限，而

图 8.1-2　外置结构

且还会增加上臂的前端质量，使重心远离摆动中心，造成运动不稳。为此，大中型垂直串联工业机器人需要采用图 8.1-3 所示的手腕驱动电机后置结构（后驱）。

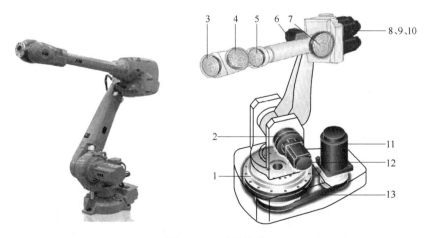

图 8.1-3　后驱结构

1,2,3,4,5,7—减速器；6,8,9,10,11,12—电机；13—同步带

后驱结构机器人的手腕回转轴 R（j4）、腕摆动轴 B（j5）及手回转轴 T（j6）的驱动电机 8、9、10 并列布置在上臂后端，它不仅可增加驱动电机的安装和散热空间，而且还可缩小上臂体积，减小前端质量，后移重心，提高机器人运动稳定性。它是大中型工业机器人广泛采用的典型结构。

大中型工业机器人的腰回转驱动电机有内置和侧置 2 种结构。内置结构的驱动电机和减速器与腰回转同轴布置，其传动简单、结构紧凑，有关内容见后述。电机侧置可增加腰回转轴减速比，提高驱动转矩，方便电机维修，故多用于大型、重型机器人。

4. 连杆驱动结构

大型、重型工业机器人多用于大宗物品的搬运、码垛等平面作业，对机器人承载能力、结构刚度的要求非常高，但手腕通常无需回转。为了增加驱动力矩、减小上部质量、降低重心、提高运动稳定性，一般需要采用图 8.1-4 所示的平行四边形连杆驱动结构。

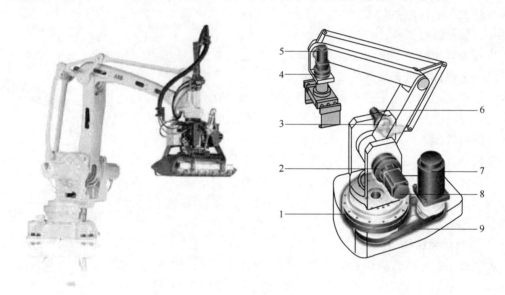

图 8.1-4　连杆驱动结构

1～4—减速器；5～8—电机；9—同步带

采用连杆驱动结构的机器人腰回转驱动电机以侧置居多，电机和减速器间采用同步带连接，下臂摆动轴一般采用电机和减速器直接驱动，但上臂摆动和腕摆动轴的驱动电机及减速器安装在机器人腰身上，然后，通过 2 对平行四边形连杆机构进行驱动。

平行四边形连杆驱动不仅可加长驱动力臂、放大电机转矩、提高负载能力，而且还可将上臂摆动和腕摆动轴的驱动电机、减速器安装位置下移至腰部，从而大幅度减小机器人上部质量、降低重心、增加运动稳定性。但是，由于结构限制，平行四边形连杆驱动的机器人无法实现手腕的回转运动，因此，通常只能用于 5 轴或 4 轴垂直串联机器人。

需要 6 轴运动的大型、重型机器人，通常采用图 8.1-5 所示的单连杆驱动结构，这种机器人仅上臂摆动轴采用了平行四边形连杆驱动，以保证机器人的运动灵活性。

平行四边形连杆驱动需要有较长的力臂，连杆所占的空间较大，对机器人的作业范围和运动灵活性有一定的影响。为此，部分机器人有时通过图 8.1-5（b）所示的重力平衡气缸，平衡负载，减小连杆安装空间。

(a) 无平衡气缸　　　　　　　　　　(b) 带平衡气缸

图 8.1-5　单连杆驱动结构

8.1.2　垂直串联手腕结构

1. 手腕基本形式

工业机器人的手腕主要用来改变末端执行器的姿态（Working Pose），进行工具作业点的定位，它是决定机器人作业灵活性的关键部件。

垂直串联机器人的手腕一般由腕部和手部组成。腕部用来连接上臂和手部；手部用来安装执行器（作业工具）。手腕的回转部件与上臂通常采用图 8.1-6 所示的同轴安装，因此，可视为上臂的延伸部件。

图 8.1-6　同轴安装

为了能对末端执行器的姿态进行 6 自由度控制，机器人手腕需要有 3 个回转（Roll）或摆动（Bend）轴。在机器人上，可进行 4 象限、接近 360°回转或无限连续回转的关节称为回转（Roll）轴，称 R 型轴；只能在 3 象限以内回转的关节称为摆动（Bend）轴，称 B 型轴。机器人手腕的 3 个运动轴可根据机器人的作业要求，进行图 8.1-7 所示的组合。

图 8.1-7（a）是由 3 个回转关节组成的手腕，称为 3R（RRR）结构。3R 结构的手腕一般采用锥齿轮传动，3 个回转轴的回转范围通常不受限制，这种手腕的结构紧凑、动作灵活、密封性好，故可用于在恶劣环境下作业、对密封和防护性能有特殊要求的中小型油漆、喷涂机器人。

图 8.1-7（b）为"摆动＋回转＋回转"或"摆动＋摆动＋回转"关节组成的手腕，称为 BRR 或 BBR 结构。BRR 和 BBR 结构的手腕回转中心线相互垂直，并和三维空间的坐标轴一一对应，其操作简单、控制容易、密封防护容易，但手腕结构松散、外形较大，因此，多用于大中型机器人。

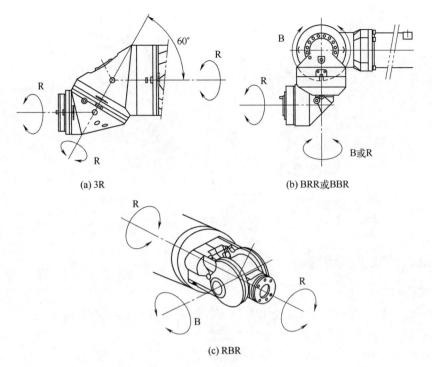

(a) 3R

(b) BRR或BBR

(c) RBR

图 8.1-7　手腕的结构形式

图 8.1-7（c）为"回转＋摆动＋回转"关节组成的手腕，称为 RBR 结构。RBR 结构的手腕回转中心线同样相互垂直，并和三维空间的坐标轴一一对应，其操作简单、控制容易，且结构紧凑、动作灵活，它是目前工业机器人最为常用的手腕结构形式。RBR 结构的手腕回转驱动电机可安装在上臂后侧，腕摆动和手回转的电机可置于上臂前内腔（前驱）或上臂后外侧（后驱），手腕结构紧凑、运动灵活，是垂直串联机器人最常见的结构形式。

2. 前驱 RBR 手腕

小型垂直串联机器人的手腕承载要求低，驱动电机的体积小、重量轻，为了缩短传动链、简化结构、便于控制，它通常采用图 8.1-8 所示的前驱 RBR 结构。

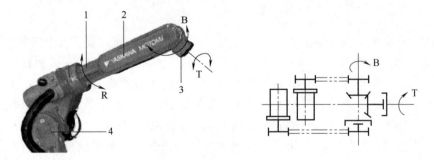

图 8.1-8　前驱 RBR 结构

1—上臂；2—B/T 轴电机安装；3—摆动体；4—下臂

前驱 RBR 结构手腕有手腕回转轴 R（j4）、腕摆动轴 B（j5）和手回转轴 T（j6）3 个运动轴。其中，R 轴通常利用上臂延伸段的回转实现，驱动电机和主要传动部件安装在上臂后端；B 轴、T 轴驱动电机直接安装于上臂前内腔，电机和手腕间通过同步带连接。

3. 后驱 RBR 手腕

大中型工业机器人需要有较大的输出转矩和承载能力，B（j5）、T（j6）轴驱动电机的体积大、重量重。为保证电机有足够的安装空间和良好的散热，同时，能减小上臂的体积和重量、平衡重力、提高运动稳定性，机器人通常采用图 8.1-9 所示的后驱 RBR 结构，将手腕 R、B、T 轴的驱动电机布置在上臂后端，通过上臂内腔的传动轴将动力传递到前端的手腕单元上，驱动 R、B、T 轴运动。

后驱结构不仅可解决前驱结构存在的 B、T 轴驱动电机安装空间小、散热差，检测、维修困难等问题，而且还可使上臂结构更加紧凑、重心后移，提高机器人的作业灵活性和稳定性。但是，由于 R/B/T 轴驱动电机均安装在上臂后部，因此，需要通过上臂内腔的传动轴，将动力传递至前端的手腕单元，通过手腕单元将传

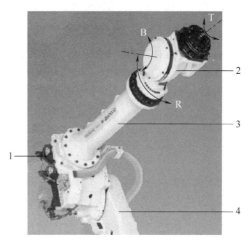

图 8.1-9　后驱 RBR 结构
1—R/B/T 电机；2—手腕单元；3—上臂；4—下臂

动轴输出转换成 B、T 轴回转驱动力，其机械传动系统结构较复杂、传动链较长。

后驱结构机器人的上臂结构通常采用图 8.1-10 所示的中空圆柱结构，臂内腔用来安装 R、B、T 传动轴。

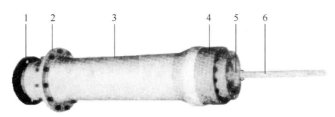

图 8.1-10　上臂结构
1—同步带轮；2—安装法兰；3—上臂体；4—R 轴减速器；5—B 轴；6—T 轴

上臂的后端为 R、B、T 轴同步带轮输入组件 1，前端安装手腕回转的 R 轴减速器 4，上臂体 3 可通过安装法兰 2 与上臂摆动体连接。R 轴减速器应为中空结构，减速器壳体固定在上臂体 3 上，输出轴用来连接手腕单元，B 轴 5 和 T 轴 6 布置在 R 轴减速器的中空内腔中。

后驱机器人手腕一般采用单元结构，常见的形式有如图 8.1-11 所示的 2 种。

图 8.1-11（a）所示的手腕单元摆动体位于外侧，B 轴通过 1 对锥齿轮换向驱动减速器，T 轴通过同步带连接的 2 对锥齿轮换向驱动减速器。这种结构的 B 轴传动系统结构简单、传动链短，但锥齿轮传动存在间隙，且对安装调整要求较高，因此，B、T 轴传动精度一般较低；此外，B 轴摆动体的体积、质量也较大，B 轴驱动电机的规格也相对较大。

图 8.1-11（b）所示的手腕单元摆动体位于内侧，B 轴通过同步带换向驱动减速器，T 轴通过同步带换向后，再利用 1 对锥齿轮实现 2 次换向并驱动减速器。这种结构的 B 轴传动系统相对复杂、传动链较长，但同步带的安装调整方便，并可实现无间隙传动，因此，B、T 轴的传动精度较高；此外，B 轴摆动体的体积、质量也相对较小，B 轴驱动电机的规格可

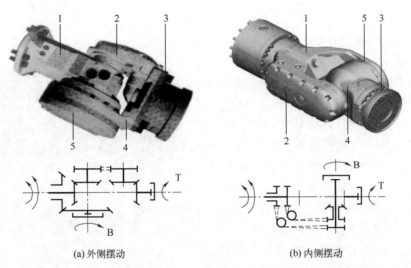

(a) 外侧摆动　　　　　　　　　(b) 内侧摆动

图 8.1-11　手腕单元组成

1—连接体；2—换向组件；3—T 轴减速；4—摆动体；5—B 轴减速

适当减小。

8.1.3　SCARA、Delta 结构

1. SCARA 结构

SCARA（Selective Compliance Assembly Robot Arm，选择顺应性装配机器人手臂）结构是日本山梨大学在 1978 年发明的一种建立在圆柱坐标系上的特殊机器人结构形式。

SCARA 机器人通过 2～3 个水平回转关节实现平面定位，结构类似于水平放置的垂直串联机器人，手臂为沿水平方向串联延伸、轴线相互平行的回转关节；驱动手臂回转的伺服电机可前置在关节部位（前驱），也可统一后置在基座部位（后驱）。

前驱 SCARA 机器人的典型结构如图 8.1-12 所示，机器人机身主要由基座 1、后臂 11、前臂 5、升降丝杠 7 等部件组成。后臂 11 安装在基座 1 上，它可在 C1 轴驱动电机 2、减速器 3 的驱动下水平回转。前臂 5 安装在后臂 11 的前端，它可在 C2 轴驱动电机 10、减速器 4 的驱动下水平回转。

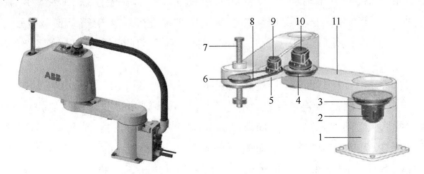

图 8.1-12　前驱 SCARA 结构

1—基座；2—C1 轴驱动电机；3—C1 轴减速器；4—C2 轴减速器；5—前臂；6—升降减速器；
7—升降丝杠；8—同步带；9—升降电机；10—C2 轴驱动电机；11—后臂

前驱 SCARA 机器人的执行器垂直升降通过升降丝杠 7 实现，丝杠安装在前臂的前端，它可在升降电机 9 的驱动下进行垂直上下运动；机器人使用的升降丝杠导程通常较大，而驱动电机的转速较高，因此，升降系统一般也需要使用减速器 6 进行减速。此外，为了减小前臂前端的质量和体积、提高运动稳定性、降低前臂驱动转矩，执行器升降电机 9 通常安装在前臂回转关节部位，电机和减速器 6 间通过同步带 8 连接。

前驱 SCARA 机器人的机械传动系统结构简单、层次清晰、装配方便、维修容易，它通常用于上部作业空间不受限制的平面装配、搬运和电气焊接等作业，但其转臂外形、体积、质量等均较大，结构相对松散；加上转臂的悬伸负载较重，对臂的结构刚性有一定的要求，因此，在多数情况下只有 2 个水平回转轴。

后驱 SCARA 机器人的结构如图 8.1-13 所示。这种机器人的悬伸转臂均为平板状薄壁，

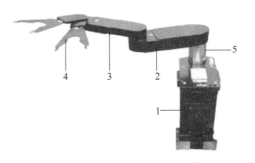

图 8.1-13　后驱 SCARA 结构
1—基座；2—后臂；3—前臂；4—工具；5—升降套

其结构非常紧凑。后驱 SCARA 机器人前后转臂及工具回转的驱动电机均安装在升降套 5 上，升降套 5 可通过基座 1 内的滚珠丝杠（或气动、液压）升降机构升降。转臂回转减速的减速器均安装在回转关节上；安装在升降套 5 上的驱动电机，可通过转臂内的同步带连接减速器，以驱动前后转臂及工具的回转。

后驱 SCARA 机器人的结构非常紧凑，负载很轻，运动速度很快，为此，回转关节多采用结构简单、厚度小、重量轻的超薄型减速器进行减速。

后驱 SCARA 机器人结构轻巧、定位精度高，它除了作业区域外，几乎不需要额外的安装空间，故可在上部空间受限的情况下，进行平面装配、搬运和电气焊接等作业，因此，多用于 3C 行业的印刷电路板器件装配和搬运。

2. Delta 结构

并联机器人属于多参数耦合的非线性系统，其正向求解和控制较为困难，因此，实际产品以 Delta 结构为主。Delta 结构机器人的承载能力强、运动耦合弱、力控制容易、驱动简单，故在电子电工、食品药品等行业得到了较广泛的应用。

实用型的 Delta 机器人有图 8.1-14 所示的回转驱动型（Rotary Actuated Delta）和直线驱动型（Linear Actuated Delta）2 类。

(a) 回转驱动

(b) 直线驱动

图 8.1-14　Delta 机器人的结构

图 8.1-14（a）所示的回转驱动 Delta 机器人，其手腕安装平台运动通过主动臂的摆动驱动，控制 3 个主动臂的摆动角度，就能使手腕安装平台在一定范围内运动与定位。这种机器人的控制容易、动态特性好，但其作业空间较小、承载能力较低，故多用于高速、轻载的场合。

图 8.1-14（b）所示的直线驱动 Delta 机器人，其手腕安装平台运动通过主动臂的伸缩控制悬挂点的水平、倾斜、垂直移动，使手腕安装平台在一定范围内定位。与回转驱动 Delta 机器人比较，直线驱动 Delta 机器人的作业空间大、承载能力强，但其操作和控制性能、运动速度等不及前者，故多用于并联数控机床等场合。

Delta 机器人的机械传动系统结构非常简单。例如，回转驱动型机器人的传动系统是 3 组完全相同的摆动臂，摆动臂可由驱动电机经减速器减速后直接驱动，无需其他中间传动部件。直线驱动型机器人则只需要 3 组结构完全相同的直线运动伸缩臂，伸缩臂可直接采用传统的滚珠丝杠驱动，其传动系统结构与数控机床进给轴类似。

8.1.4 变位器结构

变位器是用于机器人本体或工件移动的附加部件，有通用型和专用型两类。专用型变位器一般由用户根据实际使用要求专门设计、制造；通用型变位器由机器人生产厂家作为附件提供，用户可根据需要选配。变位器大多使用伺服电机驱动，利用机器人控制系统的附加轴进行控制，它可像机器人本体轴一样，在机器人作业程序中进行编程与控制。

通用型变位器主要有回转变位器和直线变位器两类，每类产品又可分单轴、2 轴、3 轴、多轴复合等多种。工业机器人的定位精度低于数控机床，因此，变位器结构与数控机床的回转、直线进给轴有所区别，简介如下。

1. 回转变位器

机器人回转变位器有单轴、2 轴、3 轴及多轴复合等多种。

① 单轴回转变位器。单轴回转变位器的常用产品有图 8.1-15 所示的立式、卧式和 L 型 3 种，配置单轴回转变位器的机器人系统可增加 1 个自由度。

(a) 立式(C型)   (b) 卧式   (c) L型

图 8.1-15　单轴回转变位器

立式变位器又称 C 型变位器，变位器的回转轴线垂直于水平面，这种变位器可用于工件的 180°交换或 360°回转变位。卧式变位器与 L 型变位器的回转轴线平行于水平面，台面可进行垂直偏摆或回转，变位器通常配套有尾架、框架等附件。

② 2 轴回转变位器。2 轴回转变位器多用于工件的回转变位，配置 2 轴回转变位器的机器人系统可增加 2 个自由度。

2 轴回转变位器的常见结构如图 8.1-16 所示，变位器一般采用立式回转、卧式摆动（翻转）的 A 型结构，其回转轴、翻转轴与框架设计成一体，台面可进行 360°水平回转和垂直方向的偏摆。

图 8.1-16　2 轴回转变位器

③ 3 轴回转变位器。3 轴回转变位器多用于焊接机器人的工件交换与变位，配置 3 轴回转变位器的机器人系统可以增加 3 个自由度。

3 轴回转变位器的常见结构有图 8.1-17 所示的 K 型和 R 型两种。K 型变位器由 1 个卧式主回转轴、2 个 L 型结构的卧式副回转轴及框架组成；R 型变位器由 1 个立式主回转轴、2 个 L 型结构的卧式副回转轴及框架组成；变位器可用于回转类工件的多方位焊接及工件的自动交换。

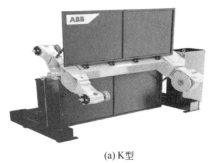
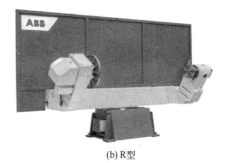

(a) K型　　　　　　　　　　　　(b) R型

图 8.1-17　3 轴回转变位器

④ 多轴复合变位器。多轴复合变位器通常具有工件变位与交换双重功能，常见结构有图 8.1-18 所示的 B 型和 D 型两种。

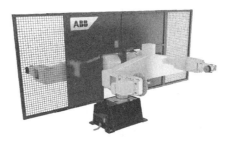

(a) B型　　　　　　　　　　　　(b) D型

图 8.1-18　多轴复合变位器

B 型变位器由 1 个立式主回转轴、2 个 A 型变位器及框架等部件组成；立式主回转轴通常用于工件的 180°回转交换，A 型变位器用于工件的变位。因此，这是一种带有工件自动交换功能的 A 型变位器。

D 型变位器由 1 个立式主回转轴（C 型变位器）、2 个 L 型变位器及框架等部件组成；立式主回转轴通常用于工件的 180°回转交换，L 型变位器用于工件变位。因此，这是一种带有工件自动交换功能的 L 型变位器。

工业机器人对位置精度要求较低，通常只需要达到弧分（arc min, $1' \approx 2.9 \times 10^{-4}$ rad）级，远低于数控机床等高速高精度加工设备的弧秒（arc sec, $1'' \approx 4.85 \times 10^{-6}$ rad）级要求；但对回转速度的要求较高。为了简化结构，机器人回转变位器大多使用图 8.1-19 所示的减速器直接驱动结构。

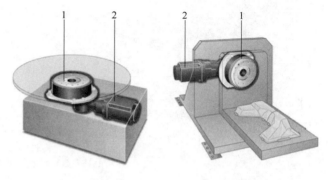

(a) 立式　　　　　(b) 卧式

图 8.1-19　减速器直接驱动变位器

1—减速器；2—驱动电机

2. 直线变位器

直线变位器多用于机器人的直线移动，变位器通常有单轴、3 轴两种基本结构。

① 单轴直线变位器。单轴直线变位器通常有图 8.1-20 所示的轨道式、横梁式 2 种结构形式。

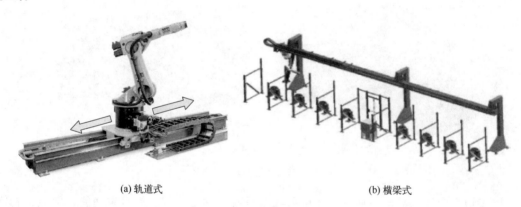

(a) 轨道式　　　　　　　　　　(b) 横梁式

图 8.1-20　单轴直线变位器

图 8.1-20（a）所示的单轴轨道式变位器可用于机器人的大范围直线运动，机器人规格不限；轨道式变位器一般采用的是齿轮齿条传动，齿条可根据需要接长，机器人运动行程理论上不受限制。图 8.1-20（b）所示的单轴横梁式变位器一般用于悬挂安装的中小型机器人的空间直线运动，变位器同样采用齿轮齿条传动，横梁的最大长度一般为 30m 左右。

② 3 轴直线变位器。3 轴直线变位器多用于悬挂安装的中小型机器人空间变位，变位器一般采用图 8.1-21 所示的龙门式结构，如果需要还可通过横梁的辅助升降运动，进一步扩大机器人

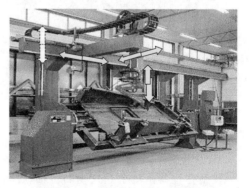

图 8.1-21　龙门式 3 轴直线变位器

垂直方向的运动行程。

直线变位器类似于数控机床的移动工作台，但其运动速度快（通常为 120m/min），而精度要求较低，因此，小型、短距离运动的直线变位器多采用图 8.1-22 所示的大导程滚珠丝杠驱动结构，电机和滚珠丝杠间有时安装减速器、同步带等部件。

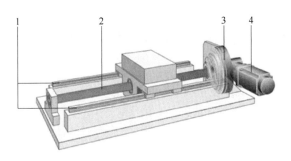

图 8.1-22　丝杠驱动的直线变位器
1—直线导轨；2—滚珠丝杠；3—减速器；4—电机

大规格、长距离运动的直线变位器，则多采用图 8.1-23 所示的齿轮齿条驱动。齿轮齿条驱动的变位器齿条可以任意接长，机器人的运动行程理论上不受限制。

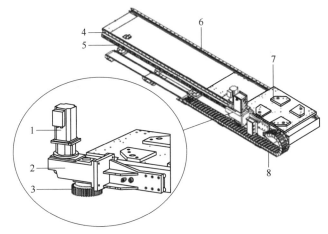

图 8.1-23　齿轮齿条驱动的直线变位器
1—电机；2—减速器；3—齿轮；4,6—直线导轨；5—齿条；7—机器人安装座；8—拖链

3. 混合式变位器

混合式变位器多用于中小型垂直串联机器人的倒置式安装与平面变位，变位器多采用图 8.1-24 所示的摇臂结构，机器人可在摇臂上进行直线运动（直线变位），摇臂可在立柱上进行回转运动（回转变位）。

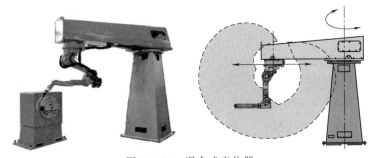

图 8.1-24　混合式变位器

混合式变位器的机器人直线运动范围通常为 2～3m，摇臂的回转范围一般为−180°～180°。与顶面安装的 Delta 结构机器人相比，使用混合式变位器的垂直串联机器人承载能力更强、作业范围更大。

8.2　谐波减速器原理与结构

8.2.1　谐波齿轮变速原理

1. 基本结构

谐波减速器是谐波齿轮传动装置（Harmonic Gear Drive）的俗称。谐波齿轮传动装置既可用于减速，也可用于增速，但由于其传动比很大（通常为 30～320），因此，实际多用于减速，故称谐波减速器。

谐波齿轮传动装置是美国发明家 C. W. Musser（马瑟，1909—1998 年）在 1955 年发明的一种特殊齿轮传动装置，日本 Harmonic Drive System（哈默纳科）是全球最早研发生产、产量最大、产品最著名的谐波减速器生产企业，本节将以此为例，对谐波减速器的结构形式、安装维护要求进行相关介绍。

谐波减速器的基本结构如图 8.2-1 所示。减速器主要由刚轮（Circular Spline）、柔轮（Flex Spline）、谐波发生器（Wave Generator）3 个基本部件构成。刚轮、柔轮、谐波发生器可任意固定其中 1 个，其余 2 个部件一个连接输入（主动），另一个即可作为输出（从动），以实现减速或增速。

图 8.2-1　谐波减速器的基本结构
1—谐波发生器；2—柔轮；3—刚轮

① 刚轮。刚轮（Circular Spline）是一个加工有连接孔的刚性内齿圈，其齿数比柔轮略多（一般多 2 或 4 齿）。刚轮通常用于减速器安装和固定，在超薄型或微型减速器上，刚轮一般与交叉滚子轴承（Cross Roller Bearing，简称 CRB）设计成一体，构成减速器单元。

② 柔轮。柔轮（Flex Spline）是一个可产生较大变形的薄壁金属弹性体，弹性体与刚轮啮合的部位为薄壁外齿圈，它通常用来连接输出轴。柔轮有水杯、礼帽、薄饼等形状。

③ 谐波发生器。谐波发生器（Wave Generator）又称波发生器，其内侧是一个椭圆形的凸轮，凸轮外圆套有一个能发生弹性变形的柔性滚动轴承（Flexible Rolling Bearing），轴承外圈与柔轮外齿圈的内侧接触。凸轮装入轴承内圈后，轴承、柔轮均将变成椭圆形，并使椭圆长轴附近的柔轮齿与刚轮齿完全啮合，短轴附近的柔轮齿与刚轮齿完全脱开。凸轮通常与输入轴连接，它旋转时可使柔轮齿与刚轮齿的啮合位置不断改变。

2. 变速原理

谐波减速器的变速原理如图 8.2-2 所示。

假设减速器的刚轮固定，谐波发生器凸轮连接输入轴，柔轮连接输出轴；图 8.2-2 所示的谐波发生器椭圆长轴位于 0° 的位置为起始位置。当谐波发生器顺时针旋转时，由于柔轮的齿形和刚轮相同，但齿数少于刚轮（如 2 齿），因此，当椭圆长轴到达刚轮−90° 位置时，柔轮所转过的齿数必须与刚轮相同，故转过的角度将大于 90°。例如，对于齿差为 2 的减速器，柔轮转过的角度将为 "90°+0.5 齿"，即柔轮基准齿逆时针偏离刚轮 0° 位置 0.5 个齿。

进而，当谐波发生器椭圆长轴到达刚轮−180° 位置时，柔轮转过的角度将为 "90°+1 齿"，即柔轮基准齿将逆时针偏离刚轮 0° 位置 1 个齿。如椭圆长轴绕刚轮回转一周，柔轮转过的角度将为 "90°+2 齿"，即柔轮的基准齿将逆时针偏离刚轮 0° 位置一个齿差（2 个齿）。

因此，当刚轮固定、谐波发生器凸轮连接输入轴、柔轮连接输出轴时，输入轴顺时针旋转 1 转（−360°），输出轴将相对于固定的刚轮逆时针转过一个齿差（2 个齿）。假设柔轮齿数为 Z_f、刚轮齿数为 Z_c，输出/输入的转速比为：

$$i_1 = \frac{Z_c - Z_f}{Z_f}$$

对应的传动比（输入/输出转速比，即减速比）为 $Z_f/(Z_c - Z_f)$。

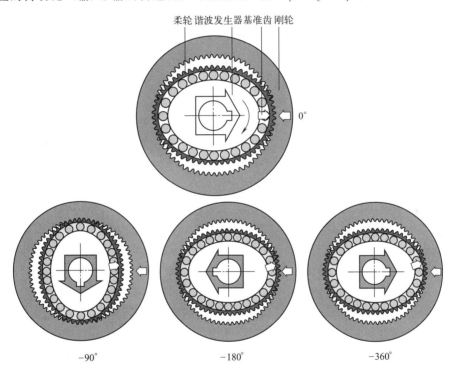

图 8.2-2　谐波减速器变速原理

同样，如谐波减速器柔轮固定、刚轮旋转，当输入轴顺时针旋转 1 转（−360°）时，将使刚轮的基准齿顺时针偏离柔轮一个齿差，其偏移的角度为：

$$\theta = \frac{Z_c - Z_f}{Z_c} \times 360°$$

其输出/输入的转速比为：

$$i_2 = \frac{Z_c - Z_f}{Z_c}$$

对应的传动比（输入/输出转速比，即减速比）为 $Z_c/(Z_c - Z_f)$。

这就是谐波齿轮传动装置的减速原理。

反之，如谐波减速器的刚轮固定、柔轮连接输入轴、谐波发生器凸轮连接输出轴，则柔轮旋转时，将迫使谐波发生器快速回转，起到增速的作用；减速器柔轮固定、刚轮连接输入轴、谐波发生器凸轮连接输出轴的情况类似。这就是谐波齿轮传动装置的增速原理。工业机器人的谐波齿轮传动装置用于减速，以下直接称为谐波减速器。

3. 技术特点

由结构和原理可见，谐波减速器主要有以下特点。

① 承载能力强、传动精度高。谐波减速器有 180°对称方向两个部位、多个齿同时啮合，单位面积载荷小，齿距误差和累积齿距误差可得到较好的均化，减速器承载能力强、传动精度高。

以 Harmonic Drive System（哈默纳科）产品为例，减速器同时啮合的齿数可达 30％以上，最大转矩（Peak Torque）可达 4470N·m，最高输入转速可达 14000r/min，角传动精度（Angle Transmission Accuracy）可达 $1.5×10^{-4}$ rad，滞后误差（Hysteresis Loss）可达 $2.9×10^{-4}$ rad。这些指标基本上代表了当今世界谐波减速器的最高水准。

② 传动比大、传动效率较高。在传统的单级传动装置上，普通齿轮传动的推荐传动比一般为 8～10、传动效率为 0.9～0.98；行星齿轮传动的推荐传动比为 2.8～12.5、齿差为 1 的行星齿轮传动效率为 0.85～0.9；蜗轮蜗杆传动的推荐传动比为 8～80、传动效率为 0.4～0.95；摆线针轮传动的推荐传动比为 11～87、传动效率为 0.9～0.95。而谐波齿轮传动的推荐传动比为 50～160、可选择 30～320，正常传动效率为 0.65～0.96（与减速比、负载、温度等有关），高于传动比相似的蜗轮蜗杆减速器。

③ 结构简单、体积小、重量轻、使用寿命长。谐波减速器只有 3 个基本部件，与达到同样传动比的普通齿轮减速器比较，零件数可减少 50％左右，体积、重量大约只有其 1/3。此外，由于谐波减速器的柔轮齿进行的是均匀径向移动，齿间相对滑移速度一般只有普通渐开线齿轮传动的百分之一，加上同时啮合的齿数多、轮齿单位面积的载荷小、运动无冲击，因此，齿的磨损较小，传动装置使用寿命可长达 7000～10000h。

④ 传动平稳、无冲击、噪声小、安装调整方便。谐波减速器可通过特殊的齿形设计，使得柔轮和刚轮的啮合、退出过程实现连续渐进、渐出，啮合时的齿面滑移速度小，且无突变，因此，其传动平稳，啮合无冲击，运行噪声小。

谐波减速器的刚轮、柔轮、谐波发生器三个基本构件为同轴安装，刚轮、柔轮、谐波发生器可以部件的形式提供（称部件型谐波减速器），由用户自由选择变速方式和安装方式，其安装十分灵活、方便；此外，谐波减速器的柔轮和刚轮啮合间隙，可通过微量改变谐波发生器的外径调整，甚至可做到无侧隙啮合，其传动间隙通常非常小。

4. 变速比

谐波减速器的输出/输入转速比与减速器的安装方式有关，如用正、负号代表转向，并定义谐波齿轮传动装置的基本减速比 R 为：

$$R = \frac{Z_f}{Z_c - Z_f}$$

这样，通过不同形式的安装，谐波齿轮传动装置将有表 8.2-1 所示的 6 种不同用途和不同输出/输入转速比；转速比为负值时，代表输出轴转向和输入轴相反。

表 8.2-1　谐波齿轮传动装置的安装形式与转速比

序号	安装形式	安装示意图	用途	输出/输入转速比
1	刚轮固定、谐波发生器输入、柔轮输出		减速,输入、输出轴转向相反	$-\dfrac{1}{R}$
2	柔轮固定,谐波发生器输入、刚轮输出		减速,输入、输出轴转向相同	$\dfrac{1}{R+1}$
3	谐波发生器固定、柔轮输入、刚轮输出		减速,输入、输出轴转向相同	$\dfrac{R}{R+1}$
4	谐波发生器固定、刚轮输入、柔轮输出		增速,输入、输出轴转向相同	$\dfrac{R+1}{R}$
5	刚轮固定、柔轮输入、谐波发生器输出		增速,输入、输出轴转向相反	$-R$
6	柔轮固定、刚轮输入、谐波发生器输出		增速,输入、输出轴转向相同	$R+1$

8.2.2 谐波减速器结构

Harmonic Drive System（哈默纳科）谐波减速器的结构形式有部件型（Component Type）、单元型（Unit Type）、简易单元型（Simple Unit Type）、齿轮箱型（Gear Head Type）、微型/超微型（Mini Type 及 Supermini Type）5 类，部件型、单元型、简易单元型是工业机器人最为常用的谐波减速器产品。

1. 部件型减速器

部件型（Component Type）谐波减速器只提供刚轮、柔轮、谐波发生器 3 个基本部件；用户可根据自己的要求，自由选择变速方式和安装方式。哈默纳科部件型减速器的规格齐全、产品的使用灵活、安装方便、价格低，它是目前工业机器人广泛使用的产品。

根据柔轮形状，部件型谐波减速器又分为图 8.2-3 所示的水杯形（Cup Type）、礼帽形（Silk Hat Type）、薄饼形（Pancake）3 大类，并有通用、高转矩、超薄等不同系列。

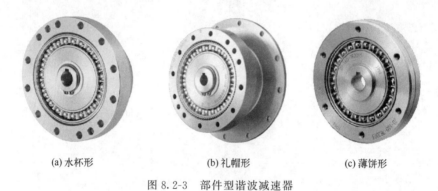

(a) 水杯形　　　　　　　　(b) 礼帽形　　　　　　　　(c) 薄饼形

图 8.2-3　部件型谐波减速器

部件型谐波减速器采用的是刚轮、柔轮、谐波发生器分离型结构，无论是工业机器人生产厂家的产品制造，还是机器人使用厂家维修，都需要进行谐波减速器和传动部件的分离和安装，其装配调试的要求较高。

2. 单元型减速器

单元型（Unit Type）谐波减速器又称谐波减速单元，它带有外壳和 CRB 轴承，减速器的刚轮、柔轮、谐波发生器、壳体、CRB 轴承被整体设计成统一的单元；减速器带有输入/输出法兰或轴，输出采用高刚性、精密 CRB 轴承支承，可直接驱动负载。

哈默纳科单元型谐波减速器有图 8.2-4 所示的标准型、中空轴、轴输入三种基本结构形

(a) 标准型　　　　　　　　(b) 中空轴　　　　　　　　(c) 轴输入

图 8.2-4　谐波减速单元

式，其柔轮形状有水杯形和礼帽形 2 类，并有轻量、密封等系列。

谐波减速单元虽然价格高于部件型，但是，由于减速器的安装在生产厂家已完成，产品的使用简单、安装方便、传动精度高、使用寿命长，无论是工业机器人生产厂家的产品制造还是机器人使用厂家的维修更换，都无需分离谐波减速器和传动部件，因此，它同样是目前工业机器人常用的产品之一。

3. 简易单元型减速器

简易单元型（Simple Unit Type）谐波减速器是单元型谐波减速器的简化结构，它将谐波减速器的刚轮、柔轮、谐波发生器 3 个基本部件和 CRB 轴承整体设计成统一的单元，但无壳体和输入/输出法兰或轴。

哈默纳科简易谐波减速单元的基本结构有图 8.2-5 所示的标准型、中空轴、超薄中空轴三类，柔轮形状均为礼帽形。简易单元型谐波减速器的结构紧凑、使用方便，性能和价格介于部件型和单元型之间，它经常用于机器人手腕、SCARA 结构机器人。

(a) 标准型 (b) 中空轴 (c) 超薄中空轴

图 8.2-5　简易谐波减速单元

4. 齿轮箱型减速器

齿轮箱型（Gear Head Type）谐波减速器又称谐波减速箱，它可像齿轮减速器一样，直接安装驱动电机，以实现减速器和驱动电机的结构整体化。

哈默纳科谐波减速器的基本结构有图 8.2-6 所示的连接法兰输出和连接轴输出 2 类；其谐波减速器的柔轮形状均为水杯形，并有通用系列、高转矩系列产品。齿轮箱型谐波减速器特别适合于电机的轴向安装尺寸不受限制的 Delta 结构机器人。

5. 微型和超微型减速器

微型（Mini）和超微型（Supermini）谐波减速器是专门用于小型、轻量工业机器人的特殊产品，它实际上就是微型化的单元型、齿轮箱型谐波减速器，常用于 3C 行业电子产品、食品、药品等小规格搬运、装配、包装工业机器人。

哈默纳科微型谐波减速器有图 8.2-7 所示的单元型（微型谐波减速单元）、齿轮箱

(a) 法兰输出 (b) 轴输出

图 8.2-6　齿轮箱型谐波减速器

型（微型谐波减速器）2 种基本结构，微型谐波减速器也有连接法兰输出和连接轴输出 2 类。超微型谐波减速器实际上只是对微型系列产品的补充，其结构、安装使用要求均和微型相同。

(a) 减速单元

(b) 法兰输出减速器

(c) 轴输出减速器

图 8.2-7　微型谐波减速器

8.2.3　主要技术参数

1. 规格代号

谐波减速器规格代号以柔轮节圆直径（单位：0.1 英寸）表示，常用规格代号与柔轮节圆直径的对照如表 8.2-2 所示。

表 8.2-2　规格代号与柔轮节圆直径对照表

规格代号	8	11	14	17	20	25	32	40	45	50	58	65
节圆直径/mm	20.32	27.94	35.56	43.18	50.80	63.5	81.28	101.6	114.3	127	147.32	165.1

2. 输出转矩

谐波减速器的输出转矩主要有额定输出转矩、启制动峰值转矩、瞬间最大转矩等，额定输出转矩、启制动峰值转矩、瞬间最大转矩含义如图 8.2-8 所示。

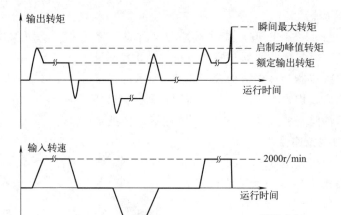

图 8.2-8　额定输出转矩、启制动峰值转矩与瞬间最大转矩

额定输出转矩（Rated Output Torque）：谐波减速器在输入转速为 2000r/min 的情况下连续工作时，减速器输出侧允许的最大负载转矩。

启制动峰值转矩（Peak Torque for Start and Stop）：谐波减速器在正常启制动时，短时间允许的最大负载转矩。

瞬间最大转矩（Maximum Momentary Torque）：谐波减速器工作出现异常时（如机器人冲击、碰撞），为保证减速器不损坏，瞬间允许的负载转矩极限值。

最大平均转矩和最高平均转速：最大平均转矩（Permissible Max. Value of Average

Load Torque）和最高平均转速（Permissible Average Input Rotational Speed）是谐波减速器连续工作时所允许的最大等效负载转矩和最高等效输入转速的理论计算值。

启动转矩（Starting Torque）：又称启动开始转矩（On Starting Torque），它是在空载、环境温度为 20℃ 的条件下，谐波减速器用于减速时，输出侧开始运动的瞬间，所测得的输入侧需要施加的最大转矩值。

增速启动转矩（On Overdrive Starting Torque）：在空载、环境温度为 20℃ 的条件下，谐波减速器用于增速时，在输出侧（谐波发生器输入轴）开始运动的瞬间，所测得的输入侧（柔轮）需要施加的最大转矩值。

空载运行转矩（On No-load Running Torque）：谐波减速器用于减速时，在工作温度为 20℃、规定的润滑条件下，以 2000r/min 的输入转速空载运行 2h 后，所测得的输入转矩值。空载运行转矩与输入转速、减速比、环境温度等有关，输入转速越低、减速比越大、温度越高，空载运行转矩就越小，设计、计算时可根据减速器生产厂家提供的修整曲线修整。

3. 使用寿命

额定寿命（Rated Life）：谐波减速器在正常使用时，出现 10% 产品损坏的理论使用时间（小时，h）。

平均寿命（Average Life）：谐波减速器在正常使用时，出现 50% 产品损坏的理论使用时间（小时，h）。

谐波减速器的使用寿命与工作时的负载转矩、输入转速有关。

4. 其他参数

① 强度。强度（Intensity）以负载冲击次数衡量，减速器的等效负载冲击次数不能超过减速器允许的最大冲击次数（一般为 10000 次）。

② 刚度。谐波减速器刚度（Rigidity）是指减速器的扭转刚度（Torsional Stiffness），常用滞后量（Hysteresis Loss）、弹性系数（Spring Constants）衡量。

滞后量（Hysteresis Loss）：减速器本身摩擦转矩产生的弹性变形误差 θ，与减速器规格和减速比有关，结构形式相同的谐波减速器规格和减速比越大，滞后量就越小。

弹性系数（Spring Constants）：以负载转矩 T 与弹性变形误差 θ 的比值衡量。弹性系数越大，同样负载转矩下谐波减速器所产生的弹性变形误差 θ 就越小，刚度就越高。谐波减速器弹性系数与减速器结构、规格、基本减速比有关；结构相同时，减速器规格和基本减速比越大，弹性系数也越大。

③ 最大背隙。最大背隙（Max. Backlash Quantity）是减速器在空载、环境温度为 20℃ 的条件下，输出侧开始运动瞬间，所测得的输入侧最大角位移。哈默纳科谐波减速器刚轮与柔轮的齿间啮合间隙几乎为 0，背隙主要由谐波发生器输入组件上的奥尔德姆联轴器（Old-ham's Coupling）产生，因此，输入为刚性连接的减速器，可以认为无背隙。

④ 传动精度。谐波减速器传动精度又称角传动精度（Angle Transmission Accuracy），它是谐波减速器用于减速时，在任意 360° 输出范围上，其实际输出转角 θ_2 和理论输出转角 $\theta_{1/R}$ 间的最大差值用 θ_{er} 衡量，θ_{er} 值越小，传动精度就越高。谐波减速器的传动精度与减速器结构、规格、减速比等有关；结构相同时，减速器规格和减速比越大，传动精度越高。

⑤ 传动效率。谐波减速器的传动效率与减速比、输入转速、输出转矩、工作温度、润滑条件等诸多因素有关。减速器生产厂家出品样本中所提供的传动效率 η_r，一般是指输入转速为 2000r/min、输出转矩为额定值、工作温度为 20℃、使用规定润滑方式下，所测得的

效率值。设计、计算传动效率时需要根据生产厂家提供的转速、温度修整曲线进行修整。谐波减速器传动效率还受实际输出转矩的影响，输出转矩低于额定值时，需要根据负载转矩比，按生产厂家提供的修整系数曲线，修整传动效率。

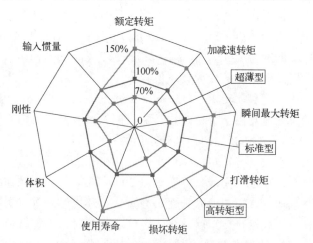

图 8.2-9　谐波减速器基本性能比较

根据技术性能，哈默纳科谐波减速器可分为标准型、高转矩型和超薄型 3 大类，其他产品都是在此基础上所派生的产品。3 类谐波减速器的基本性能比较如图 8.2-9 所示。大致而言，同规格标准型和高转矩型减速器结构、外形相同，但高转矩型的输出转矩可比标准型提高 30% 以上，使用寿命从 7000 小时提高到 10000 小时。超薄型减速器采用了紧凑型结构设计，其轴向长度只有标准型的 60% 左右，但减速器的额定输出转矩、加减速转矩、刚性等指标也比标准型减速器有所下降。

8.2.4　部件型减速器

哈默纳科部件型谐波减速器产品系列、基本结构如表 8.2-3 所示，FB/FR 系列薄饼形谐波减速器通常较少使用，其他产品的结构与主要技术参数如下。

表 8.2-3　哈默纳科部件型谐波减速器产品系列与结构

系列	结构形式（轴向长度）	柔轮形状	输入连接	其他特征
CSF	标准	水杯	标准轴孔、联轴器柔性连接	无
CSG	标准	水杯	标准轴孔、联轴器柔性连接	高转矩
CSD	超薄	水杯	法兰刚性连接	无
SHF	标准	礼帽	标准轴孔、联轴器柔性连接	无
SHG	标准	礼帽	标准轴孔、联轴器柔性连接	高转矩
FB	标准	薄饼	轴孔刚性连接	无
FR	标准	薄饼	轴孔刚性连接	高转矩

1. CSF/CSG/CSD 系列

哈默纳科采用水杯形柔轮的部件型谐波减速器，有标准型 CSF、高转矩型 CSG 和超薄型 CSD 三个系列产品。

标准型、高转矩型减速器的结构相同，安装尺寸一致，减速器由图 8.2-10 所示的输入连接件 1、谐波发生器 4、柔轮 2、刚轮 3 组成；柔轮 2 的形状为水杯状，输入采用标准轴孔、联轴器柔性连接，具有轴心自动调整功能。

CSF 系列谐波减速器规格齐全。减速器的基本减速比可选择 30/50/80/100/120/160；额定输出转矩为 0.9～3550N·m，同规格产品的额定输出转矩大致为国产 CS 系列的 1.5 倍；润滑脂润滑时的最高输入转速为 8500～3000r/min、平均输入转速为 3500～1200r/min。普通型产品的传动精度、滞后量为（2.9～5.8）×10^{-4}rad，最大背隙为（1.0～17.5）×10^{-5}rad；高精度产品的传动精度可提高至（1.5～2.9）×10^{-4}rad。

CSG 系列高转矩型谐波减速器是 CSF 的改进型产品，两系列产品的结构、安装尺寸完

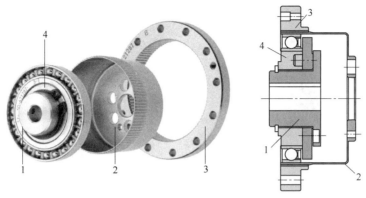

图 8.2-10　CSF/CSG 减速器结构

1—输入连接件；2—柔轮；3—刚轮；4—谐波发生器

全一致。CSG 系列谐波减速器的基本减速比可选择 30/50/80/100/120/160；额定输出转矩为 7～1236N·m，同规格产品的额定输出转矩大致为国产 CS 系列的 2 倍；润滑脂润滑时的最高输入转速为 8500～2800r/min、平均输入转速为 3500～1800r/min。普通型产品的传动精度、滞后量为（2.9～4.4）×10⁻⁴rad，最大背隙为（1.0～17.5）×10⁻⁵rad；高精度产品的传动精度可提高至（1.5～2.9）×10⁻⁴rad。

CSD 系列超薄型减速器的结构如图 8.2-11 所示，减速输入法兰为刚性连接，谐波发生器凸轮与输入法兰设计成一体，减速器轴向长度只有 CSF/CSG 系列减速器的 2/3 左右。CSD 系列减速器的输入无轴心自动调整功能，对输入轴和减速器的安装同轴度要求较高。

CSD 系列谐波减速器的基本减速比可选择 50/100/160；额定输出转矩为 3.7～370N·m，同规格产品的额定输出转矩大致为国产 CD 系列的 1.3 倍；润滑脂润滑时的允许最高输入转速为 8500～3500r/min、平均输入转速为 3500～2500r/min。减速器的传动精度、滞后量为（2.9～4.4）×10⁻⁴rad；由于输入采用法兰刚性连接，减速器的背隙可以忽略不计。

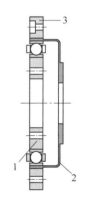

图 8.2-11　CSD 减速器结构

1—谐波发生器组件；2—柔轮；3—刚轮

2. SHF/SHG 系列

哈默纳科采用礼帽形柔轮的部件型谐波减速器，有标准型 SHF、高转矩型 SHG 两系列产品，两者结构相同。减速器由图 8.2-12 所示的谐波发生器及输入组件、柔轮、刚轮等部分组成；柔轮为大直径、中空开口的结构，内部可安装其他传动部件；输入为标准轴孔、联轴器柔性连接，具有轴心自动调整功能。

SHF 系列谐波减速器的基本减速比可选择 30/50/80/100/120/160，额定输出转矩为 4～745N·m，润滑脂润滑时的最高输入转速为 8500～3000r/min、平均输入转速为 3500～2200r/min。普通型产品的传动精度、滞后量为（2.9～5.8）×10⁻⁴rad，最大背隙为（1.0～17.5）×10⁻⁵rad；高精度产品传动精度可提高至（1.5～2.9）×10⁻⁴rad。

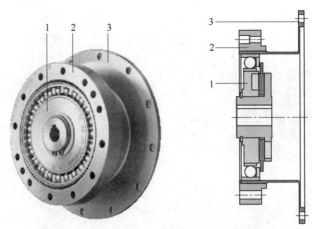

图 8.2-12　礼帽形减速器结构

1—谐波发生器及输入组件；2—柔轮；3—刚轮

哈默纳科 SHG 系列高转矩型谐波减速器是 SHF 的改进型产品，两系列产品的结构、安装尺寸完全一致。SHG 系列谐波减速器的基本减速比可选择 30/50/80/100/120/160，额定输出转矩为 7～1236N·m，润滑脂润滑时的最高输入转速为 8500～2800r/min、平均输入转速为 3500～1900r/min。普通型产品的传动精度、滞后量为 $(2.9～5.8)×10^{-4}$ rad，最大背隙为 $(1.0～17.5)×10^{-5}$ rad；高精度产品传动精度可提高至 $(1.5～2.9)×10^{-4}$ rad。

8.2.5　单元型减速器

哈默纳科单元型谐波减速器的产品种类较多，不同类别的减速器结构如表 8.2-4 所示，产品结构与主要技术参数如下。

表 8.2-4　哈默纳科单元型谐波减速器产品系列与结构

系列	结构形式（轴向长度）	柔轮形状	输入连接	其他特征
CSF-2UH	标准	水杯	标准轴孔、联轴器柔性连接	无
CSG-2UH	标准	水杯	标准轴孔、联轴器柔性连接	高转矩
CSD-2UH	超薄	水杯	法兰刚性连接	无
CSD-2UF	超薄	水杯	法兰刚性连接	中空
SHF-2UH	标准	礼帽	中空轴、法兰刚性连接	中空
SHG-2UH	标准	礼帽	中空轴、法兰刚性连接	中空、高转矩
SHD-2UH	超薄	礼帽	中空轴、法兰刚性连接	中空
SHF-2UJ	标准	礼帽	标准轴、刚性连接	无
SHG-2UJ	标准	礼帽	标准轴、刚性连接	高转矩

1. CSF/CSG-2UH 系列

哈默纳科 CSF/CSG-2UH 标准/高转矩系列谐波减速单元采用的是水杯形柔轮、带键槽标准轴孔输入，两者结构、安装尺寸完全相同。减速单元组成及结构如图 8.2-13 所示。

CSF/CSG-2UH 减速单元的谐波发生器、柔轮结构与 CSF/CSG 部件型谐波减速器相同，但它增加了壳体 2 及连接刚轮、柔轮的 CRB 轴承 4 等部件，使之成为一个可直接安装和连接输出负载的完整单元，其使用简单、安装维护方便。

CSF 系列谐波减速单元的额定输出转矩为 4～951N·m，CSG 高转矩系列谐波减速单元的额定输出转矩为 7～1236N·m。两系列产品的基本减速比均可选择 30/50/80/100/120/

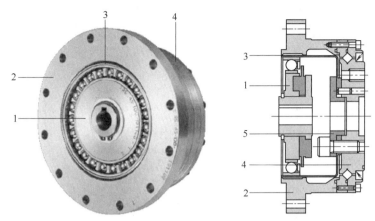

图 8.2-13　CSF/CSG-2UH 系列减速单元结构

1—谐波发生器组件；2—刚轮与壳体；3—柔轮；4—CRB 轴承；5—连接板

160，允许最高输入转速均为 8500～2800r/min、平均输入转速均为 3500～1900r/min。普通型产品的传动精度、滞后量为 $(2.9～5.8)×10^{-4}$rad，减速器最大背隙为 $(1.0～17.5)×10^{-5}$rad；高精度产品传动精度可提高至 $(1.5～2.9)×10^{-4}$rad。

2. CSD-2UH/2UF 系列

哈默纳科 CSD-2UH/2UF 系列超薄减速单元是在 CSD 超薄型减速器的基础上单元化的产品，CSD-2UH 采用超薄型标准结构、CSD-2UF 为超薄型中空结构，两系列产品的组成及结构如图 8.2-14 所示。

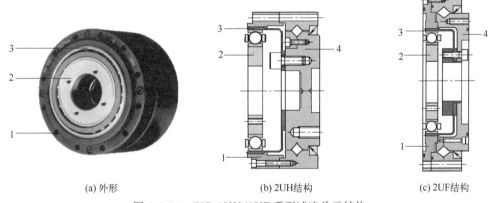

(a) 外形　　　　　　(b) 2UH结构　　　　　　(c) 2UF结构

图 8.2-14　CSD-2UH/2UF 系列减速单元结构

1—刚轮（壳体）；2—谐波发生器；3—柔轮；4—CRB 轴承

CSD-2UH/2UF 超薄减速单元的谐波发生器、柔轮结构与 CSD 超薄部件型减速器相同，但它增加了壳体 1 及连接刚轮、柔轮的 CRB 轴承 4 等部件，使之成为一个可直接安装和连接输出负载的完整单元，其使用简单、安装维护方便。CSD-2UF 系列减速单元的柔轮连接板、CRB 轴承内圈为中空结构，内部可布置管线或传动轴等部件。

CSD-2UH/2UF 减速单元的输入采用法兰刚性连接，谐波发生器凸轮与输入法兰设计成一体，减速器轴向长度只有 CSF/CSG-2UH 系列的 2/3 左右，但减速单元的输入无轴心自动调整功能，对输入轴和减速器的安装同轴度要求较高。

CSD-2UH 系列减速单元的额定输出转矩为 3.7～370N·m，最高输入转速为 8500～

3500r/min、平均输入转速为 3500～2500r/min。CSD-2UF 系列减速单元的额定输出转矩为 3.7～206N·m，最高输入转速为 8500～4000r/min，平均输入转速为 3500～3000r/min。两系列产品的基本减速比均可选择 50/100/160，传动精度与滞后量均为（2.9～4.4）× 10^{-4}rad；减速单元采用法兰刚性连接，背隙可忽略不计。

3. SHF/SHG/SHD-2UH 系列

哈默纳科 SHF/SHG/SHD-2UH 中空轴谐波减速单元的组成及结构如图 8.2-15 所示，它是一个带有中空连接轴和壳体、输出法兰、可整体安装并直接连接负载的完整单元。减速单元内部可布置管线、传动轴等部件，其使用简单、安装方便、结构刚性好。

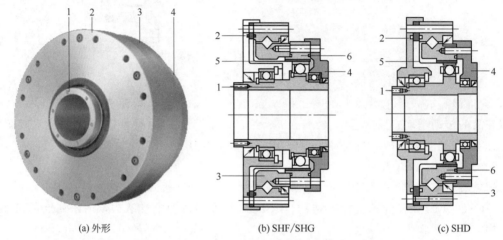

(a) 外形   (b) SHF/SHG   (c) SHD

图 8.2-15　SHF/SHG/SHD-2UH 系列减速单元结构

1—中空轴；2—前端盖；3—CRB 轴承；4—后端盖；5—柔轮；6—刚轮

SHF/SHG-2UH 系列减速单元的刚轮、柔轮与部件型 SHF/SHG 减速器相同，但它在刚轮 6 和柔轮 5 间增加了 CRB 轴承 3；CRB 轴承的内圈与刚轮 6 连接，外圈与柔轮 5 连接，使得刚轮和柔轮间能够承受径向/轴向载荷，直接连接负载。减速单元的谐波发生器输入轴是一个贯通整个减速单元的中空轴，输入轴的前端面可通过法兰连接输入轴，中间部分直接加工成谐波发生器的椭圆凸轮。轴前后端安装有支承轴承及端盖，前端盖 2 与柔轮 5、CRB 轴承 3 的外圈连接成一体后，作为减速单元前端外壳；后端盖 4 和刚轮 6、CRB 轴承 3 的内圈连接成一体后，作为减速单元内芯。

SHF-2UH 系列减速单元的基本减速比可选择 30/50/80/100/120/160，额定输出转矩为 3.7～745N·m，最高输入转速为 8500～3000r/min、平均输入转速为 3500～2200r/min。SHG-2UH 系列减速单元的基本减速比可选择 50/80/100/120/160，额定输出转矩为 7～1236N·m，最高输入转速为 8500～2800r/min、平均输入转速为 3500～1900r/min。两系列普通型产品的传动精度、滞后量均为（2.9～5.8）× 10^{-4}rad，高精度产品传动精度可提高至（1.5～2.9）× 10^{-4}rad；减速单元最大背隙为（1.0～17.5）× 10^{-5}rad。

SHD-2UH 系列减速单元采用了刚轮和 CRB 轴承一体化设计，刚轮齿直接加工在 CRB 轴承内圈上，使轴向尺寸比同规格的 SHF/SHG-2UH 系列缩短约 15%；中空直径也大于同规格的 SHF/SHG-2UH 系列减速单元。SHD-2UH 系列超薄型减速单元基本减速比可选择 50/100/160，额定输出转矩为 3.7～206N·m，最高输入转速为 8500～4000r/min、平均输入转速为 3500～3000r/min；减速单元传动精度为（2.9～4.4）× 10^{-4}rad，滞后量为

$(2.9\sim5.8)\times10^{-4}$rad；最大背隙可忽略不计。

4. SHF/SHG-2UJ 系列

哈默纳科 SHF/SHG-2UJ 系列轴输入谐波减速单元的结构相同、安装尺寸一致。减速单元的组成及内部结构如图 8.2-16 所示，它是一个带有标准输入轴、输出法兰，可整体安装与直接连接负载的完整单元。

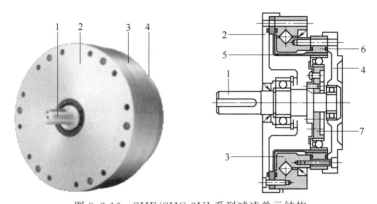

图 8.2-16　SHF/SHG-2UJ 系列减速单元结构
1—输入轴；2—前端盖；3—CRB 轴承；4—后端盖；5—柔轮；6—刚轮；7—谐波发生器

SHF/SHG-2UJ 系列减速单元的刚轮、柔轮和 CRB 轴承结构与 SHF/SHG-2UH 中空轴谐波减速单元相同，但其谐波发生器输入为带键标准轴，可直接安装同步带轮或齿轮等传动部件，其使用非常简单、安装方便。SHF/SHG-2UJ 系列谐波减速单元的主要技术参数与 SHF/SHG-2UH 系列谐波减速单元相同。

8.2.6　简易单元型减速器

哈默纳科简易单元型（Simple Unit Type）谐波减速器是单元型谐波减速器的简化结构，它保留了单元型谐波减速器的刚轮、柔轮、谐波发生器和 CRB 轴承 4 个核心部件，取消了壳体和部分输入、输出连接部件；提高了产品性价比。哈默纳科简易单元型谐波减速器的基本结构如表 8.2-5 所示，产品结构与主要技术参数如下。

表 8.2-5　哈默纳科简易单元型谐波减速器产品系列与结构

系列	结构形式（轴向长度）	柔轮形状	输入连接	其他特征
SHF-2SO	标准	礼帽	标准轴孔、联轴器柔性连接	无
SHG-2SO	标准	礼帽	标准轴孔、联轴器柔性连接	高转矩
SHD-2SH	超薄	礼帽	中空法兰刚性连接	中空
SHF-2SH	标准	礼帽	中空轴、法兰刚性连接	中空
SHG-2SH	标准	礼帽	中空轴、法兰刚性连接	中空、高转矩

1. SHF/SHG-2SO 系列

哈默纳科 SHF/SHG-2SO 系列标准型简易谐波减速单元的结构相同、安装尺寸一致，其组成及结构如图 8.2-17 所示。

SHF/SHG-2SO 系列简易谐波减速单元是在 SHF/SHG 系列部件型减速器的基础上发展起来的产品，其柔轮、刚轮、谐波发生器输入组件的结构相同。SHF/SHG-2SO 系列简易谐波减速单元增加了连接柔轮 2 和刚轮 3 的 CRB 轴承 4，CRB 轴承内圈与刚轮连接、外圈与柔轮连接，减速器的柔轮、刚轮和 CRB 轴承构成了一个可直接连接输入及负载的整体。

SHF/SHG-2SO 系列简易谐波减速单元的主要技术参数与 SHF/SHG-2UH 系列谐波减速单元相同。

2. SHD-2SH 系列

哈默纳科 SHD-2SH 系列超薄型简易谐波减速单元的组成及结构如图 8.2-18 所示。SHD-2SH 系列

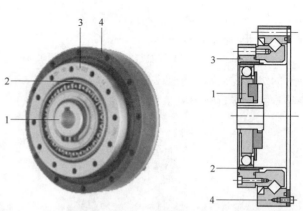

图 8.2-17 SHF/SHG-2SO 系列简易谐波减速单元结构
1—谐波发生器输入组件；2—柔轮；3—刚轮；4—CRB 轴承

超薄型简易谐波减速单元的柔轮为礼帽形，谐波发生器输入为法兰刚性连接，谐波发生器凸轮与输入法兰设计成一体，刚轮齿直接加工在 CRB 轴承内圈上，柔轮与 CRB 轴承外圈连接。由于减速单元采用了最简设计，它是目前哈默纳科轴向尺寸最小的减速器。

SHD-2SH 系列简易谐波减速单元的主要技术参数与 SHD-2UH 系列谐波减速单元相同。

3. SHF/SHG-2SH 系列

哈默纳科 SHF/SHG-2SH 系列中空轴简易单元型谐波减速器的结构相同、安装尺寸一致，其组成及结构如图 8.2-19 所示。

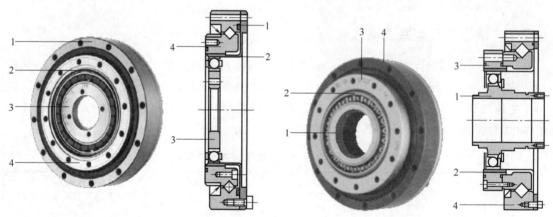

图 8.2-18 SHD-2SH 系列减速器结构

1—CRB 轴承外圈；2—柔轮；3—谐波发生器；
4—刚轮（CRB 轴承内圈）

图 8.2-19 SHF/SHG-2SH 系列简
易谐波减速单元结构
1—输入组件；2—柔轮；3—刚轮；4—CRB 轴承

SHF/SHG-2SH 系列中空轴简易单元型谐波减速器是在 SHF/SHG-2UH 系列中空轴单元型谐波减速器基础上派生的产品，它保留了谐波减速单元的柔轮、刚轮、CRB 轴承和谐波发生器的中空轴等核心部件，取消了前后端盖、支承轴承及相关连接件。减速单元柔轮、刚轮、CRB 轴承设计成统一整体；但谐波发生器中空轴的支承部件，需要用户自行设计。

SHF/SHG-2SH 系列简易谐波减速单元的主要技术参数与 SHF/SHG-2UH 系列谐波减速单元相同。

8.3　RV 减速器原理与结构

8.3.1　RV 齿轮变速原理

1. 基本结构

RV 减速器是旋转矢量（Rotary Vector）减速器的简称，它是在传统摆线针轮、行星齿轮传动装置的基础上，发展出来的一种新型传动装置。与谐波减速器一样，RV 减速器实际上既可用于减速，也可用于增速，但由于传动比很大（通常为 30～260），因此，在工业机器人上都用于减速，故习惯上称 RV 减速器。

RV 减速器由日本 Nabtesco Corporation（纳博特斯克公司）的前身——日本的帝人制机（Teijin Seiki）公司于 1985 年研发，其基本结构如图 8.3-1 所示。

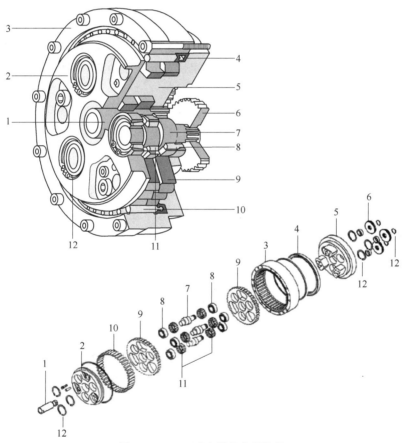

图 8.3-1　RV 减速器的内部结构

1—芯轴；2—端盖；3—针轮；4—密封圈；5—输出法兰；6—行星齿轮；7—曲轴；
8—支承轴承；9—RV 齿轮；10—针齿销；11—滚针；12—卡簧

RV 减速器由芯轴、端盖、针轮、输出法兰、行星齿轮、曲轴组件、RV 齿轮等部件构成，由外向内可分为针轮层、RV 齿轮层（包括端盖 2、输出法兰 5 和曲轴组件）、芯轴层 3 层，每一层均可旋转。

① 针轮层。减速器外层的针轮 3 是一个内侧加工有针齿的内齿圈，外侧加工有法兰和安装孔，可用于减速器固定或输出连接。针轮 3 和 RV 齿轮 9 间一般安装有针齿销 10，当 RV 齿轮 9 摆动时，针齿销可迫使针轮与输出法兰 5 产生相对回转。为了简化结构、减少部件，针轮也可加工成与 RV 齿轮直接啮合的内齿圈，省略针齿销。

② RV 齿轮层。RV 齿轮层由 RV 齿轮 9、端盖 2、输出法兰 5 和曲轴组件等组成。RV 齿轮、端盖、输出法兰为中空结构，内孔用来安装芯轴。曲轴组件数量与减速器规格有关，小规格减速器一般布置 2 组，中大规格减速器布置 3 组。

输出法兰 5 的内侧有 2～3 个连接脚，用来固定安装曲轴前支承轴承的端盖 2。端盖 2 和法兰的中间位置安装有 2 片可摆动的 RV 齿轮 9，它们可在曲轴的驱动下作对称摆动，故又称摆线针轮。

曲轴组件由曲轴 7、前后支承轴承 8、滚针 11 等部件组成，通常有 2～3 组，它们对称分布在圆周上，用来驱动 RV 齿轮摆动。

曲轴 7 安装在输出法兰 5 连接脚的缺口位置，前后端分别通过端盖 2、输出法兰 5 上的圆锥滚柱轴承支承；曲轴的后端是一段用来套接行星齿轮 6 的花键轴，曲轴可在行星齿轮 6 的驱动下旋转。曲轴的中间部位为 2 段偏心轴，偏心轴外圆上安装有多个驱动 RV 齿轮 9 摆动的滚针 11；当曲轴旋转时，2 段偏心轴上的滚针可分别驱动 2 片 RV 齿轮 9 进行 180° 对称摆动。

③ 芯轴层。芯轴 1 安装在 RV 齿轮、端盖、输出法兰的中空内腔中，芯轴可为齿轮轴或用来安装齿轮的花键轴。芯轴上的齿轮称太阳轮，它和套在曲轴上的行星齿轮 6 啮合，当芯轴旋转时，可驱动 2～3 组曲轴同步旋转，带动 RV 齿轮摆动。用于减速的 RV 减速器，芯轴通常用来连接输入，故又称输入轴。

因此，RV 减速器具有 2 级变速：芯轴上的太阳轮和套在曲轴上的行星齿轮间的变速是 RV 减速器的第 1 级变速，称正齿轮变速；通过 RV 齿轮 9 的摆动，利用针齿销 10 推动针轮 3 的旋转，是 RV 减速器的第 2 级变速，称差动齿轮变速。

2. 变速原理

RV 减速器的变速原理如图 8.3-2 所示。

① 正齿轮变速。正齿轮变速原理如图 8.3-2（a）所示，它是由行星齿轮和太阳轮实现的齿轮变速。如太阳轮的齿数为 Z_1、行星齿轮的齿数为 Z_2，则行星齿轮输出/芯轴输入的转速比为 Z_1/Z_2 且转向相反。

② 差动齿轮变速。当曲轴在行星齿轮驱动下回转时，其偏心轴将驱动 RV 齿轮作图 8.3-2（b）所示的摆动，由于曲轴上的 2 段偏心轴为对称布置，故 2 片 RV 齿轮可在对称方向同步摆动。

图 8.3-2（c）为其中的 1 片 RV 齿轮的摆动情况；另一片 RV 齿轮的摆动过程相同，但相位相差 180°。由于 RV 齿轮和针轮间安装有针齿销，当 RV 齿轮摆动时，针齿销将迫使针轮与输出法兰产生相对回转。

如 RV 减速器的 RV 齿轮齿数为 Z_3，针轮齿数为 Z_4（齿差为 1 时，$Z_4-Z_3=1$），减速器以输出法兰固定、芯轴连接输入、针轮连接输出的形式安装，并假设在图 8.3-2（c）所示的曲轴 0° 起始点上，RV 齿轮的最高点位于输出法兰 −90° 位置，其针齿完全啮合，而 90° 位置的针齿则完全脱开。

当曲轴顺时针旋动 180° 时，RV 齿轮最高点也将顺时针转过 180°；由于 RV 齿轮的齿数

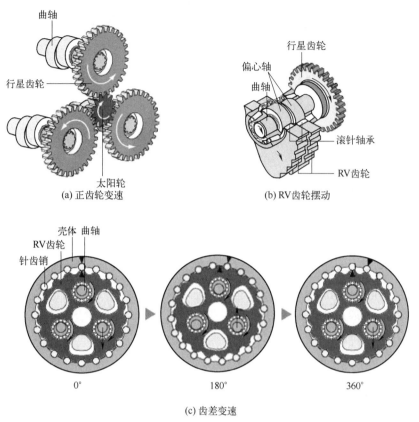

(a) 正齿轮变速   (b) RV齿轮摆动

(c) 齿差变速

图 8.3-2 RV 减速器变速原理

少于针轮 1 个齿，且输出法兰（曲轴）被固定，因此，针轮将相对于安装曲轴的输出法兰产生图 8.3-2（c）所示的半个齿顺时针偏转。

进而，当曲轴顺时针旋动 360°时，RV 齿轮最高点也将顺时针转过 360°，针轮将相对于安装曲轴的输出法兰产生图 8.3-2（c）所示的 1 个齿顺时针偏转。因此，针轮相对于曲轴的偏转角度为：

$$\theta = \frac{1}{Z_4} \times 360°$$

即针轮和曲轴的转速比为 $i = 1/Z_4$，考虑到曲轴行星齿轮和芯轴输入的转速比为 Z_1/Z_2，故可得到减速器的针轮输出和芯轴输入间的总转速比为：

$$i = \frac{Z_1}{Z_2} \times \frac{1}{Z_4}$$

式中 i——针轮输出/芯轴输入转速比；

Z_1——太阳轮齿数；

Z_2——行星齿轮齿数；

Z_4——针轮齿数。

由于驱动曲轴旋转的行星齿轮和芯轴上的太阳轮转向相反，因此，针轮输出和芯轴输入的转向相反。

当减速器的针轮固定、芯轴连接输入、法兰连接输出时情况有所不同。通过芯轴的

$(Z_2/Z_1)\times360°$逆时针回转，可驱动曲轴产生 $360°$ 的顺时针回转，使得 RV 齿轮（输出法兰）相对于固定针轮产生 1 个齿的逆时针偏移，RV 齿轮（输出法兰）相对于固定针轮的回转角度为：

$$\theta_o=\frac{1}{Z_4}\times360°$$

同时，由于 RV 齿轮套装在曲轴上，因此，它的偏转也将使曲轴逆时针偏转 θ_o；因此，相对于固定的针轮，芯轴实际需要回转的角度为：

$$\theta_i=\left(\frac{Z_2}{Z_1}+\frac{1}{Z_4}\right)\times360°$$

所以，输出法兰与芯轴输入的转向相同，转速比为：

$$i=\frac{\theta_o}{\theta_i}=\frac{1}{1+\frac{Z_2}{Z_1}\times Z_4}$$

以上就是 RV 减速器的差动齿轮变速原理。

相反，如减速器的针轮被固定、RV 齿轮（输出法兰）连接输入、芯轴连接输出，则 RV 齿轮旋转时，将通过曲轴迫使芯轴快速回转，起到增速的作用。同样，当减速器的 RV 齿轮（输出法兰）被固定、针轮连接输入、芯轴连接输出时，针轮的回转也可迫使芯轴快速回转，起到增速的作用。这就是 RV 减速器的增速原理。

3. 传动比

RV 减速器采用针轮固定、芯轴输入、法兰输出安装时的传动比（输入转速与输出转速之比），称为基本减速比 R，其值为：

$$R=1+\frac{Z_2}{Z_1}\times Z_4$$

这样，通过不同形式的安装，RV 减速器将有表 8.3-1 所示的 6 种不同用途和不同转速比。转速比 i 为负值时，代表输入轴和输出轴的转向相反。

表 8.3-1　RV 减速器的安装形式与转速比

序号	安装形式	安装示意图	用途	输出/输入转速比 i
1	针轮固定、芯轴输入、法兰输出		减速,输入、输出轴转向相同	$\frac{1}{R}$
2	法兰固定、芯轴输入、针轮输出		减速,输入、输出轴转向相反	$-\frac{1}{R-1}$

续表

序号	安装形式	安装示意图	用途	输出/输入转速比 i
3	芯轴固定、针轮输入、法兰输出		减速,输入、输出轴转向相同	$\dfrac{R-1}{R}$
4	针轮固定、法兰输入、芯轴输出		增速,输入、输出轴转向相同	R
5	法兰固定、针轮输入、芯轴输出		增速,输入、输出轴转向相反	$-(R-1)$
6	芯轴固定、法兰输入、针轮输出		增速,输入、输出轴转向相同	$\dfrac{R}{R-1}$

4. 主要特点

由 RV 减速器的结构和原理可见,它与其他传动装置相比,主要有以下特点。

① 传动比大。RV 减速器设计有正齿轮、差动齿轮 2 级变速,其传动比可达到甚至超过谐波齿轮传动装置,实现传统的普通齿轮、行星齿轮、蜗轮蜗杆、摆线针轮传动装置难以达到的大比例减速。

② 结构刚性好。减速器的针轮和 RV 齿轮间通过直径较大的针齿销传动,曲轴采用的是圆锥滚柱轴承支承;减速器的结构刚性好、使用寿命长。

③ 输出转矩高。RV 减速器的正齿轮变速一般有 2～3 对行星齿轮;差动齿轮变速采用的是硬齿面多齿销同时啮合,且其齿差固定为 1 齿。因此,在相同体积下,其齿形可比谐波减速器做得更大,输出转矩更高。

表 8.3-2 为基本减速比相同、外形尺寸相近的哈默纳科谐波减速器和纳博特斯克 RV 减速器的性能比较表。

表 8.3-2   谐波减速器和 RV 减速器性能比较表

主要参数	谐波减速器	RV 减速器
型号与规格（单元型）	哈默纳科 CSG-50-100-2UH	纳博特斯克 RV-80E-101
外形尺寸/mm	$\phi190\times90$	$\phi190\times84$（长度不包括芯轴）
基本减速比	100	101
额定输出转矩/(N·m)	611	784
最高输入转速/(r/min)	3500	7000
传动精度/($\times10^{-4}$rad)	1.5	2.4
空程/($\times10^{-4}$rad)	2.9	2.9
间隙/($\times10^{-4}$rad)	0.58	2.9
弹性系数/($\times10^4$ N·m/rad)	40	67.6
传动效率	70%～85%	80%～95%
额定寿命/h	10000	6000
质量/kg	8.9	13.1
惯量/($\times10^{-4}$kg·m^2)	12.5	0.482

由表可见，与同等规格（外形尺寸相近）的谐波减速器相比，RV 减速器具有额定输出转矩大、输入转速高、刚性好（弹性系数大）、传动效率高、惯量小等优点；但是，RV 减速器的结构复杂、部件多、质量大，且有正齿轮、差动齿轮 2 级变速，齿轮间隙大、传动链长，因此，减速器的传动间隙、传动精度等指标低于谐波减速器。

RV 减速器的结构复杂、部件多，生产制造成本相对较高，减速器的安装、维修也不及谐波减速器方便。因此，在工业机器人上，RV 减速器多用于中小规格机器人机身的腰、上臂、下臂等大惯量、高转矩输出关节的回转减速，以及大型、重型机器人上，有时也用于手腕减速。

8.3.2   RV 减速器结构

日本的 Nabtesco Corporation（纳博特斯克公司）既是 RV 减速器的发明者，又是目前全球最大、技术最领先的 RV 减速器生产企业，其产品占据了全球 60% 以上的工业机器人 RV 减速器市场。

纳博特斯克 RV 减速器的基本结构形式有部件型（Component Type）、单元型（Unit Type）、齿轮箱型（Gear Head Type）3 大类。

1. 部件型

部件型（Component Type）减速器采用的是图 8.3-1 所示的 RV 减速器基本结构，故又称基本型（Original）。基本型 RV 减速器无外壳和输出轴承，减速器的针轮、输入轴、输出法兰的安装、连接需要机器人生产厂家实现；针轮和输出法兰间的支承轴承等部件需要用户自行设计。

部件型 RV 减速器的芯轴、太阳轮等输入部件可以分离安装，但减速器端盖、针轮、输出法兰、行星齿轮、曲轴组件、RV 齿轮等部件，原则上不能由用户进行分离和组装。纳博特斯克部件型 RV 减速器目前只有 RV 系列产品。

2. 单元型

单元型（Unit Type）减速器简称 RV 减速单元，它设计有固定的壳体和输出法兰；输出法兰和壳体间安装有可同时承受径向及轴向载荷的高刚性角接触球轴承，减速器输出法兰可直接连接与驱动负载。纳博特斯克单元型 RV 减速器主要有图 8.3-3 所示的 RV E 标准型、RV N 紧凑型、RV C 中空型 3 大类产品。

RV E 标准型减速单元采用单元型 RV 减速器的标准结构，减速单元带有外壳、输出轴承、安装固定法兰、输入轴、输出法兰；输出法兰可直接连接和驱动负载。

RV N 紧凑型减速单元是在 RV E 标准型减速单元的基础上派生的轻量级、紧凑型产品。同规格的 RV N 紧凑型减速单元的体积和重量，分别比 RV E 标准型减少了 8％～20％和 16％～36％。RV N 紧凑型减速单元是纳博特斯克当前推荐的新产品。

RV C 中空型减速单元采用了大直径、中空结构，减速器内部可布置管线或传动轴。中空型减速单元的输入轴和太阳轮，一般需要选配或直接由用户自行设计、制造和安装。

(a) RV E   (b) RV N   (c) RV C

图 8.3-3 常用的 RV 减速单元

3. 齿轮箱型

齿轮箱型（Gear Head Type）RV 减速器（RV 减速箱）设计有驱动电机的安装法兰和电机轴连接部件，可像齿轮减速器一样直接安装并连接和驱动电机，实现减速器和驱动电机的结构整体化。纳博特斯克 RV 减速器目前有 RD2 标准型、GH 高速型、RS 扁平型 3 类常用产品。

RD2 标准型减速器是纳博特斯克早期 RD 系列减速器的改进型产品，产品有图 8.3-4 所示的轴向输入（RDS 系列）、径向输入（RDR 系列）和轴输入（RDP 系列）3 类；每类产品又分实心芯轴（图上部）和空心芯轴（图下部）2 大系列。采用实心芯轴的 RV 减速器使用的是 RV E 标准型减速器；采用空心芯轴的 RV 减速器使用的是 RV C 中空型减速器。

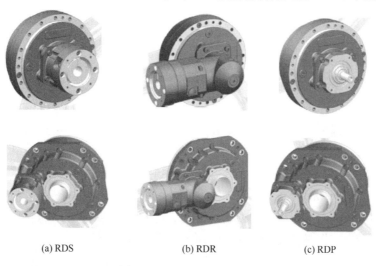

(a) RDS   (b) RDR   (c) RDP

图 8.3-4 RD2 系列减速器

纳博特斯克 GH 高速型减速器（简称高速减速器）如图 8.3-5 所示。

RV 减速器的减速比较小、输出转速较高，RV 减速器的第 1 级正齿轮基本不起减速作用，因此，其太阳轮直径较大，故多采用芯轴和太阳轮分离型结构，两者通过花键轴进行连接。GH 系列高速减速器的芯轴输入一般为标准轴孔连接，输出可选择法兰、输出轴 2 种连接方式。高速减速器的减速比一般只有 10～30，其额定转速为标准型的 2.3 倍、过载能力为标准型的 1.4 倍，故常用于转速相对较高的工业机器人上臂、手腕等关节驱动。

纳博特斯克 RS 扁平型减速器（简称扁平减速器）如图 8.3-6 所示，它是该公司近年开发的新产品。为了减小厚度，扁平减速器的驱动电机统一采用径向安装，芯轴为中空。RS 系列扁平减速器的额定输出转矩高（可达 8820N·m）、额定转速低（一般为 10r/min）、承载能力强（载重可达 9000kg），故可用于大规格搬运、装卸、码垛工业机器人的机身，中型机器人的腰关节驱动，或直接作为回转变位器使用。

图 8.3-5　GH 高速减速器

图 8.3-6　RS 扁平减速器

8.3.3　主要技术参数

1. 基本参数

RV 减速器的基本参数用于减速器选型，参数如下。

① 额定转速（Rated Rotational Speed）：用来计算 RV 减速器额定转矩、使用寿命等参数的理论输出转速，大多数 RV 减速器选取 15r/min，个别小规格、高速 RV 减速器选取 30r/min 或 50r/min。

需要注意的是：RV 减速器额定转速的定义方法与电动机等产品有所不同，它并不是减速器长时间连续运行时允许输出的最高转速。一般而言，中小规格 RV 减速器的额定转速，通常低于减速器长时间连续运行的最高输出转速；大规格 RV 减速器的额定转速，可能高于减速器长时间连续运行的最高输出转速，但必须低于减速器以 40% 工作制、断续工作时的最高输出转速。

例如，纳博特斯克中规格 RV-100N 减速器的额定转速为 15r/min，低于减速器长时间连续运行的最高输出转速（35r/min）；而大规格 RV-500 减速器的额定转速同样为 15r/min，但其长时间连续运行的最高输出转速只能达到 11r/min，而 40% 工作制、断续工作时的最高输出转速为 25r/min。

② 额定转矩（Rated Torque）：额定转矩是假设 RV 减速器以额定转速连续工作时的最大输出转矩值。纳博特斯克 RV 减速器的规格代号，通常以额定转矩近似值（单位 kgf❶·

❶ 1kgf＝9.80665N。

m）表示。例如，纳博特斯克 RV-100 减速器的额定转矩约为 1000N·m。

RV 减速器的额定转矩应大于减速器实际工作时的负载平均转矩（Average Load Torque），负载平均转矩是减速器的等效负载转矩，需要根据减速器的实际运行状态计算得到。

③ 额定输入功率（Rated Input Power）：RV 减速器的额定输入功率又称额定输入容量（Rated Input Capacity），它是根据减速器额定转矩、额定转速、理论传动效率计算得到的减速器输入功率理论值。

④ 最大输出转速（Permissible Max. Value of Output Rotational Speed）：最大输出转速又称允许（或容许）输出转速，它是减速器在空载状态下，长时间连续运行所允许的最高输出转速值。RV 减速器的最大输出转速主要受温升限制，如减速器断续运行，实际输出转速值可大于最大输出转速，为此，某些产品提供了连续（100％工作制）、断续（40％工作制）两种典型工作状态的最大输出转速值。

⑤ 空载运行转矩（On No-load Running Torque）：RV 减速器的基本空载运行转矩是在环境温度为 30℃、使用规定润滑的条件下，减速器采用标准安装、减速运行时，所测得的输入转矩折算到输出侧的输出转矩值。RV 减速器实际工作时的空载运行转矩与输出转速、环境温度、减速器减速比有关，输出转速越高、环境温度越低、减速比越小，空载运行转矩就越大，实际使用时需要按减速器生产厂家提供的低温工作修整曲线修整。

⑥ 增速启动转矩（On Overdrive Starting Torque）：在环境温度为 30℃、采用规定润滑的条件下，RV 减速器用于空载、增速运行时，在输出侧（如芯轴）开始运动的瞬间，所测得的输入侧（如输出法兰）需要施加的最大转矩值。

⑦ 传动精度（Angle Transmission Accuracy）：传动精度是指 RV 减速器采用针轮固定、芯轴输入、输出法兰连接负载的标准减速安装方式时，在任意 360°输出范围上的实际输出转角和理论输出转角间的最大误差值。传动精度与传动系统设计、负载条件、环境温度、润滑条件等诸多因素有关，说明书、手册提供的传动精度通常只是 RV 减速器在特定条件下运行的参考值。

⑧ 传动效率：RV 减速器的传动效率与输出转速、输出转矩、工作温度、润滑条件等诸多因素有关；通常而言，在同样的工作温度和润滑条件下，输出转速越低、输出转矩越大，减速器的传动效率就越高。RV 减速器生产厂家通常只提供环境温度 30℃、使用规定润滑时，减速器在特定输出转速（如 10、30、60r/min）下的基本传动效率曲线。

⑨ 额定寿命（Rated Life）：额定寿命是指 RV 减速器在正常使用时，出现 10％产品损坏的理论使用时间。纳博特斯克 RV 减速器的额定寿命一般为 6000h。RV 减速器实际使用寿命与实际工作时的负载转矩、输出转速有关，需要根据减速器的实际运行状态计算得到。

2. 其他参数

除了基本参数外，RV 减速器生产厂家一般还可以提供以下减速器的性能参数，供用户选型计算和校验。

① 启制动峰值转矩（Peak Torque for Start and Stop）：RV 减速器加减速时，短时间允许的最大负载转矩。纳博特斯克 RV 减速器的启制动峰值转矩，一般按额定转矩的 2.5 倍设计，个别小规格减速器为 2 倍；故启制动峰值转矩也可直接由额定转矩计算得到。

② 瞬间最大转矩（Maximum Momentary Torque）：RV 减速器工作出现异常（如负载出现碰撞、冲击）时，保证减速器不损坏的瞬间极限转矩。纳博特斯克 RV 减速器的瞬间最

大转矩，通常按启制动峰值转矩的 2 倍设计，故也可直接由启制动峰值转矩计算得到，或按减速器额定转矩的 5 倍计算得到，个别小规格减速器为额定转矩的 4 倍。

额定转矩、启制动峰值转矩、瞬间最大转矩的含义如图 8.3-7 所示。

③ 强度（Intensity）：强度是指 RV 减速器柔轮的耐冲击能力，以 RV 减速器保证额定寿命的最大允许冲击次数表示。RV 减速器运行时如果存在超过启制动峰值转矩的负载冲击（如急停等），将使部件的疲劳加剧、使用寿命缩短；冲击负载不能超过减速器的瞬间最大转矩，否则将直接导致减速器损坏。RV 减速器的疲劳与冲击次数、冲击转矩、冲击负载持续时间及减速器针轮齿数有关，需要根据减速器的实际运行状态计算得到。

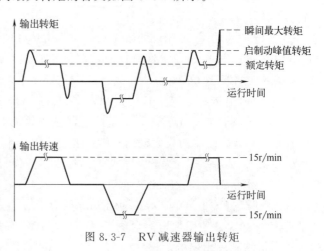

图 8.3-7　RV 减速器输出转矩

④ 间隙（Backlash）：RV 减速器间隙是传动齿轮间隙与减速器空载时（负载转矩 $T = 0$）由本身摩擦转矩所产生的弹性变形误差之和。

⑤ 空程（Lost Motion）：RV 减速器空程是在负载转矩为 3% 额定转矩 T_0 时，减速器所产生的弹性变形误差。

⑥ 弹性系数（Spring Constants）：RV 减速器输出转矩与弹性变形误差的比值。RV 减速器在摩擦转矩和负载转矩的作用下，针轮、针齿销、齿轮等都将产生弹性变形，导致实际输出转角与理论转角间存在误差；弹性变形误差将随着负载转矩的增加而增大，工程计算时可以用弹性系数近似等效。RV 减速器的弹性系数受减速比的影响较小，它原则上只和减速器规格有关，规格越大，弹性系数越高、刚性越好。

⑦ 力矩刚度（Moment Rigidity）：RV 减速器负载力矩与弯曲变形误差的比值。力矩刚度是衡量 RV 减速器抗弯曲变形能力的参数。单元型、齿轮箱型 RV 减速器的输出法兰和针轮间安装有输出轴承，减速器生产厂家需要提供允许最大轴向、负载力矩等力矩刚度参数。基本型减速器无输出轴承，减速器允许的最大轴向、负载力矩等力矩刚度参数，取决于用户传动系统设计及输出轴承选择。

单元型、齿轮箱型 RV 减速器的径向载荷、轴向载荷受减速器部件结构的限制，减速器正常使用时的轴向载荷、负载力矩均不得超出生产厂家提供的轴向载荷/负载力矩曲线的范围，瞬间最大负载力矩一般不得超过正常使用最大负载力矩的 2 倍。

8.3.4　典型产品及特点

1. 基本型减速器

纳博特斯克 RV 系列基本型（Original）减速器是早期工业机器人的常用产品，减速器采用图 8.3-8 所示的部件型 RV 减速器基本结构，其组成部件及说明可参见前述。

基本型 RV 减速器的针轮 3 和输出法兰 6 间无输出轴承，因此，减速器使用时，需要用户自行设计、安装输出轴承（如 CRB 轴承）。

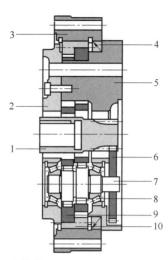

图 8.3-8　RV 系列减速器结构

1—芯轴；2—端盖；3—针轮；4,10—针齿销；5,9—RV 齿轮；6—输出法兰；7—行星齿轮；8—曲轴

RV 系列基本型减速器的产品规格较多，行星齿轮和芯轴结构有所区别。

增加行星齿轮数量，可减小轮齿单位面积承载、均化误差，但受结构尺寸的限制。纳博特斯克 RV 系列减速器的行星齿轮数量与减速器规格有关：RV-30 及以下规格，为图 8.3-9（a）所示的 2 对行星齿轮；RV-60 及以上规格，为图 8.3-9（b）所示的 3 对行星齿轮。

RV 减速器的芯轴结构与减速比有关。为了简化结构设计、提高零部件的通用化程度，同规格的 RV 减速器传动比一般通过第 1 级正齿轮变速调整。

纳博特斯克减速比 $R \geq 70$ 的 RV 减速器，正齿轮转速比大、太阳轮齿数少，减速器采用图 8.3-10（a）所示的结构，太阳轮直接加工在芯轴上，芯轴（太阳轮）可从输入侧安装。减速比 $R < 70$ 的纳博特斯克 RV 减速器，其正齿轮转速比小、太阳轮齿数多，减速器采用图 8.3-10（b）所示的芯轴和太阳轮分离型结构，芯轴和太阳轮通过花键轴连接，并需要在输出侧安装芯轴和太阳轮的支承轴承。

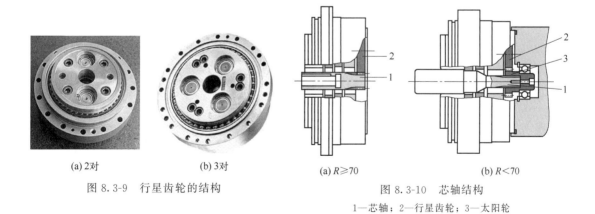

(a) 2对　　　　　　(b) 3对　　　　　(a) $R \geq 70$　　　　　(b) $R < 70$

图 8.3-9　行星齿轮的结构　　　　图 8.3-10　芯轴结构

1—芯轴；2—行星齿轮；3—太阳轮

纳博特斯克 RV 系列基本型减速器有 RV-15/30/60/160/320/450 等产品，基本减速比为 57～192.4，额定转速为 15r/min，额定转矩为 137～5390N·m，空程与间隙为 2.9×10^{-4} rad，传动精度为 $(2.4 \sim 3.4) \times 10^{-4}$ rad。

2. 标准单元型减速器

纳博特斯克 RV E 系列标准单元型减速器的结构如图 8.3-11 所示。

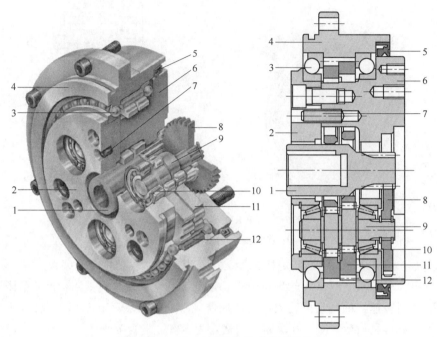

图 8.3-11　RV E 标准单元型减速器结构

1—芯轴；2—端盖；3—输出轴承；4—壳体（针轮）5—密封圈；6—输出法兰（输出轴）；
7—定位销；8—行星齿轮；9—曲轴组件；10—滚针轴承；11—RV 齿轮；12—针齿销

单元型减速器的输出法兰 6 和壳体（针轮）4 间，安装有一对高精度、高刚性的输出轴承 3，使输出法兰 6 可以同时承受径向和轴向载荷、能够直接连接负载。RV E 减速器其他部件的结构与 RV 基本型减速器相同，减速器的行星齿轮数量与规格有关，40E 及以下规格为 2 对行星齿轮，80E 及以上规格为 3 对行星齿轮。RV E 减速器的芯轴结构取决于减速比，减速比 $R \geqslant 70$ 的减速器，太阳轮直接加工在输入芯轴上；减速比 $R < 70$ 的减速器，采用输入芯轴和太阳轮分离型结构，芯轴和太阳轮通过花键轴连接，并需要在输出侧安装太阳轮的支承轴承。

标准单元型减速器有 RV-6E/20E/40E/80E/110E/160E/320E/450E 等产品，其中，RV-6E 的基本减速比为 31～103，额定转速为 30r/min，额定转矩为 58N·m，空程与间隙为 4.4×10^{-4} rad，传动精度为 5.1×10^{-4} rad；其他产品的基本减速比为 57～192.4，额定转速为 15r/min，额定转矩为 167～4410N·m，空程与间隙为 2.9×10^{-4} rad，传动精度为 $(2.4 \sim 3.4) \times 10^{-4}$ rad。

3. 紧凑单元型减速器

纳博特斯克 RV N 系列紧凑单元型减速器是在 RV E 系列标准型减速器的基础上，发展起来的轻量级、紧凑型产品，减速器的结构如图 8.3-12 所示。

RV N 系列紧凑单元型减速器的行星齿轮采用敞开式安装，芯轴可直接从行星齿轮侧输入，不穿越减速器，加上减速器输出法兰轴向长度较短，因此，减速器体积、重量与同规格的标准型减速器相比，分别减少了 8％～20％、16％～36％。RV N 减速器的行星齿轮数量均为 3 对，标准产品仅提供配套的芯轴半成品，用户可根据输入轴的形状、尺寸补充加工轴

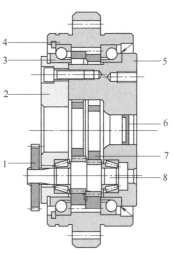

图 8.3-12 RV N 紧凑单元型减速器结构

1—行星齿轮；2—端盖；3—输出轴承；4—壳体（针轮）；5—输出法兰（输出轴）；

6—密封盖；7—RV 齿轮；8—曲轴

孔及齿轮。RV N 系列紧凑单元型减速器的芯轴安装调整方便、维护容易、使用灵活，目前已逐步替代标准单元型减速器，在工业机器人上得到越来越多的应用。

纳博特斯克 RV N 系列紧凑单元型减速器有 RV-25N/42N/60N/80N/100N/125N/160N/380N/500N/700N 等产品，基本减速比为 41～203.52，额定转速为 15r/min，额定转矩为 245～7000N·m，空程与间隙为 2.9×10^{-4} rad，传动精度为 $(2.4～3.4) \times 10^{-4}$ rad。

4. 中空单元型减速器

纳博特斯克 RV C 系列中空单元型减速器是标准单元型减速器的变形产品，减速器的结构如图 8.3-13 所示。

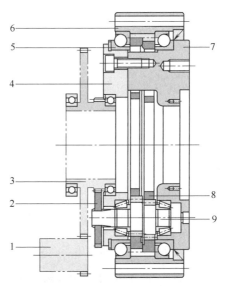

图 8.3-13 RV C 中空单元型减速器结构

1—输入轴；2—行星齿轮；3—双联太阳轮；4—端盖；5—输出轴承；6—壳体（针轮）；

7—输出法兰（输出轴）；8—RV 齿轮；9—曲轴

RV C 系列中空单元型减速器的 RV 齿轮、端盖、输出法兰均采用大直径中空结构，行星齿轮采用敞开式安装，芯轴可直接从行星齿轮侧输入。RV C 减速器的行星齿轮数量与规格有关，RV-50C 及以下规格为 2 对行星齿轮，RV-100C 及以上规格为 3 对行星齿轮。

中空单元型减速器的内部，通常需要布置管线或其他传动轴，因此，行星齿轮一般采用图 8.3-13 所示的中空双联太阳轮 3 输入，输入轴 1 与减速器为偏心安装。减速器的端盖 4、输出法兰 7 内侧，均加工有安装双联太阳轮支承、输出轴连接的安装定位面及螺孔；双联太阳轮及其支承部件，通常由用户自行设计制造。

中空单元型减速器的输入轴和行星齿轮间有 2 级齿轮传动。由于中空双联太阳轮的直径较大，因此，双联太阳轮和行星齿轮间通常为增速；而输入轴和双联太阳轮则为大比例减速。减速器的双联太阳轮和行星齿轮、输入轴和双联太阳轮的转速比需要用户根据实际传动系统结构自行设计，因此，减速器生产厂家只提供基本 RV 齿轮减速比及传动精度等参数，减速器的最终减速比、传动精度，取决于用户的输入轴和双联太阳轮结构设计和制造精度。

纳博特斯克 RV C 系列中空单元型减速器有 RV-10C/27C/50C/100C/200C/320C/500C 等产品，基本减速比为 27～37.34，额定转速为 15r/min，额定转矩为 98～4900N·m，空程与间隙为 2.9×10^{-4} rad，传动精度为 $(1.2～2.9) \times 10^{-4}$ rad。

8.4　垂直串联机器人结构实例

8.4.1　小型机器人结构实例

6 轴垂直串联是工业机器人使用最广、最典型的结构形式。承载能力 20kg 以下的小规格、轻量垂直串联机器人通常采用腕摆动轴 B（j5）、手回转轴 T（j6）驱动电机安装在手腕前端的前驱手腕结构，以安川小型机器人为例，其结构如下。

1. 基座与腰

基座用于机器人的安装、固定，也是机器人的线缆、管路的输入部位。垂直串联机器人基座的典型结构如图 8.4-1 所示。

基座的底部为机器人安装固定板，固定板可通过地脚螺栓固定于地面，或者，通过固定螺栓进行悬挂、倾斜安装。

基座内侧设计有安装 RV 减速器的凸台，凸台上方用来固定腰回转轴 S（j1）的 RV 减速器壳体（针轮）；减速器输出轴连接腰体。基座的后侧设计有机器人线缆、管路连接用的管线盒，管线盒正面布置有电线电缆插座、气管油管接头。

机器人的腰回转轴对减速器输出转矩、刚性的要求较高，因此，大多采用 RV 减速器减速。腰回转的 RV 减速器一般采用针轮（壳体）固定、输出轴回转的安装方式，由于驱动电机安装在输出轴上，电机将随同腰体回转。

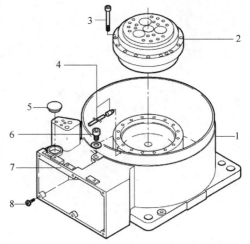

图 8.4-1　基座结构

1—基座体；2—RV 减速器；3,6,8—螺钉；4—润滑管；5—盖；7—管线盒

　　腰是机器人本体的关键部件，其结构刚性、回转范围、定位精度等都直接决定了机器人的技术性能。机器人腰部的典型结构如图 8.4-2 所示。

　　腰回转驱动电机 1 的输出轴与 RV 减速器的芯轴 2（输入）连接。电机座 4 和腰体 6 安装在 RV 减速器的输出轴上，当电机旋转时，减速器输出轴将带动腰体在基座上回转。腰体 6 的上部有一个突耳 5，其左右两侧用来安装下臂及其驱动电机。

　　2. 上下臂

　　机器人下臂是连接腰部和上臂的中间体，需要在腰上进行摆动运动；上臂是连接下臂和手腕的中间体，它可连同手腕摆动。机器人上下臂的重心与回转中心的距离远、回转转矩大，同样对减速器输出转矩、刚性有较高的要求，因此，通常也需要采用 RV 减速器减速。

　　下臂的典型结构如图 8.4-3 所示。

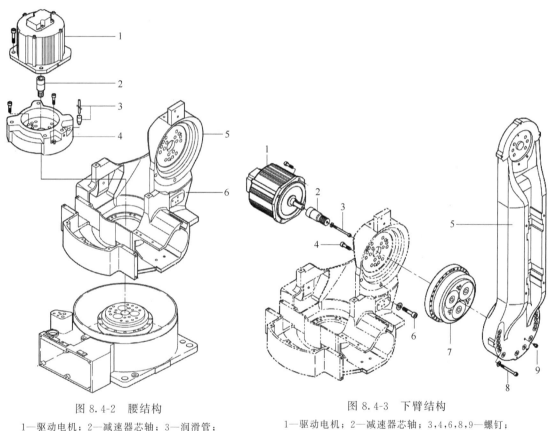

图 8.4-2　腰结构
1—驱动电机；2—减速器芯轴；3—润滑管；
4—电机座；5—突耳；6—腰体

图 8.4-3　下臂结构
1—驱动电机；2—减速器芯轴；3,4,6,8,9—螺钉；
5—下臂体；7—RV 减速器

　　下臂体 5 和驱动电机 1 分别安装在腰体上部突耳的两侧，RV 减速器 7 安装在腰体上，驱动电机经 RV 减速器减速后，可驱动下臂进行摆动。

　　下臂摆动的 RV 减速器一般采用输出轴固定、针轮（壳体）回转的安装方式。驱动电机 1 安装在腰体突耳的左侧，电机轴与 RV 减速器 7 的芯轴 2 连接；RV 减速器输出轴通过螺钉 4 固定在腰体上，针轮（壳体）通过螺钉 8 连接下臂体 5；电机旋转时，针轮将带动下臂在腰体上摆动。

　　上臂的典型结构如图 8.4-4 所示。

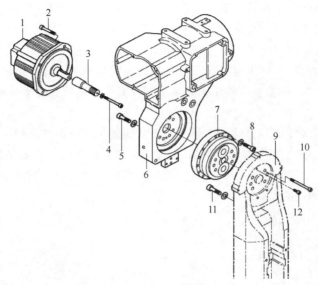

图 8.4-4　上臂结构

1—驱动电机；3—RV 减速器芯轴；2,4,5,8,10,11,12—螺钉；6—上臂；7—减速器；9—下臂

上臂 6 的后上方设计成箱体，内腔用来安装手腕回转轴 R 的驱动电机及减速器。上臂摆动轴 U 的驱动电机 1 安装在臂左下方，随同上臂运动，电机轴与 RV 减速器 7 的芯轴 3 连接。RV 减速器 7 安装在上臂右下侧，减速器针轮（壳体）利用连接螺钉 5（或 8）连接上臂；输出轴通过螺钉 10 连接下臂 9；电机旋转时，上臂将绕下臂摆动。

3. R 轴

小规格、轻量垂直串联机器人的手腕结构紧凑，对减速器的传动精度要求较高，因此，一般采用谐波减速器减速。为了降低生产成本，批量生产的机器人专业生产厂家一般直接使用部件型谐波减速器。

小规格、轻量机器人的上臂固定部分通常较短，而手腕回转体作为长臂的一部分，一般延伸较长，因此，R（j4）轴亦可视作上臂摆动轴。

前驱结构机器人的腕摆动轴 B（j5）、手回转轴 T（j6）的驱动电机安装在上臂前端，R（j4）轴传动系统通常采用图 8.4-5 所示的独立传动结构，R 轴驱动电机、减速器、过渡轴等传动部件均安装在上臂的内腔；手腕回转体安装在上臂的前端；减速器输出和手腕回转体之间，通过过渡轴连接。

R 轴谐波减速器 3 通常采用刚轮固定、柔轮回转的安装方式，刚轮和电机座 2 固定在上臂内壁，R 轴驱动电机 1 的输出轴和减速器的谐波发生器连接；谐波减速器的柔轮作为输出，用来带动手腕回转体 8 回转。

过渡轴 5 是连接谐波减速器和手腕回转体 8 的中间轴，它安装在上臂内部，可在上臂 6 的内侧回转。过渡轴 5 的前端面安装有可同时承受径向和轴向载荷的交叉滚子轴承（CRB）7，后端面与谐波减速器柔轮连接。过渡轴的后支承为径向轴承 4，轴承外圈安装于上臂内侧；内圈与过渡轴 5、手腕回转体 8 连接，它们可在减速器柔轮的驱动下回转。

4. B 轴

前驱结构机器人的腕摆动轴 B（j5）的典型传动系统如图 8.4-6 所示。手腕回转体 17 前端一般设计成 U 形叉结构，U 形叉的一侧用来安装 B 轴减速器，另一侧用来安装 T 轴中间

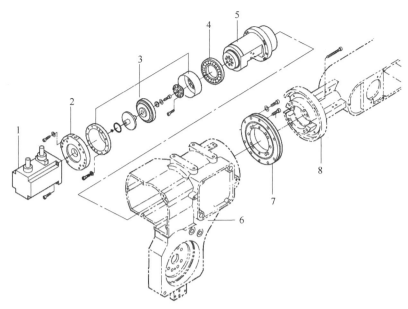

图 8.4-5　R 轴独立传动结构

1—电机；2—电机座；3—减速器；4—轴承；5—过渡轴；

6—上臂；7—CRB 轴承；8—手腕回转体

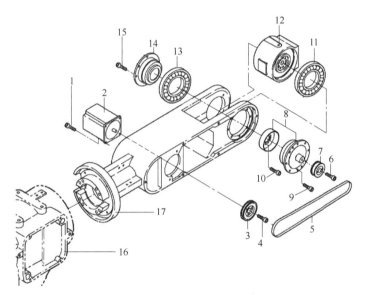

图 8.4-6　B 轴典型传动系统

1,4,6,9,10,15—螺钉；2—驱动电机；3,7—同步带轮；5—同步带；8—谐波减速器；

11,13—轴承；12—摆动体；14—支承座；16—上臂；17—手腕回转体

传动部件；腕摆动轴 B 的摆动体安装在 U 形叉的内侧。B 轴驱动电机 2 一般安装在手腕回转体 17 的中部，驱动电机通过同步带 5 与手腕前端的谐波减速器 8 的输入轴连接。

　　B 轴减速器通常采用刚轮固定、柔轮输出的安装方式；减速器刚轮和安装于手腕回转体 17 左前侧的支承座 14 是摆动体 12 的回转支承；柔轮作为输出连接摆动体 12；当驱动电机 2 旋转时，可通过同步带 5 带动减速器谐波发生器旋转，柔轮将带动摆动体 12，在 U 形叉

内侧摆动。

5. T 轴

前驱机器人的手回转轴 T（j6）驱动电机一般安装在手腕回转体前侧，为了将动力从手腕回转体跨越摆动体，传递到摆动体的前端输出面，T 轴传动系统需要利用锥齿轮进行 90°换向，因此，传动系统通常由中间传动部件和回转减速部件 2 部分组成。

① T 轴中间传动部件。T 轴中间传动部件的作用是将驱动电机的动力传递到摆动体内侧，传动部件安装在手腕回转体 3 的 U 形叉上，其典型结构如图 8.4-7 所示。

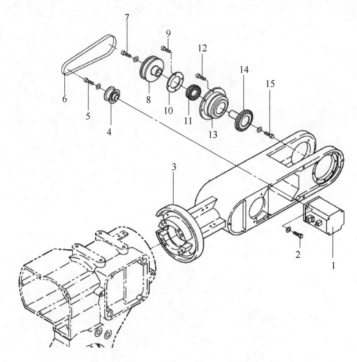

图 8.4-7　T 轴中间传动部件结构

1—驱动电机；2,5,7,9,12,15—螺钉；3—手腕回转体；4,8—同步带轮；6—同步带；
10—端盖；11—轴承；13—支承座；14—锥齿轮

T 轴驱动电机 1 安装在手腕回转体 3 的前侧，电机通过同步带将动力传递至手腕回转体左前侧。安装在手腕回转体左前侧的支承座 13 为中空结构，其外圈作为腕摆动轴 B 的辅助支承，内部安装有手回转轴 T 的中间传动轴。中间传动轴外侧安装有与电机连接的同步带轮 8，内侧安装有 45°锥齿轮 14。锥齿轮 14 和摆动体上的 45°锥齿轮啮合，实现传动方向变换，将动力传递到摆动体。

② T 轴回转减速部件。机器人手回转轴 T 的回转减速部件用于 T 轴减速输出，其传动系统典型结构如图 8.4-8 所示。

T 轴同样采用部件型谐波减速器，主要传动部件安装在由壳体 7 和密封端盖 15 组成的封闭空间内，壳体 7 安装在摆动体 1 上。T 轴谐波减速器 9 的谐波发生器通过锥齿轮 3 与中间传动轴上的锥齿轮啮合；柔轮通过轴套 11，连接 CRB 轴承 12 内圈及安装法兰 13；刚轮、CRB 轴承外圈固定在壳体 7 上。谐波减速器、轴套、CRB 轴承、安装法兰的外部通过密封端盖 15 封闭，和摆动体 1 连为一体。

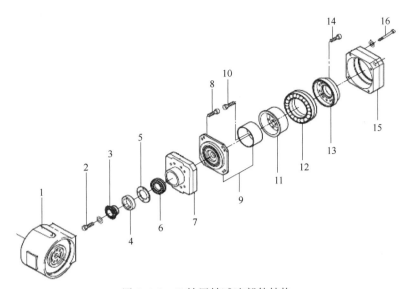

图 8.4-8　T 轴回转减速部件结构

1—摆动体；2,8,10,14,16—螺钉；3—锥齿轮；4—锁紧螺母；5—垫；6，12—轴承；

7—壳体；9—谐波减速器；11—轴套；13—安装法兰；15—密封端盖

8.4.2　中型机器人结构实例

承载能力 20～100kg 的中型垂直串联机器人通常采用腕摆动轴、手回转轴驱动电机后端安装的后驱手腕结构，以图 8.4-9 所示的 KUKA 中型机器人为例，其结构如下（关节轴 j1～j6 在 KUKA 机器人上称为 A1～A6 轴，为了与实物统一，本节将使用 KUKA 关节轴名）。

1. 基座与腰

基座用于机器人的安装、固定，也是机器人的线缆、管路的输入部位；中型机器人的基座结构与小型机器人类似。基座一般为带机器人安装固定板的空心圆柱体，外部安装有图 8.4-10 所示的电气接线板、分线盒、线缆管及腰回转的机械限位装置，内侧为安装 RV 减速器的凸台。

图 8.4-9　KUKA 中型机器人

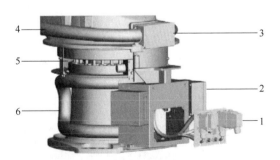

图 8.4-10　基座外观

1—电气接线板；2,3—分线盒；4,6—线缆管；5—机械限位

KUKA 机器人腰回转轴 A1 的安装与连接如图 8.4-11、图 8.4-12 所示。腰回转轴 A1 的 RV 减速器通常采用图 8.4-11 所示输出轴固定、针轮连接腰体回转的安装方式。减速器的输出轴固定在基座凸台上方，针轮与图 8.4-12 中的腰体连接，驱动电机固定安装在腰体内侧。

图 8.4-11　A1 轴减速器安装

1—基座；2—机械限位；3—接线盒；
4—RV 减速器；5—固定螺栓

图 8.4-12　腰体安装与连接

1,5—螺栓；2—RV 减速器；
3—腰体；4—A1 轴电机

2. 下臂

中型机器人的下臂结构与小型机器人类似，下臂传动系统主要包括图 8.4-13 所示的下臂体、RV 减速器、A2 轴电机 3 大部件。下臂体和 A2 轴电机分别安装在腰体上部突耳的两侧，RV 减速器固定在腰体上。

KUKA 机器人下臂摆动轴 A2 的 RV 减速器安装和部件连接如图 8.4-14、图 8.4-15 所示。RV 减速器一般采用针轮（壳体）固定、输出轴回转的安装方式；针轮固定在腰体突耳的一侧，输出轴与下臂体连接，电机固定在腰体突耳的另一侧；电机旋转时，减速器输出轴将带动下臂在腰体上摆动。

图 8.4-13　下臂组成

1—下臂体；2—RV 减速器；3—腰体；4—A2 轴电机

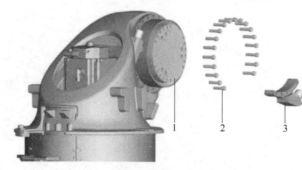

图 8.4-14　下臂减速器安装

1—RV 减速器；2,4—螺栓；3—机械限位

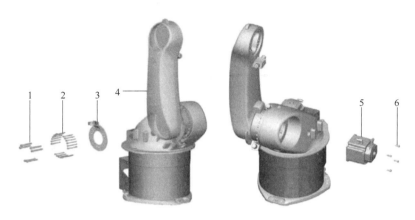

图 8.4-15　下臂安装与连接

1,2,6—螺栓；3—压板；4—下臂体；5—A2 轴电机

3. 上臂

KUKA 机器人上臂摆动轴 A3 的 RV 减速器一般采用如图 8.4-16 所示的输出轴固定、针轮（壳体）回转的安装方式；针轮被固定在上臂体上，可随上臂进行摆动；输出轴固定在下臂体上。

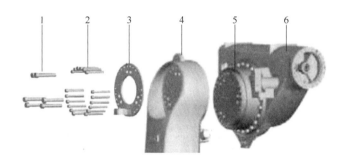

图 8.4-16　上臂减速器安装

1,2—下臂；3—压板；4—下臂体；5—RV 减速器；6—上臂体

上臂摆动轴 A3 的驱动电机固定在如图 8.4-17 所示的上臂体另一侧；电机旋转时，减速器针轮将带动上臂在下臂上摆动。

中型机器人的手腕负载较重，腕摆动轴 A5、手回转轴 A6 驱动电机的规格均较大，因此，大多采用驱动电机后置的后驱结构。KUKA 机器人的 A5、A6 轴及手腕回转轴 A4 的驱动电机均安装在图 8.4-18 所示的上臂后部，动力通过同步带、3 层回转传动轴传递到手腕前端。传动轴的内芯为手回转轴 A6 的传动轴，中间层为腕摆动轴 A5 的传动轴套，最外层为手腕回转轴 A4 的传动轴套。

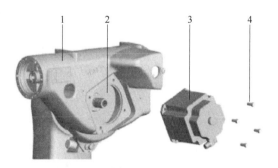

图 8.4-17　上臂驱动电机安装

1—上臂体；2—RV 减速器；3—A3 轴电机；4—螺栓

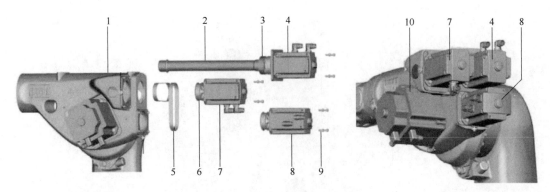

图 8.4-18　手腕驱动电机安装

1—上臂体；2—传动轴；3,6—同步带轮；4—A6 轴电机；5—同步带；7—A4 轴电机；
8—A5 轴电机及同步带轮；9—固定螺栓；10—A3 轴电机

4. 手腕单元

大中型垂直串联工业机器人的手腕一般采用单元式设计，手腕回转轴、腕摆动轴、手回转轴统一设计成独立的单元，这样的机器人只需要改变手腕和上臂间的加长臂及传动轴的长度，便可方便地改变机器人的上臂长度、扩大机器人作业范围。

KUKA 机器人的手腕传动系统结构及部件安装连接如图 8.4-19 所示，图中的加长臂可根据需要选择不同长度或不使用。

后驱手腕的腕摆动轴（A5）、手回转轴（A6）的传动轴需要穿越手腕回转轴（A4），因此，手腕回转轴（A4）一般需要使用中空结构的谐波减速器减速，减速器柔轮固定在加长臂（或上臂）上，减速器刚轮作为输出，带动手腕单元整体回转。

后驱手腕的腕摆动轴（A5）需要带动摆动体回转，传动系统需要进行 90°换向，将来自传动轴的动力转换到上臂中心线正交方向；而手回转轴（A6）则需要穿越 A5 轴，带动安装在摆动体前端的安装法兰回转，因此，传动系统首先需要进行 90°换向，将来自传动轴的动力转换到上臂中心线正交的腕摆动中心线方向，然后，穿越腕摆动轴（A5），在摆动体内部将动力变换到手回转中心线方向。

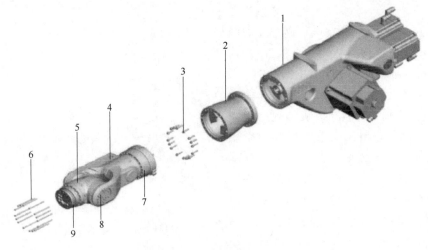

图 8.4-19　手腕安装与连接

1—上臂；2—加长臂；3,6—螺栓；4—手腕回转体；5—摆动体；7—A4 轴减速器；8—A5 轴减速器；9—A6 轴减速器

手回转轴（A6）在摆动体内部的 2 次换向一般都通过锥齿轮实现；而腕摆动轴（A5）换向和手回转轴（A6）的 1 次换向有锥齿轮和同步带 2 种换向方式，KUKA 机器人通常使用后者。手腕单元的 A5、A6 轴换向部件结构如图 8.4-20 所示。

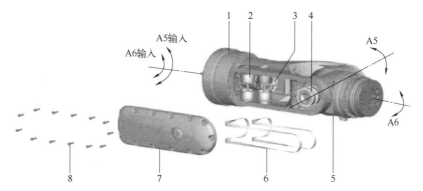

图 8.4-20　A5、A6 轴换向部件结构

1—手腕回转体；2—转向轮；3—输入带轮；4—正交带轮；5—摆动体；6—同步带；7—盖；8—螺栓

在手腕单元后内侧，A5、A6 传动轴的前端安装有 1 对同轴转动的输入带轮 3，在腕摆动轴的轴线上安装有 1 对同轴转动的正交带轮 4，两对带轮利用同步带 6 连接；同步带可利用 2 对转向轮 2，实现 90°转向。

在手腕单元前侧，A5 轴正交带轮与 A5 轴减速器输入连接，减速器输出连接摆动体，实现 A5 轴摆动运动；A6 轴正交带轮需要通过摆动体内部的 1 对锥齿轮，将正交带轮的输入动力转换到手回转中心线方向，然后，与 A5 轴减速器输入连接，实现 A6 轴回转运动。

出于结构设计、安装调整及传动精度等方面的考虑，中型机器人的手腕单元通常使用谐波减速器减速。

8.4.3　大型机器人结构实例

承载能力 100～300kg 的大型垂直串联机器人手腕同样需要采用腕摆动轴、手回转轴驱动电机后端安装的后驱手腕结构，但手腕内部的传动轴结构可以与中型机器人不同；此外，由于下臂的偏转转矩大，通常需要使用动力平衡系统。以图 8.4-21 所示的 KUKA 大型机器人为例，其结构如下。

1. 基座和腰

大型机器人的基座结构及功能与中小型机器人类似，KUKA 机器人基座一般为带机器人安装固定板的空心圆台，外部安装有电气接线板、分线盒、线缆管及腰回转的机械限位装置等部件，顶面用来安装 RV 减速器。

KUKA 大型机器人腰回转轴 A1 的 RV 减速器安装与连接如图 8.4-22 所示。RV 减速器通常采用输出轴固定、针轮连接腰体回转的安装方式；减速器的输出轴固定在基座圆台顶面，针轮与腰体连接，驱动电机固定安装在腰体内侧。RV 减速器安装时，需要先连接针轮和腰体，然后，从基座下方安装输出轴固定螺栓，从腰体上方安装驱动电机。

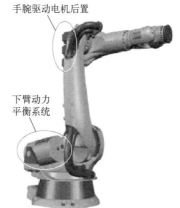

图 8.4-21　KUKA 大型机器人

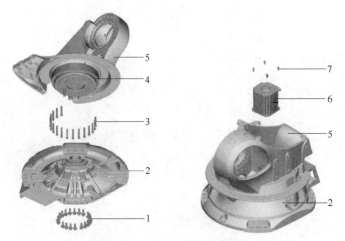

图 8.4-22　基座、腰体安装与连接

1,3,7—螺栓；2—基座；4—RV 减速器；5—腰体；6—A1 轴电机

2. 下臂

大型机器人的下臂负载重、偏转转矩大，通常需要使用动力平衡系统平衡负载。工业机器人一般不具备液压、气压系统，动力平衡通常使用机械式弹簧平衡缸。

KUKA 机器人的下臂平衡缸安装如图 8.4-23 所示，平衡缸可随下臂的回转在腰体上偏摆，自动改变平衡转矩方向。

下臂传动系统的部件安装与连接如图 8.4-24 所示，下臂体和驱动电机分别安装在腰体上部突耳的两侧。KUKA 大型机器人的下臂使用 RV 减速器减速，减速器一般采用输出轴固定、针轮（壳体）回转的安装方式；输出轴和驱动电机固定在腰体上，针轮与下臂体连接；电机旋转时，减速器输出轴将带动下臂在腰体上摆动。

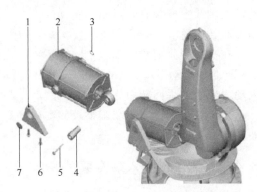

图 8.4-23　下臂平衡缸安装与连接

1—轴承座；2—平衡缸；3—挡圈；
4—连接销；5,6—螺栓；7—盖

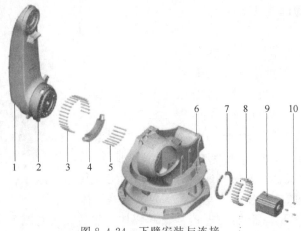

图 8.4-24　下臂安装与连接

1—下臂体；2—RV 减速器；3,5,8,10—螺栓；4—机械限位；6—腰体；7—压板；9—A2 轴电机

3. 上臂

KUKA 大型机器人上臂（A3 轴）传动系统结构及部件安装连接如图 8.4-25 所示。上臂摆动轴 A3 的 RV 减速器一般采用输出轴固定、针轮（壳体）回转的安装方式；针轮固定在上臂体上，随上臂摆动；输出轴固定在下臂体上。A3 轴电机固定在上臂体的另一侧，电机旋转时，减速器针轮将带动上臂在下臂上摆动。

大型机器人的手腕驱动电机后置安装在图 8.4-26 所示的上臂后部，由于手腕负载重、上臂外径大，同时，为了便于与中空型 RV 减速器连接，KUKA 机器人的 A4、A5、A6 轴动力通过独立的万向传动轴传递到手腕前端。

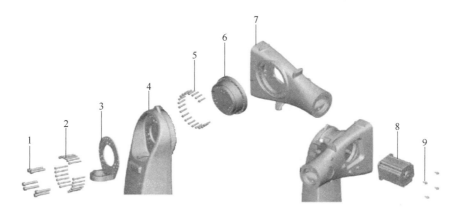

图 8.4-25　上臂安装与连接

1,2,5,9—螺栓；3—压板；4—下臂；6—腰体；7—上臂；8—A3 轴电机

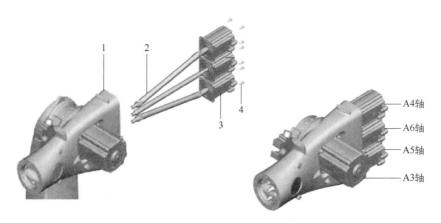

图 8.4-26　手腕驱动电机安装

1—上臂；2—传动轴；3—A4/A5/A6 轴电机；4—螺栓

4. 手腕单元

KUKA 大型垂直串联工业机器人的手腕为单元式设计，手腕传动系统结构及部件安装连接如图 8.4-27 所示，图中的加长臂可根据需要选择不同长度或不使用。手腕单元结构如图 8.4-28 所示。

大型机器人的手腕负载重，手腕回转轴（A4）一般需要使用中空结构的 RV 减速器减速，RV 减速器的中空太阳轮与 A4 传动轴的前端齿轮连接，减速器针轮固定在加长臂（或上臂）上，输出轴可带动手腕单元整体回转。

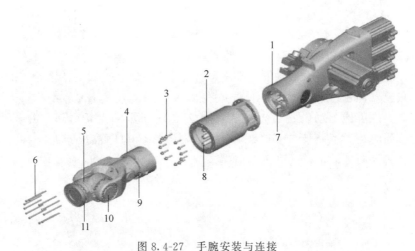

图 8.4-27　手腕安装与连接

1—上臂；2—加长臂；3,6—螺栓；4—手腕回转体；5—A5 轴摆动体；7—传动轴；8—加长轴；
9—A4 轴减速器；10—A5 轴减速器；11—A6 轴减速器

后驱手腕的腕摆动轴（A5）、手回转轴（A6）的传动轴需要穿越手腕回转轴（A4），因此，在手腕单元后端需要通过传动齿轮，将 A5 传动轴转换成与 A6 传动轴同轴的轴套转动，然后，在手腕内侧安装 A5、A6 轴的输入带轮。

KUKA 大型机器人的手腕单元结构与中型机器人相同。在手腕单元上，A5、A6 轴首先通过同步带换向轮，利用同步带的 90°转向，将来自输入带轮的动力，转换到腕摆动轴轴线的正交带轮上。A5 轴正交带轮与A5 轴减速器输入连接，减速器输出连接摆动体，实现 A5 轴摆动运动；A6 轴正交带轮需要通过摆动体内部的 1 对锥齿轮，将正交带轮的输入动力转换到手回转中心线方向，

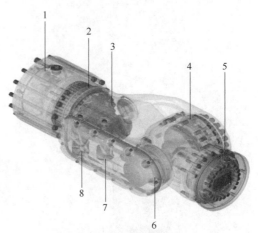

图 8.4-28　手腕单元结构

1—传动齿轮；2—A4 轴减速器；3—输入带轮；
4—A5 轴减速器；5—A6 轴减速器；6—正交带轮；
7,8—同步带换向轮

然后，与 A5 轴减速器输入连接，实现 A6 轴回转运动。在摆动体内部，再通过锥齿轮，将手回转轴（A6）的动力转换到手回转中心线方向。

大型机器人的 A5、A6 轴减速器可根据机器人的实际需要，使用 RV 减速器或谐波减速器减速。

第 **9** 章

机器人控制系统与连接

9.1　系统结构与 I/O 连接要求

9.1.1　R-30iA 系统组成与连接

1. R-30iA 系统结构

FANUC 工业机器人采用的是 CNC 型控制器，控制系统有柜式 R-30iA（简称 R-30iA）和箱式 R-30iB（简称 R-30iB）两种，两者功能相同。R-30iA 系统的结构及控制部件安装如图 9.1-1 所示，R-30iB 系统说明见后述。

R-30iA 系统由 FANUC 公司的 CNC、LCD/MDI 分离型的标准型数控系统派生，IR 控制器的结构、外形和连接要求与 FS30i 系列数控系统的分离型 CNC 单元基本相同，由于机器人控制系统直接以示教器作为操作单元，因此，R-30iA 没有 FS30i 的 LCD/MDI 单元。

R-30iA 系统为柜式结构，系统的全部控制部件均安装在控制柜上。控制柜的正面为电源总开关和控制面板；连接示教器、控制面板和安全输入信号的 I/O 模块（称为面板连接

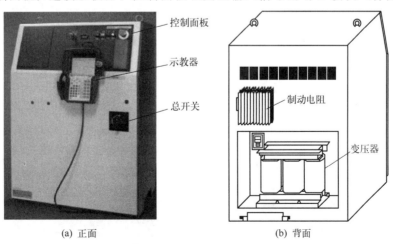

(a) 正面　　　　　　　　　　　　　　(b) 背面

图 9.1-1

(c) 内部

图 9.1-1 R-30iA 控制柜与器件安装

模块）以及热交换器、总开关操作手柄等部件安装在前门内侧；变压器、制动电阻等大功率器件安装在控制柜背板上；IR 控制器、I/O 扩展单元（选配）、急停单元、伺服驱动器等主要部件安装在电气安装板上。

2. R-30iA 系统连接

R-30iA 系统的组成及部件连接如图 9.1-2 所示。3～AC400V 输入可通过变压器转换为伺服驱动和电源模块的 AC200V 标准输入，驱动器的主电源通断由急停单元进行控制。

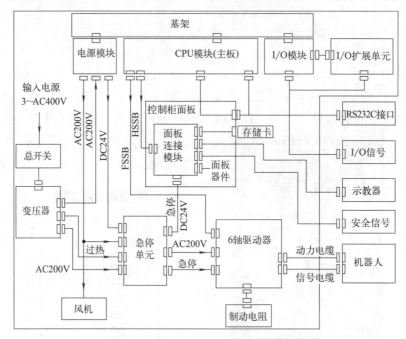

图 9.1-2 R-30iA 系统组成与部件连接

R-30iA 系统具有与 FANUC 数控系统同样的高速 FANUC 专用串行伺服总线 FSSB、I/O Link 总线 2 个基本网络系统和以太网连接功能。FSSB 总线用于伺服驱动系统的连接；

I/O Link 总线用于输入/输出设备及其他控制装置的连接；以太网可与 PC 机进行 TCP/IP、OPC 通信或连接车间（工厂）局域网、远程服务器，实现系统的集成和远程运行管理、故障诊断、维修服务等智能控制功能（参见第 6 章）。

R-30iA 系统的示教器、控制面板和安全输入信号通过专用的 I/O 模块（面板连接模块）和高速串行 I/O 总线（High Speed Serial Bus，简称 HSSB）与 IR 控制器连接。面板连接模块是 FANUC 公司专门为机器人控制系统研发、用来取代数控系统 LCD/MDI 单元和 I/O 模块的特殊模块，它不仅可用于控制面板 DI/DO 的连接，而且还集成有机器人安全信号、示教器以及存储卡、RS232C、USB 等输入/输出设备连接接口。

3. 部件功能

R-30iA 系统主要由总开关、电源变压器、风机以及急停单元、面板连接模块、伺服驱动器、IR 控制器及 I/O 扩展单元等控制部件组成。总开关、电源变压器、风机为通用低压电气件，急停单元、操作面板与连接模块、IR 控制器及 I/O 扩展单元、伺服驱动器的结构和功能如下。

① 急停单元。急停单元（E-Stop Unit）主要用于伺服驱动器的主电源 ON/OFF 控制，控制系统正常启动/关机时，可对驱动器的整流、逆变主回路进行预充电及正常通断控制；机器人出现紧急情况时，能够直接分断驱动器主电源，使机器人紧急停止。

② 操作面板与连接模块。R-30iA 系统的操作面板（Operator's Panel）安装在控制柜的正面，面板安装有系统急停、故障复位、循环启动按钮，操作模式选择开关，电源接通与系统报警指示灯，存储卡、RS232C 接口等部件。面板连接模块（Panel Board）用来连接面板操作器件、示教器以及来自外部操作部件（如安全栅栏）的急停、伺服 ON/OFF 等安全输入/输出信号；面板连接模块与 IR 控制器间通过 FANUC 高速串行总线 HSSB 连接。

③ IR 控制器及 I/O 扩展单元。R-30iA 由 FS30i 系列数控系统派生，IR 控制器的结构、外形和连接要求与 FS30i 系列数控系统的分离型 CNC 单元基本相同，控制器外观如图 9.1-3 所示。

扩展插槽　I/O模块　CPU模块　电源模块

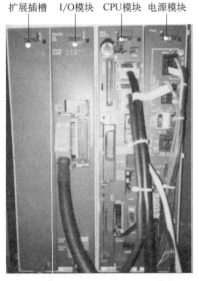

(a) IR控制器　　　　　　　　　　(b) I/O扩展单元

图 9.1-3　IR 控制器及 I/O 扩展单元

R-30iA 系统的 IR 控制器采用的是模块式结构，系统的电源模块、CPU 模块（含轴卡）、I/O 模块统一安装在基架（底板）上，基架扩展插槽可安装其他附加模块。

IR 控制器的电源模块（Power Supply Unit，简称 PSU）用来产生控制系统所需的 DC24V、DC5V 等控制电源。CPU 模块是控制系统的核心部件，机器人的位置、运动轨迹、伺服进给、数据输入输出、程序存储与运行、网络通信等都需要由 CPU 模块进行控制。I/O 模块用来连接控制系统的基本 I/O 信号，如需要，接口模块还可连接 I/O 扩展单元，连接更多的 I/O 点。安装基架（Back Plane）用来固定 IR 控制器和连接控制器的电源模块、CPU 模块及系统扩展模块。

④ 伺服驱动器。伺服驱动器（Servo Amplifier）用于伺服电机的位置、速度、转矩控制，驱动器和 IR 控制器通过 FANUC 串行伺服总线（FANUC Serial Servo Bus，简称 FSSB）连接。工业机器人的伺服电机容量一般较小，因此，伺服驱动器大多采用多轴集成一体结构；驱动器直流母线电压调节及电机制动时的回馈能量吸收利用制动电阻进行控制。

9.1.2　R-30iB 系统结构与连接

1. R-30iB 系统结构

FANUC R-30iB 机器人控制系统（简称 R-30iB 系统）由 FANUC 紧凑型数控系统派生，系统采用图 9.1-4 所示的箱式结构，输入电源为 AC200V。

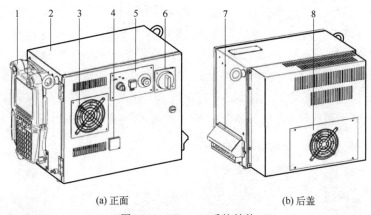

(a) 正面　　　　　　　　　　　(b) 后盖

图 9.1-4　R-30iB 系统结构

1—示教器；2—控制箱；3,8—热交换器；4—USB 接口；5—控制面板；6—总开关；7—连接板

R-30iB 控制箱正面安装有电源总开关、控制面板，IR 控制器安装在前门背面；滤波器、制动电阻等大功率器件安装在控制箱背板上；安全信号连接接口和电源控制电路集成在急停单元上；电源单元、I/O 扩展单元（选配）安装在电气安装板上。R-30iB 控制箱结构有图 9.1-5 所示的 2 种，其外形及部分控制部件结构和安装位置有所不同。

小型 R-30iB 系统控制部件安装如图 9.1-5（a）所示，系统的主接触器 8 安装在急停控制板 9 的侧面；制动电阻 12 安装在电气安装板背面，后盖无风机。中大型 R-30iB 系统的控制部件安装如图 9.1-5（b）所示，系统的主接触器 8 安装在急停控制板 9 的下方；制动电阻 12 安装在后盖板上，电抗器安装在电气安装板背面，后盖安装有驱动器、制动电阻散热风机。

2. R-30iB 系统连接

R-30iB 系统的部件连接如图 9.1-6 所示，系统采用 3 相（大中型）或单相 AC200V（小

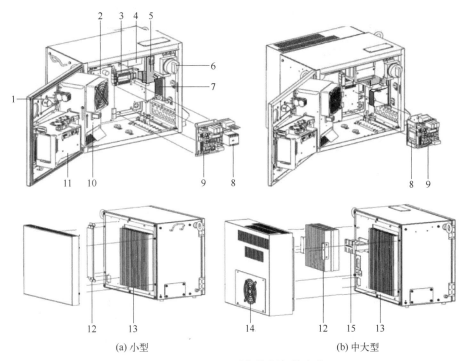

图 9.1-5　R-30iB 系统控制部件安装

1—控制面板；2—驱动器；3—端子转换器；4—滤波器；5—电源；6—总开关；7—I/O 扩展单元；8—主接触器；
9—急停控制板；10—热交换器；11—IR 控制器；12—制动电阻；13—散热器；14—风机；15—电抗器

型）输入，无电源变压器。AC200V 输入电源经过总开关、滤波器输入到急停单元，并由急停单元转换为伺服驱动器、电源模块、控制箱风机的输入电源，伺服驱动器主电源的通断由急停单元进行控制。

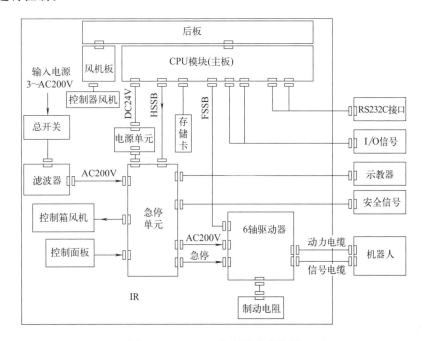

图 9.1-6　R-30iB 控制部件连接图

R-30iB 系统的示教器、驱动器控制信号需要通过急停单元的 HSSB 总线与 IR 控制器连接；伺服驱动器和 IR 控制器之间利用 FSSB 伺服总线（光缆）连接；机器人的伺服电机电枢、制动电阻通过动力电缆与驱动器连接，串行编码器通过信号电缆连接。

R-30iB 系统的面板、安全信号、标准 DI/DO 信号可通过急停单元的连接电路直接与 IR 控制器连接，控制系统的其他 I/O 信号可通过 IR 控制器的 I/O 扩展单元（选配）进行连接。

3. 部件功能

R-30iB 系统主要由总开关、滤波器、风机以及急停单元、电源单元、IR 控制器及 I/O 扩展单元、伺服驱动器等控制部件组成。总开关、滤波器、风机为通用低压电气件，急停单元、电源单元、IR 控制器及 I/O 扩展单元、伺服驱动器的结构与功能如下，控制系统的电路原理及连接要求详见后述。

① 急停单元。急停单元（E-Stop Unit）主要用于伺服驱动器主电源 ON/OFF 控制，系统正常启动/关机时，可对驱动器的整流、逆变主回路进行预充电及正常通/断控制；机器人出现紧急情况时，能够直接分断驱动器主电源，使机器人紧急停止。R-30iB 的急停单元集成有安全信号连接、转换电路和示教器连接接口，可用于安全信号和示教器连接。

② 电源单元。用来产生系统 DC24V 控制电源。R-30iB 系统的 IR 控制器、急停单元控制板（急停控制板）、伺服驱动器控制板（伺服控制板）的控制电源均为 DC24V，由 AC200V/DC24V 电源单元统一供电。

③ IR 控制器及 I/O 扩展单元。R-30iB 系统的 IR 控制器由 FANUC 紧凑型数控系统的 LCD/ MDI/CNC 一体型单元派生，CPU 模块、FSSB 伺服总线接口（轴卡）、控制面板、安全输入/输出、基本 DI/DO 模块以及扩展总线接口均集成在主板上。

④ 伺服驱动器。伺服驱动器（Servo Amplifier）用于伺服电机的位置、速度、转矩控制，驱动器和 IR 控制器通过 FSSB 总线（光缆）连接。工业机器人的伺服电机容量一般较小，因此，伺服驱动器大多采用多轴集成一体结构；驱动器的整流、直流母线电压调节主电路及伺服控制电路为多轴共用，逆变回路独立。

9.1.3　输入/输出连接要求

FANUC 机器人控制系统的输入/输出主要有安全信号、DI/DO 信号、高速 DI 信号 3 类，信号连接要求如下。

1. 安全信号连接

R-30iA、R-30iB 系统的急停、防护门关闭输入及急停输出为双通道冗余控制安全信号，安全电路的 DC24V 允许使用系统内部电源（INT24V）或外部电源（24EXT）供电，电路原理可参见后述。R-30iB 系统的安全信号连接要求如下。

① 安全输入。系统急停、防护门关闭等安全输入信号必须为常闭型双通道冗余输入触点信号，输入触点的驱动能力应大于 DC24V/100mA，动作时间应符合图 9.1-7 的规定。

② 安全输出。控制系统的急停信号可通过急停单元输出，安全输出信号为双通道冗余输出触点信号，输出触点可驱动的最大负载为 DC30V/5A（电阻负载）、最小负载为 DC5V/10mA。

③ 外部电源。安全电路采用外部电源（24EXT）供电时，对外部电源的要求如下。

输入电压：DC24V，允许变化范围为±10%（含纹波）。

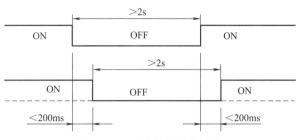

图 9.1-7　安全信号输入要求

输入容量：大于 300mA。

2. DI/DO 信号连接

R-30iA、R-30iB 系统的开关量输入/输出（DI/DO）信号的连接要求如下。

① DI 信号。R-30iA、R-30iB 系统的 DI 输入接口电路采用的是双向光耦器件，DI 信号可采用图 9.1-8 所示的 DC24V 源输入（Source Input）或汇点输入（Sink Input，亦称漏型输入）2 种连接方式，输入连接方式可通过改变触点公共端、DI 输入接口公共端 SDI COM（IR 控制器）或 I COM 转换开关（驱动器）转换。

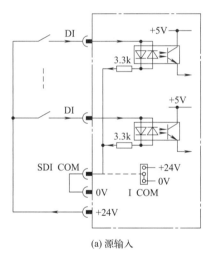
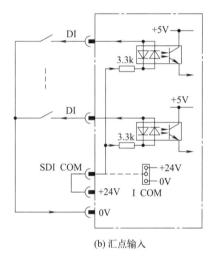

(a) 源输入　　　　　　　　　　　　　　　　(b) 汇点输入

图 9.1-8　DI 输入连接

系统对 DI 输入信号的基本要求如下。

触点驱动能力：≥DC24V/100mA。

信号宽度：≥200ms。

触点 ON/OFF 电平（电阻）：DC20～28V（≤100Ω）/0～4V（≥100kΩ）。

② DO 信号。DO 信号为图 9.1-9 所示的 PNP 晶体管集电极开路型输出，负载驱动电源需要外部提供，负载两侧需要并联过电压抑制二极管（≥100V/1A），DO 输出参数如下。

负载驱动能力：DC24V/200mA。

输出 ON 时晶体管饱和压降：≤1V。

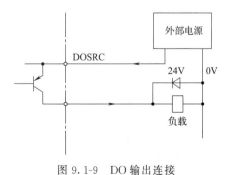

图 9.1-9　DO 输出连接

输出 OFF 时最大漏电流：≤0.1mA。

负载驱动电源电压：DC24V±2.4V。

3. 高速 DI 信号连接

在选配高速输入功能的系统上，IR 控制器可以通过高速输入接口 CRL3（见后述），连接 2 点高速 DI 信号。IR 控制器的 HDI 信号接口采用图 9.1-10 所示的 DC12V 线驱动接收器，外部信号原则上应为线驱动发送器输出信号，输入要求如下。

信号 ON 电平/电流：3.6～11.6V/2～11mA，信号宽度≥20μs。

信号 OFF 电平/电流：≤1V/1.5mA。

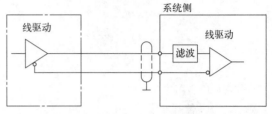

图 9.1-10 HDI 输入连接

9.2 R-30iB 系统电路原理

9.2.1 电源电路原理

工业机器人的结构简单、功能单一，系统连接和强电控制电路由机器人生产厂家设计，并以控制单元的形式提供，型号规格相同的系统所使用的控制单元相同。本书将以 FANUC 常用的 R-30iB 机器人控制系统为例，对系统控制单元的电路原理进行具体说明。

R-30iB 系统电路总体分为主回路和控制电路 2 部分。主回路用于 AC200V、DC24V 供电，故又称电源电路；控制电路用于主回路 ON/OFF 控制和 DI/DO 连接，电路原理见后述。

1. AC200V 主回路

3 相 AC200V 输入的 R-30iB 系统主回路原理如图 9.2-1 所示；小型单相 AC200V 输入的系统无需连接 L3，图中的 L1、L2 输入应为 L、N，其余电路相同。

系统的 AC200V 电源输入 L1/L2/L3 经过控制箱电源总开关 QF1、滤波电抗器 NE1，分别与急停单元的主接触器 KM2、急停控制板的预充电连接器 CNMC6、控制箱 AC200V 风机输入连接器 CP1 及 AC200V/DC24V 电源单元连接。

急停控制板的预充电由继电器 KA5 控制，伺服驱动器启动时，系统首先接通 KA5，使伺服驱动器加入经电阻 RA 降压后的主电源，以降低整流输出电压，防止因直流母线电容器充电引起的启动过载。预充电完成后，主接触器 KM2 接通、预充电继电器 KA5 断开，整流输出电压上升到额定值。驱动器的预充电继电器 KA5 的输出同时作为驱动器监控电源，与伺服驱动器的监控电源连接器 CRRA12 连接。

控制箱 AC200V 风机输入（CP1）可通过急停控制板的熔断器 F6/F7（3.2A），连接到控制箱的前门、后盖（中大型系统）的风机上；电源加入后，继电器 PW1 将直接接通，向 IR 控制器输入电源 ON 信号（见下述）。

2. DC24V 电源电路

R-30iB 系统的 DC24V 控制电源由电源单元统一提供，并在急停控制板上分为多组。电源电路原理如图 9.2-2 所示，各组电源的作用如下。

① 24V：DC24V 电源，用于伺服驱动器、I/O 扩展单元、扩展以太网模块等带有电源

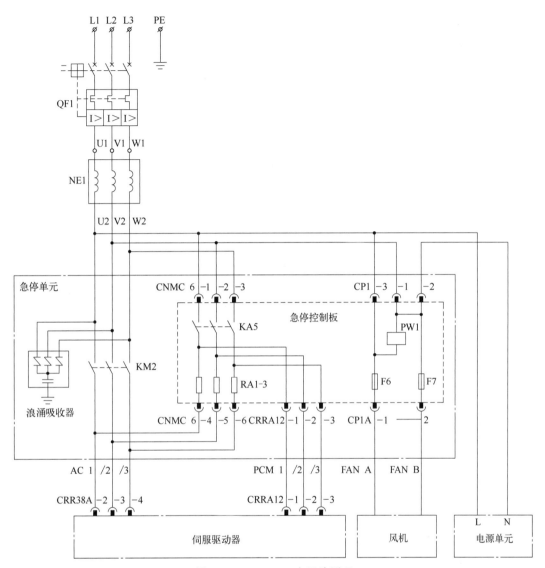

图 9.2-1 AC200V 主回路原理

输入保护熔断器的控制部件供电。24V 电源连接器 CP5A 有 6 组并联连接的相同连接端 A1/B1、A2/B2、…、A6/B6，其中的任意一组均可作为 DC24V 电源输入连接端或伺服驱动器、扩展单元的输出连接端；除系统标准配置的电源单元 DC24V 输入、伺服驱动器控制电源外，CP5A 最大可连接 4 个扩展单元。

② 24T：示教器 DC24V 电源，通过示教器电缆连接器 CRS36 连接，电源由急停控制板的熔断器 F3（1A）进行短路保护。

③ 24V-2：急停控制板电源，由熔断器 F4（2A）进行短路保护。24V-2 与 TBOP19 的急停电路外部电源输入端 24EXT、0EXT 短接（标准设定）时，可同时用于急停电路供电；24V-2 可通过急停控制板连接器 CRMB22 输出，用于系统外部安全监控电路供电。

④ 24V-3：IR 控制器 DC24V 电源，由急停控制板的熔断器 F5（5A）进行短路保护。24V-3 在 IR 控制器上分为多组，电路原理详见后述。

⑤ 24EXT：急停电路电源，由急停控制板的熔断器 F2（1A）进行短路保护。作为出厂

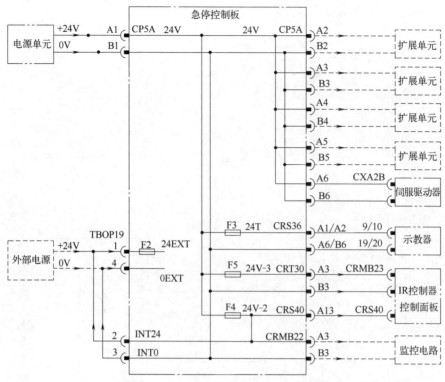

图 9.2-2　急停控制板 DC24V 电路原理

　　标准设定，急停电路电源 24EXT 直接与急停控制板电源 24V-2 短接；如果要求急停电路在系统断电时仍能工作，24EXT 应由外部提供。急停电路由外部电源供电时，需要断开急停控制板连接端 TBOP19 的 INT24/24EXT、INT0/0EXT 短接端，将 TBOP19 的 24EXT、0EXT 与外部 DC24V 电源连接。

　　3. 驱动器控制电源电路

　　伺服驱动器的 DC24V 控制电源一般从急停单元的 DC24V 连接器 CP5A 引出（任意一组，如 A6/B6），并由伺服控制板转换为驱动器不同控制电路的 DC24V 电源。伺服控制板的 DC24V 电源电路如图 9.2-3 所示，DC24V 电源在伺服控制板上分为以下 3 组。

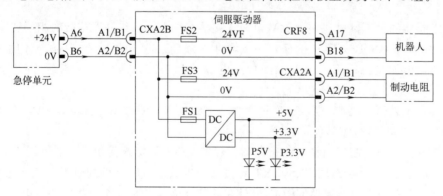

图 9.2-3　伺服控制板 DC24V 电源电路

　　① 24VF：机器人输入/输出（RI/RO）、关节轴超程（ROT）、手断裂（HBK）等外部输入/输出信号用 DC24V 电源，由伺服控制板的熔断器 FS2（3.2A）进行短路保护。24VF 可通过机器

人连接电缆连接到机器人上，作为 RI/RO 及 ROT、HBK 的 DC24V 电源（详见 9.3 节）。

② 24V：驱动器控制电路、制动电阻单元及附加轴驱动器 DC24V 电源，由伺服控制板的熔断器 FS3（3.2A）进行短路保护。

③ 伺服控制电源：由伺服控制板的熔断器 FS1（3.2A）进行短路保护。伺服驱动器的 DC24V 控制电源可通过内部 DC/DC 电源电路，转换为伺服驱动器内部电子电路、数据存储器的 DC5V、DC3.3V 电源；DC5V、DC3.3V 的状态，可通过伺服控制板的指示灯 P5V、P3.3V 指示。

9.2.2　控制电路原理

根据电路功能，R-30iB 系统的控制电路可分为安全电路、IR 控制器输入/输出电路、驱动器输入/输出电路 3 部分，电路原理分别如下。

1. 安全电路

工业机器人的安全电路用于驱动器主电源的紧急分断。根据 ISO 13849［机械安全　控制系统安全相关部件（Safety of Machinery—Safety-related Parts of Control Systems)］标准规定，机电设备的安全电路必须使用安全电器冗余设计；用于紧急分断的按钮、行程开关等器件必须满足强制释放条件，动作力必须来自手动、电磁或机械操作；紧急分断后，操作器件必须能够保持在分断位置，它只能通过手或工具的直接作用才能解除分断。

R-30iB 系统的安全电路设计在急停控制板上，安全电路由急停电路和驱动器 ON/OFF 电路 2 部分组成，电路原理如图 9.2-4 所示。

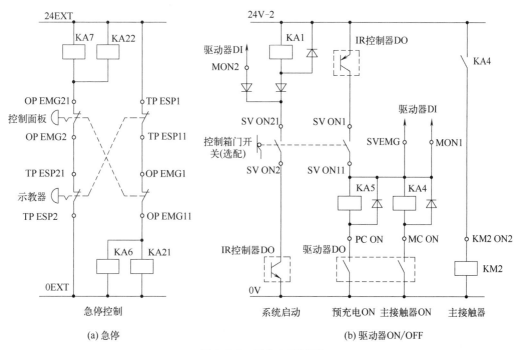

图 9.2-4　安全电路原理

① 急停电路。R-30iB 系统的急停电路是由示教器、控制面板急停按钮双触点冗余控制的安全继电器电路。其中，安全继电器 KA6/KA7 触点与系统外部急停按钮的双通道冗余输入触点串联，作为 IR 控制器的急停输入；安全继电器 KA21/KA22 为急停电路的双触点冗

余输出，如果需要，可用于系统其他设备的急停控制。

　　急停电路由 24EXT 电源端独立供电，当 24EXT 电源使用外部电源供电时，即使机器人电源总开关断开，急停电路也能正常工作，因此，在多设备控制的复杂系统上，即便断开机器人总电源，但仍能够利用示教器、控制面板急停按钮与安全继电器 KA21/KA22 的触点输出，紧急分断其他设备。

　　② 驱动器 ON/OFF 电路。驱动器 ON/OFF 电路用于驱动器 AC200V 主电源的 ON/OFF 控制。图中的伺服启动信号 SV ON1/SV ON2 来自 IR 控制器的安全输出，输出晶体管在无外部急停输入、安全防护门关闭的情况下饱和导通。控制箱门开关为系统选配件，可用来实现控制箱开门时的驱动器主电源紧急断开；不使用控制箱门开关时，连接端 SV ON2/SV ON21、SV ON1/SV ON11 短接（标准设置）。当 IR 控制器的安全输出、控制箱门开关接通时，可向驱动器输出 MON1/2、SVEMG 信号，解除驱动器急停状态。

　　图中的 PC ON、MC ON 是来自驱动器的主电源正常启动控制信号。驱动器急停解除、需要正常启动时，首先输出预充电信号 PC ON、接通预充电继电器 KA5，进行直流母线预充电；预充电完成后，驱动器将开放逆变管，并输出主接触器 ON 信号 MC ON、撤销预充电信号 PC ON，以接通继电器 KA4 和主接触器 KM2、断开预充电继电器 KA5，将驱动器主电源切换至正常输入，完成驱动器启动操作。

　　当示教器急停、控制面板急停、外部急停触点断开或安全防护门打开时，可通过 IR 控制器安全输出 SV ON1/SV ON2，立即断开继电器 KA4、主接触器 KM2 及驱动器急停输入信号 MON1/2、SVEMG，使驱动器进入紧急停止状态。

　　2. IR 控制器输入/输出电路

　　R-30iB 系统的 IR 控制器输入/输出电路包括驱动器 ON/OFF 和操作信号输入/输出 2 部分，控制电路原理分别如下。

　　① 驱动器 ON/OFF 输入/输出电路。驱动器 ON/OFF 输入/输出电路原理如图 9.2-5

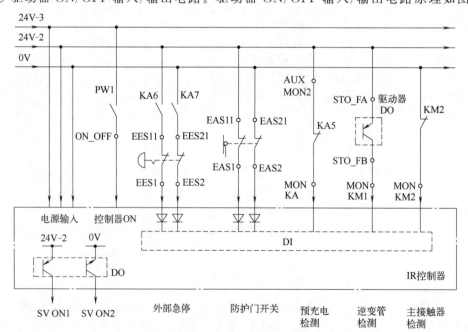

图 9.2-5　驱动器 ON/OFF 输入/输出电路原理

所示，输入信号包括急停（EES1/EES2）、防护门关闭（EAS1/EAS2）双通道冗余安全信号输入及驱动器状态检测信号输入 2 部分。

图中的 KA6、KA7 为来自急停电路的示教器、控制面板急停控制信号（见图 9.2-4）；外部急停按钮、防护门开关可通过急停控制板的连接端 TBOP20（见后述）连接，不使用外部急停、安全防护门信号时可直接短接（标准配置）。KA5、KM2 为急停控制板的驱动器预充电继电器、主接触器触点，STO_FA/FB 为来自伺服驱动器的逆变管 ON/OFF 状态输出。

IR 控制器的输出信号 SV ON1/SV ON2 用于驱动器急停控制，信号在示教器、控制面板、外部急停（选配）按钮动作时，或者，在机器人手动操作模式的示教器手握开关急停（完全握下）、自动操作模式的安全防护门打开时，将立即断开。

② 操作信号输入/输出电路。IR 控制器的操作信号输入/输出电路原理如图 9.2-6 所示，信号来自控制面板和示教器。

R-30iB 系统的控制面板安装有急停按钮、操作模式选择开关（MODE）、循环启动（CYCLE START）按钮（带指示灯）。3 位操作模式选择开关采用双通道冗余输入连接，其自动（AUTO）状态同时作为驱动器的制动器松开（DI 输入 BRK DLY）信号；急停辅助触点、循环启动按钮与指示灯为 IR 控制器的 DI/DO 信号；示教器手握开关用于机器人手动、示教操作时的驱动器 ON/OFF 与急停控制，开关采用双通道冗余输入。

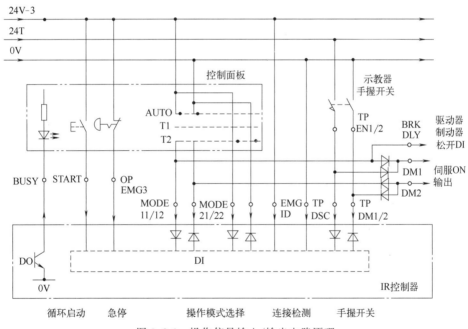

图 9.2-6　操作信号输入/输出电路原理

手握开关 ON 与操作模式选择信号 DM1/2 可通过急停控制板的连接器输出，用于附加轴的伺服 ON 控制。

连接检测输入信号 EMG ID、TP DSC 用于 IR 控制器与急停单元、示教器的连接检测；EMG ID 与 IR 控制器电源 24V-3 连接，TP DSC 与示教器的 0V 连接。

3. 驱动器输入/输出电路

R-30iB 系统的驱动器输入/输出电路原理如图 9.2-7 所示，系统使用 6 轴集成驱动器，驱动器的启动/停止由伺服控制板上的逻辑电路进行控制。

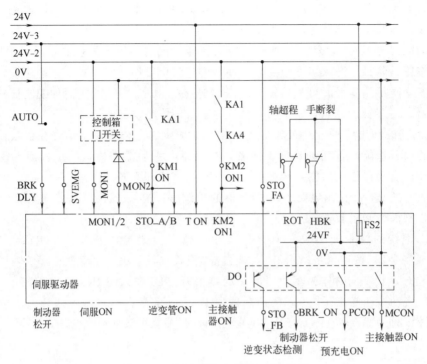

图 9.2-7　驱动器输入/输出电路原理

　　驱动器输入信号包括制动器松开 BRK DLY、驱动器急停 SVEMG、伺服启动 MON1/2、主接触器接通 KM2 ON1、逆变管开放 STO_A/B 和 T ON、关节轴超程 ROT、手断裂 HBK（抓手断裂或其他工具损坏信号）等；输入信号用于驱动器 ON/OFF 与急停控制。

　　驱动器输出信号包括预充电 ON（PC ON）、主接触器 ON（MC ON）、逆变状态检测 STO_FA/FB、制动器松开输出 BRK_ON（一般不使用）等；预充电 ON、主接触器 ON 信号用于急停控制板的驱动器启动/停止控制，逆变状态检测为 IR 控制器的 DI 信号。

9.3　R-30iB 系统部件连接

9.3.1　R-30iB 连接总图

　　R-30iB 系统的连接总图如图 9.3-1 所示，用于大中型机器人控制的 R-30iB 系统使用 3 相 AC200V 电源输入，用于小型机器人控制的 R-30iB 系统使用单相 AC200V 电源输入。

　　在控制箱内部，AC200V 输入电源分别与伺服驱动器主回路（3 相或单相）、DC24V 电源单元（单相）、急停单元电源输入连接，并通过急停单元转换为驱动器预充电主电源、控制箱风机电源（参见前述）。

　　R-30iB 系统的示教器、控制面板、外部急停按钮及安全防护门开关等部件都需要与急停单元连接，并通过急停控制板的急停电路、IR 控制器输入/输出电路、驱动器输入/输出电路，转换为安全控制信号、IR 控制器输入/输出信号、驱动器输入/输出信号（参见前述）。

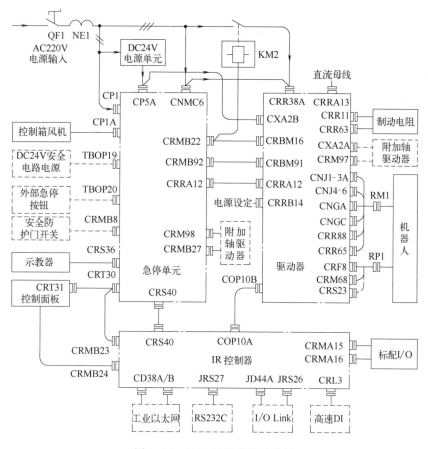

图 9.3-1　R-30iB 系统连接总图

安装在机器人上的伺服电机（包括内置编码器、制动器）、关节轴超程开关（ROT）、手断裂检测开关（HBK），以及机器人的其他输入/输出（RI/RO）器件，需要通过控制箱的机器人动力电缆 RM1、控制电缆 RP1 与伺服驱动器连接。驱动器的伺服启动、逆变管 ON/OFF 等控制信号，通过控制箱内部连接电缆与急停单元连接，相关电路的原理可参见 9.2 节；伺服驱动器和 IR 控制器之间通过 FANUC 串行伺服总线（FANUC Serial Servo Bus，简称 FSSB）光缆进行网络连接。

R-30iB 系统的 IR 控制器集成有工业以太网、RS232C、I/O Link 等通用网络接口，可根据需要连接相应的网络设备。控制面板的循环启动按钮/指示灯及操作模式选择开关信号、标准配置的通用 DI/DO 信号直接连接到 IR 控制器上。IR 控制器的连接电路将在 9.4 节具体介绍，系统其他控制部件及机器人的连接要求如下。

9.3.2　急停单元连接

1. 器件与功能

R-30iB 系统的急停单元（E-Stop Unit）是用于系统电源控制和安全信号连接的集成单元，单元由主接触器与急停控制板组成。主接触器是用于伺服驱动器主电源通断控制的通用低压电气件，其安装位置如图 9.3-2 所示；急停控制板是用于系统电源通断控制的标准电路板，控制器件安装如图 9.3-3 所示。

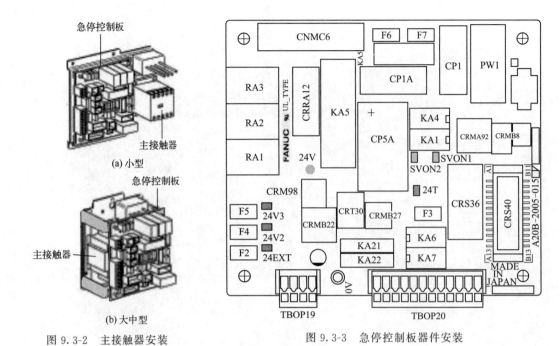

(a) 小型

(b) 大中型

图 9.3-2 主接触器安装

图 9.3-3 急停控制板器件安装

急停控制板由熔断器、指示灯、连接器等器件组成，器件的功能如表 9.3-1 所示。

表 9.3-1 急停控制板器件功能

类别	图上代号	功 能	规格	印制板标记
熔断器	F2	急停电路 DC24V 电源(24EXT)保护	1A	FUSE2
	F3	示教器 DC24V 电源(24T)保护	1A	FUSE3
	F4	急停控制板 DC24V 电源(24V-2)保护	2A	FUSE4
	F5	IR 控制器 DC24V 电源(24V-3)保护	5A	FUSE5
	F6/F7	控制箱风机 AC200V 电源保护	3.2A	FUSE6/7
指示灯	24V	DC24V 电源输入	—	24V
	SVON1/2	IR 控制器 SVON1/2 信号输入指示	绿色	SVON1/2
	24T	DC24V 电源 24T 熔断器熔断指示	红色	24T
	24EXT	DC24V 电源 24EXT 熔断器熔断指示	红色	24EXT
	24V2	DC24V 电源 24V-2 熔断器熔断指示	红色	24V2
	24V3	DC24V 电源 24V-3 熔断器熔断指示	红色	24V3
连接器	CNMC6	3～AC200V 伺服主电源输入/预充电输出连接器	—	CNMC6
	CRRA12	3～AC200V 预充电控制电源输出连接器	—	CRRA12
	CP1	AC200V 控制箱风机电源(输入)连接器	—	CP1
	CP1A	AC200V 控制箱风机电源(输出)连接器	—	CP1A
	CP5A	DC24V 电源输入/输出连接器	—	CP5A
	CRT30	IR 控制器电源、控制面板急停连接器	—	CRT30
	CRS36	示教器连接器	—	CRS36
	CRS40	IR 控制器连接器	—	CRS40
	CRMA92	驱动器输入/输出连接器	—	CRMA92
	CRMB8	电柜门开关连接器	—	CRMB8
	CRMB22	驱动器主回路控制信号连接器	—	CRMB22
	CRMB27	附加轴驱动器控制信号连接器	—	CRMB27
	CRM98	伺服 ON 信号输出连接器	—	CRM98
接线端	TBOP19	急停电路外部 DC24V 电源输入连接器	—	TBOP19
	TBOP20	外部急停、防护门开关输入及急停信号输出连接器	—	TBOP20

2. 电源连接

R-30iB 系统的急停单元电源电路原理及连接要求可参见图 9.2-1～图 9.2-3，急停控制板连接器 CNMC6、CRRA12、CP1、CP1A 用于 AC200V 电源连接，连接器 CP5A 用于 DC24V 电源连接，连接端 TBOP19 用于急停电路 DC24V 外部电源连接。电源连接器的连接端名称及功能如表 9.3-2 所示。

表 9.3-2　急停单元电源连接端名称与功能表

连接器	连接端	名　称	功　　能	连接说明
CNMC6	1/2/3	U2/V2/W2	预充电主电源输入	来自滤波器输出
	4/5/6	AC1/AC2/AC3	预充电主电源输出	连接伺服驱动器输入
CRRA12	1/2/3	PCM1/PCM2/PCM3	预充电监控电源输出	连接伺服驱动器输入
CP1	1	V2-IN	AC200V 控制电源输入	来自滤波器输出
	2	V2-OUT	AC200V 控制电源输出	连接电源单元输入
	3	U2	AC200V 输入	来自滤波器输出
CP1A	1/2	FAN A/FAN B	控制箱 AC200V 风机电源	风机电源
	3	—		
CP5A	A1	+24V	DC24V 电源单元输入	电源单元 DC24V
	B1	0V		
	A2/3/4/5/6	+24V	DC24V 电源连接端	伺服驱动器、扩展模块 DC24V 电源连接
	B2/3/4/5/6	0V		
TBOP19	1	EXT24V	急停电路外部 DC24V 输入	急停电路电源，不使用外部电源时，短接 INT24V/EXT24V、INT0V/EXT0V
	2	INT24V	急停控制板电源 24V-2 输出	
	3	INT0V	急停控制板 0V 输出	
	4	EXT0V	急停电路外部 0V 输入	

3. 控制箱器件连接

R-30iB 系统的控制箱器件主要用于驱动器 ON/OFF 控制，控制器件与急停单元（控制板）的连接如图 9.3-4 所示，电路原理可参见图 9.2-4～图 9.2-7。

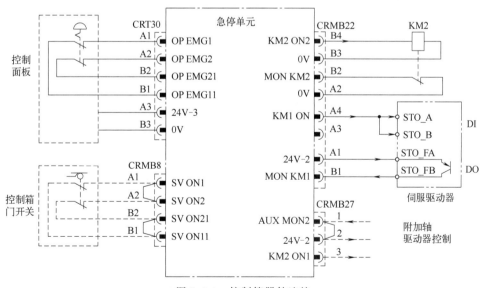

图 9.3-4　控制箱器件连接

急停控制板的连接器 CRT30、CRMB8、CRMB22 用于 IR 控制器电源和控制面板急停按钮、控制箱门开关（选配）、主接触器、驱动器主回路通断控制信号等电路的连接，连接器 CRMB27 用于附加轴驱动器（选配）主回路控制信号连接。连接器的连接端名称、功能如表 9.3-3 所示。

表 9.3-3　控制箱器件连接端名称与功能表

连接器	连接端	名称	功　　能	连接说明
CRT30	A1/B1	OP EMG1/EMG11	控制面板急停输入通道 1	连接控制面板 CRT31、IR 控制器 CRMB23
	A2/B2	OP EMG2/EMG21	控制面板急停输入通道 2	
	A3/B3	24V-3/0V	IR 控制器 DC24V 电源	
CRMB8	A1	SV ON1	控制箱门开关输入通道 1	选配件，不使用时 A1/B1、A2/B2 短接
	B1	SV ON11		
	A2	SV ON2	控制箱门开关输入通道 1	
	B2	SV ON21		
CRMB22	A1	24V-2	逆变管状态输入	伺服驱动器 DO 信号
	B1	MON KM1		
	A2	0V	主接触器状态输入	主接触器触点输入
	B2	MON KM2		
	A3	—	—	—
	B3	0V	主接触器线圈 0V 端	主接触器控制输出
	A4	KM1 ON	逆变管 ON/OFF 输出	驱动器逆变管 ON/OFF 控制
	B4	KM2 ON2	主接触器线圈控制端	主接触器控制输出
CRMB27	1	AUX MON2	附加轴驱动器预充电检测	连接附加轴驱动器
	2	24V-2		连接附加轴驱动器
	3	KM2 ON1	附加轴驱动器启动输出	连接附加轴驱动器

4. 外部器件及驱动器连接

R-30iB 系统急停单元与外部器件、驱动器连接如图 9.3-5 所示，电路原理可参见图 9.2-4～图 9.2-7。

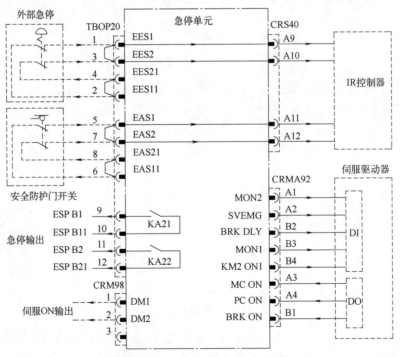

图 9.3-5　外部器件及驱动器连接

连接端 TBOP20 用于双通道冗余控制外部急停按钮、安全防护门开关连接及急停电路继电器触点输出。如果不使用外部急停按钮、安全防护门开关，其输入连接端应短接（标准配置）；系统急停输出可用于其他设备的急停控制。连接器 CRM98 为伺服 ON 输出，可用于附加轴驱动器的伺服 ON 控制。连接器 CRMA92 用于驱动器 DI/DO 信号连接。

外部器件及驱动器连接器的连接端名称、功能如表 9.3-4 所示。

表 9.3-4　外部器件及驱动器连接端名称与功能表

连接器	连接端	名称	功　能	连接说明
TBOP20	1	EES1	外部急停输入通道 1	连接 IR 控制器输入，不使用时短接 1/2、3/4
	2	EES11		
	3	EES2	外部急停输入通道 2	
	4	EES21		
	5	EAS1	安全防护门开关输入通道 1	连接 IR 控制器输入，不使用时短接 5/6、7/8
	6	EAS11		
	7	EAS2	安全防护门开关输入通道 2	
	8	EAS21		
	9	ESP B1	急停触点输出通道 1	用于其他设备急停
	10	ESP B11		
	11	ESP B2	急停触点输出通道 2	
	12	ESP B21		
CRM98	1	DM1	伺服 ON 输出通道 1	用于附加轴驱动器伺服 ON 控制
	2	DM2	伺服 ON 输出通道 2	
	3	—	—	
CRMA92	A1	MON2	逆变管 ON 通道 2	驱动器输入
	A2	SVEMG	驱动器急停	
	A3	MC ON	主接触器 ON	驱动器输出
	A4	PC ON	预充电 ON	
	B1	BRK ON	制动器松开	
	B2	BRK DLY	制动器松开	驱动器输入
	B3	MON1	逆变管 ON 通道 1	
	B4	KM2 ON1	主接触器 ON	

9.3.3　面板与示教器连接

1. 控制面板连接

R-30iB 系统的控制面板安装在控制箱前门上方，面板通常安装有图 9.3-6 所示的 3 个操作、指示器件。控制面板的操作模式选择开关为 3 位双通道输出编码开关，可选择自动

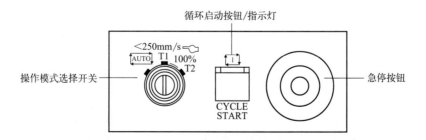

循环启动按钮/指示灯

操作模式选择开关 ——

急停按钮

CYCLE START

图 9.3-6　控制面板外形与结构

（AUTO）、手动低速（T1）、手动高速（T2）3 种操作模式。循环启动（CYCLE START）
按钮用于机器人自动运行模式的程序启动，按钮带有指示灯（BUSY）。急停按钮用于驱动
器急停，按钮带有 3 对常闭触点，其中 2 对用于急停单元的安全电路双通道冗余控制，1 对
用作 IR 控制器的 DI 输入。

R-30iB 系统控制面板连接如图 9.3-7 所示，电路原理可参见图 9.2-5。

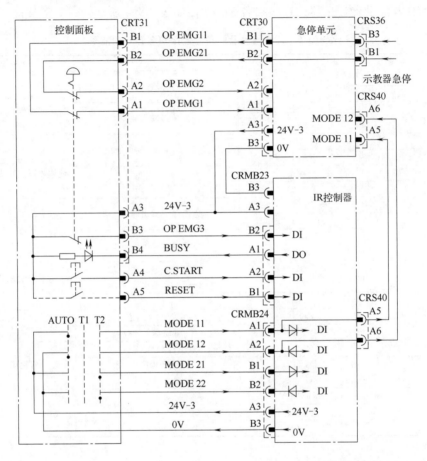

图 9.3-7　控制面板连接

面板急停按钮与急停单元连接器 CRT30 连接，2 对冗余控制触点在急停单元上与示教
器的急停按钮串联，作为系统内部的急停信号，用于急停电路控制；另 1 对触点与循环启动
按钮/指示灯信号一起，直接与 IR 控制器的 DI/DO 连接器 CRMB23 连接，作为 IR 控制器
的 DI 输入。

机器人操作模式选择开关信号以双通道冗余输入的形式与 IR 控制器的连接器 CRMB24
连接。其中，操作模式输入信号 1（AUTO 模式）可通过 IR 控制器输入电路、连接器
CRS40 连接到急停单元，作为驱动器的制动器松开（BRK DLY）、附加轴驱动器伺服 ON
（DM1/DM2）控制信号。

控制面板的急停按钮、循环启动按钮/指示灯信号，通过连接器 CRT31 与急停单元、
IR 控制器连接，操作模式选择开关直接连接到 IR 控制器上，信号名称、功能如表 9.3-5
所示。

表 9.3-5　控制面板信号名称与功能表

连接器	连接端	名称	功　能	连接说明
CRT31	A1	OP EMG1	急停按钮通道 1	连接急停单元连接器 CRT30
	B1	OP EMG11		
	A2	OP EMG2	急停按钮通道 2	
	B2	OP EMG21		
	A3	24V-3	IR 控制器电源	连接 IR 控制器连接器 CRMB23
	B3	OP EMG3	IR 控制器急停输入（DI）	
	A4	C. START	循环启动按钮输入（DI）	
	B4	BUSY	循环启动指示灯输出（DO）	
	A5	RESET	复位输入（DI），R-30iB 不使用	
	B5/A6/B6	—	—	—
—	—	MODE 11	操作模式 1、通道 1	连接 IR 控制器连接器 CRMB24
	—	MODE 12	操作模式 1、通道 2	
	—	MODE 21	操作模式 2、通道 1	
	—	MODE 22	操作模式 2、通道 2	
	—	24V-3	操作模式通道 1 电源	
	—	0V	操作模式通道 2 电源	

2. 示教器连接

R-30iB 系统的示教器目前以按键式为主，外形与结构在不同时期的产品上有所不同，但基本功能和操作部件一致，彩色显示的示教器如图 9.3-8 所示。

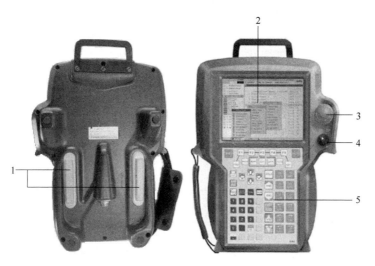

图 9.3-8　示教器外形与结构
1—手握开关；2—显示器；3—急停按钮；4—操作开关；5—键盘

示教器除了显示器、键盘外，还安装有系统急停按钮和示教器生效/撤销（TP ON/OFF）操作开关，背面为用于手动操作模式驱动器停止、启动、急停控制的 3 位手握开关。急停按钮、手握开关与驱动器的启动/停止有关，需要与急停控制板的急停电路、IR 控制器的伺服 ON/OFF 电路连接；键盘、显示器、TP ON/OFF 操作开关信号，通过系统的 I/O Link 总线和 IR 控制器进行网络连接。

R-30iB 系统的示教器通过示教器连接器与急停控制板的连接器 CRS36 连接，连接电路如图 9.3-9 所示。

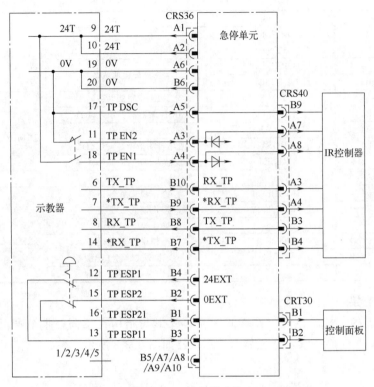

图 9.3-9   示教器连接

示教器的急停按钮需要与控制面板的急停按钮串联，相关电路原理可参见图 9.2-4、图 9.2-6；示教器的 I/O 总线数据发送端 TX_TP/ ∗ TX_TP、数据接收端 RX_TP/ ∗ RX_TP，需要与 IR 控制器的数据接收端 RX_TP/ ∗ RX_TP、数据发送端 TX_TP/ ∗ TX_TP 交叉连接。

示教器信号的名称、功能如表 9.3-6 所示。

表 9.3-6   示教器信号名称与功能表

示教器连接器	名称	功 能	急停单元CRS36	连接说明
1/2/3/4/5	—	—	—	不使用
6/7	TX_TP/ ∗ TX_TP	I/O 总线	B10/B9	连接急停单元 I/O 总线
8/14	RX_TP/ ∗ RX_TP		B8/B7	
9/10	24T	示教器电源	A1/A2	连接急停单元 DC24V 电源（24T）
19/20	0V		A6/B6	
11/18	TP EN1/EN2	手握开关伺服 ON	A3/A4	连接急停单元输入/输出电路
12	TP ESP1	急停按钮通道 1	B4	连接急停单元安全电路
13	TP ESP11		B3	
15	TP ESP2	急停按钮通道 2	B2	
16	TP ESP21		B1	
17	TP DSC	示教器连接检测	A5	连接急停单元 0V

9.4 IR 控制器连接

9.4.1 IR 控制器基本连接

1. 结构与外观

FANUC R-30iB 机器人控制器的结构与使用主板 G 的 FS0iF/FPlus 数控系统类似，控制器外形和主板结构如图 9.4-1 所示。

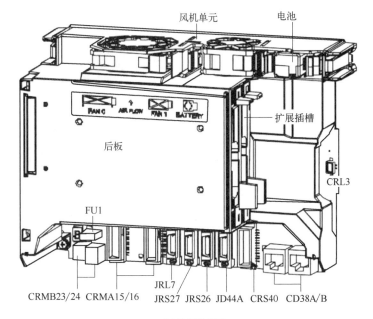

(a) 控制器外形

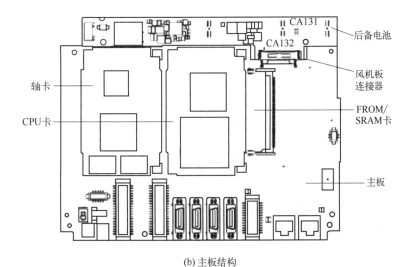

(b) 主板结构

图 9.4-1 IR 控制器外形与主板结构

IR 控制器由主板（基板）和后板组成。控制器的电源模块、中央控制器（CPU 卡）、伺服控制电路（轴卡）、存储器（FROM/SRAM 卡）以插件的形式安装在主板上；后板安装有控制器的电源模块及系统扩展插槽，可用来安装 IR 控制器的扩展模块。IR 控制器的风机单元（DC24V）、存储器后备电池（DC3V）安装在控制器上方的风机板上，风机板利用连接器 CA132 和基板连接；IR 控制器的基本接口、状态指示 LED、数码管及电源保护熔断器布置在主板左下方。

IR 控制器主板的连接包含内部连接与外部连接 2 部分：前者主要用来连接控制面板、急停单元和示教器等基本部件，后者用来连接 DI/DO 信号和网络设备（见后述）。主板连接器的代号、功能如表 9.4-1 所示。

表 9.4-1 主板连接器代号与功能表

分类	连接器代号	功 能	连 接 说 明
内部连接	CRMB23	IR 控制器电源、控制面板接口	连接急停控制板、控制面板
	CRMB24		
	CRS40	急停单元接口	示教器、急停单元输入/输出信号连接
	CA131	后备电池连接	连接后备电池
	CA132	风机板连接	连接 IR 控制器主板与风机板
外部连接	CRMA15	基本 DI/DO 接口	连接 20/8 点 DI/DO
	CRMA16	基本 DI/DO 接口	连接 8/16 点 DI/DO
	JRS27	RS232C 接口	连接串行通信设备
	JRS26	I/O 总线接口（通道 1）	连接上级控制器、I/O 扩展单元（模块）
	JD44A	I/O 总线接口（通道 2）	连接扩展安全 I/O 单元（附加功能）
	CD38A/B	工业以太网接口	工业以太网输入/输出
	CRL3	高速输入接口	连接 2 点高速 DI 信号
	JRL7	视觉传感器接口（选配）	连接视觉传感器（附加功能）

2. 电源连接

R-30iB 系统 IR 控制器 DC24V 电源的连接电路如图 9.4-2 所示。IR 控制器的 DC24V 输入电源由急停控制板提供（24V-3），DC24V 输入可通过电源模块（安装在后板）的 DC/DC 电源转换电路，转换为用于 IR 控制器内部电子电路控制的 DC+5V、+3.3V、+2.5V、+15V、-15V 控制电源。在主板（基板）上，DC24V 输入一方面可通过风机板连接器 CA132，为风机单元提供 DC24V 电源，另一方面，又可通过 DC24V/12V 电源转换电路，转换为视觉传感器（VISION）接口 JRL7 的 DC12V 供电电源。

在 IR 控制器外部，DC24V 输入电源（24V-3）利用急停单元连接器 CRT30、IR 控制器连接器 CRMB23 连接。控制面板操作模式选择开关、IR 控制器风机单元、外部通信网络设备的 DC24V 电源，直接从 24V-3 上引出，并由急停控制板的熔断器 F5 进行统一保护；IR 控制器主板集成 DI/DO 信号连接器 CRMA15/16 的 DC24V 电源 24F，由 IR 控制器主板上的熔断器 FU1 提供进一步保护。用于急停控制的 IR 控制器控制信号的 DC24V 电源 24V-2，可通过连接器 CRS40 直接与急停控制板连接，并由急停控制板熔断器 F4 进行保护（见前述）。

3. 控制面板连接

IR 控制器的连接器 CRMB23/24 用来连接 IR 控制器输入电源 24V-3、控制面板按钮/指示灯（FANUC 说明书称为 SI/SO 信号），连接端的名称、功能如表 9.4-2 所示。

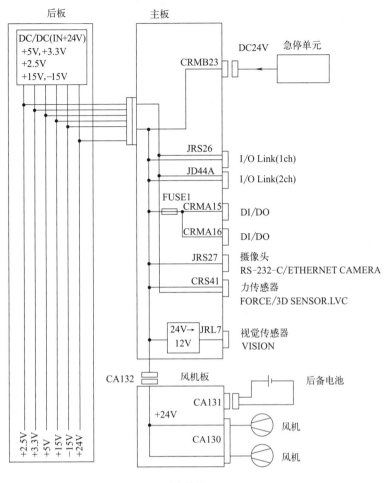

(a) 内部连接

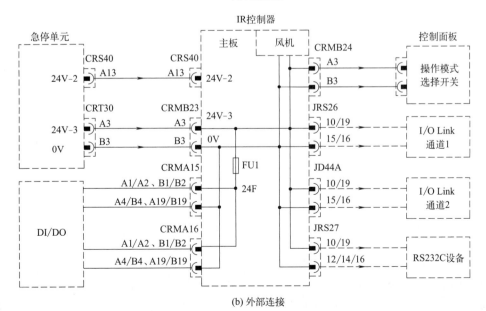

(b) 外部连接

图 9.4-2　IR 控制器电源连接

表 9.4-2　连接器 CRMB23/24 连接端名称与功能表

连接器	连接端	名称	功　　能	连接说明
CRMB23	A1	BUSY	循环启动指示灯输出(DO)	连接控制面板
	B1	RESET	IR 控制器复位(一般不使用)	
	A2	CYCLE START	循环启动按钮输入(DI)	
	B2	OP EMG3	IR 控制器急停输入(DI)	
	A3	24V-3	IR 控制器电源(DC24V)	连接急停单元
	B3	0V	IR 控制器电源(0V)	连接急停单元
CRMB24	A1	MODE 11	操作模式1、通道1	连接面板操作模式选择开关
	A2	MODE 12	操作模式1、通道2	
	B1	MODE 21	操作模式2、通道1	
	B2	MODE 22	操作模式2、通道2	
	A3	24V-3	操作模式通道1电源	
	B3	0V	操作模式通道2电源	

4. 急停单元与示教器连接

IR 控制器的连接器 CRS40 用来连接急停单元和示教器，连接端的名称、功能如表 9.4-3 所示。

表 9.4-3　连接器 CRS40 连接端名称与功能表

连接器	连接端	名称	功　　能	连接说明
CRS40	A1/A2	—	备用	备用
	B1/B2	—	备用	备用
	A3/A4	RX_TP/＊RX_TP	示教器 I/O 总线	连接急停单元,参见图 9.3-9
	B3/B4	TX_TP/＊TX_TP	示教器 I/O 总线	
	A5	MODE 11	AUTO 模式通道1	参见图 9.2-6、图 9.3-7
	A6	MODE 21	AUTO 模式通道2	参见图 9.2-6、图 9.3-7
	A7	TP DM(EN)1	手握开关通道1	连接急停单元,参见图 9.2-6、图 9.3-9
	A8	TP DM(EN)2	手握开关通道2	连接急停单元,参见图 9.2-6、图 9.3-9
	A9	EAS 1	外部急停输入通道1	连接急停单元,参见图 9.2-5、图 9.3-5
	A10	EAS 2	外部急停输入通道2	连接急停单元,参见图 9.2-5、图 9.3-5
	A11	EES 1	安全防护门开关输入通道1	连接急停单元,参见图 9.2-5、图 9.3-5
	A12	EES 2	安全防护门开关输入通道2	连接急停单元,参见图 9.2-5、图 9.3-5
	A13	24V-2	急停控制板电源(DC24V)	连接急停单元,参见图 9.2-2
	B5	0V	急停控制板电源(0V)	连接急停单元,参见图 9.2-2
	B6	MON KM1	逆变管检测	连接急停单元,参见图 9.2-5
	B7	MON KM2	主接触器检测	
	B8	MON KA	预充电检测	
	B9	TP DSC	示教器连接	连接急停单元,参见图 9.3-9
	B10	EMG ID	急停单元连接	连接急停单元,参见图 9.2-5
	B11	SV ON1	伺服启动通道1输出	连接急停单元,参见图 9.2-4、图 9.2-5
	B12	SV ON2	伺服启动通道2输出	连接急停单元,参见图 9.2-4、图 9.2-5
	B13	ON_OFF	系统电源 ON 输入	连接急停单元,参见图 9.2-5

9.4.2　DI/DO 连接

1. DI/DO 连接器及功能

R-30iB 机器人控制器集成有 28/24 点基本 DI/DO 信号连接接口，可用于机器人程序远程（Remote）运行控制信号及机器人作业工具、辅助控制设备等外部开关量输入/输出控制信号的连接。如果需要，R-30iB 机器人控制器还可以通过连接器 CRL3 连接 2 点高速 DI 输入信号（HDI 信号，需要与附加功能软件配套使用）。

R-30iB 机器人控制器的 DI/DO 信号连接器 CRMA15、CRMA16、CRL3（选配）的连接端名称、功能如表 9.4-4 所示，系统出厂时，已设定输入端 21～28（DI 121～128）、输出端 21～24（DO 121～124）为机器人程序远程运行常用的输入/输出控制信号（FANUC 说明书称为 UI/UO 信号）。

表 9.4-4　DI/DO 连接器连接端名称与功能表

连接器	连接端	名称	功能	连接说明
CRMA15	A1/B1	24F	DC24V 电源输出	DI 源输入连接电源
	A2/B2			
	A3	SDI COM1	DI 101～108 公共端	源输入接 0V，汇点输入接 24F
	B3	SDI COM2	DI 109～120 公共端	
	A4/B4	0V	0V	DI/DO 电源 0V 端
	A5/B5	DI 101/DI 102	DI 输入端 1/2	DI 输入 1～20
	—			
	A14/B14	DI 119/DI 120	DI 输入端 19/20	
	A15/B15	DO 101/DO 102	DO 输出端 1/2	DO 输出 1～8
	—			
	A18/B18	DO 107/DO 108	DO 输出端 7/8	
	A19/B19	0V	0V	DI/DO 电源 0V 端
	A20/B20	DOSRC1	DO 1～8 负载电源输入	外部 DC24V 电源
CRMA16	A1/B1	24F	DC24V 电源输出	DI 源输入连接电源
	A2/B2			
	A3	SDI COM3	DI 121～128 公共端	同 SDI COM1/2
	B3	—	不使用	不使用
	A4/B4	0V	0V	DI/DO 电源 0V 端
	A5	DI 121（＊HOLD）	DI 输入端 21	标准设定为程序远程运行输入信号（UI），见下述
	B5	DI 122（RESET）	DI 输入端 22	
	A6	DI 123（START）	DI 输入端 23	
	B6	DI 124（ENBL）	DI 输入端 24	
	A7	DI 125（PNS 1）	DI 输入端 25	
	B7	DI 126（PNS 2）	DI 输入端 26	
	A8	DI 127（PNS 3）	DI 输入端 27	
	B8	DI 128（PNS 4）	DI 输入端 28	
	A9/B9	—	不使用	不使用
	A10/B10	DO 109/DO 110	DO 输出端 9/10	DO 输出 9～20
	A15/B15	DO 119/DO 120	DO 输出端 19/20	
	A16	DO 121（CMDENBL）	DO 输出 21	标准设定为程序远程运行输出信号（UO），见下述
	B16	DO 122（FAULT）	DO 输出 22	
	A17	DO 123（BATALM）	DO 输出 23	
	B17	DO 124（PROGRUN）	DO 输出 24	
	A18/B18	—	不使用	不使用
	A19/B19	0V	0V	DI/DO 电源 0V 端
	A20/B20	DOSRC2	DO 9～24 负载电源输入	外部 DC24V 电源
CRL3	1/3	HDI 0	高速输入 1	参见图 9.1-10
	2/4	HDI 1	高速输入 2	

2. DI 连接

R-30iB 机器人控制器基本 DI 的接口电路及连接方法如图 9.4-3 所示。

IR 控制器的 DI 输入接口采用双向光耦，用户可根据需要，通过改变接口电路输入公共

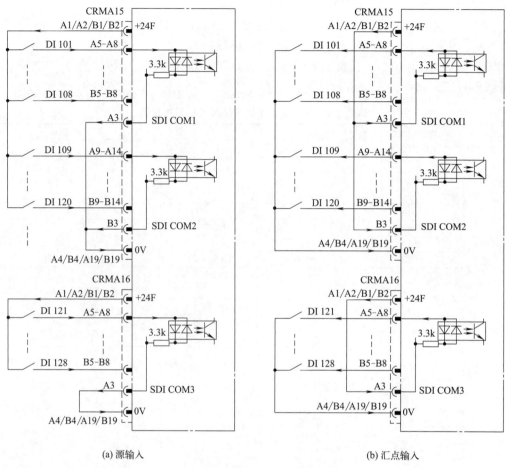

(a) 源输入   (b) 汇点输入

图 9.4-3 基本 DI 信号连接电路

端和触点公共端的连接方式，选择"源输入（Source Input）"或"汇点输入（Sink Input，亦称漏型输入）"2 种连接方式。控制器的 28 点基本 DI 分为 DI 101～108（8 点）、DI 109～DI 120（12 点）和 DI 121～DI 128（8 点）3 组，输入公共端分别为 SDI COM1、SDI COM2 和 SDI COM3。同组输入的光耦一端，通过图 9.4-3 所示的 3.3kΩ 输入限流电阻，并联在输入公共端上。

DI 采用源输入（Source Input）连接方式（推荐）时，光耦的输入驱动电流将从触点流入，此时，应按图 9.4-3（a）所示，将触点公共端连接到 IR 控制器的 DC24V 输出端＋24F 上，输入接口电路的公共端 SDI COM1、SDI COM2、SDI COM3 与 IR 控制器的 0V 连接，使光耦驱动电流由 IR 控制器的 DC24V 输出端＋24F →触点 →光耦 →IR 控制器的 0V 端，形成从触点流进 IR 控制器的电流回路。

DI 采用汇点输入（Sink Input）连接方式时，光耦的驱动电流将从触点流出，此时，应按图 9.4-3（b）所示，将触点公共端连接到 IR 控制器的 0V 端，输入接口电路的公共端 SDI COM1、SDI COM2、SDI COM3 与 IR 控制器的 DC24V 输出端＋24F 连接，使光耦驱动电流由 IR 控制器的 DC24V 输出端＋24F→光耦→触点→IR 控制器的 0V 端，形成回路。

3. DO 连接

R-30iB 机器人控制器基本 DO 的接口电路及连接方法如图 9.4-4 所示。

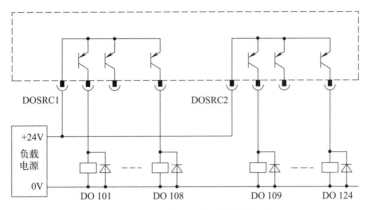

图 9.4-4　基本 DO 信号连接电路

IR 控制器的 DO 信号为 DC24V 晶体管 PNP 集电极开路型输出（源输出），驱动能力为 DC4V/200mA，负载驱动电源需要外部提供。控制器的基本 DO 分为 DO 101～108（8 点）、DO 109～124（16 点）2 组。DC24V 负载驱动电源的连接端分别为 DOSRC1、DOSRC2；负载公共线应与 IR 控制器的 0V 连接，感性负载的两端需要并联过电压抑制二极管。

4. 预定义 DI/DO

为了便于用户使用，控制系统出厂时，已预定义输入 DI 121～128、输出 DO 121～124 为机器人程序远程运行常用的输入/输出控制信号（FANUC 说明书称为 UI/UO 信号），信号的名称与功能如表 9.4-5 所示。

表 9.4-5　系统出厂预定义 DI/DO 名称与功能表

连接器	连接端	地址	信号名称	预定义功能
CRMA15	A5	DI 121	*HOLD	进给保持。常闭型输入，输入 OFF，程序运行暂停
	B5	DI 122	RESET	故障复位。清除报警，复位系统
	A6	DI 123	START	循环启动。启动程序自动运行，下降沿有效
	B6	DI 124	ENBL	运动使能。信号 ON 时允许执行机器人移动指令
	A7	DI 125	PNS 1	远程自动运行程序号选择
	B7	DI 126	PNS 2	
	A8	DI 127	PNS 3	
	B8	DI 128	PNS 4	
CRMA16	A16	DO 121	CMDENBL	命令使能。程序远程运行允许（控制器准备好）
	B16	DO 122	FAULT	系统报警
	A17	DO 123	BATALM	后备电池报警
	B17	DO 124	PROGRUN	程序远程自动运行中

9.4.3　通信与网络连接

R-30iB 控制器具有 RS232C、以太网通信功能及 I/O Link 总线连接功能，可作为智能制造系统的物流输送、加工装配设备，与数控机床等加工装备集成，构成无人化、自动化、智能化加工制造系统。

1. RS232C 通信

RS232C（Recommended Standard 232 C）接口是传统的 EIA 标准串行接口，可用于传输速率 19200bit/s 以下、传输距离不超过 30m 的打印机、显示器、条码阅读器等低速数据通信设备连接。

R-30iB 机器人控制器的 JRS27 为 RS232C 串行通信接口，其连接端信号名称、功能如表 9.4-6 所示。

表 9.4-6   RS232C 连接器 JRS27 连接端信号名称与功能表

连接端	类别	信号名称	功　　能
1	输入	RD(RXD)	数据接收端(Received Data)
3	输入	DR(DSR)	数据接收准备好(Data Set Ready)
5	输入	CS(CTS)	数据发送允许(Clear to Send)
2/4/6	0V	SG(GND)	信号地(Signal Ground)
7/8/9	—	—	不使用
10/19	DC24V	24V-3	IR 控制器 DC24V 输出
11	输出	SD(TXD)	数据发送端(Transmitted Data)
13	输出	ER(DTR)	控制器准备好(Data Terminal Ready)
15	输出	RS(RTS)	数据发送请求(Request to Send)
12/14/16	0V	SG(GND)	信号地(Signal Ground)
17/18/20	—	—	不使用

由于 JRS27 使用的是 20 芯微型连接器（PCR-E20FS），而 RS232C 标准通信电缆使用的是 9 芯或 25 芯连接器，为统一标准，一般应将 20 芯接口转换为 9 芯或 25 芯 RS232C 标准接口，连接器的转换方法与 FS0iF/FPlus 数控系统相同（参见第 6 章）。

R-30iB 控制器的 RS232C 接口不使用载波检测（Data Carrier Detect，简称 CD 或 DCD）、呼叫指示（Ringing Indicator，简称 RI）信号，如果外设接口带有 CD（或 DCD）、RI 信号，需要进行短接 CD、悬空 RI 处理。接口常用的连接方式有图 9.4-5 所示的 2 种。

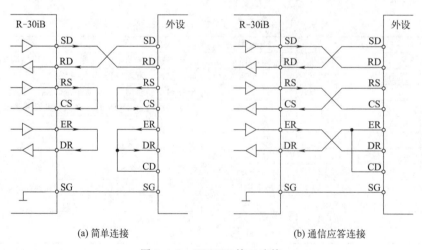

(a) 简单连接   (b) 通信应答连接

图 9.4-5   RS232C 接口连接

图 9.4-5（a）为仅使用数据发送/接收端 SD/RD、信号地 SG 的简单连接方式，这种连接方式可用于不需要回答信号的通信设备，它可以将通信双方都视为数据终端设备，两者的数据发送、接收可在任意时刻进行。使用简单连接时，IR 控制器的数据发送请求 RS、控制器准备好 ER 信号输出端，需要与数据发送允许 CS、数据接收准备好 DR 输入端短接；外设的数据发送请求 RS 输出端需要与数据发送允许 CS 输入端短接；外设的控制器准备好 ER、载波检测 CD 信号输出端需要与数据接收准备好 DR 输入端短接。

图 9.4-5（b）为使用通信应答连接方式，这种连接方式需要通过通信应答启动数据发送、接收。通信应答连接需要在数据发送/接收端 SD/RD、信号地 SG 的基础上，增加通信

应答信号 RS、CS、ER、DR。此时，IR 控制器的数据发送请求 RS、控制器准备好 ER 输出信号，应分别与外设的数据发送允许 CS、数据接收准备好 DR 输入端连接；IR 控制器的数据发送允许 CS、数据接收准备好 DR 输入信号，应分别连接外设的数据发送请求 RS、控制器准备好 ER 信号输出；外设的载波检测 CD 信号输出与控制器准备好 ER 信号短接。

2. 以太网通信连接

R-30iB 控制器的工业以太网接口 CD38A、CD38B（RJ45 接口）可用于计算机、以太网设备的通信与系统集成，接口的连接方法如图 9.4-6 所示。CD38A、CD38B 的数据发送端 TX＋/TX－、接收端 RX＋/RX－应和 HUB 或计算机的数据接收端 RX＋/RX－、发送端 TX＋/TX－连接。

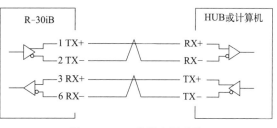

图 9.4-6　工业以太网连接

R-30iB 机器人控制器的工业以太网传输介质标准为 100BASE-TX，为了提高工业环境下的抗干扰性能，网线最好使用 2 对 5 类屏蔽双绞线（STP 电缆）。100BASE-TX 的传输速率为 100Mbit/s，最大传输距离为 100m，支持全双工工作。

3. I/O Link 网络与接口

R-30iB 系统具有 I/O Link 网络控制功能。在柔性、智能制造系统中，它既可作为物料输送系统的主站，控制其他设备运行，也可作为工件、刀具装卸辅助设备，接受 CNC、PLC 或其他 IR 控制器等上级控制器的控制。IR 控制器的主站、从站连接方法如图 9.4-7 所示。

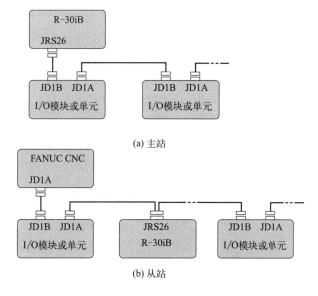

图 9.4-7　I/O Link 网络连接

R-30iB 系统的 I/O Link 网络总线可通过 IR 控制器的 JRS26 接口连接，连接端信号名称、功能如表 9.4-7 所示；接口中的＋5V、24V-3 仅在连接 FANUC 光缆适配器等特殊 I/O Link 单元时使用。

表 9.4-7　I/O Link 连接器 JRS26 连接端信号名称与功能表

连接端	类别	信号名称	功　能
1	输入	RX SLC1(SIN1)	I/O Link 总线连接端 1,可用于主站或从站连接。IR 控制器作主站时,连接 I/O 模块或单元;IR 控制器作从站时,连接上级控制器
2	输入	* RX SLC1(* SIN1)	
3	输出	TX SLC1(SOUT1)	
4	输出	* TX SLC1(* SOUT1)	
5	输入	RX SLC2(SIN2)	I/O Link 总线连接端 2,IR 控制器作从站时,连接 I/O 模块或单元
6	输入	* RX SLC2(* SIN2)	
7	输出	TX SLC2(SOUT2)	
8	输出	* TX SLC2(* SOUT2)	
9/18/20	输出	+5V	+5V 电源(用于光缆适配器等特殊单元连接)
10/19	输出	24V-3	IR 控制器 DC24V 电源(用于光缆适配器等特殊单元连接)
11-16	输出	0V	0V

作为附加功能,R-30iB 可根据需要选配双通道 I/O Link 网络控制功能,第 2 通道一般只用于扩展安全 I/O 模块等 I/O Link 设备连接,I/O Link 总线可通过 JD44A 接口连接,连接端信号名称、功能如表 9.4-8 所示。

表 9.4-8　I/O Link 连接器 JD44A 连接端信号名称与功能表

连接端	类别	信号名称	功　能
1~4	—	—	备用
5	输入	RX SLCS(SIN)	连接扩展安全 I/O 模块等
6	输入	* RX SLCS(* SIN)	
7	输出	TX SLCS(SOUT)	
8	输出	* TX SLCS(* SOUT)	
9/18/20	输出	+5V	+5V 电源(用于光缆适配器等特殊单元连接)
10/19	输出	24V-3	IR 控制器 DC24V 电源(用于光缆适配器等特殊单元连接)
11~16	输出	0V	0V

4. I/O Link 总线连接

FANUC 系统的 I/O Link 网络采用的是"总线型"拓扑结构,所有站为串联连接,总线终端不需要终端连接器。I/O Link 总线的连接方法如下。

① 主站连接。R-30iB 机器人控制器作为主站时,可通过 I/O Link 总线连接 FANUC I/O 模块或单元连接其他输入/输出设备。

I/O Link 总线的电缆连接方法如图 9.4-8 所示,如果使用光缆 I/O Link 总线,需要选

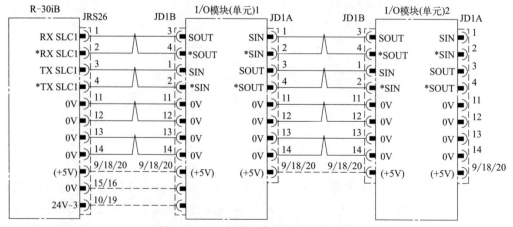

图 9.4-8　IR 控制器作主站的总线连接

配 FANUC 光缆适配器和连接 JRS26 的＋5V 电源，有关内容可参见 FS0iF/FPlus 数控系统的连接说明。

R-30iB 机器人控制器作为网络主站时，JRS26 的总线连接端 1（SLC1）为 IR 控制器的 I/O Link 总线输出端，它应与扩展 I/O 模块（单元）的总线输入接口 JD1B 连接；扩展 I/O 模块（单元）的总线输出 JD1A，可连接其他 I/O Link 设备的总线输入 JD1B。

② 从站连接。R-30iB 机器人控制器作网络从站时，一方面可通过 I/O Link 总线与上级控制器（如 CNC 等）或其他上级从站（如 CNC 的 I/O 模块或单元等）连接，另一方面也可通过本身的 I/O Link 总线连接扩展模块或单元。

R-30iB 机器人控制器作为网络从站的电缆总线的连接方法如图 9.4-9 所示，如果使用光缆 I/O Link 总线，同样需要选配 FANUC 光缆适配器和连接 JRS26 的＋5V 电源。

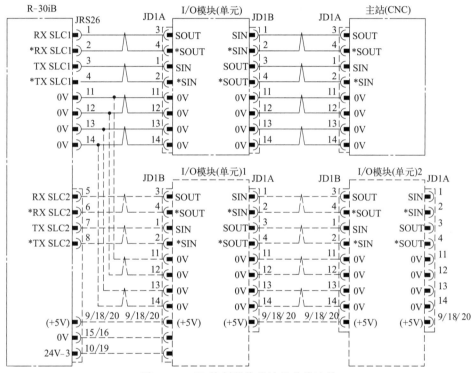

图 9.4-9　IR 控制器作从站的总线连接

R-30iB 机器人控制器的 I/O Link 总线输入/输出使用同一连接器 JRS26。IR 控制器作从站时，JRS26 的总线连接端 1（SLC1）应与上级控制器或上一级从站的 I/O Link 总线输出 JD1A 连接；总线连接端 2（SLC2）与 IR 控制器的扩展 I/O 模块或单元的总线输入 JD1B 连接；下一级从站的总线输出 JD1A 可进一步连接其他 I/O Link 设备的总线输入 JD1B，以构成 I/O Link 总线网。

9.5　驱动器及机器人连接

9.5.1　伺服驱动器连接

1. 伺服控制板连接器

伺服驱动器的结构、连接与机器人（驱动器）的规格、型号及驱动器的控制轴数等因素

有关，不同机器人的驱动器连接器位置、连接要求差别较大。例如，小规格机器人使用单相
AC200V输入，机器人和控制柜（箱）连接的动力电缆和信号电缆连接器合一；大中型机器
人使用3相AC200V输入，机器人和控制柜（箱）连接的动力电缆和信号电缆连接器分离。
此外，3～5轴机器人或带附加轴的7/8轴机器人，则需要减少或增加驱动器控制轴数等。

以3相AC200V输入、动力电缆和信号电缆连接器分离的大中型6轴标准系统为例，
驱动器伺服控制板的主要连接器布置如图9.5-1所示。由于伺服驱动器的规格较多，驱动器
动力电缆连接器的布置与驱动器规格、控制轴数有关，具体应参见机器人使用说明书或驱动
器实物。

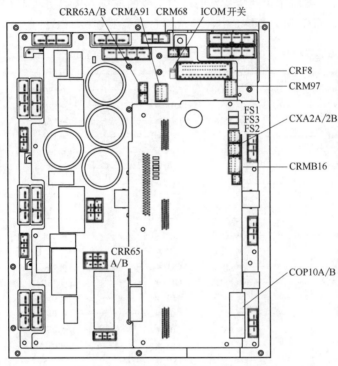

图 9.5-1 伺服控制板主要连接器布置

6轴标准系统的伺服控制板连接器连接端名称、功能如表9.5-1所示。

表 9.5-1 驱动器控制电路连接器连接端名称与功能表

连接器	连接端	名称	功　能	连接说明
CXA2B	A1/B1	24V	DC24V 电源输入	DC24V 电源单元
	A2/B2	0V		
	A3/B3/A4/B4	ESP/MIFA	外部急停	一般不使用
CRMB16	A1/B1	STO_FA/FB	逆变状态检测	急停单元控制电路
	A2/A4	STO_A/B	逆变管 ON(通道 1)	
	B2/B4	24V	通道 1 电源(24V)	一般不使用
	A3/A5	STO_A2/B2	逆变管 ON(通道 2)	
	B3/B5	0V	通道 2 电源(0V)	
	A6/B6	STO ABNUM/0V	逆变管异常	
CRMA91	A1	BRK DLY	制动器松开	急停单元控制电路
	B1	OT HBK	超程、手爪报警	
	A2	BRK ON	制动器松开	（一般不使用）
	B2	DC PASC	直流母线检测	

续表

连接器	连接端	名称	功　能	连接说明
CRMA91	A3	SVEMG	驱动器急停	急停单元控制电路
	B3	MON1	逆变管 ON 通道 1	
	A4	MON2	逆变管 ON 通道 2	
	A5	PC ON	预充电 ON	
	B5	MC ON	主接触器 ON	
	A6	KM2 ON1	主接触器已接通	
	B6	T ON	逆变管 ON	
CRRB14	1	24V	24V	单相供电时短接
	2	SINGL PH	主电源使用单相供电	
	3	—	—	—
CRR63A/B	1	DCTH A1/B1	制动电阻过热检测 A/B	制动电阻单元
	2	DCTH A2/B2		
	3	—	—	
CXA2A	A1/B1	24V	DC24V 控制电源输出	附加轴驱动器
	A2/B2	0V		
	A3/B3/A4/B4	ESP/MIF	外部急停	
CRM97	A1/A2/A3	BRKRL S2/S3/S4	附加轴制动检测	
	A4	GUN CHG	焊钳交换	
	A5	KM3 ON	附加轴驱动器 ON	
	B1	24VF	DC24V 控制电源	
	B2	0V		
	B3	FUSEALM	附加轴驱动器报警	
	B4	SVEMG	附加轴驱动器急停	
	B5	OT HBK	超程、手爪报警	
	A6/B6	—	—	
CRF8	A1～A6	*PRG1～6	J1～J6 轴编码器数据总线	机器人信号电缆
	B1～B6	PRG1～6		
	C1～C6	5V	J1～J6 轴编码器电源	
	C7～C12	0V		
	A7/B7	S2+/S2−	I/O 总线	
	A8～12/B8～11	RI 1～9	机器人输入 RI	
	A13～16/B12～15	RO 1～9	机器人输出 RO	
	B16	HBK	手爪报警输入	
	A17	24VF	DC24V 电源输出	
	B17	ROT	关节轴超程输入	
	A18	24VF IN	DC24V 负载电源输入	
	B18	0V	0V	
CRM68	1	AUX OT1	附加轴超程	
	2	AUX OT2		
	3	—		
CRS23	1/2	S+/S−	I/O 总线接口	I/O 扩展模块
	3	0V		

2. 控制电路连接

6 轴标准系统的伺服控制电路包括 DC24V 控制电源、驱动器 ON/OFF 控制、驱动器主电源输入设定、制动电阻过热检测、机器人输入/输出（RI/RO）接口电路，以及伺服电机内置编码器串行总线、I/O 扩展模块连接总线等。系统的控制电路连接如图 9.5-2 所示，驱动器 ON/OFF 电路原理可参见前述。

驱动器的 DC24V 控制电源一般从急停单元的 DC24V 电源连接器 CP5A 上引出。主电

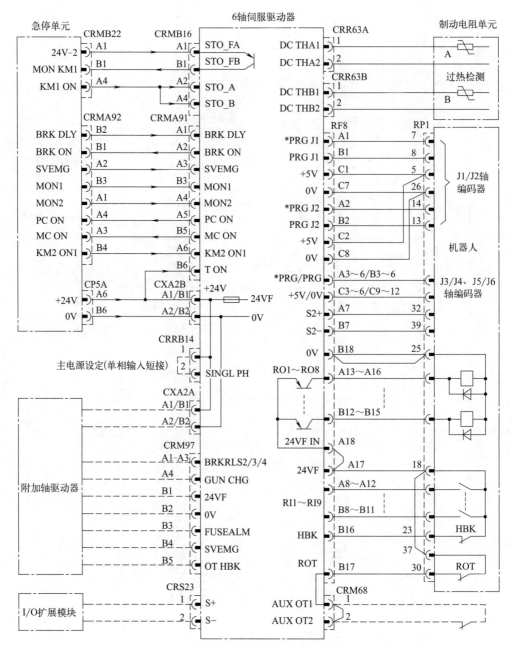

图 9.5-2 6 轴系统控制电路连接

源输入设定连接器 CRRB14 用于驱动器单相/3 相输入转换,单相输入的驱动器需要短接连接器 CRRB14 的 1/2 脚。

用于驱动器 ON/OFF 控制的逆变管 ON(STO_A/B)、制动器松开(BRK DLY)、伺服急停(SVEMG)及逆变状态检测(STO_FA/FB)、预充电启动(PC ON)、主接触器启动(MC ON)等逻辑电路控制信号,可通过连接器 CRMB16、CRMA91 与急停单元连接;来自机器人的关节轴超程(＊ROT)、手断裂(＊HBK,抓手断裂或其他工具损坏信号)的逻辑电路控制信号,可通过信号电缆连接器 RP1 与伺服控制板连接。

除用于驱动器 ON/OFF 控制的逻辑电路输入/输出外,6 轴标准系统的伺服驱动器还集成有 9/8 点通用开关量输入/输出接口，可用于安装在机器人上的气压检测（＊PPABN）、抓手夹紧/松开（Hand Clamp/Unclamp）等机器人开关量输入/输出（RI/RO）信号的连接；机器人输入 RI 可通过驱动器上的输入连接方式转换开关 COM 及 RI 公共连接端，进行源输入/汇点输入方式的转换；机器人输出 RO 的负载驱动电源 24VF IN，在出厂时已和系统 DC24V 电源 24VF 短接。

根据垂直串联机器人的驱动电机安装位置，6 轴标准系统的伺服电机编码器连接分为 J1/J2、J3/J4、J5/J6 三组，在机器人信号连接器 RP1 上，同组编码器的 DC5V 电源并联。

在复杂机器人系统上，伺服驱动器还可根据需要，利用连接器 CXA2A、CRM97、CRM68，连接附加轴伺服驱动器的电源、伺服启动/停止控制信号、超程开关，也可以通过 I/O 总线连接器 CRS23，连接 I/O 扩展模块等附加部件。

3. 动力电路连接

驱动器的动力电路包括驱动器主电源、直流母线、伺服电机电枢、制动器等。6 轴标准 R-30iB 系统的驱动器动力电路连接器连接端名称、功能如表 9.5-2 所示，机器人动力电缆连接器的连接端功能详见后述。

表 9.5-2　驱动器动力电路连接器连接端名称与功能表

连接器	连接端	名称	功 能	连接说明
CRR38A	1	PE	保护接地	主电源输入
	2/3/4	AC1/2/3	AC200V 电源	
CRRA12	1/2/3	PCM1/2/3	预充电监控电源	预充电输入
CRRA13	1/2	DC P	直流母线＋	直流母线连接端（一般不使用）
	3/4	DC N	直流母线－	
CRRA11A	1	DCR A1	制动电阻连接端 1	连接制动电阻单元
	2	—	—	
	3	DCR A2	制动电阻连接端 2	
CNJ1/2/3 A	1/2/3	U1/V1/W1	J1、J2、J3 轴伺服电机电枢	连接机器人动力电缆连接器 RM1
CNGA	1/2/3	J1/J2/J3 G1		
CNJ4/5/6	1/2/3	U1/V1/W1	J4、J5、J6 轴伺服电机电枢	
CNGC	1/2/3	J4/J5/J6 G1		
CRR88	A1/B1	BK/BKC(J1,J2)	J1～J4 轴伺服电机制动器	
	A2/B2	BK/BKC(J3)		
	A3/B3	BK/BKC(J4～J6)		
CRR65A/B	A1/A3	BK/BKC(J7)	附加轴 J7、J8 制动器	
	B1/B3	BK/BKC(J8)		
	A2/B2	—		

6 轴标准系统的动力电路连接如图 9.5-3 所示，主电路原理可参见前述。

6 轴标准系统的主电源为 3 相 AC200V 输入，驱动器启动时，主电源首先需要通过急停单元进行预充电；预充电完成后，通过主接触器 KM2 切换为直接输入。主电源线通过驱动器连接器 CRR38A 输入。

安装在机器人上的伺服电机（内置制动器）的电枢、制动器，需要通过动力电缆连接器 RM1 与驱动器连接。大中型 6 轴垂直串联机器人的 J1～J3 轴电机功率通常较大，控制箱与机器人的连接电缆可能较长，因此，动力电缆中的 J1～J3 轴电枢连接线采用 2 根导线并联连接。驱动器的制动器连接器 CRR88 分为 3 组，其中，J1/J2 轴为一组、J3 轴独立、J4～

J6 轴为一组；在配置附加轴的机器人上，附加轴 J7、J8 的制动器也需要通过 6 轴驱动器的连接器 CRR65A/B 连接。

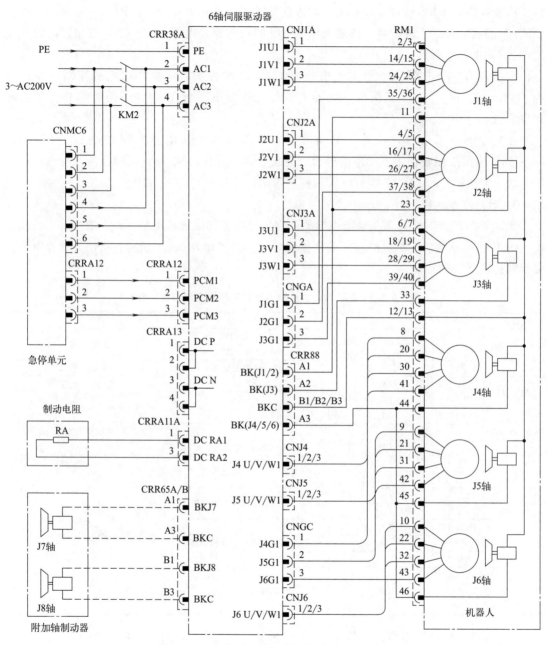

图 9.5-3　大中型 6 轴标准系统动力电路连接

9.5.2　机器人连接

1. 连接器布置

FANUC 机器人的电气连接电缆如图 9.5-4（a）所示。机器人的关节轴驱动电机（包括内置编码器和制动器）、超程开关，以及利用伺服驱动器 RI/RO 连接的工具损坏（手断裂）检测开关、工具状态检测开关与电磁控制线圈（如气压、抓手松夹等）等部件，通常安装在机器人机身上，这些部件一般可通过机器人生产厂家配套提供的动力电缆、信号电缆（小型机器人两者合一）和控制柜（箱）直接连接。焊接、喷涂等机器人需要配套焊机、喷枪等工具控制设备，通常需要增加机器人和工具控制设备连接的工具电缆。

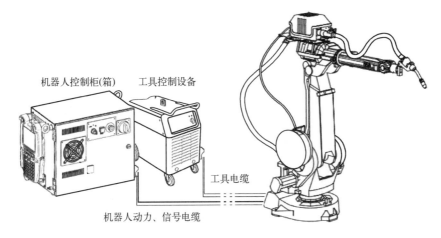

(a) 连接电缆

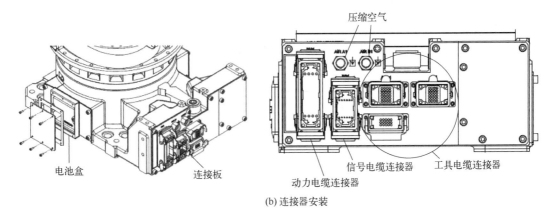

(b) 连接器安装

图 9.5-4　机器人连接

机器人连接器通常安装在机器人基座上，其结构、连接方式与机器人规格、型号有关，例如，小规格机器人的动力电缆和信号电缆合一，伺服电机及编码器、制动器实际使用的连接线与机器人控制轴数相同。

以 FANUC R-1000i 中型通用机器人为例，机器人连接电缆的连接器如图 9.5-4（b）所示，其中，机器人动力电缆连接器 RM1、信号电缆连接器 RP1 为机器人标准配置，其连接电缆通常由 FANUC 提供。

机器人作业工具连接器的数量、结构形式与工具的选配有关，工具电缆连接器及压缩空气接口为用户选配件。例如，使用伺服焊钳的点焊机器人需要有焊钳驱动电机的动力电缆和信号电缆连接器，使用气动抓手的搬运机器人需要有气动阀线圈动力电缆和检测开关控制信号电缆连接器。

为了方便用户使用，FANUC 机器人的工具电缆可从图 9.5-5 所示的上臂内侧引出，以便和安装在机身上的工具控制部件连接。

工业机器人伺服电机内置编码器的位置检测数据通常需要利用电池保存（亦称绝对编码

器），为了防止机器人和控制柜（箱）分离、连接电缆断开时的数据丢失，编码器的电池盒一般需要直接安装在机器人基座上。FANUC垂直串联机器人的电池盒位于机器人基座的右侧（见图9.5-4）。

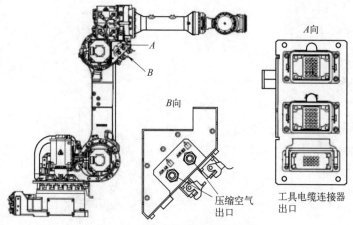

图 9.5-5　工具电缆连接器安装

2. 动力电缆连接

动力电缆用于大中型机器人关节轴伺服电机电枢、制动器连接，连接器 RM1 的连接端布置如表 9.5-3 所示，连接端名称及功能可参见图 9.5-3。

表 9.5-3　机器人动力电缆连接器 RM1 连接端布置表

连接端	1	2	3	4	5	6	7	8	9	10	11	12	13
代号	—	J1U1	J1U1	J2U1	J2U1	J3U1	J3U1	J4U1	J5U1	J6U1	BK1	BKC	BKC
连接端		14	15	16	17	18	19	20	21	22	23		
代号		J1V1	J1V1	J2V1	J2V1	J3V1	J3V1	J4V1	J5V1	J6V1	BK2		
连接端		24	25	26	27	28	29	30	31	32	33		
代号		J1W1	J1W1	J2W1	J2W1	J3W1	J3W1	J4W1	J5W1	J6W1	BK3		
连接端	34	35	36	37	38	39	40	41	42	43	44	45	46
代号	—	J1G1	J1G1	J2G1	J2G1	J3G1	J3G1	J4G1	J5G1	J6G1	BK4	BK5	BK6

大中型 6 轴垂直串联机器人的 J1～J3 轴电机功率通常较大，控制柜（箱）与机器人的连接电缆可能较长，因此，在动力电缆中，J1～J3 轴电枢连接线采用 2 根导线并联连接。动力电缆中的制动器连接线分为 3 组，其中，J1/J2 轴为一组、J3 轴独立、J4～J6 轴为一组；同组电机的制动器在动力电缆上使用同一连接线连接；然后，在机器人底座上连接器内侧分离，连接到各驱动电机上。

3. 信号电缆连接

信号电缆用于大中型机器人的机器人控制电路的信号连接，包括伺服电机内置编码器串行总线、扩展模块连接 I/O 总线及机器人输入/输出（RI/RO）信号等。

连接器 RP1 的连接端功能如表 9.5-4 所示。

表 9.5-4　机器人信号电缆连接器 RP1 连接端功能表

连接端	1	2	3	4	5	6	7
代号	RI 1	RI 7	RO 1	RO 7	+5V J1/2	PRG J1	* PRG J1
连接端	8	9	10	11	12	13	14
代号	RI 2	RI 8	RO 2	RO 8	+5V J3/4	PRG J2	* PRG J2

续表

连接端	15	16	17	18	19	20	21
代号	RI 3	RI 9	RO 3	24VF 1/2	+5V J5/6	PRG J3	*PRG J3
连接端	22	23	24	25	26	27	28
代号	RI 4	HBK	RO 4	0V J1/2	0V J3/4	PRG J4	*PRG J4
连接端	29	30	31	32	33	34	35
代号	RI 5	ROT	RO 5	S2+	0V J5/6	PRG J5	*PRG J5
连接端	36	37	38	39	40	41	42
代号	RI 6	24VF 3	RO 6	S2-	0V J7/8	PRG J6	*PRG J6

6 轴标准系统的伺服电机编码器连接线根据垂直串联机器人伺服电机的安装位置，分为 J1/J2、J3/J4、J5/J6 三组，在机器人信号电缆连接器 RP1 上，同组编码器的 DC5V 电源并联，然后，在机器人底座上连接器内侧分离，连接到各驱动电机上。机器人出厂时，一般设定 RI 信号的连接方式为 DC24V 源输入；信号电缆连接器 RP1 上的 RI 输入公共端 18，出厂时与控制柜+24VF 连接。

4. 小型机器人连接

小型、轻量机器人的驱动电机功率小、结构紧凑，因此，机器人动力电缆和信号电缆通常使用同一连接器（代号 RMP）连接。以 FANUC 承载能力 3kg 的 R-0iB 机器人为例，机器人的连接器安装位置如图 9.5-6 所示（带底座结构），连接器的连接端布置如表 9.5-5 所示。

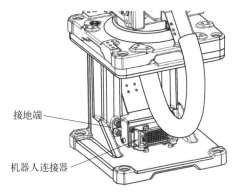

图 9.5-6　R-0iB 机器人连接器

接地端

机器人连接器

表 9.5-5　小型机器人连接器 RMP 连接端布置表

连接端	1	2	3	4	5	6	7	8	9	10	11	12
代号	BK1	J1U1	J1V1	J1W1	J1G1	ROT	RI 1	RO 1	RI 7	5V J1/2	PRG J1	*PRG J1
连接端	13	14	15	16	17	18	19	20	21	22	23	24
代号	BK2	J2U1	J2V1	J2W1	J2G1	24VF	RI 2	RO 2	RI 8	5V J3/4	PRG J2	*PRG J2
连接端	25	26	27	28	29	30	31	32	33	34	35	36
代号	BK3	J3U1	J3V1	J3W1	J3G1	HBK	RI 3	RO 3	RO 7	5V J5/6	PRG J3	*PRG J3
连接端	37	38	39	40	41	42	43	44	45	46	47	48
代号	BK4	—	J4U1	J4V1	J4W1	J4G1	RI 4	RO 4	RO 8	0V J1/2	PRG J4	*PRG J4
连接端	49	50	51	52	53	54	55	56	57	58	59	60
代号	BK5	—	J5U1	J5V1	J5W1	J5G1	RI 5	RO 5	RI 9	0V J3/4	PRG J5	*PRG J5
连接端	61	62	63	64	65	66	67	68	69	70	71	72
代号	BK6	BKC	J6U1	J6V1	J6W1	J6G1	0V	RI 6	RO 6	0V J5/6	PRG J6	*PRG J6

工业机器人控制系统除了本书所示的本体电气控制系统外，可能还包括作业工具控制装置（如点焊、弧焊电源等），由于工具控制装置的种类繁多，本书不再对其一一说明。

附 录

智能制造常用英文缩写表

音序	英文缩写	英文全称	中文翻译
A	AD	Automatic Differentiation	自动链式求导（ML算法）
	AEC	Automatic Electrode Changer	电极自动交换装置
	AFD	Automatic Feeding Device	自动送料装置
	AGV	Automated Guided Vehicle	自动导向车
	AI	Artificial Intelligence	人工智能
	AM	Agile Manufacturing	敏捷制造
	AMR	Advanced Manufacturing Research	美国先进制造研究中心
	ANN	Artificial Neural Network	人工神经网络
	APC	Automatic Pallet Changer	托盘自动交换装置
	ATC	Automatic Tool Changer	自动换刀装置
	AWC	Automatic Workpiece Changer	工件自动装卸装置
B	BLM	Bar Loading Magazine	棒料装载库
	BP	Error Back Propagation Training	误差反向传播（ML算法）
		Business Planning	商业计划
C	CAD/CAM	Computer Aided Design/ Computer Aided Manufacturing	计算机辅助设计与制造
	CAE	Computer Aided Process Engineering	计算机辅助工程
	CAPP	Computer Aided Process Planning	计算机辅助工艺
	CCX	Consume Computer Exchange	用户信息交换
	CDN	Content Delivery Network	内容分发网络
	ChatGPT	Chat Generative Pre-trained Transformer	聊天机器人程序
	CIMS	Computer Integrated Manufacturing System	计算机集成制造系统
	CNN	Convolution Neural Network	卷积神经网络（ML算法）
	CPI	Consumer Prise Index	消费价格指数
	CPS	Cyber-Physical System	赛博系统（信息物理系统）
	CRM	Customer Relationship Management	客户关系管理
	CRP	Capacity Requirements Planning	能力需求计划
	CT	Communication Technology	通信技术
D	DBN	Deep Belief Network	深度置信网络（ML算法）
	DCS	Distributed Control System	分布式控制系统
	DFSCM	Design for Supply Chain Management	供需链管理设计策略
	DRP	Distribution Requirement Planning	分销资源计划
E	EDM	Electrical Discharge Machining	电火花加工
	EIM	Enterprise Informatization Management	企业信息化管理
	ERP	Enterprise Resource Planning	企业资源计划

续表

音序	英文缩写	英文全称	中文翻译
F	FAN	Factory Automation Network	工厂自动化网
	FCS	Fieldbus Control System	现场总线控制系统
	FM	Flexible Manufacturing	柔性制造
	FMC	Flexible Manufacturing Cell	柔性制造单元
	FMS	Flexible Manufacturing System	柔性制造系统
	FSSB	FANUC Serial Servo Bus	FANUC 串行伺服总线
G	GA	Generic Algorithm	遗传算法
H	HMI	Human Machine Interface	人机界面
	HSM	High Speed Milling	高速铣削
I	IaaS	Infrastructure as a Service	基础设施服务（云计算平台）
	ICT	Information and Communication Technology	信息通信技术
	IIoT	Industrial Internet of Things	工业物联网
	IIRA	Industrial Internet Reference Architecture	工业互联网参考架构（美）
	IM	Intelligent Manufacturing	智能制造
	IMC	Intelligent Manufacturing Cell	智能制造单元
	I-MES	Integratable Manufacturing Execution System	可集成制造执行系统
	IMS	Intelligent Manufacturing System	智能制造系统
	IMSA	Intelligent Manufacturing System Architecture	智能制造系统架构（美）
	INCS	Intelligent Numerical Control System	智能数字控制系统
	IoT	Internet of Things	物联网
	IR	Industrial Robot	工业机器人
	ISAM	Intelligent System Architecture Model	IMS 结构模型（美）
	IT	Information Technology	信息技术
	ITS	Intelligent Transport System	智能交通管理系统
	IVI	Industrial Value Chain Initiative	工业价值链计划（日）
	IVRA	Industrial Value Chain Reference Architecture	工业价值链参考架构（日）
L	LAN	Local Area Network	局域网
	LCDP	Low-Code Development Platform	低代码开发平台（德）
M	M2M	Machine to Machine or Man System	机器-机器或机器-人连接系统
	MDM	Master Data Management	主数据管理
	MEC	Multi-access Edge Computing	多接入边缘计算
		Mobile Edge Computing	移动边缘计算
	MES	Manufacturing Execution System	制造执行系统
	ML	Machine Learning	机器学习
	MLT	Machine Learning Technology	机器人学习技术
	MRP	Material Requirement Planning	物料需求计划
		Manufacturing Resource Planning	制造资源计划
N	NTM	Non-Traditional Machining	非传统加工
O	OA	Office Automation	办公自动化
	OCR	Optical Character Recognition	光学字符读取系统
	OFC	Open Fog Consortium	开放雾联盟（美）
	OT	Operation Technology	操作技术（运营技术）
	O&M	Operation and Maintenance	使用与维修
P	PaaS	Platform as a Service	平台服务（云计算服务）
	PDM	Product Data Management	产品数据管理
	PLM	Product Life-cycle Management	产品生命周期管理
	PM	Purchasing Management	采购管理
	PR	Personal Robot	服务机器人
Q	QMS	Quality Management System	质量管理系统（体系）
R	RAMI 4.0	Reference Architecture Model Industry 4.0	工业 4.0 参考模型（德）

续表

音序	英文缩写	英文全称	中文翻译
R	RDBMS	Relational Database Management System	关系数据库管理系统
	RF	Random Forest	随机森林（ML 算法）
	RFID	Radio Frequency Identification	射频识别（电子标签）
	RGV	Rail Guided Vehicle	有轨制导车
S	SaaS	Software as a Service	软件服务（云计算平台）
	SCADAS	Supervisory Control and Data Acquisition System	数据采集与监控系统
	SCM	Supply Chain Management	供应链管理
	SEDM	Sinking Electrical Discharge Machine	电火花成形加工机床
	SFCS	Shop Floor Control System	车间控制系统
	SHS	Smart Home System	智能家居系统
	SM	Smart Manufacturing	敏捷制造
	SME	Smart Manufacturing Ecosystem	敏捷制造生态系统（美）
	SMU	Smart Manufacturing Unit	敏捷制造单元（日）
	SOP	Sales and Operations Planning	销售与运营计划
	SVM	Support Vector Machine	支持向量机（ML 算法）
T	TDNN	Time Delay Neural Network	时间延迟网络（ML 算法）
V	VC Theory	Vapnik- Chervonenkis Theory	万普尼克-泽范兰杰斯理论
W	WEDM	Wire Cut Electrical Discharge Machining	线切割电火花加工

［1］ 李培根，高亮. 智能制造概论［M］. 北京：清华大学出版社，2021.

［2］ 王立平. 智能制造装备及系统［M］. 北京：清华大学出版社，2020.

［3］ 宁振波. 智能制造的本质［M］. 北京：机械工业出版社，2021.

［4］ 黄培，许之颖，张荷芳. 智能制造实践［M］. 北京：清华大学出版社，2021.

［5］ 龚仲华. FANUC 数控 PMC 从入门到精通［M］. 北京：化学工业出版社，2021.

［6］ 龚仲华. 工业机器人维修从入门到精通［M］. 北京：化学工业出版社，2023.

［7］ 王柏村，陶飞，方续东，等. Smart Manufacturing and Intelligent Manufacturing：A Comparative Review［J］. Engineering，2021，7（6）：738-757.

［8］ 张映锋，张党，任杉. 智能制造及其关键技术研究现状与趋势综述［J］. 机械科学与技术，2019，38（3）：329-338.

［9］ 胡权. 重新定义智能制造［J］. 清华管理评论，2018（1）：78-89.